4판

알기 쉬운

소방기계시설론

정경문 지음

도서출판 동화기술

머리말

21세기의 산업발전은 인류의 물질적 풍요와 도시의 밀집화, 대형화, 고층화로 인해 급속히 발달하고 있다. 이러한 변화는 인간생활의 편리성, 경계성의 측면에서는 유용하지만 그 이면에 엄청난 재난의 가능성을 내포하고 있음을 잊어서는 안 된다. 오늘날의 많은 재난들의 원인이 대부분 부실시공과 관리 소홀에 의한 총체적인 인재였음을 생각할 때 보다 많은 관심과 안전의식에 대한 새로운 인식전환이 필요하다.

특히, 복잡해져 가는 산업구조와 도시의 집중화에 의한 에너지의 다변화로 인해 우리는 화재 및 각종 재해에 그 어느 때보다 많이 노출되어 있다. 따라서 이러한 다변화 및 첨예화되어 가는 21세기의 재해에 대한 경각심과 소방안전에 대한 체계적인 교육의 필요성이 절실히 요구되고 있다.

본서는 다년간의 소방실무에 대한 폭넓은 대학 강의내용과 소방전문학원의 경험 그리고 실무를 토대로 집필하게 되었다. 본서의 특징으로는

- 1993년 이후 소방학과의 강의 경험을 토대로 집필하였고,
- 현장의 실무경험과 소방전문학원의 강의 경험을 토대로 하여 소방시설구조 및 작동원리를 초보자의 입장에서 쉽게 이해할 수 있도록 해설하였으며,
- 소방관련(관리사, 기사 등)자격 수험생과 한국산업인력관리공단의 출제경향을 충분히 고려하여 상세히 해설하였다.

이 책이 독자들의 학습에 도움이 되길 소원하며, 소방환경에 맞는 새로운 이론과 기본도서가 되도록 계속하여 수정, 보완하겠다. 본의 아니게 오류나 미비점이 있으면 지도해 주시기를 부탁드린다.

끝으로 본서가 출간되기까지 애써주신 도서출판 동화기술 정우용 회장님과 관계직원 여러분의 노고에 깊은 감사를 드린다.

저자 드림

목 차

Part I 소화설비 9

CHAPTER 1. 소화기 ······ 10
1.1 개요 ······ 10
1.2 공통적인 사항 ······ 11
1.3 종류 ······ 15
1.4 소화기의 법적 설치대상물 ······ 21
1.5 소화기의 설치 및 유지관리 ······ 21
1.6 소화기구의 설치기준 ······ 22
1.7 소화기의 감소기준 ······ 27
연습문제 ······ 27

CHAPTER 2. 옥내소화전설비 ······ 28
2.1 개요 ······ 28
2.2 옥내소화전설비의 종류 ······ 30
2.3 옥내소화전설비의 구성 및 기준 ······ 30
2.4 옥내소화전설비의 설치대상물 ······ 67

CHAPTER 3. 옥외소화전설비 ······ 69
3.1 개요 ······ 69
3.2 구성 ······ 70
3.3 옥외소화전설비의 설치대상물 ······ 75
연습문제(2, 3장) ······ 76

CHAPTER 4. 스프링클러설비 ······ 80
4.1 개요 ······ 80

4.2 스프링클러설비 시스템의 종류 ······ 82
4.3 스프링클러설비의 각 구성요소 성능 및 기준 ······ 90
4.4 스프링클러설비의 수원 ······ 134
4.5 스프링클러설비의 특징 및 설치기준 ······ 136

CHAPTER 5. 간이스프링클러설비 ······ 142
5.1 설치대상 및 장소 ······ 142
5.2 구성 및 기준 ······ 144

CHAPTER 6. 화재조기진압용 스프링클러설비 ······ 159
6.1 설치장소의 구조 ······ 159
6.2 구성 및 기준 ······ 160
6.3 설치제외대상물 ······ 177
연습문제(4～6장) ······ 178

CHAPTER 7. 물분무소화설비 ······ 182
7.1 개요 ······ 182
7.2 물분무소화설비의 구성, 구조 및 기능 ······ 183
7.3 물분무소화설비의 설치대상물 및 설치제외장소 ······ 194
연습문제 ······ 196

CHAPTER 8. 포소화설비 ······ 197
8.1 개요 ······ 197
8.2 포소화약제 ······ 197
8.3 종류 ······ 199
8.4 포소화설비의 구성 ······ 201
8.5 소화설비의 수원 ······ 226
8.6 포소화설비의 설치대상물 ······ 227
연습문제 ······ 228

CHAPTER 9. 이산화탄소소화설비 ······ 231
9.1 개요 ······ 231
9.2 종류 ······ 233
9.3 이산화탄소소화설비의 구성·구조 및 기능 ······ 235
9.4 이산화탄소 소화약제 저장량 ······ 250

9.5 이산화탄소소화설비의 설치대상물 ··· 253
연습문제 ··· 254

CHAPTER **10. 할론소화설비** ··· **257**
10.1 개요 ··· 257
10.2 종류(소화약제 방출방식) ··· 259
10.3 구성, 구조 및 기능 ··· 260
10.4 할론소화설비의 작동원리 ··· 272
10.5 할론소화약제의 소화원리 및 할론가스의 특징 ··· 273
10.6 할론소화설비의 설치대상물 ··· 274
연습문제 ··· 275

CHAPTER **11. 할로겐화합물 및 불활성기체 소화설비** ··· **278**
11.1 개요 ··· 278
11.2 약제 종류 ··· 278
11.3 설치제외 ··· 279
11.4 할로겐화합물 및 불활성기체 소화설비의 구성 및 기준 ··· 279

CHAPTER **12. 분말소화설비** ··· **290**
12.1 개요 ··· 290
12.2 종류 ··· 291
12.3 분말소화설비의 구성 및 기능 ··· 292
12.4 분말소화설비의 설치대상물 ··· 305
연습문제 ··· 307

Part 2 소화활동설비 309

CHAPTER **1. 연결송수관설비** ··· **310**
1.1 개요 ··· 310
1.2 연결송수관설비의 종류 ··· 310
1.3 연결송수관설비의 구성 및 기능 ··· 311
1.4 연결송수관설비의 설치대상물 ··· 315

CHAPTER 2. 연결살수설비 ········· 316
2.1 개요 ········· 316
2.2 연결살수설비의 구성 및 기능 ········· 316
2.3 연결살수설비의 설치대상물 ········· 320

CHAPTER 3. 소화용수설비(소화수조 및 저수조) ········· 321
3.1 개요 ········· 321
3.2 소화용수설비의 구성 및 기준 ········· 321
3.3 소화용수설비의 설치대상물 ········· 323

CHAPTER 4. 연소방지설비 ········· 324
4.1 연소방지설비의 송수구 ········· 324
4.2 연소방지설비의 배관 ········· 324
4.3 연소방지설비의 헤드 ········· 326
4.4 연소방지재 ········· 327
4.5 방화벽의 설치기준 ········· 328
4.6 지하구의 통합감시시설 설치기준 ········· 328
연습문제(1～4장) ········· 329

CHAPTER 5. 제연설비 ········· 330
5.1 개요 ········· 330
5.2 종류 ········· 330
5.3 제연구획 기준 ········· 335
5.4 제연방식 ········· 336
5.5 제연설비의 설치대상물 및 제외대상물 ········· 346
연습문제 ········· 347

Part 3 피난구조설비 351

CHAPTER 1. 피난기구 ········· 352
1.1 개요 ········· 352
1.2 피난기구의 종류 ········· 352
1.3 피난기구의 적응 및 설치개수 기준 ········· 360

1.4 피난기구의 설치기준 및 설치제외기준 ········ 364
1.5 피난기구의 설치감소조건 ········ 366

CHAPTER 2. 유도등, 유도표지 및 비상조명등 ········ 367
2.1 유도등 및 유도표지의 종류 및 설치기준 ········ 367
2.2 비상조명등의 설치기준 ········ 372
2.3 유도등, 유도표지 및 비상조명등의 설치제외조건 ········ 374

CHAPTER 3. 인명구조기구 ········ 376
연습문제(1～3장) ········ 378

Part 4 부록 379

1. 특별피난계단의 계단실 및 부속실 제연설비의 화재안전성능기준(NFPC 501A) ········ 380
2. 도로터널의 화재안전성능기준(NFPC 603) ········ 392

찾아보기 ········ 398

PART | One

소화설비

제1장 소화기
제2장 옥내소화전설비
제3장 옥외소화전설비
제4장 스프링클러설비
제5장 간이스프링클러설비
제6장 화재조기진압용 스프링클러설비
제7장 물분무소화설비
제8장 포소화설비
제9장 이산화탄소소화설비
제10장 할론소화설비
제11장 할로겐화합물 및 불활성기체 소화설비
제12장 분말소화설비

Chapter 1

소화기

1.1 개요

소화기는 물이나 기타 소화약제를 압력에 의해서 방사하여 소화를 행하는 기구로 사람이 조작하는 것을 말한다. 즉, 초기 단계의 화재의 소화를 주목적으로 하는 것으로서 화재 시에 사람이 조작함에 의해서 소화하는 것이며, 취급도 간편하다.

용어 정의

소화약제	소화기구 및 자동소화장치에 사용되는 소화성능이 있는 고체·액체 및 기체의 물질
소화기	소화약제를 압력에 따라 방사하는 기구로서 사람이 수동으로 조작하여 소화하는 것(소화약제에 따른 간이소화용구를 제외한다)을 말한다.
자동소화장치	소화약제를 자동으로 방사하는 고정된 소화장치
소형소화기	능력단위가 1단위 이상이고 대형소화기의 능력단위 미만인 소화기를 말한다.
대형소화기	화재 시 사람이 운반할 수 있도록 운반대와 바퀴가 설치되어 있고 능력단위가 A급 10단위 이상, B급 20단위 이상인 소화기를 말한다.
자동확산소화기	화재를 감지하여 자동으로 소화약제를 방출 확산시켜 국소적으로 소화하는 소화기를 말한다.
거실	거주·집무·작업·집회·오락 그 밖에 이와 유사한 목적을 위하여 사용하는 방을 말한다.

1.2 공통적인 사항

1) 화재 종류와 적응성

화재의 종류를 대별하면 고체가 연소되는 것, 즉 종이, 석탄, 고무, 목재가공품 등의 화재와 가연성 액체같이 액체 그 자체가 연소되는 것이 아니라 기화되어서 연소되는 것, 예를 들면 가솔린, 경유, 크레오소오트유, 기계유 등의 화재로 나누어지며, 앞의 것을 A급 화재(일반화재, 백색화재)라 하고 뒤의 것을 B급 화재(유류화재, 황색화재)라고 한다.

일반화재의 소화에 적합한 소화기의 용기에는 백색의 둥근 표지가 붙여지고, 유류화재의 소화에 적합한 소화기의 용기에는 황색의 둥근 표지로 각각 화재에 적응하는 소화기라는 것을 표시하고 있다. 또한 C급 화재(전기화재, 청색화재)라는 것은 화재의 종류가 아니라 전기설비 등의 화재 소화에 있어 감전의 염려가 없다는 것이며 청색의 둥근 표지가 붙어 있다.

예제 1.1 다음 중 소화기의 적응화재의 표지에 대한 설명으로 바른 것은?

① 일반화재 – 백색, 유류화재 – 황색, 전기화재 – 청색
② 일반화재 – 황색, 유류화재 – 청색, 전기화재 – 백색
③ 일반화재 – 백색, 유류화재 – 청색, 전기화재 – 황색
④ 일반화재 – 청색, 유류화재 – 백색, 전기화재 – 황색

답 ①

2) 방사성능

소화기는 정상적인 조작방법으로 방사하였을 때 방사 조작완료 즉시 소화약제를 유효하게 방사할 수 있어야 한다. 방사시간은 온도 20 ± 2℃에서 충전 소화약제의 중량이 1 kg 이하인 것에 있어서는 6초 이상, 1 kg을 초과하는 것에 있어서는 8초 이상이어야 한다. 소화에 유효한 방사거리가 있어야 하며, 충전된 소화약제의 용량 또는 중량의 90%(포말소화기는 85%) 이상의 양이 방사되어야 한다.

3) 안전장치

소화기에는 불의의 작동을 방지하기 위한 안전장치를 설치해야 한다. 다만, 수동펌프에 의하여 작동하는 물 소화기 또는 전도의 일동작으로 작동하는 소화기는 그렇지 않다. 안전장치는 스테인리스 강, 비철재질로 또는 합성수지 등 내식성재질로 제조되어야 한다. 구조

면을 보면 소화기의 작동 조작 도중에 자동적으로 풀리는 구조이어야 하며, 평상시에는 오동작 되지 않도록 하는 조치가 강구되어야 한다. 또한 한 동작으로 용이하게 풀리는 것이어야 하며, 풀어내는데 지장이 없는 봉인을 해야 한다.

4) 사용온도 범위

소화기는 그 종류에 따라 다음에 정하는 온도범위에서 사용하였을 경우, 소화 및 방사의 기능을 유효하게 발휘할 수 있는 것이어야 한다.

- 강화액 소화기 : −20℃ 이상 40℃ 이하
- 분말 소화기 : −20℃ 이상 40℃ 이하
- 기타 소화기 : 0℃ 이상 40℃ 이하

위 규정에 의한 사용온도의 범위를 확대하고자 할 때에는 10도 단위로 해야 한다.

5) 소화능력 단위

소화기의 소화능력은 각각의 소화기에 화재의 종류별로 일정한 화재모형을 설정하고, 규격으로 정하는 소화시험에 의하여 측정한 수치를 말한다.

그 값은 1 이상이 아니면 안 된다, 다만, 대형소화기로 A급 화재에 적응하는 것에 있어서는 10 이상, B급 화재에 적응하는 것에 있어서는 20 이상이 아니면 안 된다.

소화능력 단위에 의한 소화기의 구분

1. **소형소화기** : 능력단위 1단위 이상이면서 대형소화기의 능력단위 미만인 소화기를 말한다.
2. **대형소화기** : 능력단위가 A급 화재는 10단위 이상, B급 화재는 20단위 이상인 것으로 소화약제 충전량이 다음 표 이상인 소화기를 말한다.

대형소화기 종류	소화약제 충전량
물 및 화학포 소화기	80 ℓ
기계포 소화기	20 ℓ
강화액 소화기	60 ℓ
이산화탄소 소화기	50 kg
할론 소화기	30 kg
분말 소화기	20 kg

예제 1.2 다음의 소화기 중 사용온도 범위가 틀린 것은?

① 물 소화기 : 0℃ 이상 40℃ 이하
② 포 소화기 : 영하 20℃ 이상 40℃ 이하
③ 강화액 소화기 : 영하 20℃ 이상 40℃ 이하
④ 할론 소화기 : 0℃ 이상 40℃ 이하

답 ②

예제 1.3 대형소화기로 적응화재에 대한 소화능력단위에 대한 설명이다. 옳은 것은?

① 일반화재－20단위 이상, 유류화재－20단위 이상
② 일반화재－10단위 이상, 유류화재－10단위 이상
③ 일반화재－10단위 이상, 유류화재－20단위 이상
④ 일반화재－20단위 이상, 유류화재－10단위 이상

답 ③

예제 1.4 대형소화기에 대한 소화약제 충전량으로서 옳지 못한 것은?

① 물 소화기 : 80 ℓ ② 강화액 소화기 : 20 ℓ
③ 분말 소화기 : 20 kg ④ 이산화탄소 소화기 : 50 kg

답 ②

6) 표시 및 표지

소화기의 본체 용기에는 다음 사항을 표시해야 한다.

① 소화기명 및 충전한 소화약제의 주성분
② 사용방법
③ 사용온도범위
④ 유류화재 또는 전기화재에 사용하여서는 안 되는 소화기는 그 내용
⑤ A급 화재 및 B급 화재에 대한 능력단위의 수치
⑥ 방사거리 및 방사시간
⑦ 제조번호
⑧ 제조년월
⑨ 제조업체명 또는 상호
⑩ 형식승인번호
⑪ 충전된 소화약제의 용량 또는 중량
⑫ 총 중량(충전된 소화약제를 용량으로 표시하는 것은 제외)
⑬ 용기 시험의 압력치
⑭ 안전밸브의 작동 압력치

⑮ 취급상의 주의 및 점검기간

⑯ 적용화재별 원형 표시

그러나 할론 소화기(할론 1301 소화기는 제외한다.)에는 위 사항의 표시 이외에 다음에 정하는 사항을 표시해야 한다. 이 경우 "주의"라는 문자는 적색으로 표시해야 하며, 표시의 크기는 충전된 소화약제의 중량이 4 kg 이하인 것은 가로 5 cm 이상 세로 3 cm 이상, 4 kg을 초과하는 것은 가로 6 cm 이상 세로 5 cm 이상이어야 한다.

주 의 ① 밀폐된 좁은 실내에서는 사용하지 말 것
② 바람을 등져서 방사하고 사용 후는 즉시 환기할 것
③ 발생되는 가스는 유독하므로 호흡하지 말 것

또한, 자동차용 소화기에는 위 사항의 표시 외에 "자동차용"이라는 표시를 해야 하며, 표시의 크기는 가로 5 cm 이상, 세로 2 cm 이상이어야 한다.

7) 소화기의 도장

소화기의 표면에는 방청도장을 하고, 표면의 25% 이상의 부분을 적색으로 도장해야 한다. 다만, 내식성 재료로 된 소화기는 방청도장을 하지 아니 할 수 있다.

8) 소화약제의 공통적 성질

소화약제는 현저한 독성이나 부식성이 있어서는 안 되며, 또한 열과 접촉하였을 때 현저한 독성이나 부식성의 가스를 발생하지 않은 것이어야 한다. 수용액의 소화약제 및 액상의 소화약제는 결정의 석출, 용액의 분리, 부유물 또는 침전물의 발생 등 기타의 이상이 생기지 않은 것이어야 한다. 분말상태의 소화약제는 굳거나 덩어리지거나 변질 등 기타의 이상이 생기지 않은 것이어야 한다.

짚고넘어가기 01

1. 소화기 설치 거리
   ① 대형소화기 : 보행거리 30 m 이내
   ② 소형소화기 : 보행거리 20 m 이내
2. 자동차용 소화기
   ① 강화액 소화기(무상으로 방사되는 것에 한한다.)
   ② 할론 소화기

③ 이산화탄소 소화기
④ 분말 소화기
⑤ 포 소화기

3. 호스를 부착하지 않아도 되는 소화기
① 소화약제의 중량이 4 kg 미만인 할론 소화기
② 소화약제의 중량이 3 kg 미만인 이산화탄소 소화기
③ 소화약제의 중량이 1 kg 이하인 분말 소화기

4. 소화기 노즐의 규정
① 내면은 평활하게 다듬어진 것이어야 한다.
② 개폐식 또는 전환식의 노즐에 있어서는 개폐나 전환의 조작이 원활하게 이루어져야 하고 방사하였을 때 소화약제의 누설 등 기타의 장해가 생겨서는 아니 된다.
③ 개폐식의 노즐에 있어서는 0.3 MPa의 압력을 5분간 가하는 시험을 하였을 때 새지 않아야 한다.

5. 여과망을 설치해야 하는 소화기
① 물 소화기
② 산알칼리 소화기
③ 강화액 소화기
④ 포소화기

1.3 종류

1) 물 소화기

물 소화기에는 수동 펌프를 설치한 펌프식, 압축공기를 주입해서 이 압력에 의해 물을 방출하는 축압식, 별도로 이산화탄소 등의 가압용 봄베 등을 설치하여 그 가스압력으로 물을 방출하는 가압식 등이 있다. 소화약제로서 물은 불순물이 없는 깨끗한 물이 가장 적당하다. 물이 소화약제로서 적합한 이유는 탁월한 냉각작용 때문이다. 특히, 기화잠열(539 kcal/kg)이 다른 물질에 비해 매우 높기 때문에 다른 물질에 비해 냉각효과가 뛰어나다. 그러므로 A급 화재(일반화재)에 적응되며 입자를 무상으로 방사할 경우에는 C급 화재(전기화재)에도 적응성을 가진다.

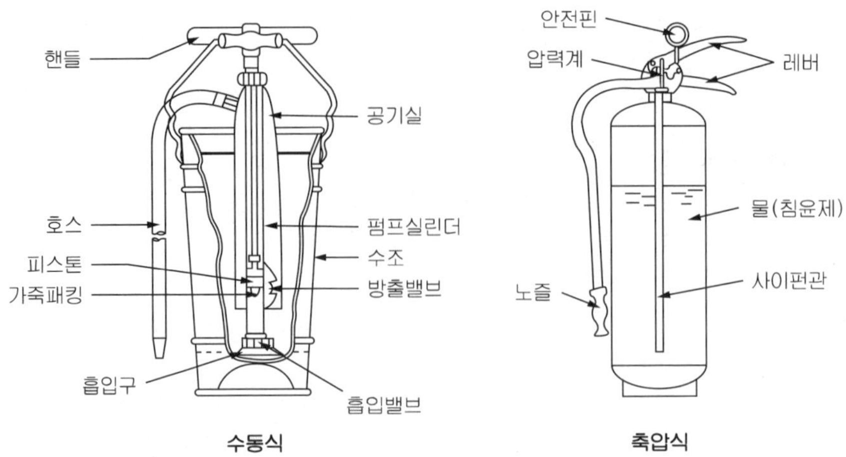

[그림 1-1] 물 소화기

특히, 물을 B급 화재(유류화재)에 사용하게 되면, 화재면(연소면) 확대의 우려가 발생되므로 사용을 금하는 것이 좋다. 물소화기는 기온이 0℃ 이하의 장소에 설치할 때는 부동결제(염화칼슘[$CaCl_2$], 또는 식염[NaCl])를 넣어 두던가 보온을 유지해야 한다.

예제 1.5 무상의 물 소화기의 적응화재로 거리가 먼 것은?

① 일반화재 ② 유류화재 ③ 전기화재 ④ 금속화재

답 ④

2) 산알칼리 소화기

산알칼리 소화기는 물 소화기의 일종으로 산과 알칼리의 반응에 의해서 생기는 이산화탄소의 가스압을 이용하여 물을 방출한다.

용기속의 탄산수소나트륨($NaHCO_3$)의 수용액과 용기 내에 황산(H_2SO_4)을 봉입한 앰플을 갖고 있다. 누름쇠에 충격을 가함으로써 황산앰플이 파괴되어 황산과 탄산수소나트륨이 아래식과 같이 산알칼리 반응을 일으켜서 발생하는 이산화탄소의 압력 약 5 kg/cm^2에 의해서 노즐의 끝에서 소화약제(중화된 물)를 방사한다.

$$2NaHCO_3 + H_2SO_4 \rightarrow Na_2SO_4 + 2CO_2 + 2H_2O$$

산알칼리 소화약제는 양질의 무기산 또는 이와 동류의 염이어야 하며 알칼리는 물에 잘 용해되는 양질의 알칼리 염류이어야 한다. 적응화재로는 A급 화재(일반화재)에 적합하며 무상일 경우 C급 화재(전기화재)에도 가능하다.

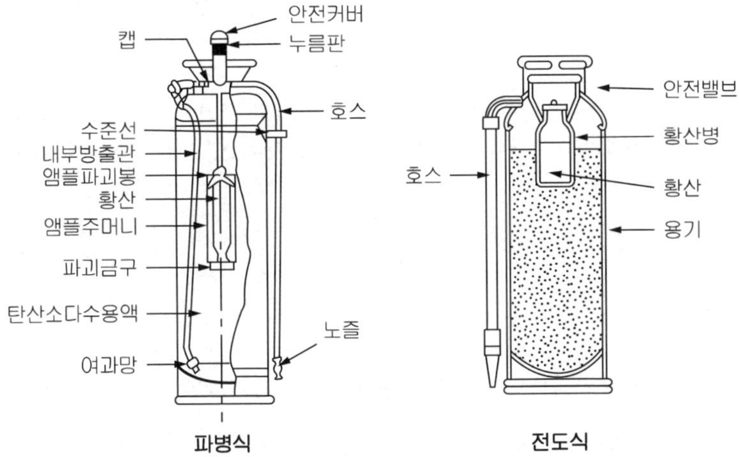

[그림 1-2] 산알칼리 소화기

3) 강화액 소화기

용기 내에 강화액 탄산칼륨의 진한 수용액이 충전되고, 공기 또는 질소가스가 7.0~9.8 kg/cm^2 의 압력으로 봉입되어 있으며, 내압을 가리키는 지시 압력계가 반드시 부착되어 있는 축압식과 방사압력원으로는 이외에도 가압용 가스용기를 본체의 용기 속에 취부하는 가압식과 파병식 산알칼리 소화기와 마찬가지로 본체의 용기 속에 황산을 넣고, 산알칼리 반응에 의하여 발생하는 이산화탄소의 압력에 의해서 방사하는 반응식의 것이 있다.

강화액 소화약제는 알칼리 금속염류의 수용액인 경우에는 알칼리성 반응을 나타내어야 하며 응고점이 영하 20도 이하이어야 한다. 소화기를 정상적인 상태에서 작동하였을 때에 방사되는 강화액은 방염성이 있고, 또한 응고점이 영하 20도 이하이어야 한다. 적응화재는 입자형태에 따라 봉상일 때는 A급 화재(일반화재), 무상일 경우에는 A, B, C급(일반, 유류, 전기) 화재에 적용된다.

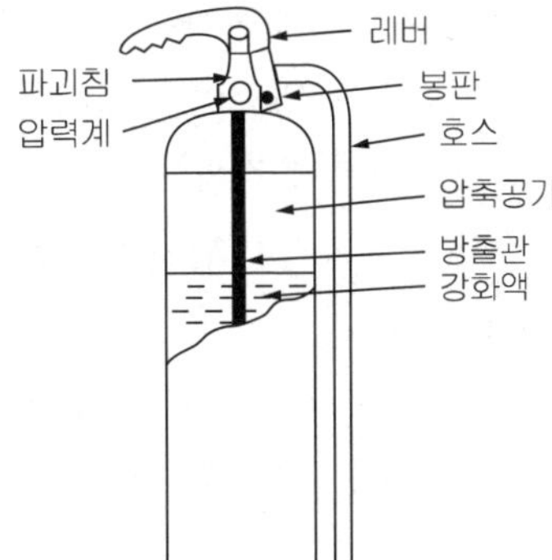

[그림 1-3] 강화액 소화기

소화작용으로는 부촉매 효과에 의한 화염의 억제작용과 재연소방지 작용이 있어야 하며 동결점이 −20℃ 이하로 낮기 때문에 기온의 변화에 따른 소화효과의 저하가 없다는 것이 장점이다.

예제 1.6 다음 소화기에 대한 설명 중 틀린 것은?

① 강화액 소화기는 응고점이 영하 20℃ 이하이므로 한랭지역에 사용이 가능하다.
② 산알칼리 소화기는 산알칼리의 반응에 의해 발생되는 이산화탄소의 압력으로 약제가 방출된다.
③ 강화액 소화기는 약제를 무상으로 방출했을 경우 전기화재에는 적응성이 없다.
④ 산알칼리 소화기는 약제를 무상으로 방출했을 경우 A, B, C급 화재에 적응성을 가진다.

답 ③

4) 포말 소화기

종류에는 전도식과 파괴식으로 나누어지는데 대부분 전도식이다. 외통액으로는 중탄산소다, 포안정제로서 단백질 및 방부제, 내통액으로서는 황산알루미늄을 이용한다.

포소화약제는 방부처리가 된 것이어야 한다. 다만, 부패, 변질 등의 염려가 없는 것은 그렇지 않을 수 있다. 소화기로부터 방사되는 거품은 내화성을 지속할 수 있는 것이어야 한다. 포소화약제는 화학포 소화약제와 기계포 소화약제로 분류되는데 화학포 소화약제의 불용해분은 1w% 이하이어야 하며 분말상의 소화약제는 물에 잘 용해되는 건조상태의 것이어야 한다. 방사 종료로부터 15분이 경과한 때에 있어서 그 환원되는 거품의 용량이 25% 이하이어야 한다.

또한 기계포 소화약제는 액상 또는 물에 쉽게 용해되는 분말상이어야 하며, 분말상의 소화약제인 경우에는 그 용기에 "맑은 물을 사용할 것"이라고 표시해야 한다. 20±2℃의 소화약제를 충전한 소화기를 작동하여 방사되는 거품의 용량은 소화약제 용량의 5배 이상이어야 하며, 발포 종료로부터 1분이 경과한 때에 있어 거품으로부터 환원되는 수용액이 발포전 수용액의 25% 이하이어야 한다.

포말 소화기는 A급(일반) 화재, B급(유류) 화재에 적응성을 보인다.

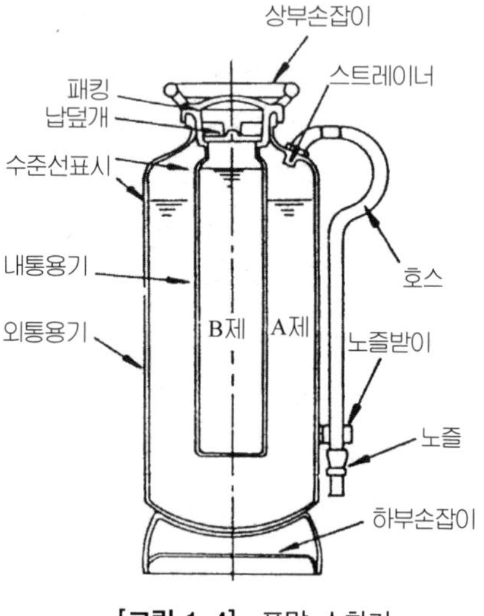

[그림 1-4] 포말 소화기

5) 할론 소화기(증발성액체 소화기)

일반적으로 압축공기 또는 질소가스를 넣어서 축압해 둔 축압식과 본체용기에 수동펌프가 부착된 수동펌프식, 공기 가압펌프가 붙어 있고, 보조적으로 내부의 공기를 가압하는 수동축압식, 상온에서 기체인 할론의 경우 자기증기압식(할론 1301)으로 분류된다. 할론 1301을 제외한 할론 소화기는 좁고 밀폐한 실내에서는 사용을 금하고 있으며 바람방향에서 방사하고, 사용 후는 신속히 환기를 해야 한다. 또한 발생가스는 유독하기 때문에 흡입하지 말아야 한다.

설치장소를 보면 이산화탄소 소화기 및 할론 소화기는 지하층, 무창층 및 환기에 유효한 개구부의 넓이가 바닥면적의 1/30 이하, 또 바닥면적이 20 m^2 이하의 장소에는 설치하여서는 안 된다. 바꾸어 말하면 할론 1301에 한해서 이와 같은 장소에도 사용된다. 또, 직사일광, 고온, 다습한 장소에는 두지 말아야 한다.

6) 이산화탄소(CO_2) 소화기

본체 용기 내부에 액화된 이산화탄소 가스가 1 kg에 대하여 용기의 내용적 1500 mℓ 이상으로 충전되어 있고, 레버를 쥐면 밸브가 열려 액화된 이산화탄소 가스가 압출되어 노즐을 나올 때 기화되어 가스 모양 및 드라이아이스로서 방사된다. 소화약제인 탄산가스는 용량이 99.5% 이상의 액화 탄산가스로서 냄새가 없어야 하며, 수분은 0.05% 이하이어야 한다. 소화작용은 방사할 때 기화잠열에 의하여 드라이아이스모양이 되므로 그 냉각효과와 이산화탄소 가스에 의한 질식작용에 의하여 B급(유류) 화재 및 C급(전기) 화재에 적응된다.

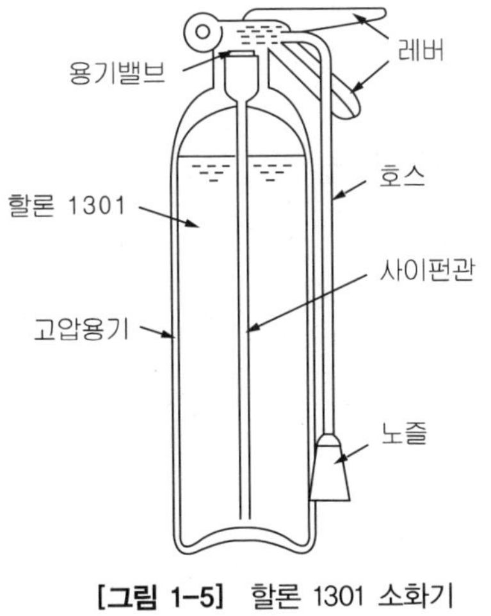

[그림 1-5] 할론 1301 소화기

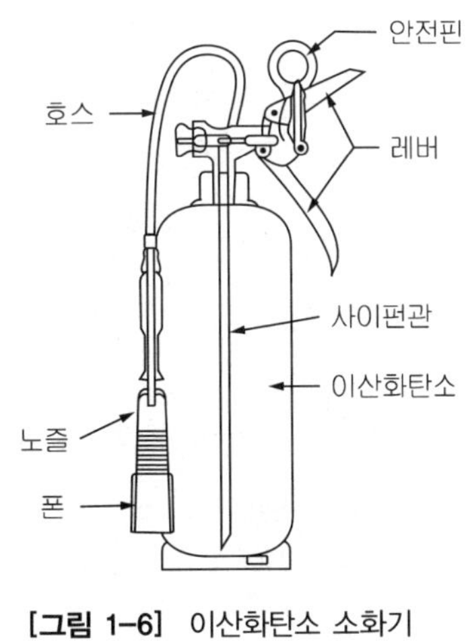

[그림 1-6] 이산화탄소 소화기

7) 분말 소화기

용기에 분말소화약제와 방출압력원인 질소가스가 함께 축압되어 있는 축압식과 별도로 이산화탄소가 충전된 가압봄베를 본체 용기 안에 설치하든가 본체 용기밖에 설치하는 가스 가압식으로 분류된다.

분말소화약제는 방습가공을 한 나트륨 및 칼륨의 중탄산염 기타의 염류 또는 인산염류, 황산염류 기타 방염성을 가진 염류이다. 약제의 겉보기 비중은 0.820 g/mm이어야 하며, 분말을 수면에 균일하게 살포할 경우에 1시간 이내에 침강하지 않아야 한다.

칼륨의 중탄산염이 주성분인 소화약제는 담자색으로 인산염 등이 주성분인 소화약제는 담홍색(또는 황색)으로 각각 착색해야 하며, 중탄산염이 주성분인 소화약제와 인산염 등이 주성분인 소화약제를 혼합하여서는 안 된다.

분말 소화기의 적응화재는 제3종 분말 소화기(ABC 분말 소화기)는 열분해에 의해 부착성이 좋은 메타인산(HPO_3)을 생성하므로 A, B, C급(일반, 유류, 전기)화재에 적용되며, 제1, 2종 분말 소화기는 B, C급(유류, 전기)화재에 효과가 있다.

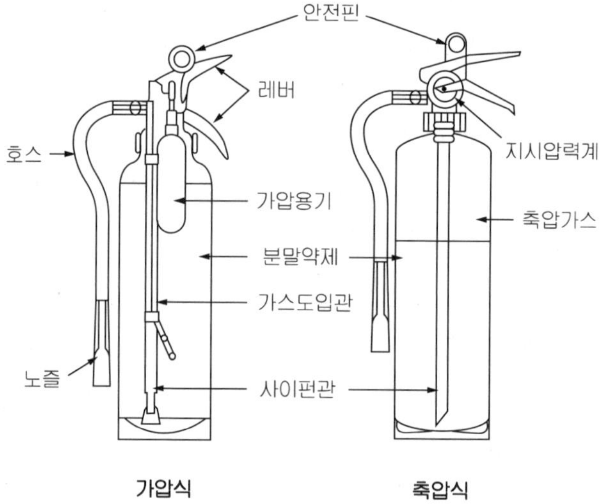

[그림 1-7] 분말 소화기

예제 1.7 지하층, 무창층 및 바닥면적이 20 m² 이하의 장소에 설치 가능한 할론 소화기는?

① 할론 1301　　② 할론 1211
③ 할론 2402　　④ 할론 1011

답 ①

예제 1.8 다음 중 전기화재에 적응성이 있는 소화기와 관계가 먼 것은?

① 포 소화기　　② 이산화탄소 소화기
③ 할론 소화기　　④ 분말 소화기

답 ①

예제 1.9 반드시 약제에 방습처리를 해야 하는 소화기는?

① 포 소화기　　② 이산화탄소 소화기
③ 할론 소화기　　④ 분말 소화기

답 ④

예제 1.10 인산암모늄 분말소화약제를 기제로 하는 소화기의 적응화재는?

① 일반화재, 유류화재　　② 일반화재, 유류화재, 전기화재
③ 유류화재, 전기화재　　④ 유류화재, 전기화재, 금속화재

답 ②

1.4 소화기의 법적 설치대상물

1) 연면적 33 m^2 이상인 것. 다만, 노유자 시설의 경우에는 투척용 소화용구 등을 화재안전기준에 따라 산정된 소화기 수량의 1/2 이상으로 설치할 수 있다.
2) 1)에 해당하지 않는 시설로서 가스시설, 발전시설 중 전기저장시설 및 문화재
3) 터널
4) 지하구

1.5 소화기의 설치 및 유지관리

1) 소화기의 설치

① 바닥면에서 높이가 1.5 m 이하가 되는 지점에 설치할 것
② 통행, 피난에 지장이 없고 사용 시에 쉽게 반출할 수 있는 지점에 설치할 것
③ 물 기타 소화제가 동결, 변질 또는 분출할 염려가 없는 지점에 설치할 것

2) 소화기의 유지관리

소화기는 적응화재에만 사용해야 하며 성능에 따라서 불에 가까이 접근하여 사용해야 한다. 소화작업은 바람을 등지고 바람이 부는 위쪽에서 바람이 불어가는 아래쪽으로 향해 소화기를 양옆으로 비로 쓸듯이 골고루 방사해야 한다.

소화기는 화재초기에만 효과가 있고 화재가 확대된 후에는 효과가 없으며 대형소화설비의 대용은 될 수 없다. 구조 및 성능 취급법을 알고 있지 않으면 효과가 없으며 만능 소화기는 없다.

1.6 소화기구의 설치기준

1) 소화기구의 소화약제별 적응성

소화약제 구분 / 적응대상	가스			분말		액체				기타			
	이산화탄소 소화약제	할론 소화약제	할로겐화합물 및 불활성기체 소화약제	인산염류 소화약제	중탄산염류 소화약제	산알칼리 소화약제	강화액 소화약제	포 소화약제	물·침윤 소화약제	고체에어로졸 화합물	마른모래	팽창질석·팽창진주암	그 밖의 것
일반화재 (A급 화재)	-	○	○	○	-	○	○	○	○	○	○	○	-
유류화재 (B급 화재)	○	○	○	○	○	○	○	○	○	○	○	○	-
전기화재 (C급 화재)	○	○	○	○	○	*	*	*	*	○	-	-	-
주방화재 (K급 화재)	-	-	-	-	*	-	*	*	*	-	-	-	*

(주) " * "의 소화약제별 적응성은 「소방시설 설치 및 관리에 관한 법률」 제37조에 의한 형식승인 및 제품검사의 기술기준에 따라 화재 종류별 적응성에 적합한 것으로 인정되는 경우에 한한다.

2) 특정소방대상물별 소화기구의 능력단위 기준은 다음과 같다.

특정소방대상물	소화기구의 능력단위
1. 위락시설	해당 용도의 바닥면적 30 m^2 마다 능력단위 1단위 이상
2. 공연장·집회장·관람장·문화재·장례식장 및 의료시설	해당 용도의 바닥면적 50 m^2 마다 능력단위 1단위 이상
3. 근린생활시설·판매시설·운수시설·숙박시설·노유자 시설·전시장·공동주택·업무시설·방송통신시설·공장·창고시설·항공기 및 자동차 관련 시설 및 관광휴게시설	해당 용도의 바닥면적 100 m^2 마다 능력단위 1단위 이상
4. 그 밖의 것	해당 용도의 바닥면적 200 m^2 마다 능력단위 1단위 이상

(주) 소화기구의 능력단위를 산출함에 있어서 건축물의 주요구조부가 내화구조이고, 벽 및 반자의 실내에 면하는 부분이 불연재료·준불연재료 또는 난연재료로 된 특정소방대상물에 있어서는 위 표의 바닥면적의 2배를 해당 특정소방대상물의 기준면적으로 한다.

3) 소화약제 외의 것을 이용한 간이소화용구의 능력단위는 다음과 같다.

간이소화용구		능력단위
1. 마른모래	삽을 상비한 50 ℓ 이상의 것 1포	0.5단위
2. 팽창질석 또는 팽창진주암	삽을 상비한 80 ℓ 이상의 것 1포	

4) 소화기는 다음의 기준에 따라 설치해야 한다.

① 특정소방대상물의 각 층마다 설치하되, 각 층이 2 이상의 거실로 구획된 경우에는 각 층마다 설치하는 것 외에 바닥면적이 33 m^2 이상으로 구획된 각 거실(아파트의 경우에는 각 세대를 말한다)에도 배치할 것

② 특정소방대상물의 각 부분으로부터 1개의 소화기까지의 보행거리가 소형소화기의 경우에는 20 m 이내, 대형소화기의 경우에는 30 m 이내가 되도록 배치할 것. 다만, 가연성물질이 없는 작업장의 경우에는 작업장의 실정에 맞게 보행거리를 완화하여 배치할 수 있다.

5) 능력단위가 2단위 이상이 되도록 소화기를 설치해야 할 특정소방대상물 또는 그 부분에 있어서는 간이소화용구의 능력단위가 전체 능력단위의 1/2을 초과하지 않게 할 것. 다만, 노유자 시설의 경우에는 그렇지 않다.

6) 소화기구(자동확산소화기를 제외한다)는 거주자 등이 손쉽게 사용할 수 있는 장소에

바닥으로부터 높이 1.5 m 이하의 곳에 비치하고, 소화기에 있어서는 “소화기”, 투척용 소화용구에 있어서는 “투척용 소화용구”, 마른모래에 있어서는 “소화용 모래”, 팽창질석 및 팽창진주암에 있어서는 “소화질석”이라고 표시한 표지를 보기 쉬운 곳에 부착할 것. 다만, 소화기 및 투척용소화용구의 표지는 「축광표지의 성능인증 및 제품검사의 기술기준」에 적합한 축광식 표지로 설치하고, 주차장의 경우 표지를 바닥으로부터 1.5 m 이상의 높이에 설치할 것

7) 자동확산소화기는 다음의 기준에 따라 설치할 것
   ① 방호대상물에 소화약제가 유효하게 방출될 수 있도록 설치할 것
   ② 작동에 지장이 없도록 견고하게 고정할 것

8) 주거용 주방자동소화장치는 다음의 기준에 따라 설치할 것
   ① 소화약제 방출구는 환기구(주방에서 발생하는 열기류 등을 밖으로 배출하는 장치를 말한다)의 청소부분과 분리되어 있어야 하며, 형식승인 받은 유효설치 높이 및 방호면적에 따라 설치할 것
   ② 감지부는 형식승인 받은 유효한 높이 및 위치에 설치할 것
   ③ 차단장치(전기 또는 가스)는 상시 확인 및 점검이 가능하도록 설치할 것
   ④ 가스용 주방자동소화장치를 사용하는 경우 탐지부는 수신부와 분리하여 설치하되, 공기보다 가벼운 가스를 사용하는 경우에는 천장 면으로부터 30 cm 이하의 위치에 설치하고, 공기보다 무거운 가스를 사용하는 장소에는 바닥 면으로부터 30 cm 이하의 위치에 설치할 것
   ⑤ 수신부는 주위의 열기류 또는 습기 등과 주위온도에 영향을 받지 않고 사용자가 상시 볼 수 있는 장소에 설치할 것

9) 상업용 주방자동소화장치는 다음의 기준에 따라 설치할 것
   ① 소화장치는 조리기구의 종류별로 성능인증을 받은 설계 매뉴얼에 적합하게 설치할 것
   ② 감지부는 성능인증을 받은 유효높이 및 위치에 설치할 것
   ③ 차단장치(전기 또는 가스)는 상시 확인 및 점검이 가능하도록 설치할 것
   ④ 후드에 설치되는 분사헤드는 후드의 가장 긴 변의 길이까지 방출될 수 있도록 소화약제의 방출 방향 및 거리를 고려하여 설치할 것
   ⑤ 덕트에 설치되는 분사헤드는 성능인증을 받은 길이 이내로 설치할 것

10) 캐비닛형 자동소화장치는 다음의 기준에 따라 설치해야 한다.

① 분사헤드(방출구)의 설치 높이는 방호구역의 바닥으로부터 형식승인을 받은 범위 내에서 유효하게 소화약제를 방출시킬 수 있는 높이에 설치할 것

② 화재감지기는 방호구역 내의 천장 또는 옥내에 면하는 부분에 설치하되 「자동화재탐지설비 및 시각경보장치의 화재안전기술기준(NFTC 203)」 2.4(감지기)에 적합하도록 설치할 것

③ 방호구역 내의 화재감지기의 감지에 따라 작동되도록 할 것

④ 화재감지기의 회로는 교차회로방식으로 설치할 것. 다만, 화재감지기를 「자동화재탐지설비 및 시각경보장치의 화재안전기술기준(NFTC 203)」 2.4.1 단서의 각 감지기로 설치하는 경우에는 그렇지 않다.

⑤ 교차회로 내의 각 화재감지기회로별로 설치된 화재감지기 1개가 담당하는 바닥면적은 「자동화재탐지설비 및 시각경보장치의 화재안전기술기준(NFTC 203)」 2.4.3.5, 2.4.3.8 및 2.4.3.10에 따른 바닥면적으로 할 것

⑥ 개구부 및 통기구(환기장치를 포함한다. 이하 같다)를 설치한 것에 있어서는 소화약제가 방출되기 전에 해당 개구부 및 통기구를 자동으로 폐쇄할 수 있도록 할 것. 다만, 가스압에 의하여 폐쇄되는 것은 소화약제 방출과 동시에 폐쇄할 수 있다.

⑦ 작동에 지장이 없도록 견고하게 고정할 것

⑧ 구획된 장소의 방호체적 이상을 방호할 수 있는 소화성능이 있을 것

11) 가스, 분말, 고체에어로졸 자동소화장치는 다음의 기준에 따라 설치해야 한다.

① 소화약제 방출구는 형식승인을 받은 유효설치범위 내에 설치할 것

② 자동소화장치는 방호구역 내에 형식승인 된 1개의 제품을 설치할 것. 이 경우 연동방식으로서 하나의 형식으로 형식승인을 받은 경우에는 1개의 제품으로 본다.

③ 감지부는 형식승인 된 유효설치범위 내에 설치해야 하며 설치장소의 평상시 최고주위온도에 따라 다음 표에 따른 표시온도의 것으로 설치할 것. 다만, 열감지선의 감지부는 형식승인 받은 최고주위온도범위 내에 설치해야 한다.

설치장소의 최고주위온도	표시온도
39℃ 미만	79℃ 미만
39℃ 이상 64℃ 미만	79℃ 이상 121℃ 미만
64℃ 이상 106℃ 미만	121℃ 이상 162℃ 미만
106℃ 이상	162℃ 이상

④ ③에도 불구하고 화재감지기를 감지부로 사용하는 경우에는 10) ②부터 ⑤까지의 설치방법에 따를 것

12) 이산화탄소 또는 할로겐화합물을 방출하는 소화기구(자동확산소화기를 제외한다)는 지하층이나 무창층 또는 밀폐된 거실로서 그 바닥면적이 20 m^2 미만의 장소에는 설치할 수 없다. 다만, 배기를 위한 유효한 개구부가 있는 장소인 경우에는 그렇지 않다.

예제 1.11 전산실 및 전기실에 적응성이 있는 소화기와 관계가 먼 것은?

① 포 소화기
② 이산화탄소 소화기
③ 할론 소화기
④ 분말 소화기

답 ①

예제 1.12 대형소화기의 설치기준으로 옳은 것은?

① 특정소방대상물의 각 부분으로부터 보행거리 20 m 이내가 되도록 설치해야 한다.
② 특정소방대상물의 각 부분으로부터 보행거리 30 m 이내가 되도록 설치해야 한다.
③ 특정소방대상물의 각 부분으로부터 수평거리 20 m 이내가 되도록 설치해야 한다.
④ 특정소방대상물의 각 부분으로부터 수평거리 30 m 이내가 되도록 설치해야 한다.

답 ②

예제 1.13 화재를 감지하여 자동으로 소화약제가 확산하여 소화하는 소화기를 무엇이라 하는가?

① 수동식 소화기
② 자동식 소화기
③ 자동확산소화기
④ 간이소화용구

답 ③

예제 1.14 아파트 각 세대의 주방에 설치하는 자동식소화기의 설치에 관한 것으로 옳지 못한 것은?

① 소화약제 방출구는 환기구의 청소부분과 결합되어 있어야 한다.
② 감지부의 환기구의 중앙근처에 설치해야 한다.
③ 자동식소화기에 사용되는 가스누설경보차단장치는 상시 확인 및 점검이 가능하도록 설치해야 한다.
④ 자동식소화기의 수신부는 주위의 열기류 또는 습기 등과 주위온도에 영향을 받지 않고 사용자가 상시 볼 수 있는 장소에 설치해야 한다.

답 ①

1.7 소화기의 감소기준

1) 소형소화기를 설치해야 할 특정소방대상물 또는 그 부분에 옥내소화전설비, 스프링클러설비, 물분무등소화설비, 옥외소화전설비 또는 대형소화기를 설치한 경우에는 해당 설비의 유효범위의 부분에 대하여는 소형소화기의 2/3(대형소화기를 둔 경우에는 1/2)를 감소할 수 있다. 다만, 층수가 11층 이상인 부분, 근린생활시설, 위락시설, 문화 및 집회시설, 운동시설, 판매시설, 운수시설, 숙박시설, 노유자 시설, 의료시설, 아파트, 업무시설(무인변전소를 제외한다), 방송통신시설, 교육연구시설, 항공기 및 자동차관련 시설, 관광 휴게시설은 그렇지 않다.

2) 대형소화기를 설치해야 할 특정소방대상물 또는 그 부분에 옥내소화전설비, 스프링클러설비, 물분무등소화설비 또는 옥외소화전설비를 설치한 경우에는 해당 설비의 유효범위 안의 부분에 대하여는 대형소화기를 설치하지 않을 수 있다.

연습문제

1. 간이 소화용구의 능력단위에 관하여 설명하라.

2. 소화기를 대형소화기 및 소형소화기로 구분하는데 이들의 정의와 구분하는 기준에 대하여 서술하라.

3. 소화기의 사용방법 및 유지관리사항에 관하여 서술하라.

4. 소화기의 표기사항에 관하여 나열하라.

5. 특정소방대상물별 소화기구의 능력단위 기준에 관하여 설명하라.

Chapter 2

옥내소화전설비

2.1 개요

옥내소화전설비는 화재초기에 건축물 내의 화재를 진화하도록 소화전함에 비치되어 있는 호스 및 노즐을 이용하여 소화작업을 하는 설비이다. 일반적으로 수원, 가압송수장치, 개폐밸브, 호스, 노즐, 소화전함, 비상전원 등으로 구성되어 있다.

용어 정의

고가수조	구조물 또는 지형지물 등에 설치하여 자연낙차의 압력으로 급수하는 수조를 말한다.
압력수조	소화용수와 공기를 채우고 일정압력 이상으로 가압하여 그 압력으로 급수하는 수조를 말한다.
충압펌프	배관 내 압력손실에 따른 주펌프의 빈번한 기동을 방지하기 위하여 충압 역할을 하는 펌프를 말한다.
정격토출량	정격토출압력에서의 펌프의 토출량을 말한다.
정격토출압력	정격토출량에서의 펌프의 토출측 압력을 말한다.
진공계	대기압 이하의 압력을 측정하는 계측기를 말한다.
연성계	대기압 이상의 압력과 대기압 이하의 압력을 측정할 수 있는 계측기를 말한다.
체절운전	펌프의 성능시험을 목적으로 펌프 토출측의 개폐밸브를 닫은 상태에서 펌프를 운전하는 것을 말한다.
기동용 수압개폐장치	소화설비의 배관 내 압력변동을 검지하여 자동적으로 펌프를 기동 및 정지시키는 것으로서 압력챔버 또는 기동용 압력스위치 등을 말한다.

	압력챔버	동체와 경판으로 구성된 원통형 탱크를 소화설비 배관과 연결하여 압력변동을 검지하여 자동적으로 펌프를 기동 또는 정지시키기 위한 장치
	기동용 압력스위치	소화설비 배관 내에 작용하는 수격 또는 순간압력변동 등에 내구성이 있도록 부르동관을 사용하는 압력스위치 등으로 압력변동을 검지하여 자동적으로 펌프를 기동 또는 정지시키기 위한 장치
급수배관	수원 및 옥외송수구로부터 옥내소화전방수구에 급수하는 배관을 말한다.	
개폐표시형 밸브	밸브의 개폐 여부를 외부에서 식별이 가능한 밸브를 말한다.	
가압수조	가압원인 압축공기 또는 불연성 고압기체에 따라 소방용수를 가압시키는 수조를 말한다.	

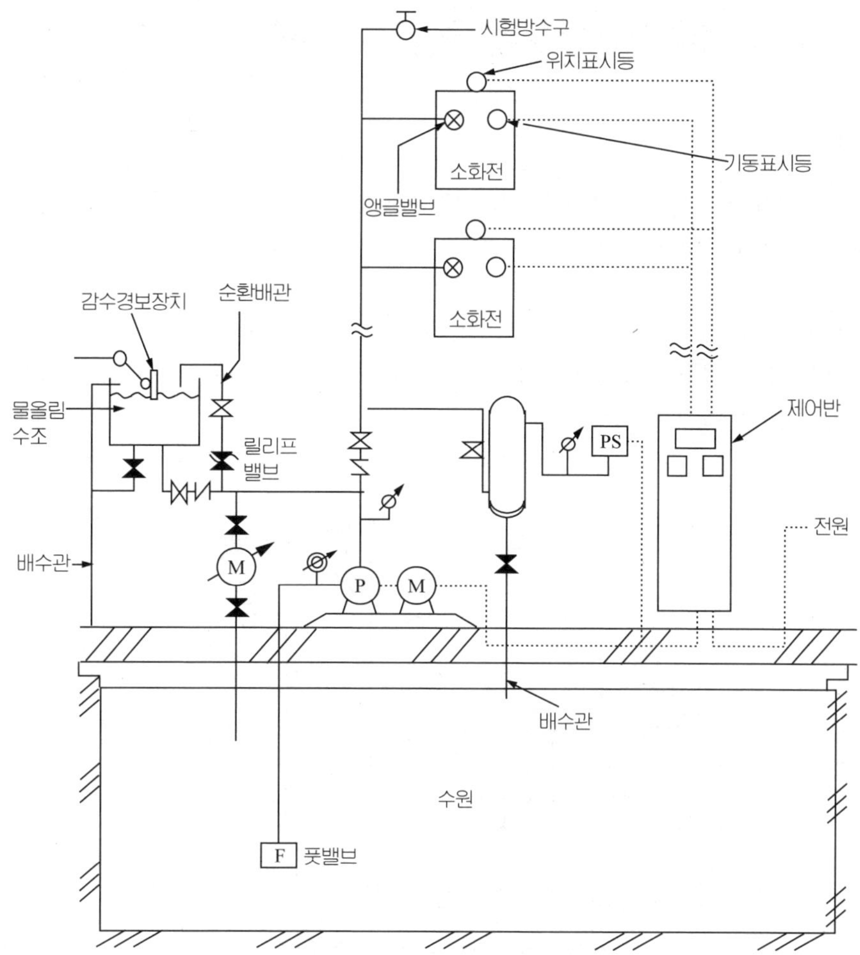

[그림 2-1] 옥내소화전 시스템

2.2 옥내소화전설비의 종류

주로 학교, 공장, 창고, 사업장에 한하여 설치할 수 있으며 소화전함의 기동스위치를 누르고 앵글밸브를 열면 가압송수장치의 펌프가 기동되어 방수가 시작되는 수동기동방식(on-off방식)과 소화전함의 앵글밸브를 열면 배관 내의 압력감소로 압력감지장치에 의해 펌프가 기동되어 방수가 시작되는 자동기동방식(기동용 수압개폐방식)이 있다.

기동용 수압개폐장치는 스프링클러설비, 포소화설비, 물분무소화설비에서는 필수적인 기동방식이다.

2.3 옥내소화전설비의 구성 및 기준

1) 수원

수원은 고가수조, 지하수조, 압력수조, 가압수조의 4가지로 나눌 수 있는데 이것은 설치위치와 구조에 따라서 분류된 것이다.

(1) 종류

가. 고가수조 : 건물 최상층에 설치하여 낙차를 이용한 소화전함 및 펌프보다 높은 위치에 있는 모든 수조를 말한다.

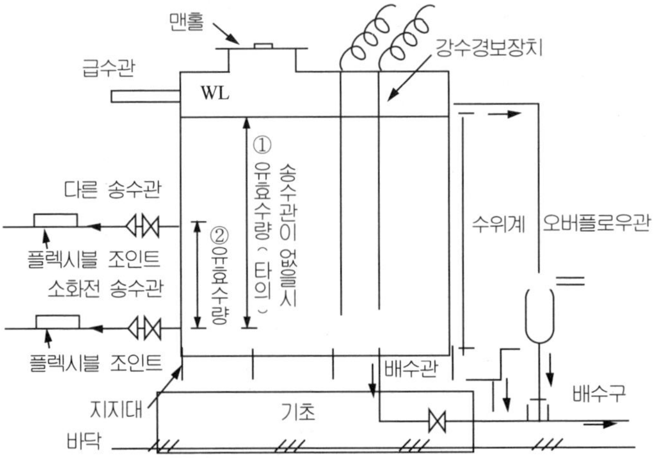

[그림 2-2] 고가수조

나. 압력수조 : 압력수조 자체가 수원인 것으로써, 수조 용량의 2/3는 물을 채우고 수위가 저하되면 급수펌프 운전용 감지장치에 의하여 급수펌프가 작동되어 유효수량을 항상 유지시키고, 수조의 1/3은 압축공기로 채워져 있어 압축공기의 누기현상이 발생되면 자동식 에어 컴프레서(Air compressor)에 의해 수조 내에 필요한 압력을 보충시켜 주게 된다.

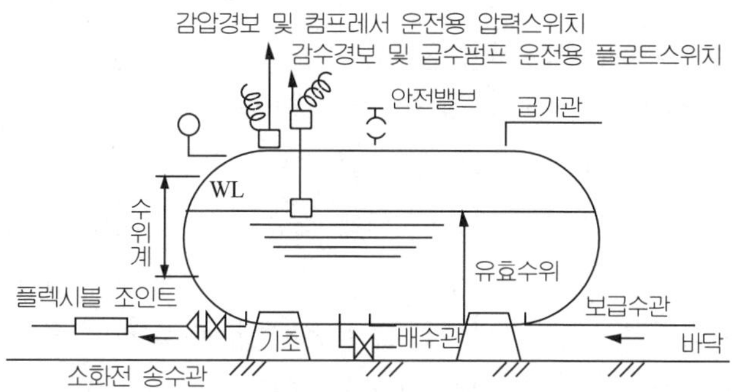

[그림 2-3] 압력수조

다. 지하수조 : 일반적으로 지하에 설치된 모든 수조를 말하는 것이 아니라 가압송수장치의 펌프보다 낮은 위치에 설치된 모든 수조를 의미한다. 수량에 있어서는 소화설비 전용으로 설치된 경우에는 수조전체 물의 양이 해당 필요한 수량으로 산정되나 일반 설비와 겸용인 경우에는 일반 급수 펌프의 풋밸브와 소화 펌프의 풋밸브 사이의 수량이 필요수량으로 산정된다. 즉, 이것을 "유효수량"이라고 한다. 주의사항으로서 소화펌프의 풋밸브가 일반급수펌프의 풋밸브보다 아래에 위치해야 한다.

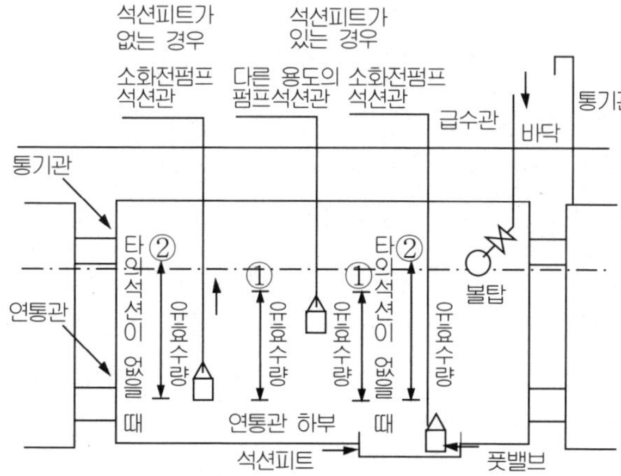

[그림 2-4] 지하수조

라. 가압수조 : 가압원인 압축공기 또는 불연성 고압기체에 따라 소방용수를 가압시키는 수조를 말한다.

(2) 설치기준

가. 점검에 편리한 곳에 설치해야 한다.

나. 동결방지조치를 하거나 동결의 우려가 없는 장소에 설치해야 한다.

다. 수조의 외측에는 수위계를 설치해야 한다. 다만, 수조의 맨홀 등을 통하여 수조안의 물의 양을 쉽게 알 수 있도록 표지를 한 때에는 그렇지 않다.

라. 수조의 상단이 바닥보다 높은 때에는 수조의 외측에 고정식 사다리를 설치해야 한다.

마. 수조가 실내에 설치된 때에는 그 실내에 조명설비를 설치해야 한다.

바. 수조 밑 부분에는 청소용 배수밸브 또는 배수관을 설치해야 한다.

사. 수조의 외측의 보기 쉬운 곳에 "옥내소화전설비용 수조"라고 표시한 표지를 설치해야 한다. 이 경우 그 수조를 다른 설비와 겸용하는 때에는 그 겸용되는 설비의 이름을 표시한 표지를 함께 해야 한다.

아. 옥내소화전펌프의 흡수배관 또는 옥내소화전설비의 입상배관과 수조의 접속부분에는 "옥내소화전설비용 배관"이라고 표시한 표지를 해야 한다.

(3) 수원의 양 산출기준

가. 옥내소화전설비의 수원은 그 저수량이 옥내소화전의 설치개수가 가장 많은 층의 설치개수(2개 이상 설치된 경우에는 2개)에 2.6 m^3(호스릴 옥내소화전설비를 포함한다)을 곱한 양 이상이 되도록 해야 한다.

$$\text{수원의 양} = \text{옥내소화전 설치개수} \times 2.6\ m^3$$

예를 들면 건축물의 옥내소화전이 1층에 5개, 2층에 3개, 3층에 2개가 설치되어 있다고 가정하면 설치개수가 가장 많은 층이 1층이므로 1층의 개수는 5개이다. 그러므로 해당 건축물에 필요한 옥내소화전설비의 수원의 양은 2개×2.6 m^3(130 ℓ/분×20분)의 양이다. 즉, 2개 × 130 ℓ/분 × 20분 = 5,200 ℓ 이상이 된다.

나. 옥내소화전설비의 수원은 가.에 따라 계산하여 나온 유효수량 외에 유효수량의 1/3 이상을 옥상(옥내소화전설비가 설치된 건축물의 주된 옥상을 말한다)에 설치해야 한다. 다만, 다음의 어느 하나에 해당하는 경우에는 그렇지 않다.

a. 지하층만 있는 건축물
b. 2)의 가.에 따른 고가수조를 가압송수장치로 설치한 경우
c. 수원이 건축물의 최상층에 설치된 방수구보다 높은 위치에 설치된 경우
d. 건축물의 높이가 지표면으로부터 10 m 이하인 경우
e. 주펌프와 동등 이상의 성능이 있는 별도의 펌프로서 내연기관의 기동과 연동하여 작동되거나 비상전원을 연결하여 설치한 경우
f. 2)의 (1) 다. i.의 단서에 해당하는 경우
g. 2)의 (1) 라.에 따라 가압수조를 가압송수장치로 설치한 경우

다. 옥상수조(유효수량의 1/3 이상을 옥상에 설치한 설비를 말한다)는 이와 연결된 배관을 통하여 상시 소화수를 공급할 수 있는 구조의 특정소방대상물인 경우에는 둘 이상의 특정소방대상물이 있더라도 하나의 특정소방대상물에만 이를 설치할 수 있다.

라. 옥내소화전설비의 수원을 수조로 설치하는 경우에는 소화설비의 전용수조로 해야 한다. 다만, 다음에 해당하는 경우에는 그렇지 않다.

a. 옥내소화전설비용 펌프의 풋밸브 또는 흡수배관의 흡수구(수직회전축펌프의 흡수구를 포함한다)를 다른 설비(소화용 설비 외의 것을 말한다)의 풋밸브 또는 흡수구보다 낮은 위치에 설치한 때
b. 고가수조로부터 옥내소화전설비의 수직배관에 물을 공급하는 급수구를 다른 설비의 급수구보다 낮은 위치에 설치한 때

마. 저수량을 산정함에 있어서 다른 설비와 겸용하여 옥내소화전설비용 수조를 설치하는 경우에는 옥내소화전설비의 풋밸브·흡수구 또는 수직배관의 급수구와 다른 설비의 풋밸브·흡수구 또는 수직배관의 급수구와의 사이의 수량을 그 유효수량으로 한다.

▶ 보충 옥내소화전설비에서 고가수조에 수원의 저장량에 1/3을 저장하는 이유
펌프의 고장이나 정전 시 화재가 발생하여도 자연수압에 의해 방사되는 물로 소화할 수 있도록 하기 위해서이다.

예제 2.1 옥내소화전설비의 수원의 종류와 관계가 없는 것은?

① 지하수조 ② 지상수조 ③ 압력수조 ④ 고가수조

답 ②

예제 2.2 다른 설비와 겸용하여 옥내소화전설비용 수조를 설치하는 경우에 옥내소화전설비에 필요한 수원의 유효수량에 대한 기준은?

① 옥내소화전설비의 풋밸브와 다른 설비의 풋밸브 사이의 수량을 그 유효수량으로 한다.
② 옥내소화전설비의 풋밸브와 수조의 바닥 사이의 수량을 그 유효수량으로 한다.
③ 다른 설비의 풋밸브와 수조의 바닥 사이의 수량을 그 유효수량으로 한다.
④ 옥내소화전설비의 풋밸브와 수조의 수면 사이의 수량을 그 유효수량이라 한다.

답 ①

예제 2.3 옥내소화전설비의 수조에 대한 설치기준으로 옳지 못한 것은?

① 수조의 외측에는 수위계를 설치해야 한다.
② 수조의 상단이 바닥보다 높은 때에는 수조의 외측에 이동식 사다리를 설치해야 한다.
③ 수조가 실내에 설치된 때에는 그 실내에 조명설비를 설치해야 한다.
④ 수조 밑 부분에는 청소용 배수밸브 또는 배수관을 설치해야 한다.

답 ②

예제 2.4 수조에 1/3 정도를 압축공기로 채워 필요한 압력을 보충시키는 수원의 종류를 무엇이라 하는가?

① 지하수조 ② 저수조 ③ 고가수조 ④ 압력수조

답 ④

예제 2.5 5층인 소방대상물의 각 층마다 옥내소화전이 6개 설치되어 있다. 초기소화를 위해 필요한 수원의 양(m^3)은 얼마 이상으로 해야 하는가?

① 5.2 m^3 ② 7.8 m^3 ③ 10.4 m^3 ④ 13 m^3

답 ①

2) 옥내소화전설비의 가압송수장치

(1) 종류

옥내소화전의 규정방수압력(0.17 MPa 이상)을 보존하기 위한 가압송수장치에는 고가수조방식, 압력수조방식, 전동기 또는 내연기관에 의한 펌프방식, 가압수조방식으로 분류할 수 있다.

가. 고가수조방식

최상층부에 위치한 옥내소화전보다 높은 위치에 설치된 수조로서 수조의 방수구에 규정방수압력을 보존하기 위해 낙차를 이용하는 방식이다. 물을 사용하는 설비에도 적용될 수 있다. 고가수조의 낙차(수조의 하단으로부터 최고층에 설치된 소화전 호스 접결구까지의 수직거리를 말한다)는

$$H = h_1 + h_2 + 17\,\text{m}$$

H : 필요한 낙차(m)

h_1 : 소방용 호스의 마찰손실수두(m)

h_2 : 배관의 마찰손실수두(관부속품의 마찰손실수두포함)(m)

17 m : 규정방수압력 환산수두

의하여 산출한 수치 이상이 되도록 해야 하며 또한 구성장치로는 수위계, 배수관, 급수관, 오버플로우관 및 맨홀을 설치한다.

나. 압력수조방식

압력수조를 수원으로 하는데 수조의 2/3는 급수펌프에 의하여 항시 물이 보급되고, 1/3은 공기압축기(Air compressor)에 의해 압축공기가 보급됨으로써, 이 압축공기 압력으로 방수구에서의 규정방수압력을 보존하기 위한 가압방식이다. 고가수조방식과 마찬가지로 물을 사용하는 모든 설비에 적용될 수 있다. 압력수조에서 필요한 압력은

$$P = p_1 + p_2 + p_3 + 0.17\,\text{MPa}$$

P : 필요한 압력(MPa)

p_1 : 소방용 호스의 마찰손실수두압(MPa)

p_2 : 배관의 마찰손실수두압(관부속 등의 마찰손실수두압 포함)(MPa)

p_3 : 낙차의 환산수두압(MPa)

0.17 MPa : 옥내소화전의 법정방수압력

의하여 산출한 수치 이상으로 해야 한다.

또한 필요한 장치로서는 수위계, 급수관, 배수관, 급기관, 맨홀, 압력계, 안전장치 및 압력저하 방지를 위한 자동식 공기압축기를 설치해야 한다.

다. 전동기 또는 내연기관에 따른 펌프 방식

옥내소화전의 방수구에서 규정방수압력을 보존하기 위해 펌프를 설치하고 펌프에 의해 가압하는 방식으로 통상적으로 가장 많이 이용하는 방식이다. 원칙적으로 물을 이용하는 소화설비의 가압송수장치는 펌프방식이 이용된다. 이 펌프방식의 소방법상 시설기준은 다음과 같다.

a. 쉽게 접근할 수 있고 점검하기에 충분한 공간이 있는 장소로서 화재 및 침수 등의 재해로 인한 피해를 받을 우려가 없는 곳에 설치해야 한다.

b. 동결방지조치를 하거나 동결의 우려가 없는 장소에 설치해야 한다.

c. 특정소방대상물의 어느 층에서도 해당 층의 옥내소화전(2개 이상 설치된 경우에는 2개의 옥내소화전)을 동시에 사용할 경우 각 소화전의 노즐선단에서의 방수압력이 0.17 MPa(호스릴 옥내소화전설비를 포함한다) 이상이고, 방수량이 130 ℓ/분(호스릴 옥내소화전설비를 포함한다) 이상이 되는 성능의 것으로 할 것. 다만, 하나의 옥내소화전을 사용하는 노즐선단에서의 방수압력이 0.7 MPa을 초과할 경우에는 호스접결구의 인입 측에 감압장치를 설치해야 한다.

d. 펌프의 토출량은 옥내소화전이 가장 많이 설치된 층의 설치개수(옥내소화전이 2개 이상 설치된 경우에는 2개)에 130 ℓ/분를 곱한 양 이상이 되도록 할 것

e. 펌프는 전용으로 할 것. 다만, 다른 소화설비와 겸용하는 경우 각각의 소화설비의 성능에 지장이 없을 때에는 그렇지 않다.

f. 펌프의 토출측에는 압력계를 체크밸브 이전에 펌프 토출측 플랜지에서 가까운 곳에 설치하고, 흡입측에는 연성계 또는 진공계를 설치할 것. 다만, 수원의 수위가 펌프의 위치보다 높거나 수직회전축펌프의 경우에는 연성계 또는 진공계를 설치하지 않을 수 있다.

g. 펌프의 성능은 체절운전 시 정격토출압력의 140%를 초과하지 않고, 정격토출량의 150%로 운전 시 정격토출압력의 65% 이상이 되어야 하며, 펌프의 성능을 시험할 수 있는 성능시험배관을 설치할 것. 다만, 충압펌프의 경우에는 그렇지 않다.

h. 가압송수장치에는 체절운전 시 수온의 상승을 방지하기 위한 순환배관을 설치할 것. 다만, 충압펌프의 경우에는 그렇지 않다.

i. 기동장치로는 기동용 수압개폐장치 또는 이와 동등 이상의 성능이 있는 것을 설치할 것. 다만, 학교·공장·창고시설(옥상수조를 설치한 대상은 제외한다)로서 동결의 우려가 있는 장소에 있어서는 기동스위치에 보호판을 부착하여 옥내소화전함 내에 설치할 수 있다.

j. i. 단서의 경우에는 주펌프와 동등 이상의 성능이 있는 별도의 펌프로서 내연기관의 기동과 연동하여 작동되거나 비상전원을 연결한 펌프를 추가 설치할 것. 다만, 다음에 해당하는 경우는 제외한다.

1. 지하층만 있는 건축물
2. 고가수조를 가압송수장치로 설치한 경우
3. 수원이 건축물의 최상층에 설치된 방수구보다 높은 위치에 설치된 경우
4. 건축물의 높이가 지표면으로부터 10 m 이하인 경우
5. 가압수조를 가압송수장치로 설치한 경우

k. 기동용 수압개폐장치 중 압력챔버를 사용할 경우 그 용적은 100 ℓ 이상의 것으로 할 것

l. 수원의 수위가 펌프보다 낮은 위치에 있는 가압송수장치에는 다음의 기준에 따른 물올림장치를 설치할 것

1. 물올림장치에는 전용의 수조를 설치할 것
2. 수조의 유효수량은 100 ℓ 이상으로 하되, 구경 15 mm 이상의 급수배관에 따라 해당 수조에 물이 계속 보급되도록 할 것

m. 기동용 수압개폐장치를 기동장치로 사용할 경우에는 다음의 기준에 따른 충압펌프를 설치할 것.

1. 펌프의 토출압력은 그 설비의 최고위 호스접결구의 자연압보다 적어도 0.2 MPa이 더 크도록 하거나 가압송수장치의 정격토출압력과 같게 할 것
2. 펌프의 정격토출량은 정상적인 누설량보다 적어서는 안 되며, 옥내소화전설비가 자동적으로 작동할 수 있도록 충분한 토출량을 유지할 것

n. 내연기관을 사용하는 경우에는 다음의 기준에 적합한 것으로 할 것

1. 내연기관의 기동은 i.의 기동장치를 설치하거나 또는 소화전함의 위치에서 원격조작이 가능하고, 기동을 명시하는 적색등을 설치할 것
2. 제어반에 따라 내연기관의 자동기동 및 수동기동이 가능하고, 상시 충전되어 있는 축전지설비를 갖출 것
3. 내연기관의 연료량은 펌프를 20분(층수가 30층 이상 49층 이하는 40분, 50층 이상은 60분) 이상 운전할 수 있는 용량일 것

o. 가압송수장치에는 “옥내소화전소화펌프”라고 표시한 표지를 할 것. 이 경우 그 가압송수장치를 다른 설비와 겸용하는 때에는 그 겸용되는 설비의 이름을 표시한 표지를 함께 해야 한다.

p. 가압송수장치가 기동이 된 경우에는 자동으로 정지되지 않도록 할 것. 다만, 충압펌프의 경우에는 그렇지 않다.

q. 가압송수장치는 부식 등으로 인한 펌프의 고착을 방지할 수 있도록 다음의 기준에 적합한 것으로 할 것. 다만, 충압펌프는 제외한다.

1. 임펠러는 청동 또는 스테인리스 등 부식에 강한 재질을 사용할 것
2. 펌프축은 스테인리스 등 부식에 강한 재질을 사용할 것

이러한 펌프 가압송수장치는 지하층을 제외한 건물의 높이가 60 m를 초과하는 때에

는 중간 가압송수장치를 별도로 설치해야 한다. 이렇게 설치된 펌프의 양정은

$$H = h_1 + h_2 + h_3 + 17\,\mathrm{m}$$

H : 펌프의 전양정(m)

h_1 : 실양정(펌프의 흡입양정 + 펌프의 토출양정)(m)

h_2 : 배관 및 관부속품의 마찰손실수두(m)

h_3 : 소방용 호스의 마찰손실수두(m)

17 m : 노즐 선단의 규정방수압력 환산수두

의해서 산출한 수치 이상으로 해야 한다.

라. 가압수조방식

a. 가압수조의 압력은 규정에 따른 방수압 및 방수량을 20분 이상 유지되도록 할 것

b. 가압수조 및 가압원은 방화구획 된 장소에 설치할 것

예제 2.6 옥내소화전의 각 노즐선단에서의 규정방사압력(MPa) 및 규정방사량(ℓ/min)은 얼마 이상이어야 하는가?

① 0.1－80　② 0.17－130

③ 0.25－260　④ 0.35－350

답 ②

예제 2.7 4층 오피스텔의 각 층마다 옥내소화전이 3개 설치되어 있다. 여기에 설치된 펌프의 토출량(ℓ/min)은 얼마 이상이어야 하는가?

① 130　② 260　③ 390　④ 520

답 ②

예제 2.8 옥내소화전설비의 가압송수장치의 설치기준에 대한 설명이다. 틀린 것은?

① 펌프의 토출측에는 압력계를, 흡입측에는 연성계 또는 진공계를 설치할 것

② 정격부하 운전 시 펌프의 성능을 시험하기 위한 배관을 설치할 것

③ 체절운전 시 수온의 상승을 방지하기 위한 물올림배관을 설치할 것

④ 수원의 수위가 펌프보다 낮은 위치에 있는 경우에는 물올림장치를 설치할 것

답 ③

예제 2.9 고가수조에 설치해야 하는 장치와 관계가 없는 것은?

① 수위계　② 배수관　③ 맨홀　④ 안전장치

답 ④

예제 2.10 물올림장치에 설치되는 수조의 용량(ℓ)은 얼마 이상으로 해야 하는가?

① 100 ② 200 ③ 300 ④ 400

답 ①

3) 펌프 및 주변장치

(1) 펌프

소방용 펌프로는 원심펌프가 주로 사용되는데 원심펌프는 날개바퀴에 안내날개가 있는가의 여부에 따라 볼류트 펌프와 터빈 펌프로 나뉜다.

볼류트 펌프는 임펠러 주위에 안내날개가 없으며 펌프는 양정이 낮고 양수량이 많은 곳에 사용되며 터빈펌프는 물의 안내날개가 있어서 원심력에 의한 속도에너지를 안내날개에 의해 압력에너지로 바꾸어 주기 때문에 양정이 높은 곳에 적절하다.

원심펌프를 구성하는 기본요소로는 본체(Casing, Vortex, Guide), 회전차(Impeller), 주축(Main Shaft), 축이음(Shaft Coupling), 베어링(Bearing) 및 패킹상자(Stuffing Box) 등이 있다. 원심펌프는 변곡된 다수의 깃(Blade 또는 Vane)이 달린 회전차가 밀폐된 케이싱 내에서 회전함으로써 발생하는 원심력의 작용에 의하여 물을 회전차의 중심에서 흡입하고, 이 물은 반지름 방향으로 흐르는 사이에 압력 및 속도에너지를 얻어 토출구 및 관을 통하여 송출된다.

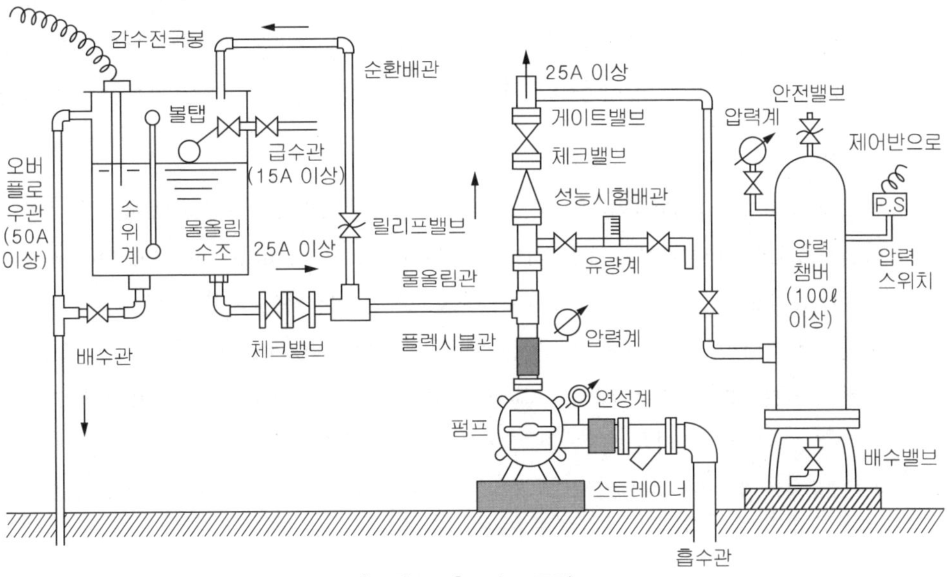

[그림 2-5] 펌프 주변도

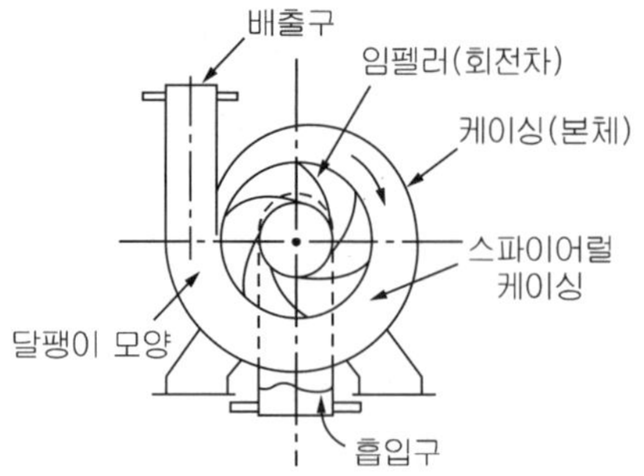

[그림 2-6] 볼류트 펌프

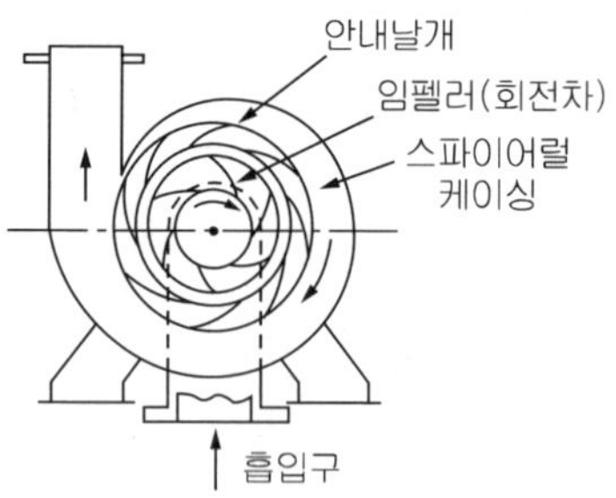

[그림 2-7] 터빈 펌프

가. 원심펌프의 분류

① 안내깃의 유무에 의한 분류

원심펌프는 안내깃(Guide) 유무에 따라 안내깃이 없는 볼류트 펌프(Volute Pump)와 안내깃이 달린 터빈 펌프(Turbine Pump)로 분류하며, 대체로 볼류트 펌프는 회전차의 1단(Stage)이 발생하는 양정이 낮은 것에 쓰이고, 터빈 펌프는 양정이 높은 것에 사용된다.

② 흡입구에 의한 분류

펌프의 흡입구가 회전차의 한쪽에 설치된 펌프를 편흡입 펌프(Single Suction Pump), 흡입구가 양쪽에 설치된 펌프를 양흡입 펌프(Double Suction Pump)라고 한다. 회전차의 외경, 내경 및 그 외의 치수가 동일한 경우, 양정은 동일하지만 유량은 양흡입이 편흡입의 2배가 되므로 요구되는 송출유량이 양정에 대하여 비교적 적은 경우에는 편흡입 펌프를 사용하고 송출량이 많은 경우에는 양흡입 펌프를 사용한다.

③ 단수에 의한 분류

펌프에 회전차(Impeller)를 1개 설치한 것을 단단펌프(Single Stage Pump)라고 하며, 회전차를 2개 이상 설치한 것을 다단펌프(Multi Stage Pump)라고 한다. 단수에 따라 2단(Two Stage), 3단(Three Stage) 등으로 하며, 회전차의 지름과 회전수의 관계에서 볼 때 다단펌프로 양수할 수 있는 범위는 약 80～100 m 정도이며, 그 이상의 양정이 요구될 때에는 여러 개의 회전차를 직렬로 배치한 다단펌프를 사용한다. 다단펌프의 경우 1단에서 나온 물을 2단으로 흡입하고 차례로 다음 단으로 송출함으로써 높은 양정을 얻는다. 다단펌프의 경우 회전차를 크게 하거나 회전속도를 높임으로써 양정을 높일 수도 있다.

④ 축의 방향에 의한 분류

펌프의 주축(Main Shaft)의 방향에 따라 주축이 수평일 때를 수평회전축 펌프(Horizontal Pump), 수직일 때를 수직회전축 펌프(Vertical Pump)라고 하며, 저수조의 형태 및 위치와 펌프가 설치되는 장소의 여건에 적합한 형태의 펌프를 선정한다.

나. 원심펌프의 특성곡선(Characteristic Pump Curves)

펌프의 성능을 표시할 때 특성곡선 [그림 2-8]을 사용하며, 펌프의 회전수와 흡입양정을 일정하게 하여 횡축에는 유량(Q), 종축에는 양정(H), 동력(L) 및 효율(η)을 표시하여 양정~유량($H \sim Q$), 동력~유량($L \sim Q$) 및 효율~유량($\eta \sim Q$)간의 변화량을 곡선으로 그린 것을 펌프의 특성곡선이라고 한다. 적절한 설계 및 제작 결과 구해진 특성곡선의 경우에는 효율곡선($\eta \sim Q$)의 최고점의 위치가 양정곡선($H \sim Q$)상의 요구점과 동일 좌표가 된다.

양정곡선($H \sim Q$)이 종축과 만나는 점, 즉 $Q = 0$일 때의 양정을 체절양정(Shut Off Head)이라고 한다. 원심펌프에 있어 체절양정은 정격양정의 140%를 넘지 않도록 해야 하며, 펌프의 경우 정격유량과 정격양정의 교차점은 항시 양정곡선상에 위치하거나 양정곡선 아래 지점에 위치해야 하며, 소방펌프의 경우 정격유량의 150% 유량송출시 펌프의 양정은 정격양정의 65% 이상이 되어야 한다.

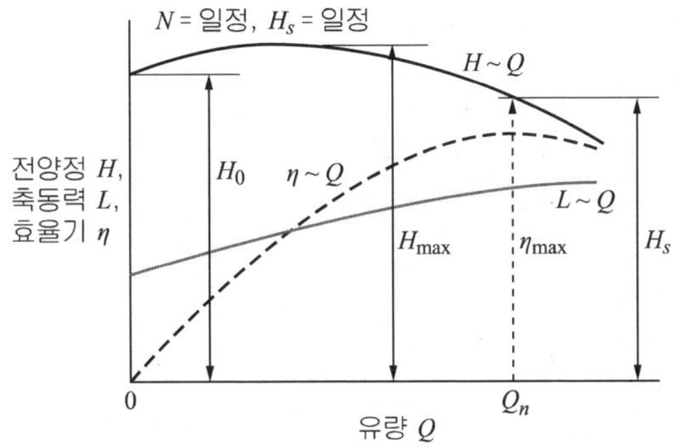

[그림 2-8] 원심펌프의 특성곡선

다. 소방펌프의 기동방법

소방펌프의 기동방법에는 수동기동 방법, 자동기동 방법이 있으며 근래에 와서는 대개가 자동기동 방법을 사용하고 있다.

① 수동기동 방법

소방펌프의 수동기동의 경우, 현장기동은 펌프 인근에 설치되는 펌프조작반(Pump Control Panel)에 설치되는 스위치를 직접 조작하여 펌프를 기동시키는 방법이며, 원격기동의 경우, 관련 소화설비 사용 필요시 소화설비기기 인근에 설치된 펌프 기동스위치(옥내, 옥외소화전함 등에 설치)를 조작함으로써 펌프를 기동시키는 방법이다. 소방펌프의 수동기동 방법은 과거 소방대상물의 규모가 작고 위험성이 낮으며, 옥내소화전, 옥외소화전설비 등 단순 소화설비가 설치되는 소방대상물에 설치된 경우가 있었으나, 근래에 와서는 압력스위치를 이용한 자동기동 방식을 대부분 채택하고 있다.

② 자동기동 방법

자동기동 방법은 평상시 소방펌프를 토출측 관내의 소화수 압력을 충압펌프를 사용하여 일정 범위 내에서 가압된 상태로 유지시키고, 소방펌프에 연결된 소화설비기구(옥내소화전, 옥외소화전, 스프링클러 등) 사용 시 일정 기준 이하로 떨어지는 수압을 압력스위치가 인지하여 자동으로 소방펌프를 기동하도록 하는 방법이다.

짚고넘어가기 01

1. 각각 특성이 다른 2개의 펌프를
   ① 병렬 연결시 : $Q \rightarrow 2Q$, $H \rightarrow H$
   ② 직렬 연결시 : $Q \rightarrow Q$, $H \rightarrow 2H$

2. 펌프의 공동현상(cavitation) 방지 대책
   ① 흡입측 배관의 마찰손실을 적게 한다.
   ② 펌프의 설치위치를 낮게 한다.
   ③ 흡입수두를 적게 한다.
   ④ 흡입관경을 확대한다.
   ⑤ 단흡입을 양흡입으로 한다.
   ⑥ 펌프의 임펠러 속도를 적게 한다.
   ⑦ 호수조를 설치해야 한다.
   ⑧ 스트레이너의 통수 면적이 큰 것을 사용한다.
   ⑨ 흡입관은 가급적 간단한 설계가 되도록 한다. (흡입관 도중에 밸브, 곡관 등을 적게 한다)
   ⑩ 두 대 이상의 펌프를 사용한다.

3. 펌프의 서어징(surging) 현상의 발생조건
   ① 펌프의 양정곡선($H-Q$ 곡선)이 우상경(右上傾) 부분에서 발생한다.

② 토출량 조절 밸브의 위치가 수조 또는 탱크의 뒤쪽에 위치할 경우 발생한다.
③ 배관도 중에 물탱크나 공기탱크가 있을 경우 발생한다.
④ 배관 중에 공기가 있을 경우 발생한다.

4. 펌프의 상사법칙

① 유량의 변화는 분당 회전수의 변화에 비례한다.

$$\frac{Q'}{Q}=\left(\frac{N'}{N}\right),\quad Q'=Q\times\left(\frac{N'}{N}\right)$$

② 전양정(압력)의 변화는 분당 회전수비의 제곱에 비례한다.

$$\frac{H'}{H}=\left(\frac{N'}{N}\right)^2,\quad H'=H\times\left(\frac{N'}{N}\right)^2$$

③ 축동력의 변화는 분당 회전수비의 세제곱에 비례한다.

$$\frac{P'}{P}=\left(\frac{N'}{N}\right)^3,\quad P'=P\times\left(\frac{N'}{N}\right)^3$$

5. 펌프의 유효흡입 양정(NPSHa)

① 수원의 위치가 펌프 중심선보다 위에 위치한 경우(압입상)

$$\text{NPSHa}=\left(\frac{P_a}{\gamma}-\frac{P_v}{\gamma}\right)-H_S-H_{SL}$$

② 수원의 위치가 펌프 중심선보다 아래에 위치한 경우(흡입상)

$$\text{NPSHa}=\left(\frac{P_a}{\gamma}-\frac{P_v}{\gamma}\right)-H_S-H_{SL}$$

P_a : 흡수면에 작용하는 절대압력(kgf/m²·abs)

P_v : 액체의 포화 증기압(kgf/m²·abs)

γ : 액체의 비중량(kgf/m²)

H_S : 흡수면에서 펌프 중심선까지의 높이(m) [흡입상이면 (−), 압입상이면 (+)]

H_{SL} : 흡입측 배관내의 마찰손실 수두(m)

(2) 물올림장치(호수조, 물올림수조, Priming Tank)

물올림장치는 수평회전축펌프를 사용한 지하수조방식의 가압송수장치에 필요한 설비로 펌프내나 그 흡수관에 공기가 들어 있으면 펌프가 공회전하여 양수 능력이 감소하게 되는데 수원의 위치가 펌프보다 낮은 경우에 이러한 현상이 현저히 나타난다. 이 경우를 방지하기 위해 흡수관 말단부에 스트레이너를 부착한 풋밸브를 설치하여 펌프 정지 중에 흡수관내의 물이 수조로 역류(낙하)하지 않고 언제나 물이 충만되도록 되어 있다. 그러나 풋밸브는 수중의 먼지 등의 물질이 끼어 고장이 나기 쉬워 펌프실의 물이 수조로 빠져 내려가면 펌프를 작동시켜도 물이 흡입되지 않으므로, 이 경우에 펌프 임펠러에서 풋밸브까지 물을 공급하여 항상 펌프만 작동하면 물이 흡입될 수 있도록 대비시켜주는 것이다. 이러한 물올림수조의 용량은 100 ℓ 이상이며, 수조 내가 충만 상태가 되도록 자동적으로 물을 보급시키기 위한 볼탭, 항상 물올림수조로 물을 보급하기 위한 구경 15 mm 이상의 급수배관, 볼탭의 고장으로 물을 멈추지 못했을 경우 오버플로우시키기 위한 50 mm 이상의 배수관, 물이 급수되지 않고 수조 내에 물이 없는 것을 발견하여 방재센터를 경보를 보내기 위한 전극봉식 감수경보장치로 구성되어 있다.

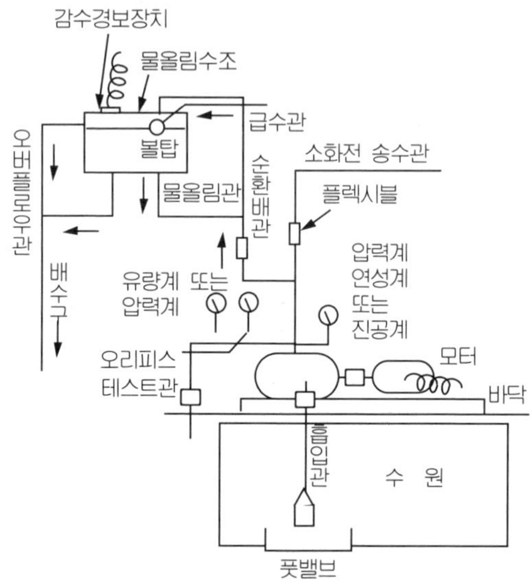

[그림 2-9] 물올림장치

짚고넘어가기 02

물올림장치의 감수 경보 발보의 감수의 원인

① 펌프, 호수관, 풋밸브 등에서 누수가 있다.
② 자동급수장치의 고장
③ 급수차단
④ 호수조 배수밸브의 개방

(3) 순환배관

펌프의 토출측 체크밸브 이전에서 분기시킨 20 mm 이상의 배관으로서 배관 상에는 개폐밸브를 설치하여서는 안 되며 펌프의 체절운전 시 체절압력 미만에서 개방되는 릴리프밸브(Relief valve)를 설치해야 한다. 릴리프밸브는 설정압력 이상이면 밸브캡을 지지하고 있는 스프링이 밀려 올라가 개방되면서 과압을 방출하여 펌프 내의 체절운전 시 공회전에 의한 온도상승을 방지한다.

> 참고 ● **체절운전** : 펌프의 토출측 배관이 모두 막힌 상태, 즉 물이 전혀 방출되지 않고 펌프가 계속 작동되어 압력을 낼 수 있는 최상한의 압력이 더 이상 올라갈 수 없는 상태에서 펌프가 공회전할 때의 운전을 말한다. 이때의 압력을 체절압력이라고 한다.

(4) 압력계, 진공계, 연성계

압력계는 펌프의 토출측에 설치하여 토출측 배관 내의 압력을 측정하기 위해 설치되며 진공계 및 연성계는 펌프의 흡입측에 설치되어 흡입측 배관 내의 압력을 측정하기 위해 설치한다. 진공계나 연성계는 수원의 위치가 펌프보다 낮을 때만 설치되나 수직회전축펌프의 경우에는 설치되지 아니한다.

위의 3가지 계기를 일명 "부르돈관 압력계"라고 지칭하며 압력계는 정압을 측정하며 진공계는 부압을 측정하는 것이다. 또한 연성계는 정압 및 부압을 측정하는데 사용된다.

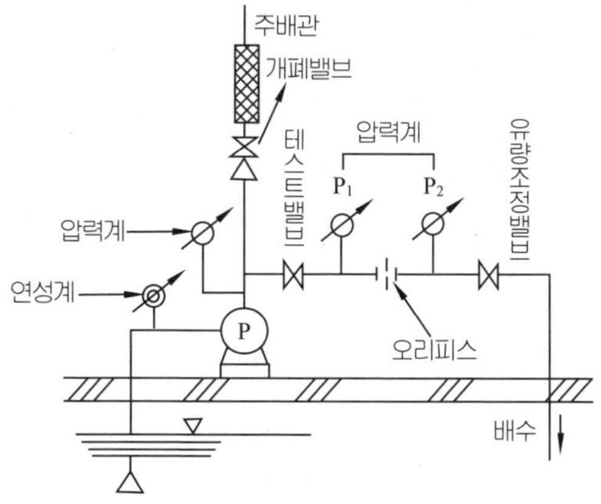

[그림 2-10] 압력계에 의한 방법

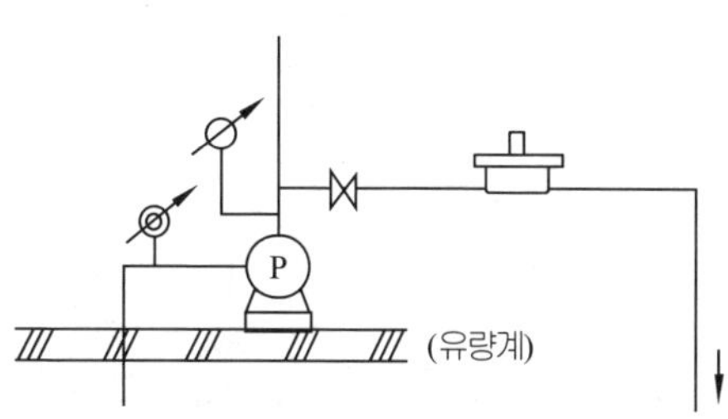

[그림 2-11] 유량계에 의한 방법

(5) 펌프 성능시험배관

펌프의 토출측의 개폐밸브 이전에서 분기되며 압력계와 유량계에 의한 방법으로 설치되며 두 가지 중에서 선택하여 설치하면 된다. 성능시험배관의 관경결정은 정격토출압력의 65% 이하에서 정격토출량의 150% 이상을 토출할 수 있는 크기 이상으로 해야 한다.

즉, 관경을 구하기 위하여 $Q = 0.653D^2\sqrt{P}$ 라는 공식을 사용하여 대입하면 $1.5Q = 0.653D^2\sqrt{0.65P}$ 된다.

여기에서 성능시험배관 관경 $D=\sqrt{\dfrac{1.5Q}{0.653\sqrt{0.65P}}}$ 가 된다.

Q : 펌프의 정격토출량(ℓ/분)

D : 관경(mm)

P : 펌프의 정격토출압력(kg/cm^2)

여기에서 정격토출압력은 해당 설비의 전양정을 10 : 1로 환산한 압력을 말하며 정격토출량은 해당 설비에 필요한 펌프의 분당 토출량을 말한다.

유량측정방법으로는 압력계에 의한 방법으로 오리피스(orifice) 전후에 압력계를 설치하여 이를 압력계의 압력차를 측정하여 $Q=\alpha_0\dfrac{\pi\cdot D^2}{4}\sqrt{2gH}$ (m^3/sec)에 의하여 구한다. 여기서 α_0는 오리피스의 유량계수(0.68～0.59)이며 $\dfrac{\pi\cdot d^2}{4}$은 오리피스의 단면적(m^2), H는 양정을 말하며 여기서 $H=\dfrac{P_1-P_2}{\gamma}$에 의해 정해진다($\gamma$ = 물의 비중량).

유량계에 작은 기포가 통과되는 것이 확인되면 실제의 유량측정이 안 되므로 펌프흡입측 연결부분을 다시 조인 후 유량계에서 기포가 보이지 않아야 정확한 유량측정이 가능하다. 또한 유량계에 의한 방법으로는 유량계를 수직으로 부착하고 유량계의 1차측은 유량계의 호칭구경의 8배 이상, 2차측은 유량계의 호칭구경과 동일한 구경의 배관을 사용한다.

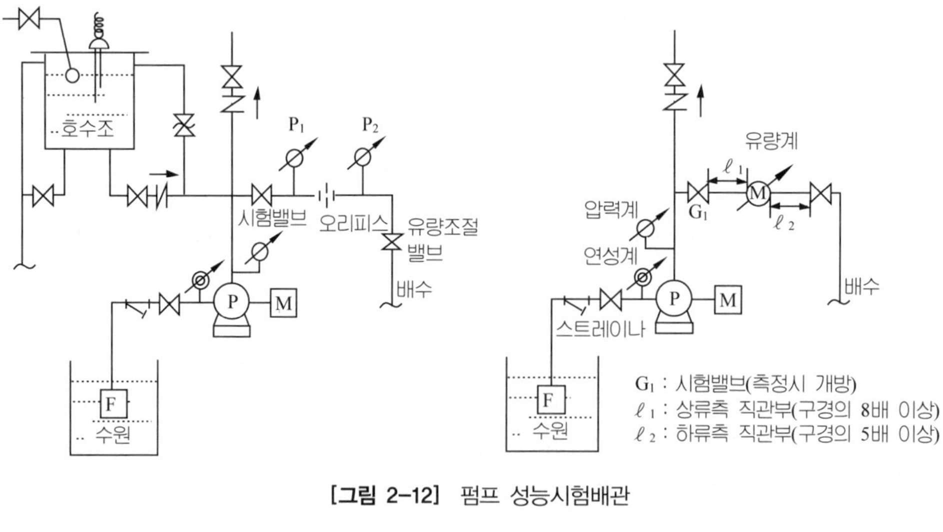

[그림 2-12] 펌프 성능시험배관

(6) 압력챔버(기동용 수압개폐장치)

압력챔버는 펌프의 게이트밸브(gate valve, main valve, 주밸브) 2차측 배관에 분기되어 전체배관내의 압력을 감지하고 배관 내의 압력이 감소하면 상단부에 위치한 압력스위치의 작동으로 주펌프 또는 보조펌프(Jocky-pump, Booster-pump)를 작동시키게 된다.

압력스위치에는 Diff와 Range점이 있는데 Range의 의미는 펌프의 작동 중단점이며, Diff는 펌프가 기동되는 압력차이점을 말한다.

우선 Range는 펌프가 기동되어 압력이 충만되면 Range의 설정압력에서 펌프가 기동을 중지하는 압력점이다. Range의 설정압력은 해당 설비의 총양정을 10 : 1로 환산하여 그 압력을 맞추어 놓으면 그 압력에서 펌프가 기동되는 것이 아니라 Range에 설정된 압력에서 Diff에 설정된 압력만큼 떨어지면 펌프가 다시 작동되는 압력의 차이를 의미한다. 그러므로 보조펌프의 설정압력은 주펌프의 작동중단점과 재작동점 사이에 설정하여 Diff와 Range를 조정 설정해야 한다.

압력챔버의 용량은 100 ℓ 이상이며 구성으로는 상부에는 안전밸브 및 압력스위치, 압력계 하부에는 배수밸브로 이루어져 있다.

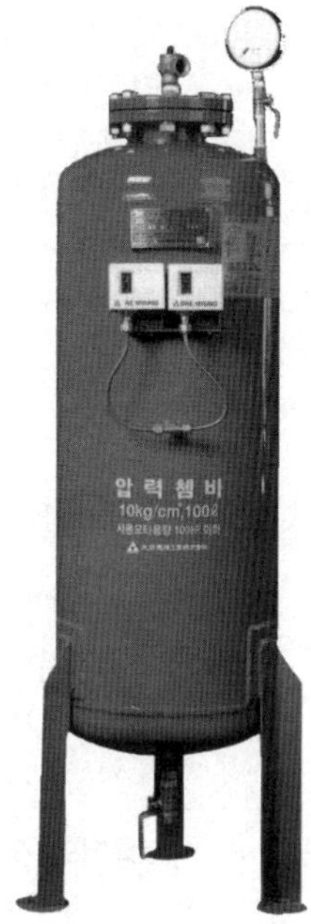

[그림 2-13] 압력챔버

짚고넘어가기 03

압력챔버의 검정기술기준

1. 압력챔버의 정의
   압력챔버는 소화설비의 배관내의 압력변동을 검지하여 자동적으로 펌프를 가동 또는 정지시키는 수압개폐장치를 말한다.

2. 용어의 뜻
   ① 동체 : 몸체의 압력을 지탱하는 몸통부분을 말한다.
   ② 경판 : 몸체의 압력을 지탱하는 동체의 양단의 곡면판을 말한다.
   ③ 작동압력 : 스위치가 작동될 수 있도록 설정한 압력치를 말한다.
   ④ 중지압력 : 압력스위치가 단전 될 수 있도록 설정한 압력치를 말한다.

3. 구조 및 모양
   ① 압력챔버의 구조는 몸체, 압력스위치, 안전밸브, 드레인 밸브, 유입구 및 압력계로 이루어져야 한다.

② 몸체의 동체의 모양은 원통형으로서 길이방향의 이음매가 1개소 이하이어야 한다.
③ 몸체의 경판의 모양은 접시형, 반타원형 또는 온반구형이어야 하며 이음매가 없어야 한다.
④ 몸체의 표면은 기능에 나쁜 영향을 미칠 수 있는 홈, 균열 및 주름 등의 결함이 없고 매끈해야 한다.
⑤ 몸체의 외부 각 부분은 녹슬지 않도록 방청가공을 해야 하며, 내부는 부식되거나 녹슬지 않도록 내식가공 또는 방청가공을 해야 한다. 다만, 내식성이 있는 재료를 사용하는 경우에는 그렇지 않다.
⑥ 배관과의 접속부에는 쉽게 접속시킬 수 있는 관용나사 또는 플랜지를 사용해야 한다.
⑦ 압력스위치는 물방울이 떨어지는 것을 막기 위하여 적절한 조치를 해야 한다.
⑧ 압력계는 KS B 5305 (부르돈관 압력계)에 적합하거나 이와 동등 이상의 성능을 가진 것이어야 한다.

4. 압력챔버의 호칭압력은 사용압력에 따라 다음과 같이 구분한다.

호칭압력	10	20
사용압력(kg/cm^2)	10 미만	10 이상 20 미만

5. 압력챔버의 기능시험
① 압력챔버의 압력스위치는 용기내의 압력이 작동압력이 되는 경우와 중지압력이 되는 경우에 즉시 작동 및 정지되어야 한다.
② 압력챔버의 안전밸브는 호칭압력의 1.3배의 압력범위 내에서 작동되어야 한다.

6. 가스용접의 장·단점
[장점] ① 응용범위가 넓다.
② 비교적 가열, 조절이 자유롭다.
③ 운반이 편리하다.
④ 설비비가 싸다.
⑤ 유해광선이 아아크 용접보다 적게 발생된다.
[단점] ① 불꽃의 온도와 열효율이 낮다.
② 폭발의 위험성이 크며 용접금속의 탄화 및 산화의 염려가 많다.
③ 가열범위가 커서 용접 응력이 크고 가열시간이 오래 걸린다.
④ 효율적이 용접이 어렵다.

7. 전기 저항 용접의 특징
① 용제가 불필요하며 작업이 간단하다.
② 용접 시간이 짧고 변형이 적다.
③ 용접부의 중량을 경감시킬 수 있다.

8. 주철관 접합 방법
① 소켓 접합 : 관의 소켓부에 납과 야안(yarn)을 넣는 접합 방식
② 플랜지 접합 : 고압의 배관, 펌프 등의 기계 주위에 이용되는 방식

③ 기계적 접합 : 150 mm 이하의 수도관용으로 소켓접합과 플랜지 접합의 특징을 채택한 방법으로 고무링을 압륜으로 조여 볼트로 체결함으로써 기밀성이 우수하고 탄력성을 가지고 있으며 작업이 간단하고 물속에서도 작업이 가능한 방법이다.
④ 빅토릭 접합 : 빅토릭형 주철관을 고무링과 칼라(누름판)를 사용하여 접합한다.
⑤ 타이톤 접합 : 원형의 고무링 하나만으로 접합하는 방법이다.

9.
① 배관용 탄소강관(SPP) : 사용압력(1 MPa)이 낮은 증기, 물, 기름, 가스 및 공기 등에 사용되며 가스관이라고도 한다. 주철관에 비해 부식하기 쉽기 때문에 아연도금을 한다.
② 압력배관용 탄소강관(SPPS) : 350℃ 이하에서 사용하는 압력배관용 관의 호칭은 호칭지름과 두께(스케줄 번호)에 의하며, 호칭지름 6～500A까지 있다. "보일러의 증기관, 유압관, 수압관(1～10 MPa)"에 사용한다.

10. 신축이음의 종류 및 특징
① 슬리브형 : 50A 이하의 나사 결합식과 65A 이상의 플랜지 결합식이 있다. 슬리브와 본체 사이에 패킹을 넣어 물 또는 압력 0.8 MPa 이하의 포화증기 및 공기, 가스, 기름등의 배관에 사용된다.
② 벨로우즈형 : 온도변화에 따른 관의 신축을 벨로우즈의 변형에 의해 흡수시키는 구조이다. 패킹이 없어도 유체가 새는 것을 방지할 수 있으며, 설치장소가 적고 응력이 생기지 않으며 누설이 없다.
③ 루프형 : 설치장소가 넓으며, 고압에 잘 견디며 고장이 적고, 고온 고압용의 옥외 배관에 많이 사용한다. 신축곡관이라고도 한다.
④ 스위블형 : 스윙식이라고도 하며 증기 및 온수 난방용 배관에 사용하며, 2개 이상의 엘보를 사용하여 이음부의 나사회전을 이용해서 배관의 신축을 흡수한다.

11. 체크밸브(Check Valve : 역지밸브)
① 유체의 흐름방향을 한쪽방향으로만 흐르게 하고 역류를 방지할 목적으로 사용한다.
② 종류에는 리프트형과 스윙형이 있다.
③ 리프트형은 수평배관에 설치 사용되며, 스윙형은 수직, 수평배관에 설치하여 사용할 수 있다.

12. 용접 이음의 특징
① 유체의 압력 손실이 적다.
② 이음부의 강도가 강하며, 누수의 염려도 없다.
③ 보온 피복 시공이 용이하다.
④ 중량이 가볍다.
⑤ 시설의 유지 보수비가 절감된다.

13. 배관 지지장치
① 행거 : 배관 시공상 하중을 위에서 걸어 당겨 지지할 목적으로 사용한다.
② 써포트 : 배관 하중을 아래에서 위로 지지하는 지지장치

③ 리스트레인트 : 열팽창 신축에 의한 배관의 좌우, 상하 이동을 구속하고 제한하는 목적으로 사용된다.

④ 브레이스 : 배관라인에 설치된 각종 펌프류, 압축기 등에서 발생하는 진동, 밸브류 등의 급속 개폐에 따른 수격작용, 충격 및 지진 등에 의한 진동현상 등을 제한하는 지지장치

14. 송수구의 구조, 모양 및 치수

① 송수구의 접합부위는 암나사이어야 한다.

② 송수구의 구조는 본체, 체크밸브, 조임링, 명판 및 보호캡으로 구성되어야 한다.

③ 송수구의 체크밸브는 0.05 MPa 이하에서 개방되어야 한다.

④ 송수구의 명판에는 보기 쉽도록 그 용도별 뜻을 표시해야 한다.

⑤ 송수구의 치수 중 허용공차가 없는 것은 참고 치수로 한다.

⑥ 송수구의 경우 체크밸브가 열린 때에 충분한 유량이 공급되어야 한다.

⑦ 송수구는 1.5 MPa의 수압을 가하는 경우 시트로부터 누설이 없어야 한다.

⑧ 송수구는 2 MPa의 수압을 가하는 경우 물이 새거나 균열 또는 변형 등이 생기지 않아야 한다.

예제 2.11 다음의 설명과 관계가 있는 것은?

> 펌프의 토출측 체크밸브 이전에서 분기시킨 20 mm 이상의 배관으로서 배관 상에는 개폐밸브를 설치하여서는 안 되며 펌프의 체절운전 시 체절압력 미만에서 개방되는 릴리프밸브(Relief valve)를 설치해야 한다.

① 물올림관 ② 순환배관 ③ 급수배관 ④ 성능시험배관

답 ②

예제 2.12 다음과 같은 기능을 하는 장치는?

> 펌프의 게이트밸브(gate valve, main valve, 주밸브) 2차측 배관에 분기되어 전체 배관내의 압력을 감지하고 배관내의 압력이 감소하면 상단부에 위치한 압력스위치의 작동으로 주펌프 또는 보조펌프(Jocky-pump, Booster-pump)를 작동시키게 된다.

① 압력챔버 ② 물올림장치 ③ 펌프성능시험장치 ④ 유량측정장치

답 ①

예제 2.13 펌프의 토출측 배관 상에 설치하는 장치와 거리가 먼 것은?

① 압력계 ② 압력챔버 ③ 순환배관 ④ 연성계

답 ④

예제 2.14 소방용으로 주로 사용할 수 있는 펌프는 무엇인가?

① 회전펌프 ② 축류펌프 ③ 원심펌프 ④ 왕복펌프

답 ③

4) 옥내소화전설비의 배관

① 배관과 배관이음쇠는 다음의 어느 하나에 해당하는 것 또는 동등 이상의 강도·내식성 및 내열성을 국내·외 공인기관으로부터 인정받은 것을 사용해야 하고, 배관용 스테인리스강관(KS D 3576)의 이음을 용접으로 할 경우에는 텅스텐 불활성 가스 아크 용접(Tungsten Inert gas Arc Welding) 방식에 따른다. 다만, 4)에서 정하지 않은 사항은 「건설기술 진흥법」 제44조제1항의 규정에 따른 "건축기준"에 따른다.

가. 배관 내 사용압력이 1.2 MPa 미만일 경우에는 다음의 어느 하나에 해당하는 것

a. 배관용 탄소강관(KS D 3507)

b. 이음매 없는 구리 및 구리합금관(KS D 5301). 다만, 습식의 배관에 한한다.

c. 배관용 스테인리스강관(KS D 3576) 또는 일반배관용 스테인리스강관(KS D 3595)

d. 덕타일 주철관(KS D 4311)

나. 배관 내 사용압력이 1.2 MPa 이상일 경우에는 압력배관용 탄소강관(KS D 3562) 또는 배관용 아크용접 탄소강관(KS D 3583)에 해당하는 것

② ①에도 불구하고 다음에 해당하는 장소에는 소방청장이 고시하는 성능인증 및 제품검사의 기술기준에 적합한 소방용 합성수지배관으로 설치할 수 있다.

가. 배관을 지하에 매설하는 경우

나. 다른 부분과 내화구조로 구획된 덕트 또는 피트의 내부에 설치하는 경우

다. 천장(상층이 있는 경우에는 상층바닥의 하단을 포함한다)과 반자를 불연재료 또는 준불연재료로 설치하고 소화배관 내부에 항상 소화수가 채워진 상태로 설치하는 경우

③ 급수배관은 전용으로 해야 한다. 다만, 옥내소화전의 기동장치의 조작과 동시에 다른 설비의 용도에 사용하는 배관의 송수를 차단할 수 있거나, 옥내소화전설비의 성능에 지장이 없는 경우에는 다른 설비와 겸용할 수 있다.

④ 펌프의 흡입측 배관은 다음의 기준에 따라 설치해야 한다.

가. 공기고임이 생기지 않는 구조로 하고 여과장치를 설치할 것

나. 수조가 펌프보다 낮게 설치된 경우에는 각 펌프(충압펌프를 포함한다)마다 수조로부터 별도로 설치할 것

⑤ 펌프의 토출측 주배관의 구경은 유속이 4 m/sec 이하가 될 수 있는 크기 이상으로 해야 하고, 옥내소화전 방수구와 연결되는 가지배관의 구경은 40 mm(호스릴 옥내소화

전설비의 경우에는 25 mm) 이상으로 해야 하며, 주배관 중 수직배관의 구경은 50 mm(호스릴 옥내소화전설비의 경우에는 32 mm) 이상으로 해야 한다.

⑥ 연결송수관설비의 배관과 겸용할 경우의 주배관은 구경 100 mm 이상, 방수구로 연결되는 배관의 구경은 65 mm 이상의 것으로 해야 한다.

⑦ 펌프의 성능시험배관은 다음의 기준에 적합하도록 설치해야 한다. 다만, 공인된 방법에 의한 별도의 성능을 제시할 경우에는 그렇지 않으며 그 성능을 별도의 기준에 따라 확인해야 한다.

가. 성능시험배관은 펌프의 토출측에 설치된 개폐밸브 이전에서 분기하여 직선으로 설치하고, 유량측정장치를 기준으로 전단 직관부에는 개폐밸브를 후단 직관부에는 유량조절밸브를 설치할 것. 이 경우 개폐밸브와 유량측정장치 사이의 직관부 거리 및 유량측정장치와 유량조절밸브 사이의 직관부 거리는 해당 유량측정장치 제조사의 설치사양에 따르고, 성능시험배관의 호칭지름은 유량측정장치의 호칭지름에 따른다.

나. 유량측정장치는 펌프의 정격토출량의 175% 이상까지 측정할 수 있는 성능이 있을 것

⑧ 가압송수장치의 체절운전 시 수온의 상승을 방지하기 위하여 체크밸브와 펌프 사이에서 분기한 구경 20 mm 이상의 배관에 체절압력 이하에서 개방되는 릴리프밸브를 설치해야 한다.

⑨ 배관은 동결방지조치를 하거나 동결의 우려가 없는 장소에 설치해야 한다. 다만, 보온재를 사용할 경우에는 난연재료 성능 이상의 것으로 해야 한다.

⑩ 급수배관에 설치되어 급수를 차단할 수 있는 개폐밸브(옥내소화전방수구를 제외한다)는 개폐표시형으로 해야 한다. 이 경우 펌프의 흡입측 배관에는 버터플라이밸브 외의 개폐표시형 밸브를 설치해야 한다.

⑪ 배관은 다른 설비의 배관과 쉽게 구분이 될 수 있는 위치에 설치하거나, 그 배관 표면 또는 배관 보온재 표면의 색상은 「한국산업표준(배관계의 식별 표시, KS A 0503)」 또는 적색으로 식별이 가능하도록 소방용 설비의 배관임을 표시해야 한다.

⑫ 옥내소화전설비에는 소방차로부터 그 설비에 송수할 수 있는 송수구를 다음의 기준에 따라 설치해야 한다.

가. 소방차가 쉽게 접근할 수 있고 잘 보이는 장소에 설치하고, 화재층으로부터 지면

으로 떨어지는 유리창 등이 송수 및 그 밖의 소화작업에 지장을 주지 않는 장소에 설치할 것

나. 송수구로부터 옥내소화전설비의 주배관에 이르는 연결배관에는 개폐밸브를 설치하지 않을 것. 다만, 스프링클러설비, 물분무소화설비, 포소화설비 또는 연결송수관설비의 배관과 겸용하는 경우에는 그렇지 않다.

다. 지면으로부터 높이가 0.5 m 이상 1 m 이하의 위치에 설치할 것

라. 송수구는 구경 65 mm의 쌍구형 또는 단구형으로 할 것

마. 송수구의 부근에는 자동배수밸브(또는 직경 5 mm의 배수공) 및 체크밸브를 다음의 기준에 따라 설치할 것. 이 경우 자동배수밸브는 배관 안의 물이 잘 빠질 수 있는 위치에 설치하되, 배수로 인하여 다른 물건이나 장소에 피해를 주지 않아야 한다.

바. 송수구에는 이물질을 막기 위한 마개를 씌울 것

▶보충 소화설비에서 송수구를 설치하는 주된 목적
화재의 확대에 의해 자체의 수원으로 화재를 소화하기 곤란하게 되었을 때 외부로부터 수원을 공급받아 원활하고 신속한 소화활동을 하기 위해서이다.

배관구경의 설정에 있어서는 다음 표에 의한다.

사용관경(mm)	40	50	65	80	100
방수량(ℓ/분)	130	260	390	520	650

그러므로 배관은 계산에 의하여 산출한 배관의 구경을 사용해야 한다.

표 1. 배관의 마찰손실수두(관장 100m당)

구경 / 유량(lpm)	관의 호칭경(mm)						
	40	50	65	80	100	125	150
130	13.32	4.15	1.23	0.53	0.14	0.05	0.02
260	47.84	14.90	4.40	1.90	0.52	0.18	0.08
390		31.60	9.34	4.02	1.10	0.38	0.17
520			15.65	6.76	1.86	0.64	0.28
650				10.37	2.84	0.99	0.43
780					3.98	1.38	0.60

표 2. 관이음쇠, 밸브 기타의 마찰손실에 상당하는 직관길이(m)

관이음쇠 및 밸브 / 호칭경(mm)	90° 엘보	45° 엘보	90°T (분류)	90°T (직류)	Gate Valve	Glove Valve (볼밸브)	앵글 밸브
12	0.60	0.36	0.90	0.18	0.12	4.50	2.4
20	0.75	0.45	1.20	0.24	0.15	6.00	3.6
25	0.90	0.54	1.50	0.27	0.18	7.50	4.5
32	1.20	0.72	1.80	0.36	0.24	10.50	5.4
40	1.5	0.9	2.1	0.45	0.3	13.8	6.5
50	2.1	1.2	3.0	0.6	0.39	16.5	8.4
65	2.4	1.3	3.6	0.75	0.48	19.5	10.2
80	3.0	1.8	4.5	0.9	0.6	24	12
100	4.2	2.4	6.3	1.2	0.81	37.5	16.3
125	5.1	3.0	7.5	1.5	0.99	42	21
150	6.0	3.6	9.0	1.8	1.2	49.5	24

1. 엘보, 티이는 나사접합의 관이음쇠에 적용
2. 스윙체크밸브, 자동경보밸브, 풋밸브는 앵글밸브와 동일하게 적용
3. 유니온, 플랜지, 소케트는 손실수두가 극히 적으므로 생략
4. 이경 소케트, 부싱은 표의 45°엘보와 같고 호칭경이 작은 쪽에 따른다.
5. 밴드는 커플링과 같다.
6. 자동경보밸브는 스윙체크밸브를 사용한다.
7. 포소화설비의 자동밸브는 일반적으로 볼밸브와 같다.

표 3. 호스의 마찰 손실수두(m) (호스100m당)

구경종별 / 유량(lpm)	호스의 호칭경 (mm)					
	40		50		65	
	아마 호스	고무내장 호스	아마 호스	고무내장 호스	아마 호스	고무내장 호스
130	26	12	7	3	-	-
350	-	-	-	-	10	4

예제 2.15 옥내소화전설비에 사용될 수 있는 배관의 종류로 바른 것은?

① 압력배관용 탄소강관　　② 소방용 합성수지관
③ 수도용 강관　　④ 소방용 주철관

답 ①

예제 2.16 옥내소화전설비의 설치에 있어서 소방용 합성수지배관을 설치할 수 없는 경우는 무엇인가?

① 배관을 지하에 매설하는 경우
② 다른 부분과 내화구조로 구획된 덕트 또는 피트의 내부에 설치하는 경우
③ 천장과 반자를 불연재료로 설치하고 그 내부에 습식으로 배관을 설치하는 경우
④ 펌프의 흡입측 배관 중에서 수조에 설치하는 경우

답 ④

예제 2.17 옥내소화전설비에서 가지배관(mm)과 주배관(mm)의 구경은 얼마 이상으로 해야 하는가?

① 50－50　　② 40－50　　③ 50－65　　④ 65－100

답 ②

예제 2.18 펌프의 성능시험에 관한 기준이다. 틀린 것은?

① 펌프의 성능은 체절운전 시 정격토출압력의 140%를 초과하지 않아야 한다.
② 펌프는 정격토출량의 150%로 운전 시 정격토출압력의 65% 이상이 되어야 한다.
③ 성능시험배관은 펌프의 토출측에 설치된 체크밸브 이전에서 분기하여 설치한다.
④ 성능시험배관상의 유량측정장치는 성능시험배관의 직관부에 설치하되, 펌프의 정격토출량의 175%까지 측정할 수 있는 성능이 있어야 한다.

답 ③

예제 2.19 순환배관에 대한 설명으로 틀린 것은?

① 펌프의 체절운전 시 수온상승을 방지 하기위한 것이다.
② 펌프의 흡입측(2차측) 배관상에 설치된다.
③ 구경은 20 mm 이상이다.
④ 펌프의 체절압력 미만에서 개방되는 릴리프밸브를 설치한다.

답 ②

예제 2.20 옥내소화전설비에 설치해야 송수구의 설치기준으로 틀린 것은?

① 송수구로부터 주배관에 이르는 연결배관에는 개폐밸브를 설치해야 한다.
② 지면으로부터 높이가 0.5 m 이상 1 m 이하의 위치에 설치해야 한다.
③ 구경 65 mm의 쌍구형 또는 단구형으로 해야 한다.
④ 송수구의 가까운 부분에 자동배수밸브 및 체크밸브를 설치해야 한다.

답 ①

5) 옥내소화전함 등

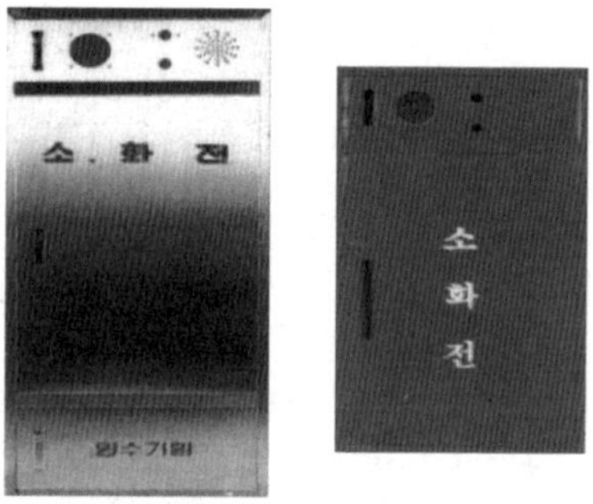

[그림 2-14] 옥내소화전함

(1) 재질 및 기준

옥내소화전함은 밸브의 조작, 호스의 수납 등에 충분한 여유를 가질 수 있도록 해야 한다. 연결송수관의 방수구를 설치할 경우에도 마찬가지로 충분한 여유를 확보하도록 해야 한다. 또한 함의 재질이 강판인 경우에는 염수분무 시험방법(KS D 9502)에 의하여 시험한 경우 변색 또는 부식되지 않아야 하고, 합성 수지재인 경우에는 내열성 및 난연성의 것으로서 80℃의 온도에서 24시간 이내에 열로 인한 변형이 생기지 않는 것으로 해야 한다.

(2) 구성

가. 방수구

[그림 2-15] 앵글밸브

옥내소화전 방수구는 특정소방대상물의 층마다 설치하되, 해당 특정소방대상물의 각 부분으로부터 하나의 옥내소화전 방수구까지의 수평거리가 25 m(호스릴 옥내소화전설비를 포함한다) 이하 되도록 해야 한다. 다만, 복층형 구조의 공동주택의 경우에는 세대의 출입구가 설치된 층에서만 설치할 수 있다. 그리고 설치위치는 문이나 계단 등으로부터 가까운 거리에 바닥으로부터 1.5 m 이하이어야 한다. 그러나 계단실, 계단층에 설치하는 경우에는 소화활동과 피난활동에 많은 지장을 초래하므로 바람직한 설치위치는 못된다.

짚고넘어가기 04

1. 방수구의 구조, 모양 및 치수
   ① 방수구의 접합부위는 수나사이어야 한다.
   ② 방수구의 구조는 덮개, 본체, 명판 및 연결쇠줄로 구성되어야 한다.
   ③ 방수구의 덮개는 오물의 침투를 방지할 수 있어야 한다.
   ④ 방수구의 치수 중 허용공차가 없는 것은 참고 치수로 하며, 2개 이상의 A형 및 B형을 한 개의 명판에 병설할 필요가 있는 경우에는 명판의 모양 및 치수를 달리할 수 있다.
2. 방수구는 2 MPa의 수압을 가하는 경우 물이 새거나 균열 또는 변형 등이 생기지 않아야 한다.

나. 표시등

옥내소화전설비의 위치를 표시하는 표시등은 함의 상부에 설치하되, 적색등으로 설치해야 한다. 그리고 가압송수장치의 기동을 표시하는 표시등은 옥내소화전함의 상부 또는 그 직근에 설치하되 적색등으로 해야 한다. 다만, 자체소방대를 구성하여 운영하는 경우 가압송수장치의 기동표시등을 설치하지 않을 수 있다. 위치표시등의 적색등은 사용전압의 130%인 전압을 24시간 연속하여 가하는 경우에도 단선, 현저한 광속 변화, 전류 변화 등의 현상이 발생되지 않아야 한다. 옥내소화전설비의 함에는 그 표면에 "소화전"이라는 표시와 그 사용요령은 기재한 표지판(외국어 병기)을 붙여야 한다.

다. 소방용 호스

소방용 호스를 소위 호스라고도 하며, 종류에는 아마호스, 고무내장호스, 비닐재 호스가 있으며 모두 호스 양끝에는 결합기구가 설치되어 있다. 옥내소화전에 사용하는 호스는 구경 40 mm(호스릴 옥내소화전설비의 경우에는 25 mm) 이상의 것으로서 특정소방대상물의 각 부분에 물이 유효하게 뿌려질 수 있는 길이로 설치하여 소화전 개폐 valve에 접속하여 호스걸이에 걸어둔다.

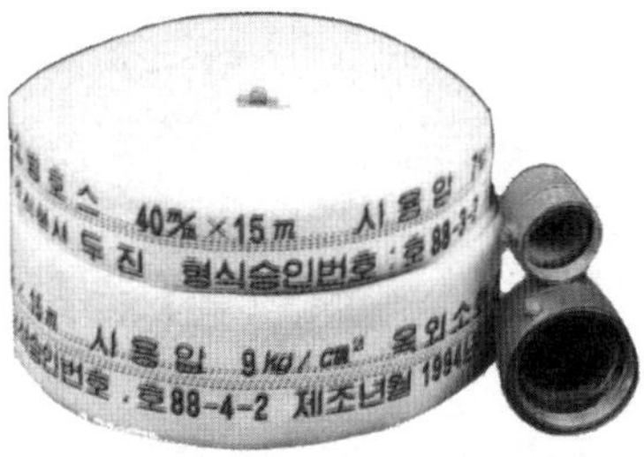

[그림 2-16] 소방용 호스

옥내소화전설비의 호스가 연결송수관, 옥외소화전설비의 소방용 호스보다 구경이 작은 이유는 자위소방대라고 하는 초보자가 조작하는 옥내소화전의 호스 구경이 크면 방수에 의해 노즐의 반동력에 견디지 못하고, 소화작업 중에 노즐을 떨어뜨리게 된다. 이때 노즐이 뒹굴 듯이 요동을 쳐서 노즐을 놓친 사람이 상처를 입게 되기 때문이다.

짚고넘어가기 05

1. 소방호스용 연결금속구는 소방호스 양 끝에 삽입부착되어 각종 소방기구와 연결시키기 위한 이음쇠로서 나사식과 차압식으로 구분한다.
   1) 소방호스용 나사식 연결금속구의 구조, 모양 및 치수
      ① 연결금속구는 수입구와 차입구로 구성된 것이어야 한다.
      ② 수입구는 수입금구, 조임링, 고무패킹 및 정착부로 구성된 것이어야 하며, 조임링은 회전이 원활해야 한다.
      ③ 차입구는 차입금구 및 장착부로 구성된 것이어야 한다.
      ④ 연결금속구는 물에 의한 마찰손실이 적도록 만들어진 것이어야 한다.
      ⑤ 연결금속구는 상호간 또는 소방호스, 소방펌프 등 이와 장착 또는 결합하는 것으로부터 이탈되지 않은 구조이어야 한다.
      ⑥ 허용공차가 없는 것은 참고 치수로 한다.
   2) 소방호스용 차입식 연결금속구의 구조, 모양 및 치수
      ① 연결금속구는 수입구 및 차입구로 구성된 것이어야 한다.
      ② 수입구는 수입금구, 조임링, 채임쇠, 채임용수철, 고무패킹, 고무밴드 및 장착부로 구성된 것이어야 한다.
      ③ 차입구는 차입금구, 누름링, 멈춤링 및 장착부로 구성된 것이어야 한다.
      ④ 연결금속구는 착탈조작이 용이해야 한다.
      ⑤ 허용공차가 없는 것은 참고 치수로 한다.
2. 소방용 호스의 종류
   ① 고무내장 호스 : 쟈켓트에 고무 또는 합성수지를 내장한 소방호스
   ② 아마호스 : 아마사로 직조된 소방호스
   ③ 젖는 호스 : 물의 흐름에 의해 호스 전체가 균일하게 젖는 소방호스
3. 소방용 아마호스를 직조하는 실은 수소이온농도가 6 이상 8 이하이어야 한다.

라. 관창(Nozzle: 노즐)

관창은 노즐과 플레이 파이프호스 접결기구로 구성되며, 관창의 선단을 회전하면서 수량, 방수 방향을 바꾸어 봉상 또는 무상으로 전환될 수 있게 되어 있는 것도 있다.

노즐의 방수량 $Q = 0.653D^2\sqrt{P}$

Q : 방수량(ℓ/min) D : 노즐직경(mm) P : 방사압력(kg/cm^2)

로 결정되며, 노즐 구경에 의해서 옥내소화전의 방수량이 결정된다.
또한 관창은 직사형이 아닌 방사형이어야 하며 재질로는 청동주물 또는 황동주물로서 동등 이상의 강도 및 내식성을 가지고 있는 재질로 한다.

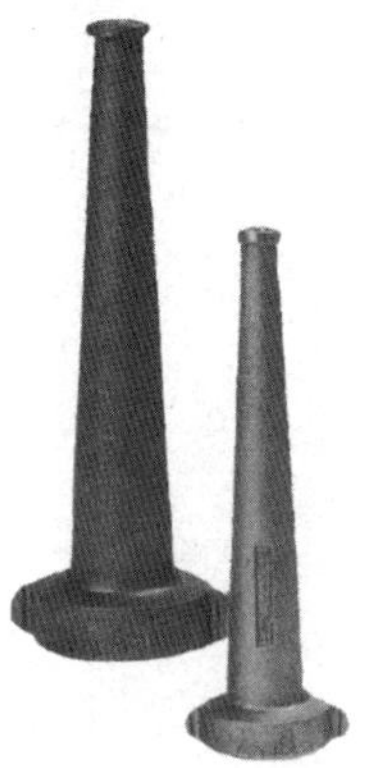

[그림 2-17] 직사형 관창

[그림 2-18] 방사형 관창

짚고넘어가기 06

1. 관창의 설치기준

① 관창은 직사형과 방사형으로 구분하며, 직사형 관창은 봉상으로 방수되고 방사형 관창은 봉상 및 분무상태로 방수되는 구조이어야 한다. 봉상 방수 시 물의 흩어짐이 없어야 한다.

② 관창은 2 MPa의 수압을 가하는 경우 물이 새거나 균열 또는 변형 등이 생기지 않아야 한다.

③ 방사형 관창은 1.5 MPa의 수압을 가하는 경우 시트로부터의 누설량이 매분 $0.2\text{CC} \times \frac{\text{통과 안지름[mm]}}{25\text{[mm]}}$ 이하이어야 좋다.

2. 피토게이지(Pitot gauge)에 의한 노즐선단에서의 방수압 측정방법

노즐(관창) 선단과 피토게이지 끝을 노즐구경(D)의 1/2 정도 이격시키고 노즐의 수류중심선과 피토게이지의 중심을 일치시켜 방수될 때 피토게이지 상의 압력계가 지시하는 압력이 노즐선단에서 방수압력이 된다.

6) 동력장치

소화전 펌프의 동력으로서는 전동기를 사용하는데 전동기의 용량은 다음 식에 의해 산정되는 용량 이상으로 해야 한다. 전동기용량(P)은

$$P\,(\mathrm{kW}) = \frac{\gamma \times Q \times H}{102 \times \eta} \times K \quad \text{또는} \quad P\,(\mathrm{kW}) = \frac{0.163 \times Q \times H}{\eta} \times K$$

γ : 물의 비중량 [1,000 kg/m^3]

Q : 방수량(m^3/sec)

H : 펌프의 양정(m)

K : 전달계수(여유율)

η : 펌프의 효율

1 kW = 102 kgf · m/sec

1 HP = 76 kgf · m/sec

1 PS = 75 kgf · m/sec

예제 2.21 옥내소화전함의 문짝 면적(m^2)은 얼마 이상으로 해야 하는가?

① 0.5 ② 1.0 ③ 1.5 ④ 2.0

답 ①

예제 2.22 옥내소화전함 내부의 구성장치로 옳지 못한 것은?

① 방수구 ② 노즐 ③ 호스 ④ 송수구

답 ④

예제 2.23 옥내소화전 방수구(앵글밸브)의 설치에 대한 설명으로 바르지 못한 것은?

① 소방대상물의 층마다 설치해야 한다.
② 소방대상물의 각 부분으로부터 보행거리가 25 m 이하가 되도록 설치해야 한다.
③ 터널에는 주행방향의 측벽길이 50 m 이내마다 설치해야 한다.
④ 바닥으로부터 높이가 1.5 m 이하가 되도록 설치해야 한다.

답 ②

예제 2.24 옥내소화전함의 위치표시등에 대한 설치기준이다. 옳지 못한 것은?

① 항시 소등되어 있다가 펌프의 기동에 의해 점등된다.
② 소화전함 상부에 적색등으로 설치한다.
③ 옥내소화전설비의 위치를 표시하는 표시등이다.

④ 불빛은 부착면으로부터 15° 이상의 범위 안에서 부착지점으로부터 10 m 이내에서 쉽게 식별할 수 있어야 한다.

답 ①

예제 2.25 펌프의 시동표시등의 발광 색상은?

① 녹색 ② 백색 ③ 적색 ④ 검정

답 ③

7) 옥내소화전설비의 전원 및 제어반

(1) 옥내소화전설비의 전원

가. 옥내소화전설비에는 그 특정소방대상물의 수전방식에 따라 다음 기준에 의한 상용전원회로의 배선을 설치해야 한다. 다만, 가압수조방식으로서 모든 기능이 20분 이상 유효하게 지속될 수 있는 경우에는 그렇지 않다.

a. 저압수전인 경우에는 인입개폐기의 직후에서 분기하여 전용배선으로 해야 하며, 전용의 전선관에 보호되도록 할 것
b. 특별고압수전 또는 고압수전일 경우에는 전력용 변압기 2차측의 주차단기 1차측에서 분기하여 전용배선으로 하되, 상용전원의 상시공급에 지장이 없을 경우에는 주차단기 2차측에서 분기하여 전용배선으로 할 것. 다만, 가압송수장치의 정격입력전압이 수전전압과 같은 경우에는 a의 기준에 따른다.

나. 다음에 해당하는 특정소방대상물의 옥내소화전설비에는 비상전원을 설치해야 한다. 다만, 2 이상의 변전소에서 전력을 동시에 공급받을 수 있거나 하나의 변전소로부터 전력의 공급이 중단되는 때에는 자동으로 다른 변전소로부터 전원을 공급받을 수 있도록 상용전원을 설치한 경우와 가압수조방식에는 비상전원을 설치하지 않을 수 있다.

a. 층수가 7층 이상으로서 연면적이 2,000 m^2 이상인 것
b. a.에 해당하지 않는 특정소방대상물로서 지하층의 바닥면적 합계가 3,000 m^2 이상인 것

다. '나.'에 의한 비상전원은 자가발전설비, 축전지설비(내연기관에 따른 펌프를 사용하는 경우에는 내연기관의 기동 및 제어용 축전지를 말한다) 또는 전기저장장치(외부 전기에너지를 저장해 두었다가 필요한 때 전기를 공급하는 장치)로서 다음의 기준에 따라 설치해야 한다.

a. 점검에 편리하고 화재 및 침수 등의 재해로 인한 피해를 받을 우려가 없는 곳에 설치할 것
b. 옥내소화전설비를 유효하게 20분 이상 작동할 수 있어야 할 것
c. 상용전원으로부터 전력의 공급이 중단된 때에는 자동으로 비상전원으로부터 전력을 공급받을 수 있도록 할 것
d. 비상전원(내연기관의 기동 및 제어용 축전기를 제외한다)의 설치장소는 다른 장소와 방화구획 할 것. 이 경우 그 장소에는 비상전원의 공급에 필요한 기구나 설비 외의 것(열병합발전설비에 필요한 기구나 설비는 제외한다)을 두어서는 안 된다.
e. 비상전원을 실내에 설치하는 때에는 그 실내에 비상조명등을 설치할 것

(2) 옥내소화전설비의 제어반

가. 소화설비에는 제어반을 설치하되, 감시제어반과 동력제어반으로 구분하여 설치해야 한다. 다만, 다음에 해당하는 경우에는 감시제어반과 동력제어반으로 구분하여 설치하지 않을 수 있다.

a. (1)의 '나.'에 해당하지 않는 특정소방대상물에 설치되는 옥내소화전설비
b. 내연기관에 따른 가압송수장치를 사용하는 옥내소화전설비
c. 고가수조에 따른 가압송수장치를 사용하는 옥내소화전설비
d. 가압수조에 따른 가압송수장치를 사용하는 옥내소화전설비

나. 감시제어반의 기능은 다음의 기준에 적합해야 한다.

a. 각 펌프의 작동 여부를 확인할 수 있는 표시등 및 음향경보기능이 있어야 할 것
b. 각 펌프를 자동 및 수동으로 작동시키거나 중단시킬 수 있어야 할 것
c. 비상전원을 설치한 경우에는 상용전원 및 비상전원의 공급 여부를 확인할 수 있어야 할 것
d. 수조 또는 물올림수조가 저수위로 될 때 표시등 및 음향으로 경보할 것
e. 각 확인회로(기동용 수압개폐장치의 압력스위치회로, 수조 또는 물올림수조의 저수위감시회로, 개폐밸브의 폐쇄상태 확인회로, 그 밖의 이와 비슷한 회로)마다 도통시험 및 작동시험을 할 수 있도록 할 것
f. 예비전원이 확보되고 예비전원의 적합 여부를 시험할 수 있어야 할 것

다. 감시제어반은 다음의 기준에 따라 설치해야 한다.

a. 화재 및 침수 등의 재해로 인한 피해를 받을 우려가 없는 곳에 설치해야 한다.
b. 감시제어반은 옥내소화전설비의 전용으로 해야 한다. 다만, 옥내소화전설비의 제어에 지장이 없는 경우에는 다른 설비와 겸용할 수 있다.
c. 감시제어반은 다음의 기준에 따른 전용실 안에 설치해야 한다. 다만, '가.'의 단서에 따른 각 기준의 어느 하나에 해당하는 경우와 공장, 발전소 등에서 설비를 집중 제어·운전할 목적으로 설치하는 중앙제어실 내에 감시제어반을 설치하는 경우에는 그렇지 않다.

1. 다른 부분과 방화구획을 할 것. 이 경우 전용실의 벽에는 기계실 또는 전기실 등의 감시를 위하여 두께 7 mm 이상의 망입유리(두께 16.3 mm 이상의 접합유리 또는 두께 28 mm 이상의 복층유리를 포함한다)로 된 4 m^2 미만의 붙박이창을 설치할 수 있다.
2. 피난층 또는 지하 1층에 설치할 것. 다만, 「건축법 시행령」 제35조에 따라 특별피난계단이 설치되고 그 계단(부속실을 포함한다) 출입구로부터 보행거리 5 m 이내에 전용실의 출입구가 있는 경우, 아파트의 관리동(관리동이 없는 경우에는 경비실)에 설치하는 경우에는 지상 2층에 설치하거나 지하 1층 외의 지하층에 설치할 수 있다.
3. 비상조명등 및 급·배기설비를 설치할 것
4. 「무선통신보조설비의 화재안전기술기준(NFTC 505)」에 따라 유효하게 통신이 가능할 것(영 별표 4의 제5호마목에 따른 무선통신보조설비가 설치된 특정소방대상물에 한한다)
5. 바닥면적은 감시제어반의 설치에 필요한 면적 외에 화재 시 소방대원이 그 감시제어반의 조작에 필요한 최소면적 이상으로 할 것

d. c.에 따른 전용실에는 특정소방대상물의 기계·기구 또는 시설 등의 제어 및 감시설비 외의 것을 두어서는 안 된다.

라. 동력제어반은 다음의 기준에 따라 설치해야 한다.

a. 앞면은 적색으로 하고 "옥내소화전소화설비용 동력제어반"이라고 표시한 표지를 설치할 것
b. 외함은 두께 1.5 mm 이상의 강판 또는 이와 동등 이상의 강도 및 내열성능이 있는 것으로 할 것
c. 그 밖의 동력제어반의 설치에 관하여는 다.의 a. 및 b.의 기준을 준용할 것

예제 2.26 다음 중 옥내소화전설비의 비상전원을 설치해야 하는 대상물은?

① 지하층을 제외한 층수가 7층 이상으로서 연면적이 2,000 m^2 이상인 것
② 지하층을 제외한 층수가 5층 이상으로서 연면적이 2,000 m^2 이상인 것
③ 지하층의 바닥면적의 합계가 2,000 m^2 이상인 것
④ 지하층의 바닥면적의 합계가 3,500 m^2 이상인 것

답 ①

예제 2.27 옥내소화전설비 비상전원의 설치기준에 대한 설명으로 틀린 것은?

① 옥내소화전설비를 유효하게 30분 이상 작동할 수 있어야 한다.
② 상용전원으로부터 전력의 공급이 중단된 때에는 자동으로 비상전원으로부터 전력을 공급받을 수 있도록 해야 한다.
③ 비상전원의 설치장소는 다른 장소와 방화구획 해야 한다.
④ 비상전원을 실내에 설치하는 때에는 그 실내에 비상조명등을 설치해야 한다.

답 ①

예제 2.28 감시제어반의 기능으로서 바르지 않는 것은?

① 각 펌프의 작동 여부를 확인할 수 있는 표시등 및 음향경보기능이 있어야 할 것
② 각 펌프를 자동으로만 작동시키거나 작동을 중단시킬 수 있어야 할 것
③ 비상전원을 설치한 경우에는 상용전원 및 비상전원의 공급 여부를 확인할 수 있어야 할 것
④ 수조 또는 물올림수조가 저수위로 될 때 표시등 및 음향으로 경보할 것

답 ②

8) 옥내소화전설비의 배선

① 옥내소화전설비의 배선은 「전기사업법」 제67조에 따른 「전기설비기술기준」에서 정한 것 외에 다음의 기준에 따라 설치해야 한다.

가. 비상전원을 설치한 경우에는 비상전원으로부터 동력제어반 및 가압송수장치에 이르는 전원회로의 배선은 내화배선으로 할 것. 다만, 자가발전설비와 동력제어반이 동일한 실에 설치된 경우에는 자가발전기로부터 그 제어반에 이르는 전원회로의 배선은 그렇지 않다.

나. 상용전원으로부터 동력제어반에 이르는 배선, 그 밖의 옥내소화전설비의 감시·조작 또는 표시등회로의 배선은 내화배선 또는 내열배선으로 할 것. 다만, 감시제어반 또는 동력제어반 안의 감시·조작 또는 표시등회로의 배선은 그렇지 않다.

② ①에 따른 내화배선 및 내열배선에 사용되는 전선의 종류 및 설치방법은 다음의 기준에 따른다.

배선에 사용되는 전선의 종류 및 공사방법

1. 내화배선

사용전선의 종류	공사방법
1. 450/750 V 저독성 난연 가교 폴리올레핀 절연전선 2. 0.6/1 kV 가교 폴리에틸렌 절연 저독성 난연 폴리올레핀 시스 전력 케이블 3. 6/10 kV 가교 폴리에틸렌 절연 저독성 난연 폴리올레핀 시스 전력용 케이블 4. 가교 폴리에틸렌 절연 비닐시스 트레이용 난연 전력 케이블 5. 0.6/1 kV EP 고무절연 클로로프렌 시스 케이블 6. 300/500 V 내열성 실리콘 고무 절연전선(180℃) 7. 내열성 에틸렌-비닐 아세테이트 고무절연 케이블 8. 버스덕트(Bus Duct) 9. 기타 「전기용품 및 생활용품 안전관리법」 및 「전기설비기술기준」에 따라 동등 이상의 내화성능이 있다고 주무부장관이 인정하는 것	금속관·2종 금속제 가요전선관 또는 합성수지관에 수납하여 내화구조로 된 벽 또는 바닥 등에 벽 또는 바닥의 표면으로부터 25 mm 이상의 깊이로 매설해야 한다. 다만, 다음의 기준에 적합하게 설치하는 경우에는 그렇지 않다. 가. 배선을 내화성능을 갖는 배선전용실 또는 배선용 샤프트·피트·덕트 등에 설치하는 경우 나. 배선전용실 또는 배선용 샤프트·피트·덕트 등에 다른 설비의 배선이 있는 경우에는 이로부터 15 cm 이상 떨어지게 하거나 소화설비의 배선과 이웃하는 다른 설비의 배선 사이에 배선지름(배선의 지름이 다른 경우에는 가장 큰 것을 기준으로 한다)의 1.5배 이상의 높이의 불연성 격벽을 설치하는 경우
내화전선	케이블공사의 방법에 따라 설치해야 한다.

비고 : 내화전선의 내화성능은 KS C IEC 60331-1과 2(온도 830℃/가열시간 120분) 표준 이상을 충족하고 난연성능 확보를 위해 KS C IEC 60332-3-24 성능 이상을 충족할 것

2. 내열배선

사용전선의 종류	공사방법
1. 450/750 V 저독성 난연 가교 폴리올레핀 절연전선 2. 0.6/1 kV 가교 폴리에틸렌 절연 저독성 난연 폴리올레핀 시스 전력 케이블 3. 6/10 kV 가교 폴리에틸렌 절연 저독성 난연 폴리올레핀 시스 전력용 케이블 4. 가교 폴리에틸렌 절연 비닐시스 트레이용 난연 전력 케이블 5. 0.6/1 kV EP 고무절연 클로로프렌 시스 케이블 6. 300/500 V 내열성 실리콘 고무 절연전선(180℃) 7. 내열성 에틸렌-비닐 아세테이트 고무절연 케이블 8. 버스덕트(Bus Duct) 9. 기타 「전기용품 및 생활용품 안전관리법」 및 「전기설비기술기준」에 따라 동등 이상의 내열성능이 있다고 주무부장관이 인정하는 것	금속관·금속제 가요전선관·금속덕트 또는 케이블(불연성덕트에 설치하는 경우에 한한다) 공사방법에 따라야 한다. 다만, 다음의 기준에 적합하게 설치하는 경우에는 그렇지 않다. 가. 배선을 내화성능을 갖는 배선전용실 또는 배선용 샤프트·피트·덕트 등에 설치하는 경우 나. 배선전용실 또는 배선용 샤프트·피트·덕트 등에 다른 설비의 배선이 있는 경우에는 이로부터 15 cm 이상 떨어지게 하거나 소화설비의 배선과 이웃하는 다른 설비의 배선사이에 배선지름(배선의 지름이 다른 경우에는 지름이 가장 큰 것을 기준으로 한다)의 1.5배 이상의 높이의 불연성 격벽을 설치하는 경우
내화전선	케이블공사의 방법에 따라 설치해야 한다.

③ 소화설비의 과전류차단기 및 개폐기에는 "옥내소화전설비용 과전류차단기 또는 개폐기"이라고 표시한 표지를 해야 한다.

④ 소화설비용 전기배선의 양단 및 접속단자에는 다음의 기준에 따라 표지해야 한다.

가. 단자에는 "옥내소화전설비단자"라고 표시한 표지를 부착할 것

나. 소화설비용 전기배선의 양단에는 다른 배선과 식별이 용이하도록 표시할 것

9) 옥내소화전설비 수원 및 가압송수장치의 펌프 등의 겸용

① 옥내소화전설비의 수원을 스프링클러설비·간이스프링클러설비·화재조기진압용 스프링클러설비·물분무소화설비·포소화설비 및 옥외소화전설비의 수원과 겸용하여 설치하는 경우의 저수량은 각 소화설비에 필요한 저수량을 합한 양 이상이 되도록 해야 한다. 다만, 이들 소화설비 중 고정식 소화설비(펌프·배관과 소화수 또는 소화약제를 최종 방출하는 방출구가 고정된 설비를 말한다)가 2 이상 설치되어 있고, 그 소화설비가 설치된 부분이 방화벽과 방화문으로 구획되어 있는 경우에는 각 고정식 소화설비에 필요한 저수량 중 최대의 것 이상으로 할 수 있다.

② 옥내소화전설비의 가압송수장치로 사용하는 펌프를 스프링클러설비·간이스프링클러설비·화재조기진압용 스프링클러설비·물분무소화설비·포소화설비 및 옥외소화전설비의 가압송수장치와 겸용하여 설치하는 경우의 펌프의 토출량은 각 소화설비에 해당하는 토출량을 합한 양 이상이 되도록 해야 한다. 다만, 이들 소화설비 중 고정식 소화설비가 2 이상 설치되어 있고, 그 소화설비가 설치된 부분이 방화벽과 방화문으로 구획되어 있으며 각 소화설비에 지장이 없는 경우에는 펌프의 토출량 중 최대의 것 이상으로 할 수 있다.

③ 옥내소화전설비·스프링클러설비·간이스프링클러설비·화재조기진압용 스프링클러설비·물분무소화설비·포소화설비 및 옥외소화전설비의 가압송수장치에 있어서 각 토출측 배관과 일반급수용의 가압송수장치의 토출측 배관을 상호 연결하여 화재 시 사용할 수 있다. 이 경우 연결 배관에는 개폐표시형 밸브를 설치해야 하며, 각 소화설비의 성능에 지장이 없도록 해야 한다.

④ 옥내소화전설비의 송수구를 스프링클러설비·간이스프링클러설비·화재조기진압용 스프링클러설비·물분무소화설비·포소화설비 또는 연결송수관비의 송수구와 겸용으로 설치하는 경우에는 스프링클러설비의 송수구의 설치기준에 따르고, 연결살수설비의 송수구와 겸용으로 설치하는 경우에는 옥내소화전설비의 송수구의 설치기준에 따르되 각각의 소화설비의 기능에 지장이 없도록 해야 한다.

2.4 옥내소화전설비의 설치대상물

1) 옥내소화전설비의 설치대상물

옥내소화전설비를 설치해야 하는 특정소방대상물은 다음과 같다. 다만, 위험물 저장 및 처리 시설 중 가스시설, 지하구 및 업무시설 중 무인변전소(방재실 등에서 스프링클러설비 또는 물분무등소화설비를 원격으로 조정할 수 있는 무인변전소로 한정한다)는 제외한다.

① 연면적 3,000 m^2 이상(지하가 중 터널은 제외)이거나 지하층·무창층(축사는 제외) 또는 층수가 4층 이상인 층 중 바닥면적이 600 m^2 이상인 층이 있는 것은 모든 층

② ①에 해당하지 않는 근린생활시설, 판매시설, 운수시설, 의료시설, 노유자 시설, 업무시설, 숙박시설, 위락시설, 공장, 창고시설, 항공기 및 자동차 관련시설, 교정 및 군사시설 중 국방·군사시설, 방송통신시설, 발전시설, 장례시설 또는 복합건축물로서 연면적 1,500 m^2 이상이거나 지하층·무창층 또는 4층 이상인 층 중 바닥면적이 300 m^2 이상인 층이 있는 것은 모든 층

③ 건축물의 옥상에 설치된 차고·주차장으로서 사용되는 면적이 200 m^2 이상인 것

④ 지하가 중 터널로서 길이가 1,000 m 이상인 터널 또는 예상교통량, 경사도 등 터널의 특성을 고려하여 행정안전부령으로 정하는 터널

⑤ ① 및 ②에 해당하지 않는 공장 또는 창고시설로서 지정수량의 750배 이상의 특수가연물을 저장·취급하는 것

2) 옥내소화전 방수구의 설치제외대상물

불연재료로 된 특정소방대상물 또는 그 부분으로서 다음에 해당하는 곳에는 옥내소화전 방수구를 설치하지 않을 수 있다.

① 냉장창고 중 온도가 영하인 냉장실 또는 냉동창고의 냉동실

② 고온의 노가 설치된 장소 또는 물과 격렬하게 반응하는 물품의 저장 또는 취급 장소

③ 발전소·변전소 등으로서 전기시설이 설치된 장소

④ 식물원·수족관·목욕실·수영장(관람석 부분을 제외한다) 또는 그 밖의 이와 비슷한 장소

⑤ 야외음악당·야외극장 또는 그 밖의 이와 비슷한 장소

예제 2.29 다음 중 옥내소화전설비를 설치해야 할 특정소방대상물은?

① 연면적 3,000 m^2 이상인 소방대상물
② 연면적 2,500 m^2 이상인 숙박시설
③ 창고시설로서 지정수량의 1000배 이상의 특수가연물을 저장·취급하는 것
④ 길이가 500 m 이상인 터널

답 ①

예제 2.30 다음 중 옥내소화전의 방수구를 설치해야 하는 대상물은?

① 냉동창고의 냉동실 ② 전기시설이 설치된 장소
③ 목욕실 ④ 수영장의 탈의실

답 ④

Chapter 3

옥외소화전설비

3.1 개요

옥외소화전설비는 건물의 아래층(1～2층)의 초기화재 뿐만 아니라 본격화재에도 적합하며 인접건물로의 연소방지를 위해서 건축물 외부로부터의 소화작업을 실시하기 위한 설비로 자위소방대가 사용하는 것은 물론이고 소방서의 소방대도 사용 가능하도록 한 소화설비이다. 옥외소화전설비의 구성은 수원, 가압송수장치, 옥외소화전, 배관 등으로 구성되며 옥내소화전설비와 거의 비슷하다. 단, 화재시나 인접건물의 연소에 대처하지 않으면 안 되기 때문에 옥내소화전설비에 비해 방수압력도 높고, 방수량도 많으며 소화성능을 확대한 것이다. 그리고 건축물 외부에 설치하는 것이 또한 다르다. 고층건축물이나 지하층에 대해서는 소화활동이 불가능하며 주로 건축물의 1층 및 2층의 소화활동에 유효하다.

옥외소화전 설비의 설치 목적

1. 건물의 1, 2층의 초기화재는 물론 중기화재 이후의 대화재에 대처하기 위해서 설치한다.
2. 인근건물의 연소방지를 위해 건물 외부로부터의 소화작업을 행하기 위해서이다.
3. 소방서의 소방대가 도착하기 이전까지 자위소방대가 사용하기 위해서 설치된다.

3.2 구성

옥외소화전설비는 수원, 가압송수장치, 배관, 옥외소화전, 부속장치 등에 의해서 구성된다.

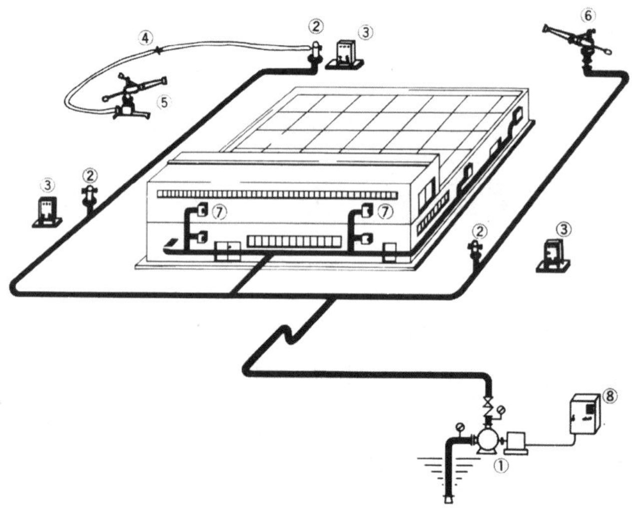

① Fire Pump ② Hydrant ③ Fire Hose Cabinet ④ Fire Hose
⑤ Portable Water Monitor ⑥ Fixed Water Monitor ⑦ Indoor Hydrant Box ⑧ Control Panel

[그림 3-1] 옥외소화전설비 System

1) 수 원

수원은 고가수조, 압력수조, 지하수조, 가압수조로 나눌 수 있으며 수원의 용량(저수량)은 규정방사량인 350 ℓ/min으로 옥외소화전 개수(2개 이상 설치된 경우에는 2개)를 20분간 방수하는 양 이상으로 해야 한다.

$$\text{수원의 양(저수량)} = \text{옥외소화전수} \times 7\ m^3\ (350\ \ell/min \times 20\text{분})$$

이므로 옥외소화전 1개에 7 m^3 이상 수원의 양을 확보해야 한다.

표. 옥외소화전의 수원의 양(m^3)

설치 개수	1개	2개 이상
수원의 양	7 m^3 이상	14 m^3 이상

예제 3.1 공장에 옥외소화전이 6개 설치되어 있다. 이 공장에서 화재 시 필요한 수원의 양(m^3)은 얼마 이상으로 해야 하는가?

① 3.5 ② 7.0 ③ 10.5 ④ 14

답 ④

2) 옥외소화전설비의 가압송수장치

옥외소화전설비의 가압송수장치는 해당 특정소방대상물에 설치된 옥외소화전의 노즐선단에서의 방수압력이 0.25 MPa 이상이고, 방수량이 350 ℓ/min 이상이 되는 성능의 것으로 해야 한다. 옥외소화전설비의 가압송수장치에는 옥내소화전 가압송수장치와 동일한 고가수조방식, 압력수조방식, 펌프방식, 가압수조방식으로 나눌 수 있다.

① 고가수조방식

$$H = h_1 + h_2 + 25\,\mathrm{m}$$

H : 필요한 낙차(m)
h_1 : 배관 및 관부속품의 마찰손실수두(m)
h_2 : 소방용 호스의 마찰손실수두(m)
25 m : 노즐선단의 방수압력의 환산수두(m)

② 압력수조방식

$$P = P_1 + P_2 + P_3 + 0.25\,\mathrm{MPa}$$

P : 필요한 압력(MPa)
P_1 : 낙차의 환산수두압력(MPa)
P_2 : 배관 및 관 부속품의 마찰손실수두압력(MPa)
P_3 : 소방용 호스의 마찰손실수두압력(MPa)
0.25 MPa : 노즐선단의 방수압력(MPa)

③ 펌프방식(지하수조)

$$H = h_1 + h_2 + h_3 + 25\,\mathrm{m}$$

h : 전양정(m)
h_1 : 낙차(m)

h_2 : 배관 및 관부속품의 마찰손실수두(m)

h_3 : 소방용 호스의 마찰손실수두(m)

25 m : 노즐선단의 방수압력의 환산수두(m)

④ 가압수조방식

가. 가압수조의 압력은 규정에 따른 규정방수량 및 규정방수압이 20분 이상 유지되도록 할 것

나. 가압수조는 최대 상용 압력 1.5배의 물의 압력을 가하는 경우 물이 새지 않고 변형이 없을 것

다. 가압수조 및 가압원은 방화구획 된 장소에 설치할 것

라. 가압수조에는 수위계·급수관·배수관·급기관·압력계·안전장치 및 수조에 소화수와 압력을 보충할 수 있는 장치를 설치할 것

예제 3.2 옥외소화전 노즐선단에서의 규정방사압(MPa)과 방사량(ℓ/min)으로 적합한 것은?

① 0.17－130 ② 0.2－180 ③ 0.25－350 ④ 0.3－450

답 ③

3) 옥외소화전설비의 배관

배관은 배관용 탄소강관(KS D 3507) 또는 배관 내 사용압력이 1.2 MPa 이상일 경우에는 압력배관용 탄소강관(KS D 3562) 또는 이음매 없는 구리 및 구리합금관(KS D 5301)이나 이와 동등 이상의 강도·내식성 및 내열성을 가진 것으로 해야 한다. 급수배관(수원 또는 송수구 등으로부터 소화설비에 급수하는 배관을 말한다)은 전용으로 해야 한다. 다만, 옥외소화전의 기동장치의 조작과 동시에 다른 설비의 용도에 사용하는 배관의 송수를 차단할 수 있거나, 옥외소화전설비의 성능에 지장이 없는 경우에는 다른 설비와 겸용할 수 있다. 펌프의 흡입측 배관은 공기고임이 생기지 않는 구조로 하고 여과장치를 설치해야 하며, 동결방지조치를 하거나 동결의 우려가 없는 장소에 설치해야 한다. 급수배관에 설치되어 급수를 차단할 수 있는 개폐밸브(옥외소화전방수구를 제외한다)는 개폐표시형으로 해야 한다. 이 경우 펌프의 흡입측 배관에는 버터플라이밸브 외의 개폐표시형 밸브를 설치해야 한다. 또한 호스의 접결구는 특정소방대상물의 각 부분으로부터 하나의 호스접결구까지의 수평거리가 40 m 이하가 되도록 설치해야 한다. 호스는 구경 65 mm의 것으로 해야 하며 관창은 방사형으로 해야 한다.

[그림 3-2] 옥외소화전

[그림 3-3] 포스트인디케이트밸브

참고 ● 옥외소화전 배관은 가압송수장치에 가까운 장소와 먼 장소와의 방수압력이 대단한 차이가 발생하므로 이것은 때로는 이상고압력에 의한 위험을 수반할 경우가 있으므로 이를 방지하기 위해서는 관로망이라고 불리는 루프(Loop)배관을 사용하는 것이 좋다. 주로 대규모 공장 등에서 옥외배관을 Loop배관(지하배관망)방식으로 설치하는데 이것은 전 지역에 걸쳐 구역별, 시설별 운용이 가능하고 어느 일부분이 파손, 붕괴 시에도 원활히 다른 방향으로 소화수의 공급이 가능하도록 하기 위해서이다. 또한 Loop배관 상에는 포스트인디케이트밸브(Post Indicator Valve)를 설치하는데 관로망의 분기되는 지점에 설치하여 배관의 파손, 붕괴 시 원활히 소화수를 다른 방향으로 공급하기 위해서이다.

예제 3.3 옥외소화전설비의 호스접결구와 각 소방대상물과의 설치기준으로 옳은 것은?

① 수평거리 25 m 이하가 되도록 설치해야 한다.
② 보행거리 25 m 이하가 되도록 설치해야 한다.
③ 수평거리 40 m 이하가 되도록 설치해야 한다.
④ 보행거리 40 m 이하가 되도록 설치해야 한다. 답 ③

4) 옥외소화전설비의 제어반

옥외소화전설비의 제어반은 옥내소화전설비의 화재안전성능기준(NFPC 102) 제9조의 규정에 의하여 제어반을 설치해야 한다.

5) 옥외소화전설비의 소화전함 구조 및 기준

(1) 기준

옥외소화전설비에는 옥외소화전마다 그로부터 5 m 이내의 장소에 소화전함을 설치해야 한다.

가. 옥외소화전이 10개 이하 설치된 때에는 옥외소화전마다 5 m 이내의 장소에 1개 이상의 소화전함을 설치해야 한다.
나. 옥외소화전이 11개 이상 30개 이하 설치된 때에는 11개 이상의 소화전함을 각각 분산하여 설치해야 한다.
다. 옥외소화전이 31개 이상 설치된 때에는 옥외소화전 3개마다 1개 이상의 소화전함을 설치해야 한다.

옥외소화전설비의 함에는 그 표면에 "옥외소화전"이라는 표시를 해야 하고, 가압송수장치의 기동을 표시하는 표시등은 옥외소화전함의 상부 또는 그 직근에 설치하되 적색등으로 한다. 옥외소화전의 종류에는 벽걸이형, 독립식A형, 독립식B형으로 나눌 수 있다. 독립식B형은 지상식과 지하식으로 분류된다.

(2) 구조

① 앵글밸브(Angle Valve) : 옥외소화전방수구는 구경 65 mm로서 옥외소화전함에 설치되어 바닥으로부터 1.5 m가 되는 위치에 설치해야 한다.

② 호스(Hose) : 옥외소화전함에는 구경 65 mm에 20 m 호스 2개를 격납해야 한다. 종류에는 아마호스와 고무내장호스로 나눌 수 있다.

③ 관창(Nozzle) : 옥외소화전함에는 구경 19 mm의 노즐 1본을 격납하며 노즐 선단에서의 방사압력이 0.25 MPa(2.5 kg/cm^2) 이상이어야 한다.
옥외소화전 노즐 선단에서의 방사량은 아래와 같다.

$$Q = 0.653\, D^2 \sqrt{P}$$

Q : 방사량(ℓ/min)
D : 노즐의 구경(mm)
P : 노즐선단에서의 방사압력(kg/cm^2)

6) 옥외소화전설비의 전원 옥내소화전설비에 준용한다.

짚고넘어가기 01

1. 지상용 소화전은 지면으로부터 길이 600 mm 이상 매몰될 수 있어야 하며, 지면으로부터 높이 450 mm 이상 노출될 수 있는 구조이어야 한다.
2. 지상용 소화전을 수직으로 세운 경우에 각 토출구의 방향은 수평으로 되어야 하며, 지하용 소화전의 경우에는 토출구의 방향은 수직으로 되어야 한다.
3. 옥외 소화전은 사용 후 시트로부터 토출구까지의 담겨 있는 물을 배수할 수 있도록 플러그 및 콕크 그 밖의 적합한 장치를 해야 한다.
4. 옥외소화전 펌프의 전동기 용량 : 옥내 소화전 설비와 동일

예제 3.4 옥외소화전함에 대한 설치기준이다. 틀린 것은?

① 옥외소화전마다 그로부터 10 m 이내의 장소에 소화전함을 설치해야 한다.
② 옥외소화전이 11개 이상 30개 이하 설치된 때에는 11개 이상의 소화전함을 각각 분산하여 설치해야 한다.
③ 옥외소화전방수구는 구경 65 mm로서 바닥으로부터 1.5 m가 되는 위치에 설치해야 한다.
④ 노즐 선단에서의 방사압력이 0.25 MPa 이상이어야 한다.

답 ①

3.3 옥외소화전설비의 설치대상물

옥외소화전설비를 설치해야 하는 특정소방대상물(아파트등, 위험물 저장 및 처리 시설 중 가스시설, 지하구 및 지하가 중 터널은 제외한다)은 다음과 같다.

1) 지상 1층 및 2층의 바닥면적의 합계가 9,000 m^2 이상인 것. 이 경우 같은 구(區) 내의 2 이상의 특정소방대상물이 행정안전부령으로 정하는 연소(延燒) 우려가 있는 구조인 경우에는 이를 하나의 특정소방대상물로 본다.
2) 문화재 중「문화재보호법」제23조에 따라 보물 또는 국보로 지정된 목조건축물
3) 1)에 해당하지 않는 공장 또는 창고시설로서 지정수량의 750배 이상의 특수가연물을 건축물 밖에 저장·취급하는 것

예제 3.5 건축물의 1층 및 2층의 바닥면적(m^2)의 합계가 얼마 이상이어야 옥외소화전을 설치할 수 있는가?

① 7000 ② 8000 ③ 9000 ④ 10000

답 ③

연습문제 (2,3장)

1. 소화설비의 주동력원은 펌프이다. 주로 원심펌프를 많이 사용하는데 이들 펌프의 성능시험 방법 및 작동 후 복구 방법에 관하여 기술하라.

2. 소화펌프로는 원심펌프의 이용도가 높다. 그 중 볼류트 펌프와 터빈 펌프를 많이 사용하는데 이들 펌프의 특징과 차이점이 무엇인지를 설명하라.

3. 옥내소화전설비에서 최고위에 설치된 소화전의 규격방수 압력을 유지하기 위해서 송수펌프에서 1 MPa의 압력으로 가압송수하였더니 지하 2층에 설치된 소화전에서는 0.9 MPa의 압력을 나타내었다. 어떻게 해야 하겠는가?

4. 펌프성능시험배관에 관하여 설명하라.

5. 옥내소화전설비에서 최고압력이 0.7 MPa로 규정하게 된 이유에 관하여 기술하라.

6. 옥외소화전설비의 설치목적은?

7. 대규모공장에서 옥외배관을 Loop배관(지하배관망)방식으로 설치하는데 그 이유에 관하여 설명하라.

8. 옥내소화전설비에서 고가수조에 수원의 저장량의 1/3을 저장하는 이유는?

9. 옥내소화전설비에 있어서 피토우게이지를 이용해서 방수시험을 할 경우의 측정방법에 대하여 자세히 설명하라.

10. 송수구의 설치 이유를 말하라.

11. 충압펌프(보조펌프, Jockey pump, Booster pump)의 설치 목적에 관하여 기술하라.

12. 옥외소화전설비의 지하배관망(Loop배관)에서 사용하는 포스트인디케이터밸브(post indicator valve)에 관하여 논하라.

13. 옥내소화전설비의 기동방식에 대하여 기술하라.

14. 펌프의 체절운전시험방법에 관하여 기술하라.

15. 옥내소화전설비에 사용되는 앵글밸브(Angle Valve), 글로브밸브(Glove Valve), 슬루스 밸브에 대하여 설명하고 체크밸브의 종류와 각각의 기능에 대한 설명을 기술하라.

16. 펌프성능시험배관의 유량측정방법에 관하여 기술하라.

17. 그림 같은 옥내소화전설비를 다음 조건과 소방법규칙에 따라 설치하려고 한다. 각 물음에 답하시오.

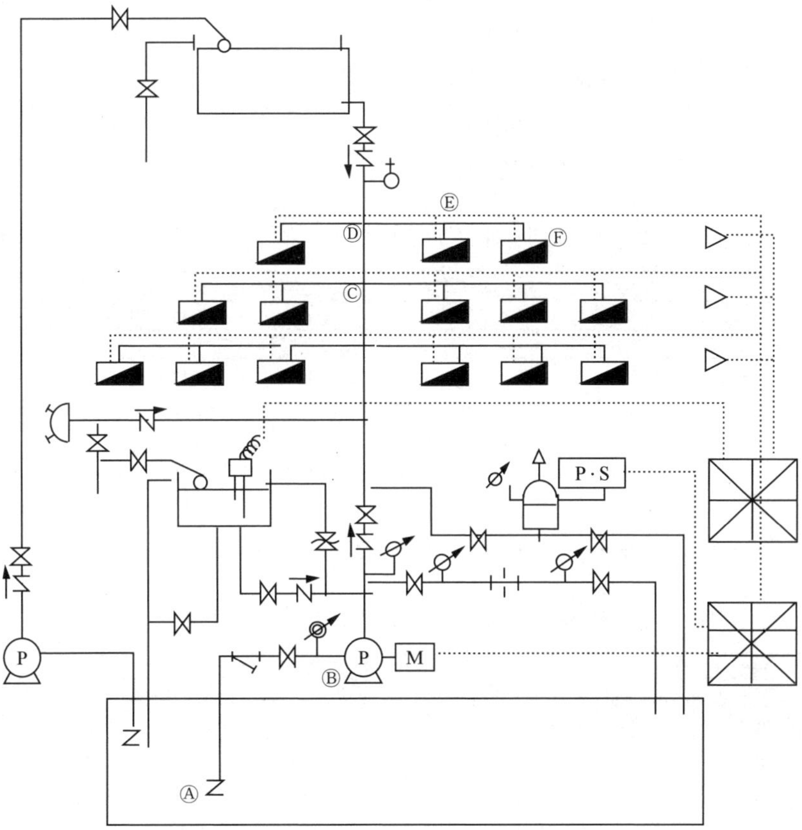

[조건]

1. 펌프의 효율은 65%이다.
2. 전동기의 축동력 전달 효율은 100%로 한다.

3. 펌프의 흡입양정은 8 m이며 토출양정은 17 m이다.
4. 펌프의 송수량은 필요수량에 20%의 여유를 둔다.
5. 수원의 용량은 소화전을 사용할 때 20분간 계속 사용할 수 있는 양으로 한다.
6. 직관의 마찰손실은 다음 표를 참조할 것
7. 호스는 고무내장형 호스를 사용한다.
8. 구간별 관경 및 배관길이는 다음과 같다.

A~B	150A	25 m	D~E	50A	5 m
B~C	100A	30 m	E~F	40A	7 m
C~D	65A	5 m			

9. 리듀서(reducer)의 마찰손실은 무시한다.

[물음]

1. 펌프의 최소유량은 몇 [lpm]인가?
2. 수원의 최소유효저수량은 몇 [gallon]인가?
3. 펌프의 유효 양정은 몇 [m]인가?
4. 펌프의 축동력은 몇 [kW]인가?

표 1. 직관의 마찰손실수두(관길이 100m당)

유량 (ℓ/min)	관의 호칭경(cm)						
	40	50	65	80	100	125	150
	마찰손실수두						
130	13.32	4.15	1.23	0.53	0.14	0.05	0.02
260	47.84	14.90	4.40	1.90	0.52	0.18	0.08
390		31.60	9.34	4.02	0.10	0.38	0.17
520			15.65	6.76	1.86	0.64	0.28
650				10.37	2.84	0.99	0.43
780					3.98	1.38	0.60

표 2. 관이음쇠·밸브류 등의 마찰손실수두에 상당하는 직관길이(m)

관이음쇠·밸브 / 호칭경mm	90°엘보	45°엘보	90°T (분류)	커플링 90°T (직류)	게이트밸브	볼밸브	앵글밸브
40	1.5	0.9	2.1	0.45	0.30	13.8	6.5
50	2.1	1.2	3.0	0.60	0.93	16.5	8.4
65	2.4	1.5	3.6	0.75	0.48	19.5	10.2
80	3.0	1.8	4.5	0.90	0.60	24.0	12.0
100	4.2	2.4	6.3	1.20	0.81	37.5	16.5
125	5.1	3.0	7.5	1.50	0.99	42.0	21.0
150	6.0	3.6	9.0	1.80	1.20	49.5	24.0

표 3. 소방용 호스의 마찰손실수두(호스 100m당)

구분 / 유량(ℓ/min)	호스의 호칭경					
	40 mm		50 mm		65 mm	
	마호스	고무내장호스	마호스	고무내장호스	마호스	고무내장호스
130	26 m	12 m	7 m	3 m	–	–
350	–	–	–	–	10 m	4 m

Chapter 4

스프링클러설비

4.1 개요

스프링클러설비는 화재를 초기에 소화할 목적으로 설치된 소화설비이다. 화재가 발생한 경우 천장이나 반자에 설치된 헤드가 감열 작동하여 자동적으로 화재를 발견함과 동시에 주변에 비가 오듯이 뿌려주므로 효과적으로 화재를 진압할 수 있는 고정식 소화설비이다. 초기 진화에 특히 절대적인 효과를 가지고 있으며 오작동, 오보가 없고 약제가 물이라서 경제적이고 복구가 쉽다. 또한 조작이 간편하고 안전하며 야간이라도 자동적으로 화재감지, 경보, 소화할 수 있는 장점을 가지고 있다. 반면 초기 시설비가 많이 들며 시공이 다른 설비에 비해 복잡하고 물로 인한 피해가 크다는 것이 단점으로 지적되고 있다.

용어 정의

고가수조	구조물 또는 지형지물 등에 설치하여 자연낙차 압력으로 급수하는 수조를 말한다.
압력수조	소화용수와 공기를 채우고 일정압력 이상으로 가압하여 그 압력으로 급수하는 수조를 말한다.
충압펌프	배관 내 압력손실에 따른 주펌프의 빈번한 기동을 방지하기 위하여 충압역할을 하는 펌프를 말한다.
정격토출량	정격토출압력에서의 펌프의 토출량을 말한다.
정격토출압력	정격토출량에서의 펌프의 토출측 압력을 말한다.
진공계	대기압 이하의 압력을 측정하는 계측기를 말한다.
연성계	대기압 이상의 압력과 대기압 이하의 압력을 측정할 수 있는 계측기를 말한다.

체절운전	펌프의 성능시험을 목적으로 펌프토출측의 개폐밸브를 닫은 상태에서 펌프를 운전하는 것을 말한다.
기동용 수압개폐장치	소화설비의 배관 내 압력변동을 검지하여 자동적으로 펌프를 기동 및 정지시키는 것으로서 압력챔버 또는 기동용 압력스위치 등을 말한다.
개방형 스프링클러헤드	감열체 없이 방수구가 항상 열려져 있는 스프링클러헤드를 말한다.
폐쇄형 스프링클러헤드	정상상태에서 방수구를 막고 있는 감열체가 일정온도에서 자동적으로 파괴·용해 또는 이탈됨으로써 방수구가 개방되는 스프링클러헤드를 말한다.
조기반응형 스프링클러헤드	표준형 스프링클러헤드보다 기류온도 및 기류속도에 빠르게 반응하는 헤드를 말한다.
측벽형 스프링클러헤드	가압된물이 분사될 때 헤드의 축심을 중심으로 한 반원상에 균일하게 분산시키는 헤드를 말한다.
건식 스프링클러헤드	물과 오리피스가 분리되어 동파를 방지할 수 있는 스프링클러헤드를 말한다.
유수검지장치	습식 유수검지장치(패들형을 포함한다), 건식 유수검지장치, 준비작동식 유수검지장치를 말하며, 본체내의 유수현상을 자동적으로 검지하여 신호 또는 경보를 발하는 장치를 말한다.
일제개방밸브	개방형 스프링클러헤드를 사용하는 일제살수식 스프링클러설비에 설치하는 밸브로서 화재발생시 자동 또는 수동식 기동장치에 따라 밸브가 열려지는 것을 말한다.
가지배관	스프링클러헤드가 설치되어 있는 배관을 말한다.
교차배관	직접 또는 수직배관을 통하여 가지배관에 급수하는 배관을 말한다.
주배관	각 층을 수직으로 관통하는 수직배관을 말한다.
신축배관	가지배관과 스프링클러헤드를 연결하는 구부림이 용이하고 유연성을 가진 배관을 말한다.
급수배관	수원 및 옥외송수구로부터 스프링클러헤드에 급수하는 배관을 말한다.
습식 스프링클러설비	가압송수장치에서 폐쇄형 스프링클러헤드까지 배관 내에 항상 물이 가압되어 있다가 화재로 인한 열로 폐쇄형 스프링클러헤드가 개방되면 배관 내에 유수가 발생하여 습식 유수검지장치가 작동하게 되는 스프링클러설비를 말한다.
준비작동식 스프링클러설비	가압송수장치에서 준비작동식 유수검지장치 1차측까지 배관 내에 항상 물이 가압되어 있고 2차측에서 폐쇄형 스프링클러헤드까지 대기압 또는 저압으로 있다가 화재발생시 감지기의 작동으로 준비작동식 유수검지장치가 작동하여 폐쇄형 스프링클러헤드까지 소화용수가 송수되어 폐쇄형 스프링클러헤드가 열에 따라 개방되는 방식의 스프링클러설비를 말한다.

건식 스프링클러설비	건식 유수검지장치 2차측에 압축공기 또는 질소 등의 기체로 충전된 배관에 폐쇄형 스프링클러헤드가 부착된 스프링클러설비로서 폐쇄형 스프링클러헤드가 개방되어 배관내의 압축공기 등이 방출되면 건식 유수검지장치 1차측의 수압에 의하여 건식 유수검지장치가 작동하게 되는 스프링클러설비를 말한다.
일제살수식 스프링클러설비	가압송수장치에서 일제개방밸브 1차측까지 배관 내에 항상 물이 가압되어 있고 2차측에서 개방형 스프링클러헤드까지 대기압으로 있다가 화재발생시 자동감지장치 또는 수동식 기동장치의 작동으로 일제개방밸브가 개방되면 스프링클러헤드까지 소화용수가 송수되는 방식의 스프링클러설비를 말한다.
반사판(디플렉터)	스프링클러헤드의 방수구에서 유출되는 물을 세분시키는 작용을 하는 것을 말한다.
개폐표시형 밸브	밸브의 개폐 여부를 외부에서 식별이 가능한 밸브를 말한다.
연소할 우려가 있는 개구부	각 방화구획을 관통하는 컨베이어·에스컬레이터 또는 이와 유사한 시설의 주위로서 방화구획을 할 수 없는 부분을 말한다.
가압수조	가압원인 압축공기 또는 불연성 고압기체에 따라 소방용수를 가압시키는 수조를 말한다.

4.2 스프링클러설비 시스템의 종류

1) 습식 스프링클러설비(Wet Pipe Sprinkler System)

스프링클러 시스템 중 표준방식이고 시설비가 적게 들며, 설비의 구성은 수원, 가압송수장치(Pump), 제어장치, 각종 밸브류, 배관, 알람밸브(유수검지장치), 스프링클러로 구성되며 펌프 토출측에서부터 스프링클러헤드까지 항상 가압된 물이 충만되어 있는 상태이다. 따라서 이러한 설비를 습식이라고 한다. 습식은 배관내부에 항상 가압된 물이 충만되어 있기 때문에 기온이 영하로 떨어질 때 동파에 세심한 주의가 필요하다.

습식 스프링클러설비는 상시 물이 배관 내에 차 있으므로 동절기에도 배관의 동결우려가 없는 지역이나 장소, 위치 등에 사용해야 한다. 영하인 장소에 설치하는 경우에는 부동액을 주입하거나, 보온조치를 하는 등의 동파 방지대책이 반드시 필요하다. 습식 설비는 일반적으로 가장 많이 사용하는 방식이다. 이 설비의 특징은 다음과 같이 요약할 수 있다.

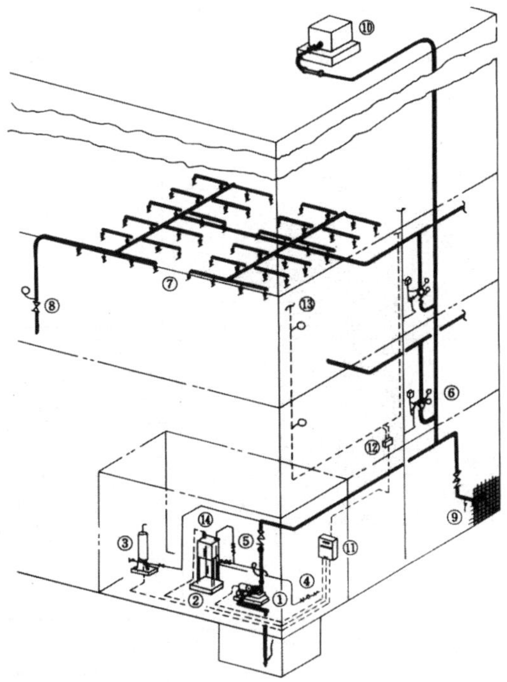

① Fire Pump ② Priming Tank ③ Pressure Chamber ④ Flow Meter
⑤ Non-Rise Temperature Device ⑥ Alarm Valve Unit ⑦ Sprinkler Head ⑧ Test Valve
⑨ Fire Department Connection ⑩ Water Tank ⑪ Control Panel ⑫ Alarm Panel
⑬ Alarm Bell ⑭ Level Switch

[그림 4-1] 스프링클러설비 시스템

① 전 배관내에 물이 차있다.
② 보통 0℃ 이상에서 사용한다.
③ 구조가 간단하다(복구 용이).
④ 설비가 적게 든다.
⑤ 오동작으로 인한 물의 피해가 크다.
⑥ 화재감지와 소화(방수)가 완전 자동이다.

작동원리

화재가 발생하여 스프링클러헤드 주위온도가 상승하면 헤드가 감열 동작되면서 배관 내의 물이 헤드를 통하여 분사되면서 알람밸브의 2차측 압력이 떨어지게 된다. 그리고 알람밸브의 1차측과 2차측의 압력 균형이 깨지게 되어 이때 알람밸브의 1차측으로부터 알람밸브의 클래퍼가 들리면서 가압된 물이 스프링클러헤드로 연속적으로 물을 공급하여 화재를 소화하며, 알람밸브 1차측 압력이 기준(세팅)치 이하로 떨어지면 압력탱크에 부착된 압력스위치(Pressure Switch)에 의해 가압송수장치(Pump)가 자동으로 동작된다. 또한 알람밸브의 클래퍼(Clapper)가 4초 이상 들려 있으면 알람밸브의 시트(Seat)로부터 센싱(Sensing)을 받아 알람스위치(Alarm Switch)가 동작하게 되어 경보를 울려준다.

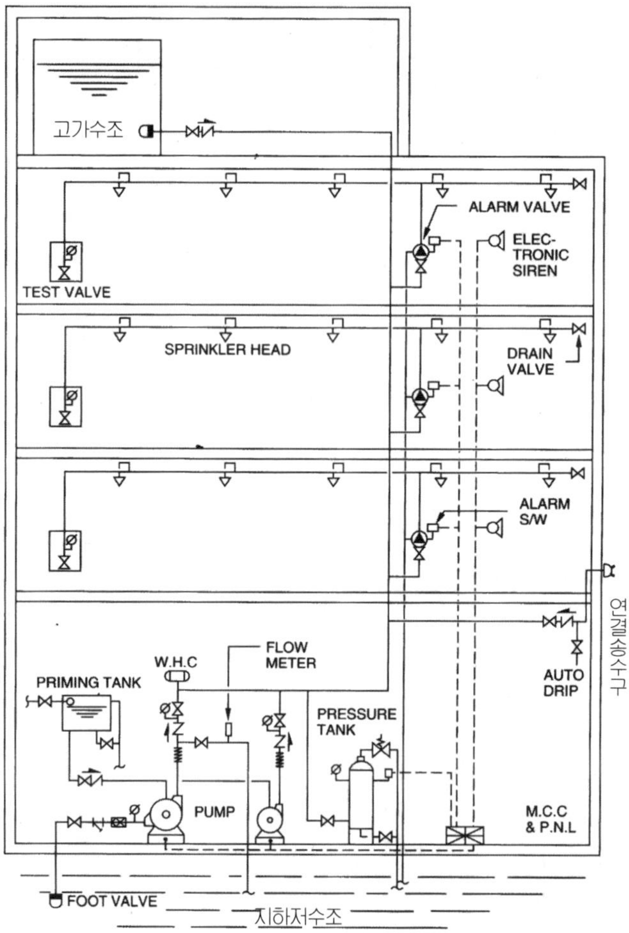

[그림 4-2] 습식 스프링클러설비 시스템

2) 건식 스프링클러설비(Dry Pipe Sprinkler System)

건식 시스템은 프리액션밸브 대신에 드라이 파이프밸브를 설치한 것이며, 스프링클러헤드는 폐쇄형을 사용하고 또한 드라이 파이프밸브 주위의 여러 Trim이 설치되고 드라이 파이프밸브 2차측에 압축공기로 채워져 있는 것이 다른 스프링클러 시스템과 다르다. 2차측의 공기압력은 드라이 파이프밸브마다 Air Compressor를 설치하여 일정압력 이하가 되면 자동으로 압력을 유지시켜 주는 방법과 대형 Air Maintenance Device를 통하여 일정압력으로 감압된 공기를 주는 방법이 있다.

작동원리

화재가 발생하면 스프링클러헤드 주위온도가 상승하면 헤드가 개방되면서 배관내의 압축공기가 헤드를 통하여 배기되면서 드라이 파이프밸브의 압력균형이 깨진다(평상시 물과 공기의 압력비율이 5~6.5 : 1). 그리고 클래퍼가 빠른 속도로 열리면서 밸브 내부에 있는 래치(Latch)에 걸리게 되어 물의 흐름을 방해하지 않으며 밸브의 1차 압력이 떨어지게 되고 PRESSURE TANK의 PRESSURE SWITCH에 의하여 가압송수장치(Pump)가 가동된다. 가압송수장치(Pump)가 가동되면 화재로 인하여 개방된 헤드를 통하여 물을 분사하며 소화시켜 준다. 또한 배관 내의 압축공기를 빨리 방출시키기 위하여 Quick Open Device나 Exhauster 등이 설치된다.

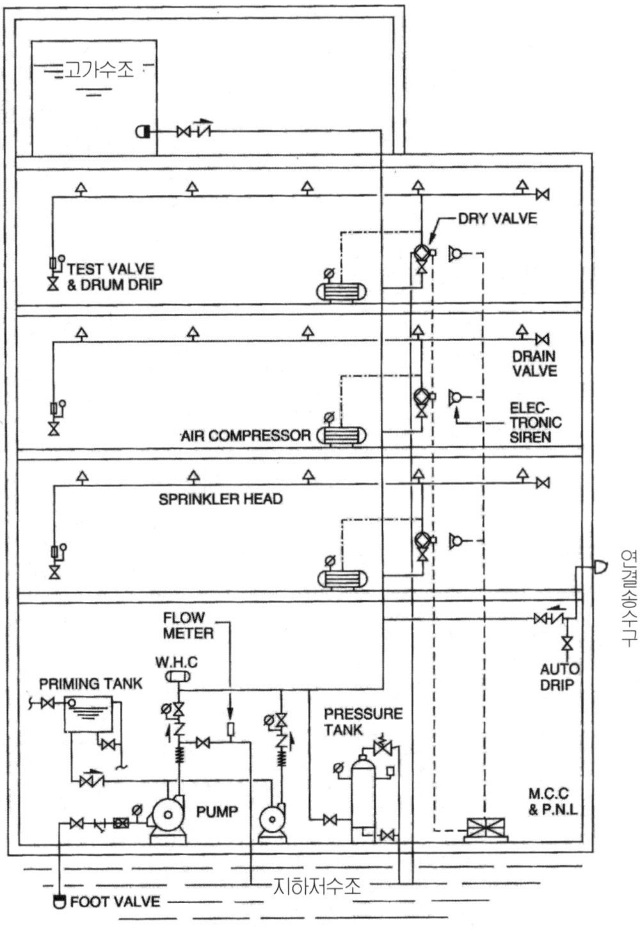

[그림 4-3] 건식 스프링클러설비 시스템

3) 준비작동식 스프링클러설비(Pre-Action Sprinkler System)

프리액션 시스템과 데류즈 시스템의 구성은 습식 스프링클러 시스템의 알람밸브 대신에 프리액션 시스템(데류즈 밸브와 동일함)을 설치한 스프링클러설비이며 통상 건식 스프링클러설비라고 하며 펌프의 토출측에서부터 프리액션 밸브(또는 데류즈 밸브)의 1차측까지만 물이 충만되어 있는 상태이다(따라서 건식 스프링클러설비라고 함). 또한 프리액션 시스템과 데류즈 시스템의 차이점은 프리액션 시스템은 폐쇄형 스프링클러헤드를 설치한 반면 데류즈 시스템은 개방형 헤드를 설치한 점인 다르고 밸브자체는 동일하다. 프리액션 시스템과 데류즈 시스템은 펌프의 토출측에서 프리액션 밸브(또는 데류즈 밸브) 1차측까지만 물이 충만되어 있어 밸브 1차측까지만 동파방지를 위한 조치(보온)를 하면 된다.

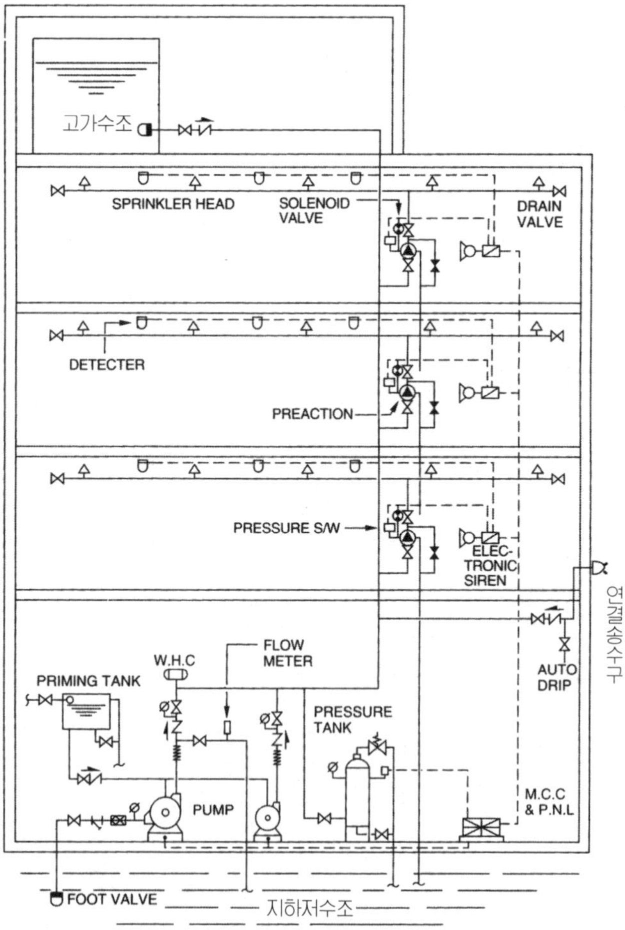

[그림 4-4] 준비작동식 스프링클러설비 시스템

작동원리

프리액션 시스템은 폐쇄형 스프링클러헤드(폐쇄형 상향형 또는 드라이펜던트)를 사용해야 되며 경제상태에서는 완전 배수 상태가 유지되도록 하여 동파를 예방한다. 화재가 발생하면 감지기나 감지용 헤드가 동작하여 전자변을 개방시켜 주고(감지기 사용할 때)밸브 챔버(chamber)속의 물을 배수시킴으로써 밸브내의 압력균형이 깨어져 밸브가 개방된다. 물이 밸브를 통하여 배관 내에 통수되면 이 압력에 의하여 압력스위치가 작동하여 경보를 울리며 스프링클러헤드까지 물이 가압된다. 헤드주위가 화재로 인하여 스프링클러헤드의 퓨지블링크(fusible link)가 용해, 분해되면 스프링클러헤드까지 차 있던 물이 분사하여 소화한다. 수동으로 작동시킬 때는 수동조작함의 밸브 개방스위치를 누르거나 수동조작변을 개방하여 프리액션 밸브 본체를 개방시켜 주며, 자동작동 때와 같은 방법으로 스프링클러헤드까지 물이 공급되고 스프링클러헤드 퓨지블링크가 융해되어 물을 방사하여 소화한다.

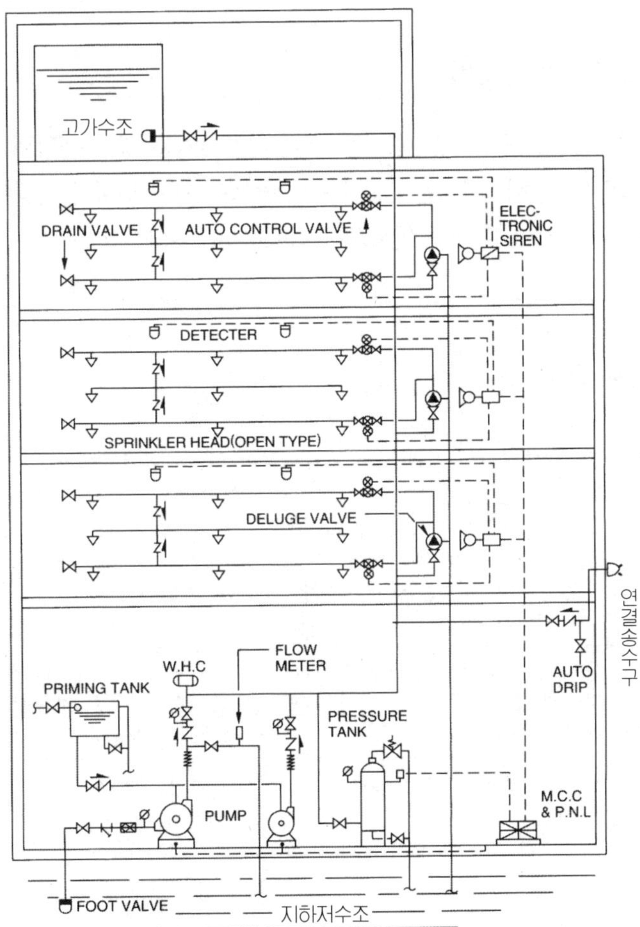

[그림 4-5] 일제살수식 스프링클러설비 시스템

4) 일제살수식 스프링클러설비(Deluge Sprinkler System)

데류즈 시스템은 일반적으로 여러 개의 개방형 스프링클러헤드로 구성되어 있는 방사구획에 일제 살수하는 소화설비이다. 주관으로부터 횡주관을 설치할 때는 횡주관에 연결되는 지관 중 각 방수구획의 경계를 이루는 횡주관에 체크밸브를 설치하여 인접구획의 화재 시 구획이 달라도 가장 인접된 지관에서도 물을 공급할 수 있는 시스템으로 해야 한다. 화재로 인하여 감지기나 감지용 헤드가 동작하여 데류즈 밸브의 1차와 2차 수압의 균압상태가 깨어져 클래퍼가 개방되어 일제 살수 소화하게 된다. 수동으로 기동할 때는 데류즈 밸브에 연결된 수동기동변을 개방하여 데류즈 밸브의 2차측 물을 방출하게 하면 자동으로 전자변이 개방되었을 때와 마찬가지로 일제 방사구획에 살수하게 된다. 특히 각 방사구획별로 자동밸브를 설치할 때는 해당 자동밸브와 데류즈 밸브를 연동작동케 한다.

5) 부압식 스프링클러설비

가압송수장치에 준비작동식 유수검지장치의 1차측까지는 항상 정압의 물이 가압되고, 2차측 폐쇄형 스프링클러헤드까지는 소화수가 부압으로 되어 있다가 화재 시 감지기의 작동에 의해 정압으로 변하여 유수가 발생하면 작동하는 스프링클러설비를 말한다.

보 충

▶ 준비작동식 스프링클러 시스템과 습식 스프링클러 시스템의 차이점

[준비작동식]	[습식]
① 준비작동식밸브의 1차측 배관 내에는 물이 가압되어 있고 2차측 배관 내에는 대기압의 공기로 가압되어 있다.	① 전 배관 내에는 항상 물로서 가압되어 있는 상태이다.
② 시스템 작동방식은 화재감지기에 의해 화재를 감지하여 준비작동 밸브가 작동되어 시스템이 기동된다.	② 시스템 작동방식은 폐쇄형 헤드가 화재를 감지하여 작동 경보밸브가 작동되어 시스템이 기동된다.
③ 0℃ 이하에서도 사용이 가능하므로 보온이 불필요하다.	③ 0℃ 이상에서 사용이 가능하므로 0℃ 이하에서는 보온이 필요하다.

▶ 스프링클러 설비에서 습식설비와 건식설비의 차이점

[습식]	[건식]
① 전 배관 내 물이 가득 차 있다.	① 건식밸브의 클래퍼를 중심으로 1차측은 물, 2차측은 압축공기로 가득 차 있다.
② 0℃ 이상에서 사용하며, 0℃ 이하에서는 보온이 필요하다.	② 0℃ 이하에서 사용하며 보온이 불필요하다.
③ 구조가 간단하다.	③ 구조가 복잡하다.
④ 설비비가 적게 든다.	④ 설비비가 많이 든다.
⑤ 오동작으로 인한 물의 피해가 크다.	⑤ 오동작으로 인한 물의 피해가 적다.

▶ 건식 스프링클러설비 주요 구성부

① 건식밸브 : 1차측에는 가압수가 2차측에는 압축공기 또는 질소가스를 채운 것으로 습식설비의 자동경보밸브와 같은 역할을 한다.

② 액셀러레이터(Accelerator) : 건식설비에서 물이 2차측 배관 내의 압축공기의 장애로 인하여 습식설비보다 방수가 늦게 되므로 배관내의 압축공기나 질소가스의 배출속도를 가속시켜 주는 부속장치이다.

③ 익져스터(Exhauster) : 액셀러레이터와 동일한 기능을 한다.

④ 공기압축기(Air Compressor) : 건식밸브의 2차측에 압축공기를 채우기 위해 설치한다.

⑤ 공기조절기(Air Regulator) : 건식밸브와 주공기 공급관 사이에 설치되는 압력조절장치이다.

⑥ 저압 경보스위치(Low Alarm Switch) : 건식설비의 배관 어디에선가 공기누설이 생기거나 헤드가 작동했을 때 저압의 공기분출을 감지해서 경보하게 장치된 것으로 건식밸브와 공기공급관 사이에 설치된다.

⑦ 드라이팬던트형 헤드 : 하향형 헤드를 사용해야 하는 경우에 설치하는 것으로 헤드의 롱니플(long nipple) 속에 부동액이 충전되어 있어 설비가 작동되더라도 배수 후에 부동액이 남아서 동파를 방지할 수 있게 된다.

▶ 준비작동식 스프링클러설비 주요 구성부

① 준비작동밸브 : 전기식, 기계식, 뉴메틱식(공기관식)이 있다.

② 슈퍼비죠리 판넬(Supervisory and Control Panel) : 준비작동밸브와 함께 설치되어 준비작동밸브의 사령탑으로 주기능은 각 회로의 고장을 알리는 경보기능, 전원이상 경보, 감지기와 준비작동밸브의 작동을 연결하는 것 외에 부수작용으로 문, 창문, 팬, 공조기의 댐퍼 등의 폐쇄 작동기능을 할 수 있다.
일반적으로 슈퍼비죠리 스위치회로, 각 감지기 회로이상 식별경보회로, 밸브 동작표시회로, 전원이상 경보회로, 문 및 댐퍼 폐쇄조작회로, 고장신호회로와 준비작동밸브 개방장치를 조정하는 회로를 갖고 있다.

③ 감지기 : 감지기 회로는 교차회로(2개 이상의 감지회로) 방식으로 하여 각 회로상의 감지기의 동시감지에 의하여 준비작동밸브가 작동되도록 하여 최대한 오작동을 방지할 수 있다.

④ 솔레노이드 밸브(전자밸브) : 일제개방밸브에 설치하거나 준비작동밸브에 설치하는 전자밸브(솔레노이드 밸브)가 있는데 일제개방밸브는 가압식, 감압식 종류에 따라 부착위치가 변경되며 감지기가 작동되면 스프링에 의해 지지되어 있던 밸브가 위로 올라가면서 통수가 된다.

예제 4.1 전 배관 내에 물로서 충만되어 있는 스프링클러설비의 종류는?

① 습식 스프링클러설비　② 건식 스프링클러설비
③ 준비작동식 스프링클러설비　④ 일제살수식 스프링클러설비

답 ①

예제 4.2 스프링클러설비의 종류 중에서 개방형 헤드를 설치하여 사용하는 것은?

① 습식　② 건식
③ 준비작동식　④ 일제살수식

답 ④

예제 4.3 자동경보장치에서 폐쇄형 스프링클러헤드까지 대기압으로 충만되어 있는 스프링클러설비는?

① 습식 스프링클러설비　② 건식 스프링클러설비
③ 준비작동식 스프링클러설비　④ 일제살수식 스프링클러설비

답 ③

4.3 스프링클러설비의 각 구성요소 성능 및 기준

1) 스프링클러헤드

(1) 종류

폐쇄형과 개방형의 2종류가 있고 작동원리 및 설치, 구분 등에 의해 분류할 수 있다. 부착장소로는 소방대상물의 천장, 반자, 천장과 반자 사이, 덕트, 선반 기타 이와 유사한 부분으로 폭이 1.2 m 초과하는 것. 다만, 폭이 9 m 이하인 경우에는 측벽에 위치한다.

작동 원리상 분류

- 폐쇄형
  - 용융형
    - 메탈 퓨즈형
    - 케미칼 퓨즈형
  - 비용융형 – 글라스 벌브형
- 개방형 – 감열체가 없으며 방수구가 개방되어 있다.

(2) 부착 방향에 의한 분류

- **상향형** : 디플렉터를 상방향으로 부착하여 천장에 반자가 없는 곳에 설치한다.
- **하향형** : 디플렉터를 하방향으로 부착하여 천장에 반자가 있는 곳에 설치한다.
- **상하향형** : 디플렉터를 상방향, 하방향으로 부착하여 설치, 지금은 거의 사용치 않음
- **측벽형** : 옆 방향으로 살수하는 것으로 실내의 벽 상부에 설치하여 실내의 폭이 9 m 이하인 경우에 주로 사용한다. 측벽형 스프링클러헤드는 방화셔터부분과 기계식 2단 주차장부분, 호텔의 객실부분, 에스컬레이터 주위 부분 등에 설치되며 직사각형으로 분사되는 특징이 있다. 설치 시 헤드는 디플렉터가 위를 향하게 설치해야 한다.

폐쇄 하향형(일반형) 폐쇄 상향형(일반형) 폐쇄 하향형(Round Type)

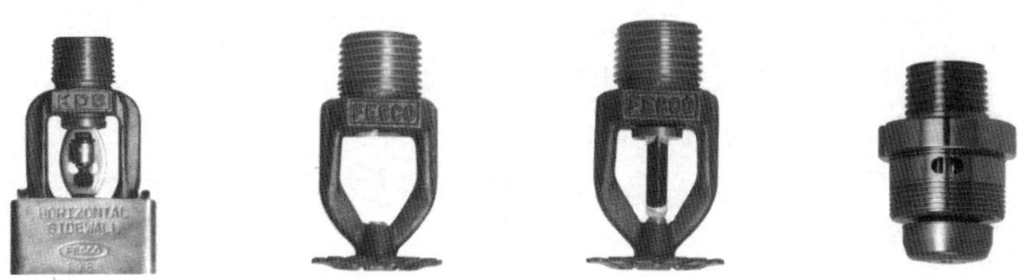

폐쇄 측벽형(Side Wall Type) 개방형(Unsealed Type) 글라스벌브형(Glass Bulb Type) 폐쇄 하향형(Flush Type)

[그림 4-6] 스프링클러헤드의 종류

참고 • **글라스 벌브형(Glass Bulb Type) 스프링클러**는 특수온도 감응 물질로 구성되어 있으므로 표시된 주위온도에 도달하면 충전된 액체가 팽창을 시작하여 작동온도에서 유리가 파괴되면서 방수가 시작된다. 그리고 퀵 레스폰스형(Quick Response Type) 스프링클러헤드는 글라스 벌브형 스프링클러헤드와 작동원리는 같으나 화재로 인한 감응속도가 일반 스프링클러헤드에 비해 약 2배 정도(일반 스프링클러헤드는 60초 이내 작동) 빠른 스프링클러로서 사람이 밀집한 지역, 즉 아파트, 주택 등 인명 피해가 우려되는 장소에 가장 빨리 작동되도록 설계된 스프링클러헤드이다. 또한 설치 후 외부에서 보이지 않도록 설계되어 있는 컨실드형(Concealed Type) 스프링클러헤드는 주위환경에 잘 어울릴 수 있는 스프링클러헤드이다. 천장면과 동일한 표면에 설치되는 Cover Plate에 의해 스프링클러헤드가 감춰지도록 되어 있으며, 내부배관과 천장면의 차이로 인한 높이 조정도 12.7 mm까지 자동조정이 가능한 구조로 되어 있다.

(3) 스프링클러헤드의 배치 및 설치기준

가. 배치기준

a. 스프링클러헤드는 특정소방대상물의 천장, 반자, 천장과 반자 사이, 덕트, 선반, 기타 이와 유사한 부분에 설치해야 한다.

b. 랙크식 창고의 경우로서 특수가연물을 저장 또는 취급하는 것에 있어서는 랙크높이 4 m 이하마다, 그 밖의 것을 취급하는 것에 있어서는 랙크높이 6 m 이하마다 스프링클러헤드를 설치해야 한다.

c. 스프링클러헤드를 설치하는 천장, 반자, 천장과 반자 사이, 덕트, 선반 등의 각 부분으로부터 하나의 스프링클러헤드까지의 수평거리는 다음과 같이 해야 한다. 다만, 성능이 별도로 인정된 스프링클러헤드를 수리계산에 따라 설치하는 경우에는 그렇지 않다.

1. 무대부, 특수가연물을 저장 또는 취급하는 장소에 있어서는 1.7 m 이하
2. 랙크식 창고에 있어서는 2.5 m 이하. 다만, 특수가연물을 저장 또는 취급하는 랙크식 창고의 경우에는 1.7 m 이하
3. 공동주택(아파트) 세대 내의 거실에 있어서는 3.2 m 이하
4. 1.부터 3.까지 규정 외의 특정소방대상물에 있어서는 2.1 m 이하(내화구조로 된 경우에는 2.3 m 이하)

d. 무대부 또는 연소할 우려가 있는 개구부에 있어서는 개방형 스프링클러헤드를 설치해야 한다.

e. 폐쇄형 스프링클러헤드는 그 설치장소의 평상시 최고 주위온도에 따라 다음 표에 따

른 표시온도의 것으로 설치해야 한다. 다만, 높이가 4 m 이상인 공장 및 창고(랙크식 창고를 포함한다)에 설치하는 스프링클러헤드는 그 설치장소의 평상시 최고 주위온도에 관계없이 표시온도 121℃ 이상의 것으로 할 수 있다.

표. 폐쇄형 스프링클러헤드의 표시온도

설치장소의 최고 주위온도	표시온도
39℃ 미만	79℃ 미만
39℃ 이상 64℃ 미만	79℃ 이상 121℃ 미만
64℃ 이상 106℃ 미만	121℃ 이상 162℃ 미만
106℃ 이상	162℃ 이상

f. 다음의 어느 하나에 해당하는 장소에는 조기반응형 스프링클러헤드를 설치해야 한다.

1. 공동주택·노유자 시설의 거실
2. 오피스텔·숙박시설의 침실, 병원의 입원실

또한, 스프링클러헤드 설치 시 배치형태로서는 정사각형(정방형), 직사각형(장방형), 지그재그형(나란히꼴)으로 나눌 수 있다. 스프링클러헤드를 정사각형으로 배치할 경우, 헤드간 거리산정 기준은 $Pt = 2r\cos 45°$로 하며 스프링클러헤드를 직사각형으로 배치할 경우에는 대각선의 헤드간 거리 산정기준은 $S = 2r$이다. 또한 스프링클러헤드를 지그재그형으로 설치할 경우 헤드간 거리의 산정기준은 $a = 2r\cos 30°$, $b = 2a\cos 30°$이다.

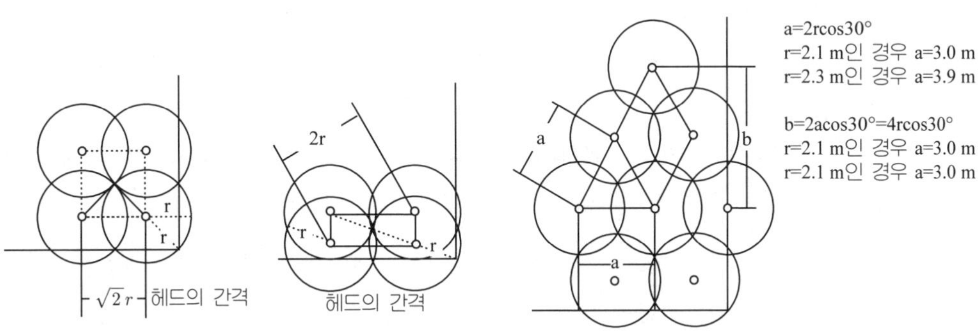

(a) 정방형 배치의 경우　(b) 장방형 배치의 경우　(c) 지그재그 배치의 경우

[그림 4-7] 헤드간 간격 계산

▶ 보충 폐쇄형 스프링클러 소화설비의 점검 시 헤드의 외관점검사항

① 헤드의 변형, 손상, 부식 등의 유무를 확인한다.

② 헤드의 설치주위에 감열체에 지장을 주는 것이 있는가, 없는가를 확인한다.

③ 헤드의 살수분포에 장애를 초래하는 것이 있는가, 없는가를 확인한다.

④ 칸막이의 증설, 신설, 구획의 변경 등으로 인한 헤드의 미 경계부분의 발생 여부를 확인한다.

▶ 보충 폐쇄형 스프링클러헤드에서 표시온도와 최고주위온도

① 표시온도 : 폐쇄형 스프링클러헤드에서 감열체가 작동하는 온도로서 미리 헤드에 표한 온도를 말한다.

② 최고 주위온도 : 폐쇄형 스프링클러헤드의 설치장소에 관한 기준이 되는 온도로서 다음의 식에 의하여 구하여진 온도를 말한다. 다만, 헤드의 표시온도가 75℃ 미만인 경우의 최고 주위온도는 다음 등식에 불구하고 39℃로 한다.

$T_a = 0.9T_m - 27.3$ (T_a : 최고 주위온도, T_m : 헤드의 표시온도)

나. 설치기준

a. 살수가 방해되지 않도록 스프링클러헤드로부터 반경 60 cm 이상의 공간을 보유할 것. 다만, 벽과 스프링클러헤드간의 공간은 10 cm 이상으로 한다.

b. 스프링클러헤드와 그 부착면(상향식 헤드의 경우에는 그 헤드의 직상부의 천장·반자 또는 이와 비슷한 것을 말한다. 이하 같다)과의 거리는 30 cm 이하로 할 것.

c. 배관·행거 및 조명기구 등 살수를 방해하는 것이 있는 경우에는 a. 및 b.에도 불구하고 그로부터 아래에 설치하여 살수에 장애가 없도록 할 것. 다만, 스프링클러헤드와 장애물과의 이격거리를 장애물 폭의 3배 이상 확보한 경우에는 그렇지 않다.

d. 스프링클러헤드의 반사판은 그 부착면과 평행하게 설치할 것. 다만, 측벽형 헤드 또는 f.에 따른 연소할 우려가 있는 개구부에 설치하는 스프링클러헤드의 경우에는 그렇지 않다.

e. 천장의 기울기가 1/10을 초과하는 경우에는 가지관을 천장의 마루와 평행하게 설치하고, 스프링클러헤드는 다음의 기준에 적합하게 설치할 것

1. 천장의 최상부에 스프링클러헤드를 설치하는 경우에는 최상부에 설치하는 스프링클러헤드의 반사판을 수평으로 설치할 것
2. 천장의 최상부를 중심으로 가지관을 서로 마주보게 설치하는 경우에는 최상부의 가지관 상호간의 거리가 가지관상의 스프링클러헤드 상호간의 거리의 1/2 이하(최소 1 m 이상이 되어야 한다)가 되게 스프링클러헤드를 설치하고, 가지관의 최상부에 설치하는 스프링클러헤드는 천장의 최상부로부터의 수직거리가

90 cm 이하가 되도록 할 것. 톱날지붕, 둥근지붕, 기타 이와 유사한 지붕의 경우에도 이에 준한다.

f. 연소할 우려가 있는 개구부에는 그 상하좌우에 2.5 m 간격으로(개구부의 폭이 2.5 m 이하인 경우에는 그 중앙에) 스프링클러헤드를 설치하되, 스프링클러헤드와 개구부의 내측면으로부터 직선거리는 15 cm 이하가 되도록 할 것. 이 경우 사람이 상시 출입하는 개구부로서 통행에 지장이 있는 때에는 개구부의 상부 또는 측면(개구부의 폭이 9 m 이하인 경우에 한한다)에 설치하되, 헤드 상호간의 간격은 1.2 m 이하로 설치해야 한다.

g. 습식 스프링클러설비 및 부압식 스프링클러설비 외의 설비에는 상향식 스프링클러헤드를 설치할 것. 다만, 다음에 해당하는 경우에는 그렇지 않다.

1. 드라이펜던트 스프링클러헤드를 사용하는 경우
2. 스프링클러헤드의 설치장소가 동파의 우려가 없는 곳인 경우
3. 개방형 스프링클러헤드를 사용하는 경우

h. 측벽형 스프링클러헤드를 설치하는 경우 긴 변의 한쪽 벽에 일렬로 설치(폭이 4.5 m 이상 9 m 이하인 실에 있어서는 긴 변의 양쪽에 각각 일렬로 설치하되, 마주보는 스프링클러헤드가 나란히꼴이 되도록 설치)하고 3.6 m 이내마다 설치할 것

i. 상부에 설치된 헤드의 방출수에 따라 감열부에 영향을 받을 우려가 있는 헤드에는 방출수를 차단할 수 있는 유효한 차폐판을 설치할 것

j. b.에도 불구하고 특정소방대상물의 보와 가장 가까운 스프링클러헤드는 다음 표의 기준에 따라 설치해야 한다. 다만, 천장면에서 보의 하단까지의 길이가 55 cm를 초과하고 보의 하단 측면 끝부분으로부터 스프링클러헤드까지의 거리가 스프링클러헤드 상호간 거리의 1/2 이하가 되는 경우에는 스프링클러헤드와 그 부착면과의 거리를 55 cm 이하로 할 수 있다.

표. 보가 있는 부분의 스프링클러헤드 설치기준

스프링클러헤드의 반사판 중심과 보의 수평거리	스프링클러헤드의 반사판 높이와 보의 하단높이의 수직거리	천장으로부터 헤드까지의 수직거리
0.75 m 미만	보의 하단보다 낮을 것	0.3 m 이하(천장 등의 불연재료로 되어 있는 경우에는 0.45 m 이하)
0.75 m 이상 1 m 미만	0.1 m 미만	
1 m 이상 1.5 m 미만	0.15 m 미만	
1.5 m 이상	0.3 m 미만	

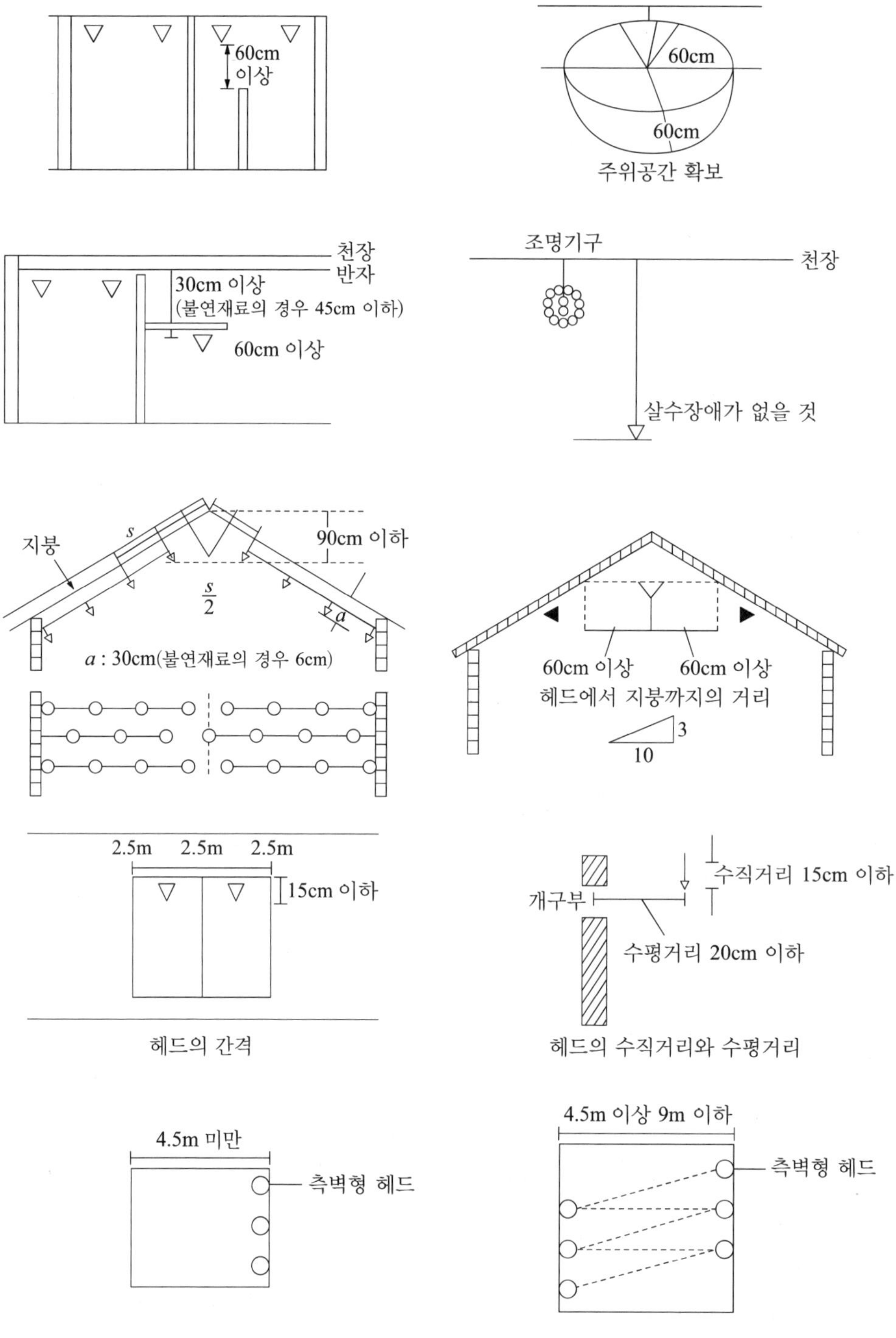

[그림 4-8] 헤드 설치기준 방법

(4) 헤드의 특성

가. 화재감지특성

감열부가 작동하는 스프링클러의 감도범위를 정하는 용어로 스프링클러의 반응시간지수(Response Time Index : RTI)와 전도 열전달계수(conductivity : C)가 개발되었다. 반응시간지수의 값이 적을수록 감열체의 온도상승비율이 커져 헤드가 조기에 작동하게 된다. 또한 전도 열전달계수는 스프링클러의 주위로부터 흡수된 열량 중 스프링클러 배관 및 수로(water way) 등으로 방출되는 열손실량에 대한 주요 특성치로서 이 값이 적을수록 열손실량이 적어져 헤드가 빨리 작동하게 된다. 반응시간지수는 열기류 감도시험기와 같은 시험장치를 이용하여 측정한다.

나. 방사특성

소화용 스프링클러설비의 소화방법은 화재로 인한 가연성물질의 열방출비율(heat release rate)을 감소시킬 수 있도록 물을 방사하여 주위의 가연성물질을 미리 물로 적심으로써 화재의 규모를 제한하고 건축 구조물의 피해가 없도록 천장부의 가스온도를 일정온도로 제어하는 화재제어(fire control) 방법과 스프링클러로부터 방사되는 물방울의 침투력을 증가시켜 방사된 물이 화염(fire plume)을 지나 연소하는 연료 표면까지 충분히 도달하게 함으로써 열방출 비율을 급격히 저하시키고, 화재의 재성장을 방지하는 화재진압(fire suppression)방법으로 나눌 수 있으며, 각 용도 및 화재하중에 따른 방호대상물의 소요 방사량과 실제 소화 작업에 필요한 실제 방사량을 측정 비교하여 실제 방사량이 소요 방사량보다 많은 상태가 될 수 있도록 화재하중에 따른 해당 용도에 적합하게 설계하여 사용하도록 하고 있다.

(5) 헤드의 구조

① **프레임(frame)** : 스프링클러헤드의 나사부분과 디플렉터를 연결하는 이음쇠 부분을 말한다.

② **디플렉터(deflector)** : 스프링클러헤드의 방수구에서 유출되는 물을 세분시키는 작용을 하는 것을 말한다.

③ **감열체** : 정상상태에서는 방수구를 막고 있으나 열에 의하여 일정한 온도에 도달하면 스스로 파괴, 요해되어 헤드로부터 이탈됨으로써 방수구가 열려 스프링클러헤드가 작동되도록 하는 부분을 말한다.

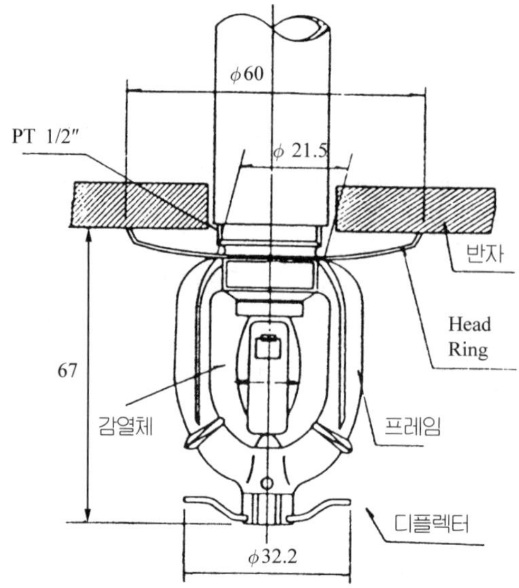

[그림 4-9] 스프링클러헤드의 구조

(6) 헤드의 구비조건 및 규격

가. 배관에 부착하는 등 취급할 때 기능에 영향을 미치는 손상 또는 이상이 생기지 않아야 한다.

나. 작동 시에 분해되는 모든 부분은 물의 분사를 방해하지 않도록 분해되고 떨어져 나가야 한다.

다. 조립된 헤드의 각 부분에 가하여지는 하중을 임의로 조작할 수 없도록 조치되어야 한다.

라. 물속의 이물질(배관 내의 물때, 모래, 진흙 등)이나 공지 중의 먼지, 기름, 증기, 분진 등의 부유물에 의하여 기능에 이상이 생기지 않은 구조이어야 한다.

마. 헤드의 부착나사는 KS B 0222(관용테이퍼나사) 중 다음 표의 헤드구분에 따른 부착나사 또는 이에 상당하는 호칭의 관용테이퍼나사이어야 하며, 보관 운반 등의 경우 손상되지 않도록 적합한 보호장치를 해야 한다.

헤드의 호칭	부착나사의 호칭
15	PT 1/2"
20	PT 1/2" 또는 PT 3/4"
25	PT 1"

(7) 헤드의 선정

폐쇄형 스프링클러헤드는 그 설치장소의 평상시 최고 주위온도에 따라 다음 표에 의한 표시온도의 것으로 설치해야 한다. 다만 높이가 4 m 이상인 공장 및 창고(랙크식 창고를 포함)에 설치하는 스프링클러헤드는 그 설치장소의 평상시 최고 주위온도에 관계없이 표시온도 121℃ 이상의 것으로 할 수 있다.

설치장소의 최고 주위온도	표시온도
39℃ 미만	79℃ 미만
39℃ 이상 64℃ 미만	79℃ 이상 121℃ 미만
64℃ 이상 106℃ 미만	121℃ 이상 162℃ 미만
106℃ 이상	162℃ 이상

(8) 헤드의 표시

헤드에는 다음 사항을 보기 쉬운 부위에 잘 지워지지 않도록 표시해야 한다.

ⓐ 종별 및 형식
ⓑ 형식승인 번호
ⓒ 제조연월 및 제조번호
ⓓ 제조업체명 또는 상호
ⓔ 표시온도 및 최고주위온도(폐쇄형 헤드에 한한다)
ⓕ 표시온도의 구분에 따르는 다음 표의 색표시(폐쇄형 헤드에 한한다)

유리벌브 스프링클러헤드		퓨지블링크 스프링클러헤드	
표시온도 구분(℃)	액체의 색별	표시온도 구분(℃)	프레임의 색별
57℃	오렌지	77℃ 미만	색표시 안 함
68℃	빨강	77℃ ~ 120℃	흰색
79℃	노랑	121℃ ~ 162℃	파랑
93℃	초록	163℃ ~ 203℃	빨강
141℃	파랑	204℃ ~ 259℃	초록
182℃	연한 자주	260℃ ~ 319℃	오렌지
227℃	검정	320℃ 이상	검정
260℃	검정		
343℃	검정		

짚고넘어가기 01

1. **디플렉터** : 스프링클러헤드의 방수구에서 유출되는 물을 세분시키는 작용을 한다.
2. **프레임** : 스프링클러헤드의 나사부분과 디플렉터를 연결하는 이음쇠 부분을 말한다.
3. **감열체** : 정상상태에서 방수구를 막고 있으나 열에 의하여 일정한 온도에 도달하면 스스로 파괴, 용해되어 헤드로부터 이탈됨으로써 방수구가 열려 스프링클러헤드가 작동되도록 하는 부분을 말한다.
4. **퓨지블링크(fusible link)** : 감열체 중 이융성 금속으로 융착되거나 이융성 물질에 의하여 조립된 것을 말한다.
5. **유리벌브** : 감열체 중 유리구 안에 액체(알코올, 에테르) 등을 넣어 봉한 것을 말한다.
6. **설계하중** : 폐쇄형 스프링클러헤드에서 방수구를 막고 있는 감열체가 정상상태에서 이탈하지 못하게 하기 위하여 헤드를 조립할 때 헤드에 가하여 지도록 미리 설계된 하중을 말한다.
7. **스프링클러헤드의 구성**
   ① 90°엘보(25A × 25A) ② 닛플(25A)
   ③ 리듀서(25A × 15A) ④ 스프링클러헤드 배관(15A)
   ⑤ 프레임(몸체) ⑥ 디플렉터(반사판)
   ⑦ 퓨지블링크(폐쇄형 헤드에 한함)

8. **표시온도** : 폐쇄형 스프링클러헤드의 설치장소에 관한 기준이 되는 온도로서 다음 식에 의하여 구하여진 온도를 말한다. 다만, 헤드의 표시온도가 75℃ 미만인 경우의 최고 주위온도는 다음 등식에 불구하고 39℃로 한다.
   $T_A = 0.9T_M - 27.3$ (T_A : 최고 주위 온도, T_M : 헤드의 표시 온도)

9. **스프링클러헤드의 시험방법**
   1) 강도시험
      ① 헤드의 충격시험은 디플렉터의 중심으로부터 1 m 높이에서, 헤드 중량에 15 g을 더한 중량의 원통형 추를 자유낙하시켜 1회의 충격을 가하여도 균열, 파손이 되지 않고 기능에 이상이 생기지 않아야 한다.
      ② 설계하중의 2배인 인장하중을 헤드의 축방향으로 가하는 경우의 프레임의 영구 변형량은 설계하중을 가하는 경우의 프레임 변형량의 50% 이하이어야 한다.
   2) 진동시험 : 폐쇄형 헤드는 전진폭 5 mm, 매초 25사이클의 진동을 3시간 가한 다음 2.5 MPa의 압력을 5분간 가하는 시험에서 물이 새지 않아야 한다.
   3) 수격시험 : 매초 0.3～3.5 MPa의 압력변동을 연속하여 4000회 가한 다음 2.5 MPa의 압력을 5분간 가하여도 물이 새거나 변형이 되지 않아야 한다.
   4) 부식시험 : 폐쇄형 헤드는 농도 50%인 질산 수용액에 30초 동안 담궜다가 물로 씻은 다음 농도 10 g/ℓ되는 질산수은의 수용액에 30분간 담궈도 균열 또는 파손되지 않아야 한다.

5) 작동시험 : 폐쇄형 헤드를 액조 내에 넣어 그 헤드의 표시온도보다 10℃ 낮은 온도로부터 매분 1℃ 이내의 비율로 온도를 상승시키는 경우 헤드가 작동하는 온도의 실제 측정한 값은 그 표시온도의 97~103%(유리벌브를 사용한 헤드는 98~115%)의 범위 안이어야 한다.
6) 방수량 시험 : 방수압력 0.1 MPa에서 방수량을 측정한다.

$Q = K\sqrt{P}$ [Q : 방수량(ℓ/분), P : 방수압력(kg/cm^2), K : 방수상수]

7) 살수분포시험 : 방수압력 범위 0.1~1 MPa까지의 방수압력으로 방수하는 시험이다.
8) 퓨지블링크의 강도 : 퓨지블링크는 20±1℃의 공기 중에서 그 설계하중의 13배인 하중을 10일간 가하여도 파손되지 않아야 한다.
9) 유리벌브의 강도 : 유리벌브는 그 설계하중의 4배인 하중을 헤드의 축심방향으로 가하여도 균열 또는 파손이 생기지 않아야 한다.

예제 4.4 스프링클러헤드를 폐쇄형과 개방형으로 구분할 수 있는 기준은 무엇인가?

① 감열체 설치유무 ② 헤드의 설치형태
③ 헤드의 설치장소 ④ 헤드의 형태

답 ①

예제 4.5 폭이 9 m 이하인 실내에 설치하는 스프링클러헤드의 설치방향은?

① 상향형 ② 하향형 ③ 상하양용형 ④ 측벽형

답 ④

예제 4.6 특수가연물을 저장한 랙크식 창고의 스프링클러헤드 설치높이(m) 얼마 이하로 해야 하는가?

① 3 ② 4 ③ 5 ④ 6

답 ②

예제 4.7 스프링클러헤드와 천장·반자·천장과 반자사이·덕트·선반 등의 각 부분까지 설치기준에 대한 설명이다. 틀린 것은?

① 특수가연물을 저장 또는 취급하는 장소에 있어서는 수평거리 1.7 m 이하
② 랙크식 창고에 있어서는 수평거리 2.5 m 이하
③ 아파트에 있어서는 수평거리 2.1 m 이하
④ 소방대상물이 내화구조로 된 경우에는 수평거리 2.3 m 이하

답 ③

예제 4.8 공동주택에 설치해야 하는 종류의 헤드는?

① 조기반응형 스프링클러헤드 ② 간이 스프링클러헤드
③ 물분무 헤드 ④ 드라이펜던트형 스프링클러헤드

답 ①

2) 자동경보장치

자동경보장치는 해당 소방대상물에 설치되어 있는 폐쇄형 헤드에서의 감지와 자동화재 탐지설비의 감지기의 감지와 동시에 경보밸브가 작동하여 벨이 울려서 화재발생을 알리는 장치

(1) 구성 및 기능

가. 자동경보밸브(Alarm Check Valve)

Alarm Check Valve 또는 자동경보밸브라고도 한다.

역류방지를 갖는 경보밸브로서 1차측과 2차측의 수압이 동일한 상태에서 Sprinkler Head가 개방되어 수압의 평형 상태가 깨어짐으로써 압력챔버에 설치된 압력스위치가 작동하여 Pump가 동작하고 또 유수에 의한 압력변화로 경보밸브의 압력스위치가 작동되어 경보를 울리며, 물이 송수되도록 하는 밸브이다. 종류로는 Butterfly식도 있지만 거의가 Clapper형의 것으로서 배수밸브(Drain Valve)와 시험밸브(Test Valve) 기능을 가지고 있다. Clapper형의 경우 중심부에 Ball Check를 설치하여 2차측 배관의 이음부분에서 미세한 누수로 인한 압력감소를 보충하여 압력의 균형을 유지하여 오보방지 기능을 한다. 패들형(Paddle type) 유수검지장치는 역지기능이 없고, 2차측으로의 유수에 따라 Paddle이 유수의 방향으로 기울어짐에 따라 Switch의 접점이 붙어 일정한 시간이 경과되면 경보를 발하는 장치다.

① 알람밸브(습식 유수검지장치, Alarm Valve)

습식 스프링클러설비에 사용하는 밸브로 시스템구성은 수원, 가압송수장치, 배관, 알람밸브, 스프링클러헤드 등으로 항상 배관 내부에 가압수가 충만되어 있는 상태이므로 겨울철이나 동결점 이하의 온도에 대비하여 보온이나 Heat Tracing을 해야 한다.
알람체크밸브는 방호구역마다 설치하는데 1차측과 2차측에는 압력계가 설치되어 있는데 평소에는 같은 압력을 유지하다가 헤드의 개방에 의해 2차측 배관 내의 압력이 감소되어 알람체크밸브가 개방되어 수신부의 화재 표시등을 점등시키며 동시에 경보를 발하게 되는 기능이 있다.

화재로 인해 헤드가 개방되거나 시험시(시험밸브함 밸브 개방) 밸브 내부의 물의 흐름으로 클래퍼가 개방되면 경보 연결라인으로 압력S/W에 수압을 가하게 되므로 전기적 또는 기계적(워터모터공)으로 경보를 울리게 된다. 알람밸브는 Check 기능이 있어 2차측 가압수가 1차측으로 흐를 수는 없으며, 2차측 유수량이 15 lpm 이내일

때는 경보 없이 수원공급이 가능하나, 일정량 이상 계속 흐를 때에는 리타딩챔버 내부에 가압수가 축척되어 경보를 울리는 구조이므로 순간 압력변동 등의 충격에 강하며 오보가 없고 자동이 확실하다.

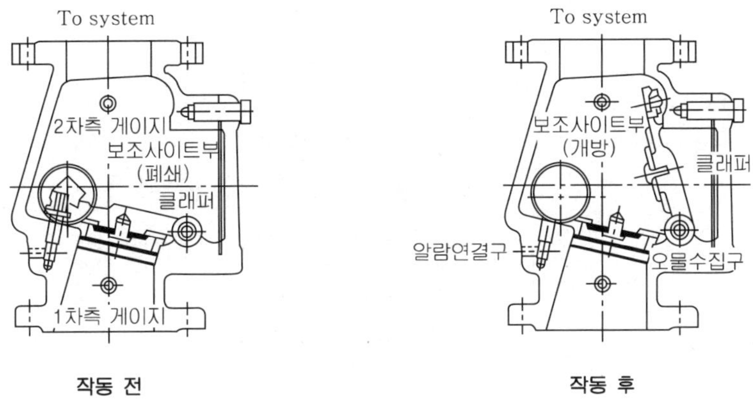

[그림 4-10] 알람밸브작동 시스템

작동준비 및 경보시험방법을 보면 ([그림 4-11] 참조)

1. 소화를 확인한 후 메인밸브(2)와 신호정지밸브(8)를 폐쇄하고 주드레인밸브(3)를 개방시킨다.
2. 경보반을 복구하여 경보를 정지시킨다.
3. 파손된 헤드 및 연소된 부분을 원상태대로 복구시킨다.
4. 드레인밸브(3)를 잠그고 메인밸브(2)를 서서히 열면 밸브 1차측과 2차측이 동일압이 된다(게이지 확인).
5. 배관 최말단 시험밸브를 개방 Air를 제거해 준다.
6. 동일압이 유지되면, 드레인이 중지되므로 신호정지용 밸브(8)를 개방시킨다.

   경보시험은 주드레인밸브 개방이나 시험밸브를 개방하면 압력S/W연동으로 경보가 울린다.

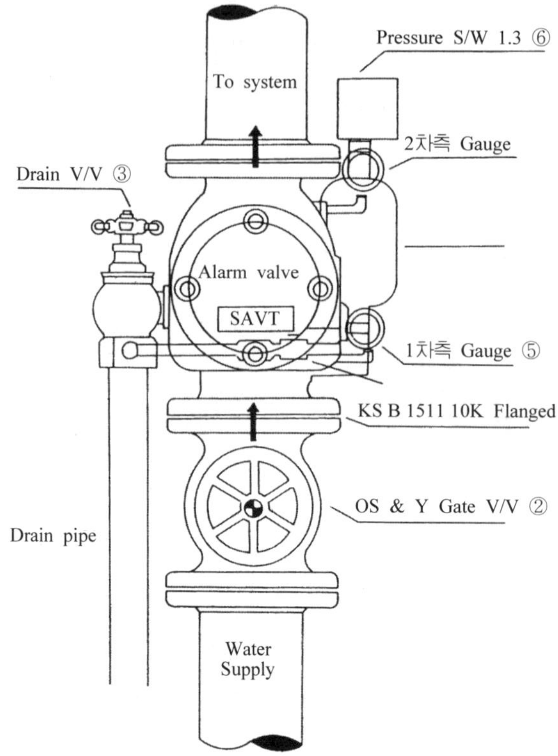

[그림 4-11] 알람밸브

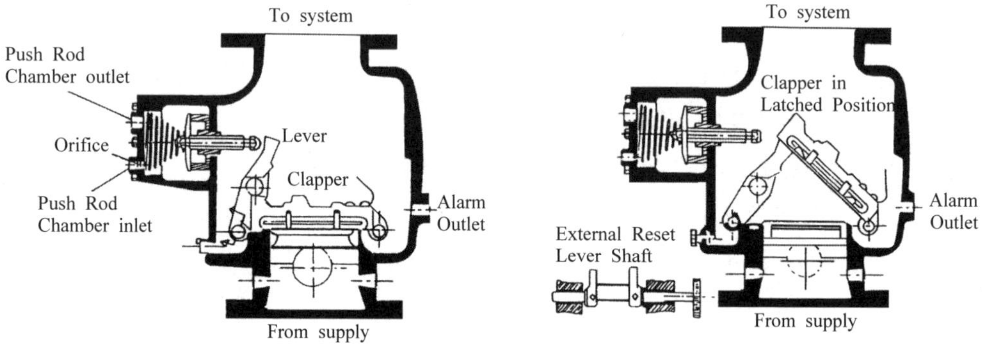

작동 전 작동 후

[그림 4-12] 데류즈 및 프리액션밸브 작동시스템

▶ 보충 **알람체크밸브의 기능**

알람체크밸브를 자동경보밸브라고도 하며, 이 자동경보밸브의 기능은 유수현상을 검지하여 수신부에 경보를 전달하는 경보기능을 갖고 있다. 또한, 1차측으로부터 유입된 물은 2차측으로만 흐르도록 하는 체크밸브의 기능도 함께 가지고 있다.

짚고넘어가기 02

1. 유수검지장치의 최고 사용압력
   ① 호칭압력 1 MPa = 수압력 1~1.4 MPa
   ② 호칭압력 1.6 MPa = 수압력 1.6~2.2 MPa
2. 습식 유수검지장치의 압력손실은 0.05 MPa 이내이어야 한다.
3. 유수검지장치의 표시사항
   ① 종별 및 형식
   ② 형식 승인번호
   ③ 제조년월 및 제조번호
   ④ 제조업체명 또는 상호
   ⑤ 안지름, 호칭압력 및 사용압력 범위
   ⑥ 유수방향의 화살표시
   ⑦ 설치방향
   ⑧ 구성부품의 조립도
   ⑨ 2차측에 압력설정이 필요한 것에는 압력 설정치
   ⑩ 직관에 상당하는 길이로 표시된 압력 손실치
   ⑪ 습식 유수검지장치에 있어서는 최저 사용압력에 있어서 부작동 유량
   ⑫ 설치방법 및 취급상의 주의사항
   ⑬ 소비자 권장가격과 공장도 가격
   ⑭ 품질 보증에 관한 사항(보증기간, 보증내용, A/S 방법, 자체검사필증 등)
   ⑮ 검지 유량 상수

② 데류즈 및 프리액션 밸브(Deluge & Pre-Action Valve)

습식 설비(물 채움식)의 좋은 점과 건식 설비(공기 채움식)의 단점을 보완해서 안전도가 높고 오동작이 없으며 소화력이 신속한 준비작동식 설비나 데류즈 설비에 사용하는 밸브이다. 배관 2차측에 가압수가 없는 건식 배관이므로 동절기에 동파 우려가 많은 곳에 설치되며, 스케일 축적으로 인한 소화력 마비현상을 예방할 수 있고 경보기능과 제어기능을 동시에 보유하여 스프링클러 폐쇄설비나 개방설비 외에 포소화설비, 물분무소화설비, 드렌쳐설비 등 여러 용도로 사용이 가능하다.

화재가 발생하여 스프링클러헤드가 작동하기 전에 감지기가 열 및 연기를 감지하여 전자밸브를 개방시키면 밸브 내 압력제어부에 압력이 밸브를 통하여 배관 내로 물이 통수되면 경보가 울리고 펌프(자동기동)가 기동되어 스프링클러헤드까지 물이 가압된다. 화재열로 인해 퓨즈가 용해되면 헤드까지 차있던 물이 분사되어 소화한다. 전역방출을 목적으로 데류즈 시스템에서는 열, 연기 감지기, 감지헤드, 수동개방밸브의

개방으로 데류즈 밸브가 작동한다. 또한 적외선 감지기나 가스 감지기 등을 사용하는 방폭지역이나 특수한 장소에도 사용이 가능하다.

작동준비 및 경보시험 방법을 보면([그림 4-13] 참조)

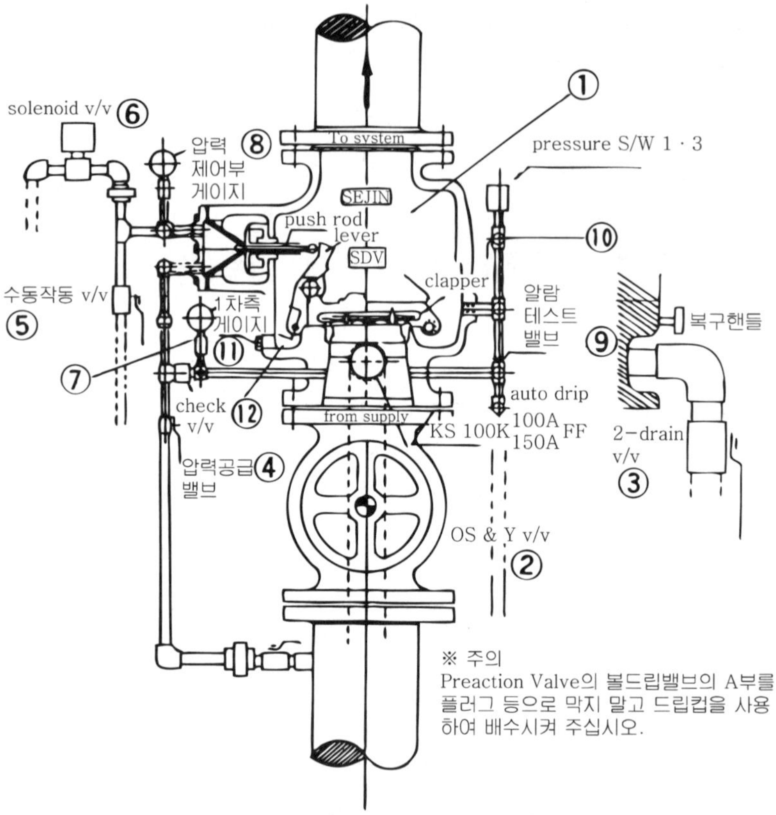

[그림 4-13] 데류즈 및 프리액션 밸브

1. 소화를 확인한 후 메인밸브(2)를 폐쇄하고 주드레인밸브(3)를 개방시켜준다. 이때 드레인콕크(11)를 열어 밸브에 남아있는 물을 완전 배수시킨다.
2. 밸브본체 후면에 있는 복구레버(12)를 정면에서 반시계 방향으로 돌려 클래퍼가 폐쇄되도록 한다(소리확인).
3. 제어밸브 하단부에서 연결된 볼밸브(4)를 열면 압력제어부에 압력이 걸린다((8)게이지 확인) 이때 (5)밸브를 열어 Air를 제거해 준다.
4. (8)게이지의 압력을 확인한 후, 메인밸브(2)를 서서히 연다.

   정면 우측에 알람테스트용 볼밸브(9)를 열면 압력S/W연동으로 경보가 울린다. 경보 확인 후 볼밸브(9)를 잠그고(평소에는 폐쇄) 볼드립밸브 버튼을 누르면 경보가 중지된다.

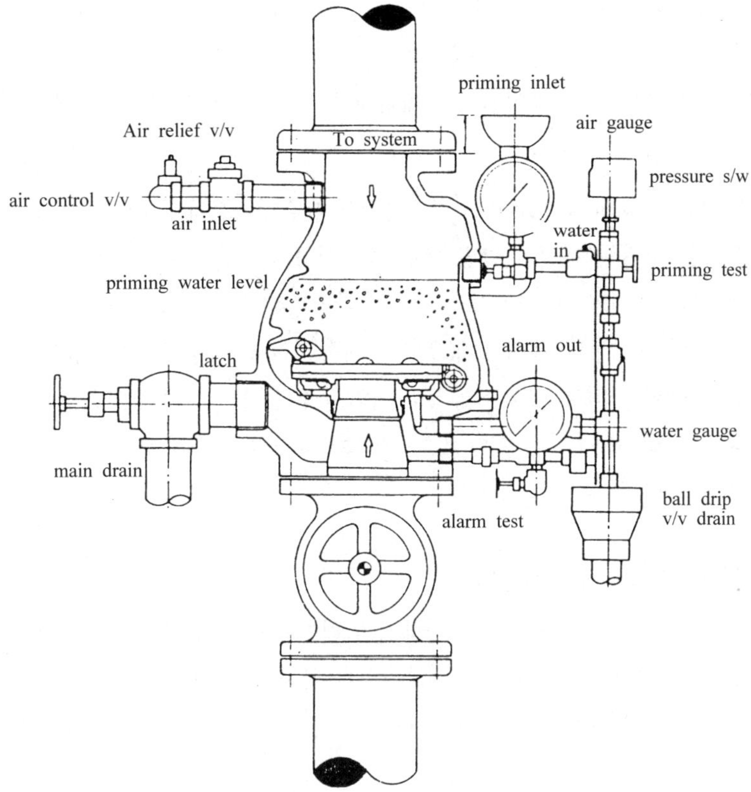

[그림 4-14] 건식 밸브

③ 건식 밸브(건식 유수검지장치, Dry Valve)

유수를 검지하여 경보를 발하는 경보발신장치이다. 건식 유수검지장치의 종류로는 차압식과 기계식이 있으며, 현재는 주로 차압식이 이용되고 있다.

1. **차압식**(differential type) : 내부에 장치된 클래퍼를 중심으로, 가압송수장치측을 1차측, 헤드측을 2차측이라 한다. 1차측과 2차측의 사이에 대기압 상태를 유지하는 장치를 중간챔버(intermediate chamber)라고 한다.

   평상시에는 1차측의 물의 압력과 2차측에 충압되어 있는 기체 및 클래퍼의 무게가 상호 작용하여 클래퍼가 닫힌 상태로 평형을 유지하고 있다. 화재시 발생된 열에 의해 헤드가 개방되면 2차측의 기체(압축공기, 질소)가 방출되어 관내 압력이 감소되고, 이때 1, 2차측 배관 내의 압력 불균형으로 결국 클래퍼가 개방되면서 유수가 시작된다. 배관내의 압축기체가 개방된 헤드를 통해 모두 배출된 이후에나

소화수가 분출되므로 헤드 개방과 방수에는 일정시간이 소요되며, 신속한 소화작업에 장애요인이 된다. 이 소요시간을 단축하기 위하여 2차측 배관 내의 기체체적을 줄여 배출 기체량을 감소시킨다. 2차측의 압축기체의 압력이 낮으면 방출될 기체의 양이 적으므로 지연시간이 짧아진다. 2차측의 압력이 1차측에 비해 낮게 설계된 이유가 이 때문이다.

2. **기계식**(mechanical type) : 기계작동식 유수검지장치는 레버, 링크, 리치(latch) 등을 이용하여 기계적인 방법으로 1차측의 물을 억제하는 방식이다. 차압식 밸브와는 달리 클래퍼 래치가 직접 클래퍼를 지지하고 있으므로 밸브 1차측의 수압력 등에 의한 오작동의 우려가 없으나 기계적인 보조 작동장치가 필요하므로 구조가 복잡한 단점이 있다. 기계작동식도 차압식과 같이 액셀러레이터 또는 익저스터가 장치되며, 클래퍼로부터 이탈됨으로써 밸브 1차측의 수압력이 클래퍼를 밀어 올려 유수경보장치를 작동케 된다.

나. 리타딩챔버(Retarding Chamber)

스프링클러배관에 각종의 충격이 가해져 압력변동이 발생하면 폐쇄형 헤드가 감열작동하지 않았음에도 불구하고 자동경보장치가 작동한다. 이와 같이 오작동을 방지하기 위하여 자동경보장치와 압력스위치 사이에 리타딩챔버를 설치하여 약 15초간 물을 계속 보내 챔버가 만수가 되지 않으면 압력스위치가 ON 되지 않도록 하는 것이다. 그러므로 누수로 인한 유수검지장치의 오동작을 방지하기 위한 안전장치로서 누수나 기타 이유로 밸브의 2차측 압력의 저하로 Pump의 작동 및 경보를 사전에 방지하는 것이며 순간적인 수격작용(Water Hammering)의 쿠션역할을 해서 순간적인 압력을 압력스위치나 워터모터공(Water Motor Gong)에 전달되지 않게 해줌으로써 오보를

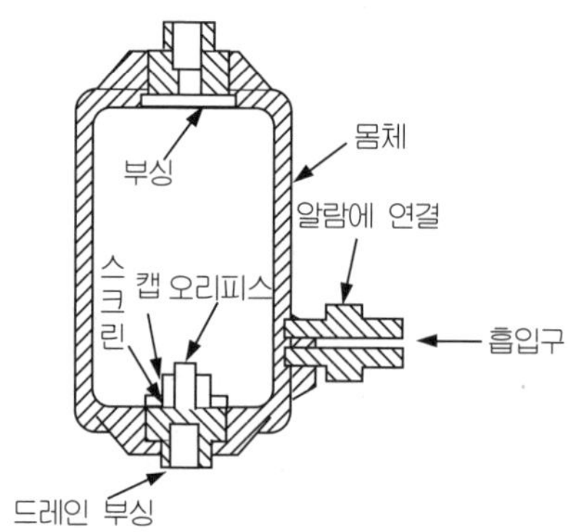

[그림 4-15] 리타딩챔버

막아주며, 이상 압력은 오리피스를 통해서 외부로 보내줌으로써 안전밸브 역할을 하며 순간적인 동요압력으로부터 배관이나 압력스위치의 손상을 막아주는 순간 동요압력 조정실 역할도 한다. 또한 압력스위치 작동지연(20초 정도) 효과도 가지고 있다. 용량은 주로 7.5 ℓ 형을 많이 사용한다.

다. 압력스위치(Pressure Switch)

리타딩챔버의 만수에 의해 작동되어 수신반에 화재표시 및 화재경보를 발하게 하며 통상 DC 24V로 작동한다.

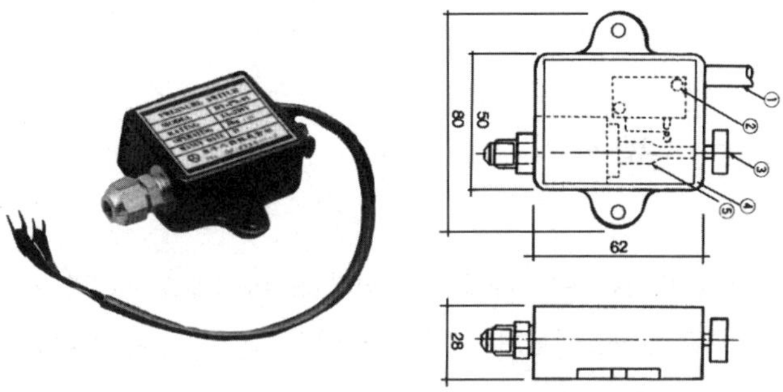

No.	Parts Name
1	Cable
2	Switch
3	Knob
4	Body
5	Piston

[그림 4-16] 압력스위치

라. 워터모터공(Water Motor Gong)

리타딩챔버를 통과한 압력수가 노즐을 통해 방수되어 방사압력에 의해 팰턴수차가 회전한다. 수차의 회전에 의해 스핀들에 연결된 타종링이 회전되면서 종을 울려 경보를 알리게 된다. 이와 같이 경보를 알리는 방법으로는 전기적 방법과 기계적 방법으로 분류할 수 있는데, 전기적 방법에는 압력스위치에 의한 방법이 주로 많이 사용되고 있으며 기계적 방법에는 워터모터공에 의한 방법을 사용하고 있다.

마. 일제개방밸브(Deluge Valve)

개방형 스프링클러헤드, 드렌쳐 헤드, 물분무 헤드, 포말 헤드를 사용하는 설비에서 이용하는 밸브이다. 화재감지용 헤드 또는 자동화재 탐지설비의 감지기의 작동에 의하여 자동적으로 개방되거나, 원격 조작에 의하여 자동적으로 개방되는 밸브이다. 종류로는 가압개방식과 감압개방식이 있다.

① 가압개방식

평상시에는 밸브위의 밸브 제어부분이 가압되어 있지 않다가 배관상의 전자솔레노이드밸브 또는 수동개방밸브를 설치하여 감지기가 화재를 감지하여 전자솔레노이드밸브를 개방 또는 수동개방밸브를 개방하면 압력수가 밸브 제어부분으로 들어가 피스톤을 밀어 올리면 일제개방밸브가 열려서 압력수가 송수되어 헤드로 방출되는 방식이다.

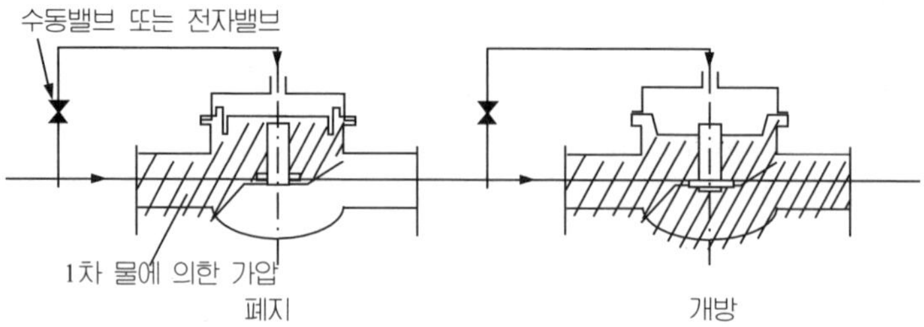

[그림 4-17] 가압개방식

② 감압개방식

평상시에는 밸브위의 밸브 제어부분이 가압되어 있다가, 바이패스 배관상에 설치된 전자솔레노이드밸브 또는 수동개방밸브가 개방되어 밸브 제어부분의 압력이 감압되면서 수압에 의해 밸브를 누르고 있던 피스톤이 들리어 지면서 일제개방밸브를 개방시켜 가압수가 송수되어 헤드로 방출되는 방식이다.

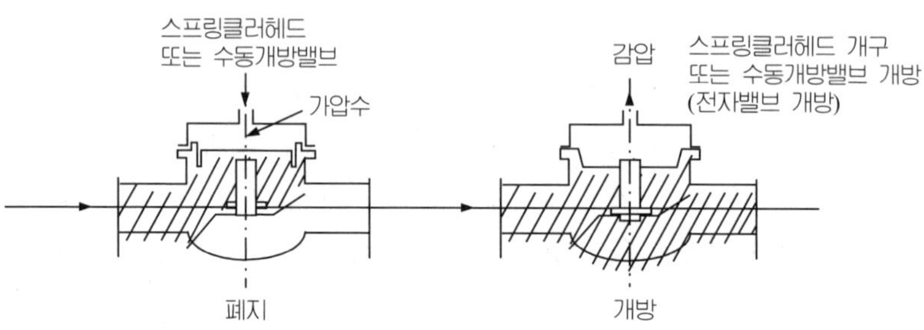

[그림 4-18] 감압개방식

바. 급속개방장치(quick opening devices)

건식 설비에서 헤드가 개방되었을 때 밸브 2차측 배관내의 압력강하를 이용하여 1차측과 2차측의 균형을 신속히 파괴시킴으로써 단시간 내에 헤드로 방수할 수 있도록 하기 위한 장치로서 그 기능에 따라 액셀러레이터와 익저스터가 사용되고 있다.

① 액셀러레이터

건식 설비에 있어서는 물이 헤드를 통해 방출되기 위해서는 2차측 배관 내의 압축기체가 모두 방출된 이후이어야 한다. 이런 이유로 인해 습식 설비보다 작동이 늦어져 초기소화에 차질이 생길 수 있다. 이와 같이 압축기체 방출에 따른 방수 지연시간을 줄이기 위하여 헤드가 개방되어 2차측의 압력이 급격히 감소할 때 배관의 공기를 빼주는 속도를 증가시켜 주기 위하여 사용하는 장치가 액셀러레이터이다.

② 익저스터

이것은 액셀러레이터와 같이 2차측 배관 내의 공기를 신속하게 방출시키기 위한 장치이다. 익저스터의 입구측은 건식 밸브 직상부 2차측에 연결되어 있으며 출구는 대기 중에 노출이 되어 있다.

사. 압축기체 공급장치

① 공기압축기

스프링클러용으로 제조된 전용의 압축기가 사용되며, 용량은 밸브 2차측의 배관용적 및 소요압력, 최원(最遠)지점까지의 거리 등에 따라 결정되고 일반적으로 1 MPa 미만의 1/2～5 HP용 전동식 공기압축기가 사용된다.

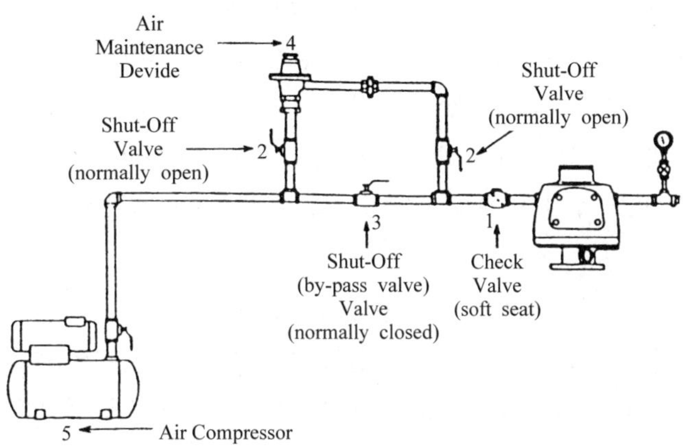

[그림 4-19] 공기압축기 연결배관

② 질소공급장치

고압질소를 압력조정기로 감압하여 2차측 배관 내에 주입하며 관내 부식이 적은 장점이 있지만 경제적인 면을 고려해야 하므로 2차측의 재용적이 적은 경우에만 제한적으로 사용되고 있다.

③ 압력조정기

공기압축기가 스프링클러설비 전용이 아니거나 주 공기공급관(instrument air or plant air)에서 공기를 공급받는 경우에 설치하는 장치이다. 설비 2차측 인입직전에 설치하여 설비에 필요한 압력으로 압력을 조정한다.

④ 저압 경보스위치(low-pressure alarm switch)

건식 밸브 2차측 배관 내의 압력이 설정압력 이하로 낮아질 때 경보한다. 공기압축기나 압력조정기, 압력스위치 등의 작동이 불량하여 2차측 배관의 압력이 일정한 압력까지 강하되었을 때 경보를 발하며 동작 원리는 압력스위치와 같다.

(2) 경보장치의 설치기준

가. 폐쇄형 스프링클러헤드를 사용하는 설비의 방호구역(스프링클러설비의 소화범위에 포함된 영역을 말한다) 및 유수검지장치는 다음의 기준에 적합해야 한다.

a. 하나의 방호구역의 바닥면적은 3,000 m^2를 초과하지 않을 것. 다만, 폐쇄형 스프링클러설비에 격자형 배관방식(2 이상의 수평주행배관 사이를 가지배관으로 연결하는 방식을 말한다)을 채택하는 때에는 3,700 m^2 범위 내에서 펌프용량, 배관의 구경 등을 수리학적으로 계산한 결과 헤드의 방수압 및 방수량이 방호구역 범위 내에서 소화목적을 달성하는데 충분하도록 해야 한다.

b. 하나의 방호구역에는 1개 이상의 유수검지장치를 설치하되, 화재 시 접근이 쉽고 점검하기 편리한 장소에 설치할 것

c. 하나의 방호구역은 2개 층에 미치지 않도록 할 것. 다만, 1개 층에 설치되는 스프링클러헤드의 수가 10개 이하인 경우와 복층형 구조의 공동주택에는 3개 층 이내로 할 수 있다.

d. 유수검지장치를 실내에 설치하거나 보호용 철망 등으로 구획하여 바닥으로부터 0.8 m 이상 1.5 m 이하의 위치에 설치하되, 그 실 등에는 개구부가 가로 0.5 m 이상 세로 1 m 이상의 개구부로서 그 개구부에는 출입문을 설치하고 그 출입문 상단에 "유수검지장치실"이라고 표시한 표지를 설치할 것. 다만, 유수검지장치를 기계실(공조용 기계실을 포함한다) 안에 설치하는 경우에는 별도의 실 또는 보호용 철망을 설치하지 않고 기계실 출입문 상단에 "유수검지장치실"이라고 표시한 표지를 설치할 수 있다.

e. 스프링클러헤드에 공급되는 물은 유수검지장치를 지나도록 할 것. 다만, 송수구를 통하여 공급되는 물은 그렇지 않다.

f. 자연낙차에 따른 압력수가 흐르는 배관 상에 설치된 유수검지장치는 화재 시 물의 흐름을 검지할 수 있는 최소한의 압력이 얻어질 수 있도록 수조의 하단으로부터 낙차를 두어 설치할 것

g. 조기반응형 스프링클러헤드를 설치하는 경우에는 습식 유수검지장치를 설치할 것

나. 개방형 스프링클러설비의 방수구역 및 일제개방밸브는 다음의 기준에 적합해야 한다.

a. 하나의 방수구역은 2개 층에 미치지 않아야 한다.

b. 방수구역마다 일제개방밸브를 설치해야 한다.

c. 하나의 방수구역을 담당하는 헤드의 개수는 50개 이하로 할 것. 다만, 2개 이상의 방수구역으로 나눌 경우에는 하나의 방수구역을 담당하는 헤드의 개수는 25개 이상으로 해야 한다.

d. 일제개방밸브의 설치 위치는 "가"의 "d"의 기준에 따르고, 표지는 "일제개방밸브실"이라고 표시해야 한다.

예제 4.9 다음 중 자동경보장치의 구성과 관계가 없는 것은?

① 자동경보밸브 ② 리타딩챔버
③ 압력스위치 ④ 유량조정장치

답 ④

예제 4.10 자동경보장치의 구성장치인 리타딩챔버의 주된 기능은?

① 오보를 방지한다. ② 펌프를 작동시킨다.
③ 수격현상을 방지한다. ④ 경보를 발한다.

답 ①

예제 4.11 폐쇄형 스프링클러헤드를 사용하는 설비의 방호구역·유수검지장치의 설치기준으로 옳지 못한 것은?

① 하나의 방호구역의 바닥면적은 3,000 m^2를 초과하지 않을 것
② 1개 층에 설치되는 스프링클러헤드의 수가 10개 이하인 경우에는 하나의 방호구역을 2개 층 이내로 할 수 있다.
③ 유수검지장치는 바닥으로부터 0.8 m 이상 1.5 m 이하의 위치에 설치한다.
④ 공동주택에는 습식 유수검지장치를 설치할 것

답 ②

예제 4.12 개방형 스프링클러설비의 하나의 방호구역을 담당하는 헤드의 개수는 몇 개 이하로 해야 하는가?

① 30 ② 40 ③ 50 ④ 60

답 ③

3) 스프링클러설비의 배관 기준

(1) 급수배관의 구경

구분 \ 급수관의 구경	25	32	40	50	65	80	90	100	125	150
(가)	2	3	5	10	30	60	80	100	160	161 이상
(나)	2	4	7	15	30	60	65	100	160	161 이상
(다)	1	2	5	8	15	27	40	55	90	91 이상

가. 폐쇄형 스프링클러헤드를 사용하는 설비의 경우로서 1개 층에 하나의 급수배관(또는 밸브 등)이 담당하는 구역의 최대면적은 3,000 m^2를 초과하지 않을 것

나. 폐쇄형 스프링클러헤드를 설치하는 경우에는 (가)란의 헤드수에 따를 것. 다만, 100개 이상의 헤드를 담당하는 급수배관(또는 밸브)의 구경을 100 mm로 할 경우에는 수리계산을 통하여 단서(가지배관의 유속은 6 m/sec, 그 밖의 배관의 유속은 10 m/sec를 초과할 수 없다)에서 규정한 배관의 유속에 적합하도록 할 것

다. 폐쇄형 스프링클러헤드를 설치하고 반자 아래의 헤드와 반자 속의 헤드를 동일 급수관의 가지관상에 병설하는 경우에는 (나)란의 헤드수에 따를 것

라. (각 부분으로부터 하나의 스프링클러헤드까지의 수평거리가 무대부·특수가연물을 저장 또는 취급하는 장소에 있어서는 1.7 m 이하)인 경우로서 폐쇄형 스프링클러헤드를 설치하는 설비의 배관 구경은 (다)란에 따를 것

마. 개방형 스프링클러헤드를 설치하는 경우 하나의 방수구역이 담당하는 헤드의 수가 30개 이하일 때는 (다)란의 헤드수에 의하고, 30개를 초과할 때는 수리계산 방법에 따를 것

(2) 가지배관

가지배관의 배열은 토너먼트 배관방식이 아니어야 하며, 교차배관에서 분기되는 지점을 기점으로 한쪽 가지배관에 설치되는 헤드의 개수(반자 아래와 반자 속 헤드를 하나의 가지배관 상에 병설하는 경우에는 반자 아래의 헤드의 개수)는 8개 이하로 하고, 가지배관과 헤드 사이의 배관을 신축배관으로 하는 경우에는 다음 기준에 적합한 것이어야 한다.

가. 최고 사용압력은 1.4 MPa 이상이어야 하고, 최고 사용압력의 1.5배 수압을 5분간 가하는 시험에서 파손, 누수 등이 없어야 할 것

나. 진폭이 5 mm, 진동수는 매초당 25회로 하여 6시간 작동시킨 경우 또는 매초 0.35

MPa로부터 3.5 MPa까지의 압력변동을 연속하여 4,000회 실시한 경우에도 변형, 누수되지 않을 것

▶ 해설 스프링클러설비의 배관을 습식으로 할 경우 동절기 배관의 동파방지법

① 보온재를 사용하여 배관을 보온하는 방법
② 배관내부에 부동액을 투입시키는 방법
③ 가열코일(Heating Coil)을 설치하는 방법
④ 순환배관을 설치하여 물을 순환시키는 방법
⑤ 중앙난방식으로 난방하는 방법

▶ 해설 스프링클러소화설비의 가지배관은 토너먼트 배관방식이 아니어야 하는 이유

배관의 마찰손실을 적게 하여 규격방수량과 규격방수압력을 유지하고 수격작용에 의한 배관의 충격을 적게 하여 배관의 파손을 방지하기 위함이다. 또한, 스프링클러헤드에 이 물질의 침입 및 축적을 방지하기 위해서이다.

▶ 해설 토너먼트 배관방식

균등(배) 배관방식이라고 하는데, 주로 분말소화설비의 배관설치방식으로 많이 사용된다. 분사헤드에서 일정한 방사압과 방사량을 유지하기 위한 배관방식이다.

(3) 교차배관

습식 스프링클러설비의 교차배관의 위치·청소구는 다음의 기준에 따른다.

가. 교차배관은 가지배관과 수평으로 설치하거나 가지배관 밑에 설치하고, 최소구경이 40 mm 이상이 되도록 할 것. 다만, 패들형 유수검지장치를 사용하는 경우에는 교차배관의 구경과 동일하게 설치할 수 있다.

나. 청소구는 교차배관 끝에 40 mm 이상 크기의 개폐밸브를 설치하고, 호스접결이 가능한 나사식 또는 고정배수 배관식으로 할 것. 이 경우 나사식의 개폐밸브는 옥내소화전 호스접결용의 것으로 하고, 나사보호용의 캡으로 마감해야 한다.

(4) 가지배관의 헤드설치

하향식 헤드를 설치하는 경우에 가지배관으로부터 헤드에 이르는 헤드접속배관은 가지배관 상부에서 분기할 것. 다만, 소화설비용 수원의 수질이 「먹는물관리법」 제5조에 따라 먹는물의 수질기준에 적합하고 덮개가 있는 저수조로부터 물을 공급받는 경우에는 가지배관의 측면 또는 하부에서 분기할 수 있다.

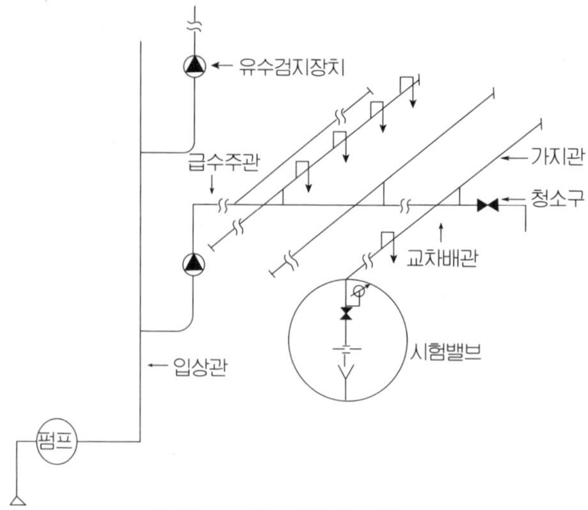

[그림 4-20] 배관의 구성

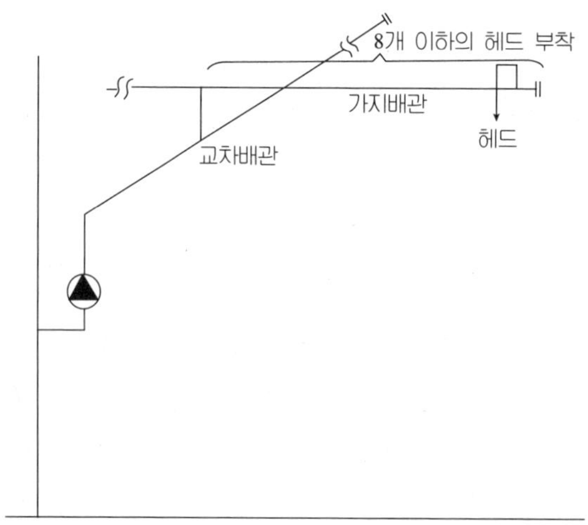

[그림 4-21] 가지배관의 헤드설치

(5) 준비작동식 유수검지장치 또는 일제개방밸브 배관

준비작동식 유수검지장치 또는 일제개방밸브를 사용하는 스프링클러설비에 있어서 유수검지장치 또는 밸브 2차측 배관의 부대설비는 다음의 기준에 따른다.

가. 개폐표시형 밸브를 설치할 것

나. 가.에 따른 밸브와 준비작동식 유수검지장치 또는 일제개방밸브 사이의 배관은 다음의 기준과 같은 구조로 할 것

a. 수직배수배관과 연결하고 동 연결배관 상에는 개폐밸브를 설치할 것

b. 자동배수장치 및 압력스위치를 설치할 것
c. b.에 따른 압력스위치는 수신부에서 준비작동식 유수검지장치 또는 일제개방밸브의 작동 여부를 확인할 수 있게 설치할 것

(6) 유수검지장치의 시험밸브

습식 유수검지장치 또는 건식 유수검지장치를 사용하는 스프링클러설비와 부압식 스프링클러설비에는 동 장치를 시험할 수 있는 시험장치를 다음의 기준에 따라 설치해야 한다.

가. 습식 스프링클러설비 및 부압식 스프링클러설비에 있어서는 유수검지장치 2차측 배관에 연결하여 설치하고 건식 스프링클러설비인 경우 유수검지장치에서 가장 먼 거리에 위치한 가지배관의 끝으로부터 연결하여 설치할 것. 이 경우 유수검지장치 2차측 설비의 내용적이 2,840 ℓ를 초과하는 건식 스프링클러설비는 시험장치 개폐밸브를 완전 개방 후 1분 이내에 물이 방사되어야 한다.

나. 시험장치 배관의 구경은 25 mm 이상으로 하고, 그 끝에 개폐밸브 및 개방형 헤드 또는 스프링클러헤드와 동등한 방수성능을 가진 오리피스를 설치할 것. 이 경우 개방형 헤드는 반사판 및 프레임을 제거한 오리피스만으로 설치할 수 있다.

다. 시험배관의 끝에는 물받이통 및 배수관을 설치하여 시험 중 방사된 물이 바닥에 흘러내리지 않도록 할 것. 다만, 목욕실·화장실 또는 그 밖의 곳으로서 배수처리가 쉬운 장소에 시험배관을 설치한 경우에는 그렇지 않다.

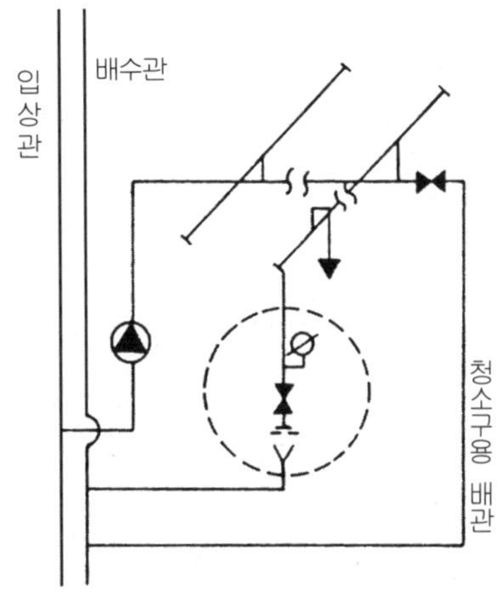

[그림 4-22] 유수검지장치의 시험장치

▶ 해설 **말단 시험장치의 배관 설치 목적**

폐쇄형 헤드를 직접 개방하지 않고 시험밸브를 개방하여 방수함으로서 유수검지장치의 작동으로 화재 경보 및 송수펌프의 기동 등 정상의 작동상태를 점검하며 또한 설치된 압력계로 방수압력을 점검, 확인한다.

구성 : 압력계, 시험밸브, 개방형 헤드(반사판 제거)

(7) 배관 고정방법

배관에 설치되는 행거는 다음의 기준에 따라 설치해야 한다.

가. 가지배관에는 헤드의 설치지점 사이마다 1개 이상의 행거를 설치하되, 헤드간의 거리가 3.5 m를 초과하는 경우에는 3.5 m 이내마다 1개 이상 설치할 것. 이 경우 상향식 헤드와 행거 사이에는 8 cm 이상의 간격을 두어야 한다.

나. 교차배관에는 가지배관과 가지배관 사이마다 1개 이상의 행거를 설치하되, 가지배관 사이의 거리가 4.5 m를 초과하는 경우에는 4.5 m 이내마다 1개 이상 설치할 것

다. 수평주행배관에는 4.5 m 이내마다 1개 이상 설치할 것

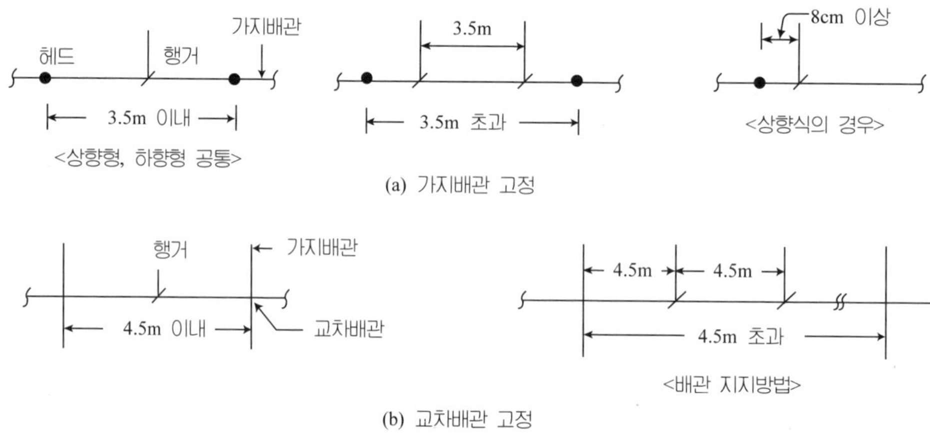

[그림 4-23] 행거 설치

(8) 배관의 부식방지를 위한 방식처리

배관 및 관이음쇠 등 금속성의 재료는 산화에 의해서 녹을 발생시키며, 이것을 방지하기 위하여 도장을 한다. 그러나 지하매설 배관이나 방수처리를 한 화장실 등의 장소에서는 화학적 또는 전기적으로 부식될 우려가 있으므로 배관 등의 외장피복을 할 필요가 있다. 방식재료로서의 조건은 내산, 내알칼리성 및 전기절연성이 있어야 한다.

(9) 배관의 지지 및 기울기의 고려

배관은 수격작용(water hammer)에 의한 진동, 건축물 및 공작물의 동요, 배관의 자중, 기타 외력이 가해져도 배관이음매 등이 이탈되지 않도록 견고히 지지되어야 한다. 관 지지의 필수요건은 배관과 배관 내 유체의 보온, 보냉 및 방결 피복 등의 합산 중량을 지지할 수 있고 외부에서의 진동과 충격에 견딜 수 있어야 하며, 배관 시공 시 기울기의 조정이 간단하고 온도변화에 따른 배관의 신축에 적합해야 한다.

배관의 설치 경우, 수리와 그 외 필요할 때에 관내의 물을 배제함과 동시에 공기가 정체되지 않도록 구배를 주어 배관한다. 이에 따라 배관의 최하부에는 배수밸브를 설치하고, 최상부에는 공기빼기 벤트를 설치한다. 시공 시에 최대한 배관의 구부러짐을 막아 마찰손실을 최소화해야 한다.

펌프 흡입측 배관의 경우에는 굴곡이 심하면 마찰손실만이 아니라 공기고임현상(cavitation)도 발생하므로 흡입측 배관을 펌프측으로 올림 구배로 하고 흡입배관에서 관경을 바꿀 경우는 편심 리듀서의 설치 등으로 공기고임(cavitation)을 막아야 한다.

(10) 바닥 및 벽의 관통 시 주의점

바닥 또는 벽을 배관이 관통하는 경우, 배관의 팽창 및 진동에 의해 바닥, 벽 등을 손상, 파괴 시키지 않도록 하기 위하여 콘크리트 작업 시 슬리브(철판)관을 넣어 설치해야 한다.

(11) 배관 시공 시 주의사항

가. 방화벽이나 간막이벽 등으로 완벽하게 막힌 공간에는 그 공간용으로 새로운 입상관을 설치하는 것이 좋다. 방화벽 등을 뚫어 배관을 설치하면 연소대책(fire stop)을 수립해야 하며 상황에 따라서는 이 대책이 불충분하여 방화구획이 무의미하게 될 수도 있다.

나. 건축물의 구조상 입상관 또는 수평주행배관 등에 곡관부가 많은 경우 마찰손실을 계산하되 관경을 크게 한다.

다. 바닥 슬라브 속을 통과하는 압상관은 반드시 슬리브를 콘크리트 속에 묻어서 그 슬리브를 통해 입상하도록 할 것

라. 대개 천장의 반자 내에는 공조덕트, 냉·난방장치용 배관, 조명장치, 케이블, 돌출보 등으로 소방설비용 배관의 시공이 용이한 것만은 아니다. 이러한 공간 여건에도 불구하고 유용하게 설비를 구성해야 하므로 설계 및 시공과정에서 면밀한 검토가 있어야 한다.

마. 천장의 반자내부에 고정하는 회향식 배관은 견고하게 고정한다.

바. 배관은 적절한 구배가 필요하며 가장 낮은 부위에 배수밸브를 설치한다.

(12) 기타 배관기준

가. 수직배수배관의 구경은 50 mm 이상으로 해야 한다. 다만, 수직배관의 구경이 50 mm 미만인 경우에는 수직배관과 동일한 구경으로 할 수 있다.

나. 주차장의 스프링클러설비는 습식 외의 방식으로 해야 한다. 다만, 다음의 어느 하나에 해당하는 경우에는 그렇지 않다.

a. 동절기에 상시 난방이 되는 곳이거나 그 밖에 동결의 염려가 없는 곳

b. 스프링클러설비의 동결을 방지할 수 있는 구조 또는 장치가 된 것

다. 급수배관에 설치되어 급수를 차단할 수 있는 개폐밸브에는 그 밸브의 개폐상태를 감시제어반에서 확인할 수 있도록 급수개폐밸브 작동표시 스위치를 다음의 기준에 따라 설치해야 한다.

a. 급수개폐밸브가 잠길 경우 탬퍼스위치의 동작으로 인하여 감시제어반 또는 수신기에 표시되어야 하며 경보음을 발할 것

b. 탬퍼스위치는 감시제어반 또는 수신기에서 동작의 유무확인과 동작시험, 도통시험을 할 수 있을 것

c. 급수개폐밸브의 작동표시 스위치에 사용되는 전기배선은 내화전선 또는 내열전선으로 설치할 것

라. 스프링클러설비 배관의 배수를 위한 기울기는 다음의 기준에 따른다.

a. 습식 스프링클러설비 또는 부압식 스프링클러설비의 배관을 수평으로 할 것. 다만, 배관의 구조상 소화수가 남아 있는 곳에는 배수밸브를 설치해야 한다.

b. 습식 스프링클러설비 또는 부압식 스프링클러설비 외의 설비에는 헤드를 향하여 상향으로 수평주행배관의 기울기를 1/500 이상, 가지배관의 기울기를 1/250 이상으로 할 것. 다만, 배관의 구조상 기울기를 줄 수 없는 경우에는 배수를 원활하게 할 수 있도록 배수밸브를 설치해야 한다.

짚고넘어가기 03

스프링클러설비에 쓰이는 공통부품

① 주밸브 감시스위치 : OS & Y 밸브를 폐쇄시키면 수신반에 이상신호를 보내어 항상 관로상의 주밸브를 감시하게 되어 있다.

② **탬퍼스위치(Tamper switch)** : 주밸브의 요크에 걸어서 밸브의 개폐를 수신반에 전달하는 주밸브 감시기능을 가지고 있다.

③ **OS & Y밸브(Outside Screw & York Valve)** : 주관로상에 사용하며 일명 Gate valve, Main valve, Sluice valve 등으로 불리며, 스크루가 밸브봉의 나사에 의해 이동하며 개폐가 이루어진다. 수격에 대한 안정성은 높으나 물의 이물질이 스크루에 걸리면 완전한 수류의 제어가 되지 않는 약점이 있다.

④ **앵글밸브(Angle Valve)** : 글로브 밸브보다는 소형밸브로 수류의 방향을 90°방향으로 전환시켜주는 밸브이다. 주로 옥내소화전 설비의 방수구 및 스프링클러의 유수 검지장치 중 배수밸브 등에 주로 사용된다.

⑤ **글로브밸브(Glove Valve)** : 밸브디스크가 파이프 접속구 방향에서 90°각도의 위에서 오르내림으로써 유체를 조정한다. 스템의 길이가 비교적 짧다.

⑥ **콕크밸브(Cock Valve)** : 레버가 달린 소형밸브로 소화설비에서는 주로 계기용으로 쓰인다.

⑦ **체크밸브(Check Valve : 역지밸브)**

· 스모렌스키 체크밸브(Smorensky Check Valve) : 주배관상에 설치하는 체크밸브이다.
· 웨이퍼 체크밸브(Wafer Check Valve) : 펌프의 토출구나 토출구로부터 10 m 내의 강한 수격 및 역수격이 심하게 걸리는 관로에 주로 사용되는 체크밸브이다.
· 스윙 체크밸브(Swing Check Valve) : 다른 체크밸브에 비해 소형이 많으며 주로 주관로가 아닌 물올림장치의 배관 등과 같이 작은 배관로에 주로 사용된다.

⑧ **플렉시블 조인트(Flexible Joint)** : 주로 펌프 토출측과 흡입측에 펌프와 직결하여 쓰이는데 펌프의 진동을 배관으로부터 차단하고 급격한 압력차로 생기는 신축중량을 흡수하기 위한 부품이다.

예제 4.13 가지배관의 구경을 수리적으로 계산하여 산출할 경우 기준 유속(m/sec)은 얼마로 해야 하는가?

① 4　　② 6　　③ 8　　④ 10

답 ②

예제 4.14 스프링클러헤드가 부착되는 배관을 무엇이라 하는가?

① 수평주행배관　　② 교차배관
③ 가지배관　　④ 수직배관

답 ③

예제 4.15 다음은 가지배관에 대한 설명이다. 틀린 것은?

① 토너먼트(tournament) 배관방식이 아니어야 한다.

② 한쪽 가지배관에 설치되는 헤드의 개수는 10개 이하로 해야 한다.
③ 가지배관과 스프링클러헤드 사이의 배관을 신축배관으로 할 수 있다.
④ 가지배관은 교차배관에서 분기한 배관이다.

답 ②

예제 4.16 교차배관에는 청소구를 설치해야 하는데 구경(mm)은 어느 정도 이상 되어야 하는가?

① 25 ② 32 ③ 40 ④ 50

답 ③

4) 스프링클러설비의 가압송수장치

(1) 종류

가. 고가수조방식

고가수조의 필요한 낙차 H(수조의 하단으로부터 최고층에 설치된 헤드까지의 수직거리를 말한다)는 다음 식에 의하여 산출한 수치 이상이 되도록 해야 한다.

$$H = h_1 + 10\,\mathrm{m}$$

H : 필요한 낙차(m)
h_1 : 배관 및 관부속품의 마찰 손실수두(m)
10 m : 규정방사압력(0.1 MPa)을 수두로 환산한 값(m)

고가수조에는 수위계, 배수관, 급수관, 오버플로우관, 및 맨홀을 설치해야 한다.

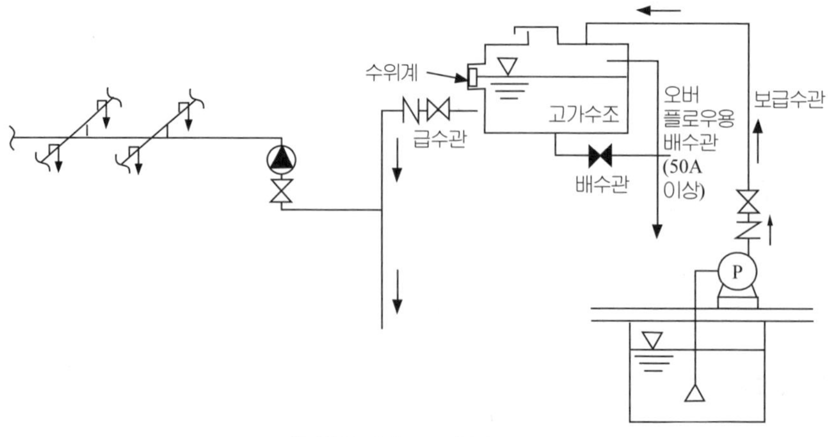

[그림 4-24] 고가수조

나. 압력수조방식

압력수조의 압력은 다음 식에 의해 산출한 수치 이상으로 해야 한다.

$$P = P_1 + P_2 + 0.1\,\mathrm{MPa}$$

P : 필요한 낙차압력(MPa)

P_1 : 낙차의 환산수두압(MPa)

P_2 : 배관의 마찰손실수두압(MPa)

0.1 MPa : 규정방사압력

압력수조에는 수위계, 배수관, 급수관, 급기관, 맨홀, 압력계, 안전장치, 및 압력저하 방지를 위한 자동식 공기압축기를 설치해야 한다.

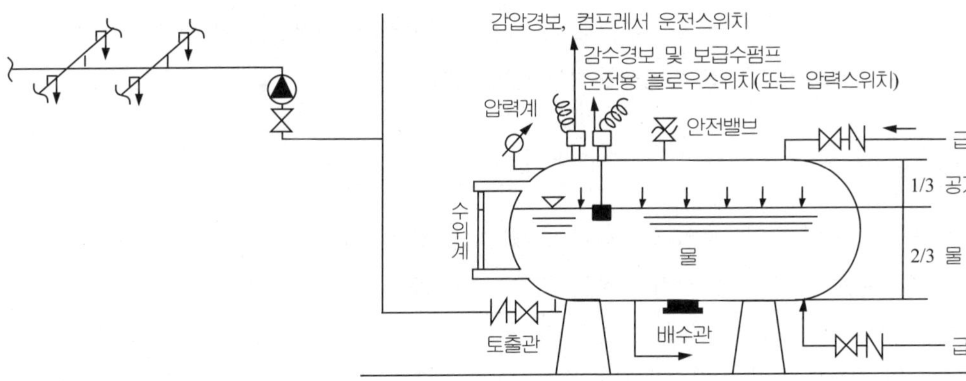

[그림 4-25] 압력수조

다. 펌프방식

송수펌프를 이용하는 경우에는

$$H = h_1 + h_2 + 10\,\mathrm{m}$$

H : 펌프의 전양정(m)

h_1 : 낙차(m)

h_2 : 배관 및 관부속품의 마찰 손실수두(m)

10 m : 규정방사압력(0.1 MPa)을 수두로 환산한 값(m)

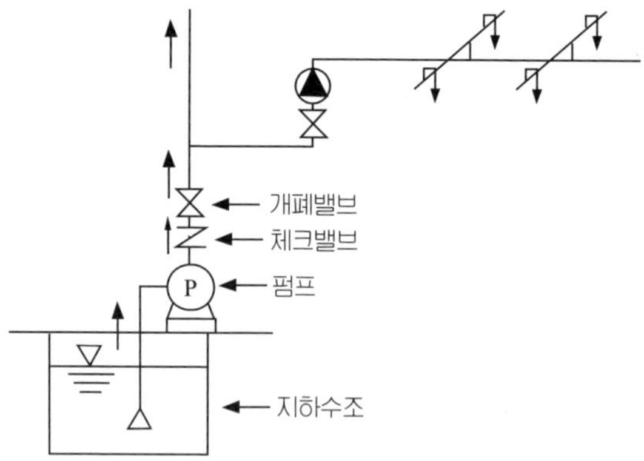

[그림 4-26] 지하수조

라. 가압수조방식

가압수조에는 수위계, 급수관, 배수관, 급기관, 압력계, 안전장치 및 수조에 소화수와 압력을 보충할 수 있는 장치를 설치해야 한다.

(2) 설치기준

가압송수장치의 정격토출압력은 하나의 헤드 선단에 0.1 MPa 이상 1.2 MPa 이하의 방수압력이 될 수 있게 하는 크기로 해야 하며, 송수량은 0.1 MPa의 방수압력 기준으로 80 ℓ/min 이상의 방수성능을 가진 기준개수의 모든 헤드로부터의 방수량을 충족시킬 수 있는 양 이상의 것으로 해야 한다. 이 경우 속도수두는 계산에 포함하지 않을 수 있다. 또한 펌프의 토출압력은 그 설비의 최고위 살수장치(일제개방밸브의 경우는 그 밸브)의 자연압보다 적어도 0.2 MPa이 더 크도록 하거나 가압송수장치의 정격토출압력과 같게 하며, 펌프의 정격토출량은 정상적인 누설량보다 적어서는 안 되며 스프링클러설비가 자동적으로 작동할 수 있도록 충분한 토출량을 유지해야 한다.

예제 4.17 충압펌프의 토출압력은 그 설비의 최고위 살수장치의 자연압보다 적어도 얼마 더 크도록 해야 하는가?

① 0.1 MPa　② 0.2 MPa　③ 0.3 MPa　④ 0.4 MPa

답 ②

예제 4.18 자연낙차를 이용하여 송수하는 가압송수장치를 무엇이라 하는가?

① 고가수조　② 압력수조　③ 저수조　④ 지하수주

답 ①

예제 4.19 스프링클러설비의 헤드 선단에서 규정방사압력(MPa)과 규정방사량(ℓ/min)은 얼마 이상이 되어야 하는가?

① 0.1－80　② 0.2－160　③ 0.3－240　④ 0.4－320

답 ①

5) 스프링클러설비의 기동용 수압개폐장치의 설정방법

(1) 양정(m)과 압력(kgf/cm^2)의 환산

① 펌프의 전양정(m)

$$H = H_1 + H_2 + H_3 + H_4 + 10\,\mathrm{m}$$

H : 전양정 (m)
H_1 : 흡입양정 (m)
H_2 : 펌프로부터 최고위치에 설치된 방수구까지의 높이 (m)
H_3 : 배관의 마찰손실수두 (m)
H_4 : 밸브류, 배관이음쇠 등의 마찰손실수두 (m)
10 m : 노즐 선단에서의 방수압력 환산수두 0.1 MPa → 10 m
$H_1 + H_2$ = 낙차 또는 실양정 (m)
$H_3 + H_4$ = 마찰손실수두 (m)

② 양정(수두) 10 m는 압력 0.1 MPa와 동일
압력 $P(\mathrm{kgf/cm^2}) = \gamma \mathrm{H}$ (γ : 물의 비중량으로 1000 $\mathrm{kgf/m^3}$, H : 물의 높이 m)에서

$$P = 1000\,\mathrm{kgf/m^3} \times 10\,\mathrm{m} = 10000\,\mathrm{kgf/m^2} = 1\,\mathrm{kgf/cm^2} = 0.1\,\mathrm{MPa}$$

(2) 압력스위치의 설정(setting)방법

－펌프의 2차측에 설치된 스모렌스키 체크밸브를 개방시켜 옥상수조까지의 주배관상의 자연낙차(옥상수조까지의 건물높이)에 의한 압력을 확인

㉮ 펌프에서 옥상수조까지의 자연낙차에 의한 압력 = 50 m = 0.5 MPa

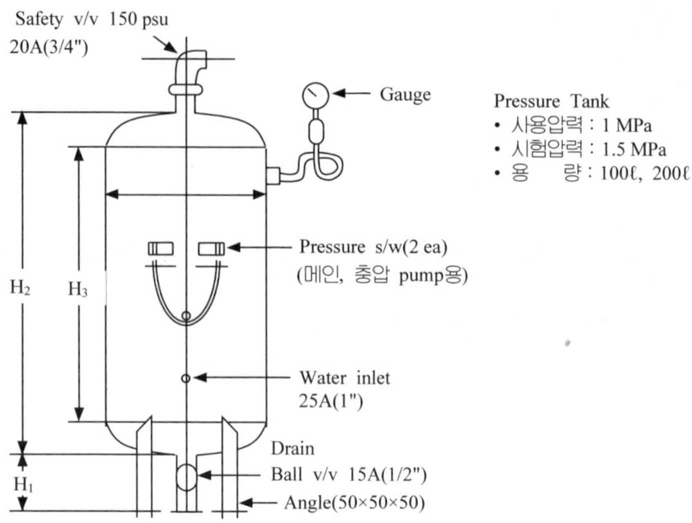

[그림 4-27] 압력챔버

–주펌프 및 충압펌프의 정격양정을 펌프의 명판에서 확인

(법규상 충압펌프의 정격토출 압력은 최고위 호스접결구 또는 헤드의 자연낙차 압력보다 0.2 MPa 이상이 되도록 되어 있으나 가능한 주펌프의 정격토출압력과 같도록 선정)

※ 법규상의 문제점 : 예를 들어 10층 건물의 1층~3층까지 스프링클러 설치 시 3층까지의 높이 9 m, 옥상수조까지의 높이 30 m인 경우 충압펌프양정 29 m인 경우 펌프 자동운전 불가

㉠ 주펌프 정격양정 100 m, 충압펌프 정격양정 = 80 m

–충압펌프 및 주펌프의 정지·기동점 계산

- 정지점 : Range(압력스위치상) → 통상 정격양정, 최대로 정격양정의 110% 이하(정격토출량에서 성능곡선상의 전양정은 정격양정의 100% 이상, 110% 이하이어야 함)
- 기동점 : Range - Diff
- Diff 설정
- 충압펌프 정지점(Range) = 80 m = 8 kgf/cm^2 = 0.8 MPa
- 주펌프 정지점(Range) = 1000 m = 10 kgf/cm^2 = 1 MPa
- 충압펌프 기동점 = 충압펌프 Range − 1 = 8 − 1 = 7 kgf/cm^2 = 0.7 MPa
- 주펌프 기동점 = 충압펌프 기동점 − 1 = 7 − 1 = 6 kgf/cm^2 = 0.6 MPa

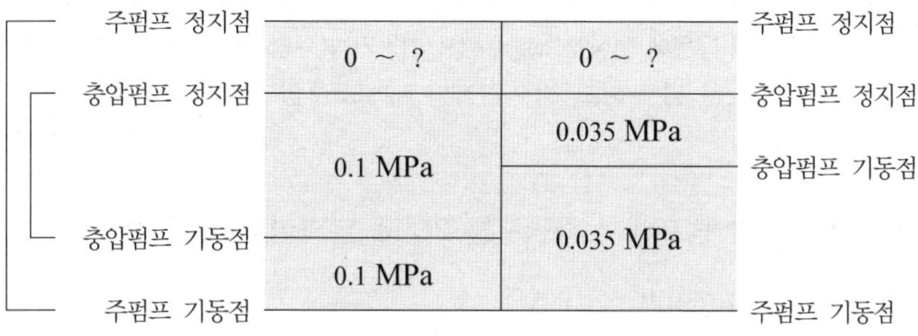

(통상의 방법)　　(미국 NEPA 기준)

압력스위치의 설정(Setting) 값

구　분	Range (정지점)	Diff (정지점 – 기동점)	운전압력범위
충압펌프	0.8	0.1	0.7 MPa 압력에서 기동되어 0.8 MPa에서 펌프 정지
주펌프	1	0.4	0.6 MPa 압력에서 기동되어 1 MPa에서 펌프 정지

펌프 압력스위치 설정방법

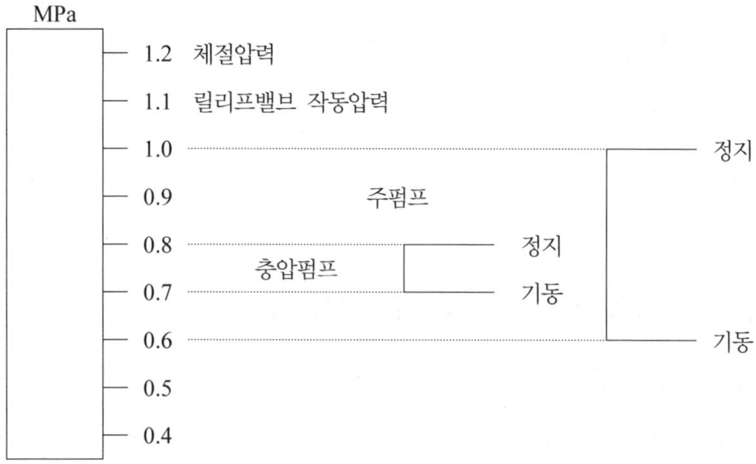

구　분	Range (정지점)	Diff (정지점 – 기동점)	운전압력범위
충압펌프	0.8	0.1	0.7 MPa 압력에서 기동되어 0.8 MPa에서 펌프 정지
주펌프 1	1.0	0.4	0.6 MPa 압력에서 기동되어 1.0 MPa에서 펌프 정지
주펌프 2	1.0	0.47	0.53 MPa 기동되어 1.0 MPa에서 펌프 정지

– 앞에서 주펌프가 0.6 MPa에서 기동되도록 압력 설정되었으므로 옥상 수조까지의 자연낙차 압력 0.5 MPa 보다 높기 때문에 정상적으로 주펌프 기동가능(주펌프의 기동 압력이 자연낙차 압력인 0.5 MPa 보다 낮은 경우 헤드, 방수구 개방 시에도 주펌프 자동기동 불가)

(3) 스프링클러설비의 펌프에서 주펌프를 2대로 분리설치하는 경우

압력스위치의 설치 및 조정방법

① 분리설치 시의 장점 : 기동부하를 줄일 수 있고 화재초기 시 펌프 기동·정지 반복횟수를 줄일 수 있음

② 주펌프 제어용 압력스위치를 펌프마다 1개씩 설치

충압펌프용	주펌프 1번용 (1200 SPM)	주펌프 2번용 (1200 SPM)

③ 주펌프 1번과 2번이 동시에 기동되지 않도록 0.07 MPa의 차압에서 순차적으로 기동되도록 압력스위치를 설정(Setting)한다.

예제 4.20 압력챔버에 대한 설명으로 바르지 못한 것은?

① 압력스위치에는 주펌프용과 보조펌프용이 있다.
② 압력챔버의 용량은 150ℓ 이상이 되어야 한다.
③ 충압펌프의 작동압력 설정범위는 주펌프의 작동압력 설정범위에 포함되게 설정된다.
④ 압력스위치, 안전장치, 배수밸브, 압력계 등으로 구성된다.

답 ②

6) 스프링클러설비의 음향장치 및 기동장치 기준

(1) 음향장치 설치기준

가. 습식 유수검지장치 또는 건식 유수검지장치를 사용하는 설비에 있어서는 헤드가 개방되면 유수검지장치가 화재신호를 발신하고 그에 따라 음향장치가 경보되도록 해야 한다.

나. 준비작동식 유수검지장치 또는 일제개방밸브를 사용하는 설비에는 화재감지기의 감지에 따라 음향장치가 경보되도록 해야 한다. 이 경우 화재감지기회로를 교차회로방식(하나의 준비작동식 유수검지장치 또는 일제개방밸브의 담당구역 내에 2 이상의 화재감지기회로를 설치하고 인접한 2 이상의 화재감지기가 동시에 감지되는 때에 준

비작동식 유수검지장치 또는 일제개방밸브가 개방·작동되는 방식을 말한다)으로 하는 때에는 하나의 화재감지기회로가 화재를 감지하는 때에도 음향장치가 경보되도록 해야 한다.

다. 음향장치는 유수검지장치 및 일제개방밸브 등의 담당구역마다 설치하되 그 구역의 각 부분으로부터 하나의 음향장치까지의 수평거리는 25 m 이하가 되도록 해야 한다.

라. 음향장치는 경종 또는 사이렌(전자식 사이렌을 포함한다)으로 하되, 주위의 소음 및 다른 용도의 경보와 구별이 가능한 음색으로 해야 한다. 이 경우 경종 또는 사이렌은 자동화재탐지설비·비상벨설비 또는 자동식 사이렌설비의 음향장치와 겸용할 수 있다.

마. 주음향장치는 수신기의 내부 또는 그 직근에 설치할 것

바. 층수가 5층 이상으로서 연면적이 3,000 m^2를 초과하는 특정소방대상물은 다음의 기준에 따라 경보를 발할 수 있도록 해야 한다.

a. 2층 이상의 층에서 발화한 때에는 발화층 및 그 직상층에 경보를 발할 것
b. 1층에서 발화한 때에는 발화층·그 직상층 및 지하층에 경보를 발할 것
c. 지하층에서 발화한 때에는 발화층·그 직상층 및 기타의 지하층에 경보를 발할 것

사. 음향장치는 다음의 기준에 따른 구조 및 성능의 것으로 할 것

a. 정격전압의 80% 전압에서 음향을 발할 수 있는 것으로 할 것
b. 음향의 크기는 부착된 음향장치의 중심으로부터 1 m 떨어진 위치에서 90 dB 이상이 되는 것으로 할 것

(2) 기동장치의 설치기준

개방형 스프링클러설비는 자동화재 탐지설비의 감지기 작동 또는 감지용 폐쇄형 헤드의 작동에 의한 일제개방밸브의 작동과 연동하여 가압송수장치 및 자동개방밸브를 개방할 수 있어야 하며, 폐쇄형 스프링클러설비는 폐쇄형 헤드의 개방에 의한 유수검지장치 또는 기동용 수압개폐장치의 작동과 연관하여 가압송수장치를 기동할 수 있도록 해야 한다. 기동장치들의 작동을 보면 감지기 혹은 폐쇄형 헤드의 작동에 의해 자동경보밸브가 개방되면 1차측의 물이 2차측으로 흘러가면서 동시에 자동경보밸브에 설치된 리타딩챔버를 만수시켜 가압에 의해 압력스위치가 작동되면서 화재경보를 발하며 그와 동시에 압력챔버를 가압시키고 있던 압력수의 방출에 의해 압력챔버에는 감압현상이 일어난다. 이러한 현상에 의해 압력챔버 상부에 위치한 압력스위치의 작동으로 펌프를 자동적으로 기동시켜 본격적으로 송수되면서 헤드에서 살수되기 시작한다.

예제 4.21 다음 중 스프링클러설비의 음향경보장치 및 기동장치에 대한 기준이 옳지 못한 것은?

① 유수검지장치를 사용하는 설비에 있어서는 헤드가 개방되면 유수검지장치가 화재신호를 발신하고 그에 따라 음향장치가 경보되도록 할 것
② 발신기는 소방대상물의 층마다 설치하되, 해당 특정소방대상물의 각 부분으로부터 하나의 발신기까지의 수평거리가 40 m 이하가 되도록 할 것
③ 음향장치는 정격전압의 80% 전압에서 음향을 발할 수 있는 것으로 할 것
④ 발신기는 조작이 쉬운 장소에 설치하고, 스위치는 바닥으로부터 0.8 m 이상 1.5 m 이하의 높이에 설치할 것

답 ②

7) 스프링클러설비의 송수구 설치기준

연결송수구는 매립형(F형), 노출형(E형)으로 구분되며 체크밸브가 내장된 타입으로 사용 중에도 호스 연결이(쌍구) 가능한 구조이다. 송수구는 1차(저장수원)수원 고갈시 소방차에 의한 충수설비로 사용용도에 따라 옥내소화전 송수구, 스프링클러 송수구, 연결살수 송수구, 포소화 송수구, 연결송수관 송수구 등으로 사용목적에 따른 다른 명판을 부착해야 하며, 설치위치는 소방자동차가 접근이 용이한 곳이어야 한다.

① 송수구는 소방차가 쉽게 접근할 수 있는 잘 보이는 장소에 설치하고, 화재층으로부터 지면으로 떨어지는 유리창 등이 송수 및 그 밖의 소화작업에 지장을 주지 않는 장소에 설치할 것
② 송수구로부터 스프링클러설비의 주배관에 이르는 연결배관에 개폐밸브를 설치한 때에는 그 개폐상태를 쉽게 확인 및 조작할 수 있는 옥외 또는 기계실 등의 장소에 설치할 것
③ 구경 65 mm의 쌍구형으로 할 것
④ 송수구에는 그 가까운 곳의 보기 쉬운 곳에 송수압력범위를 표시한 표지를 할 것

[그림 4-28] 송수구

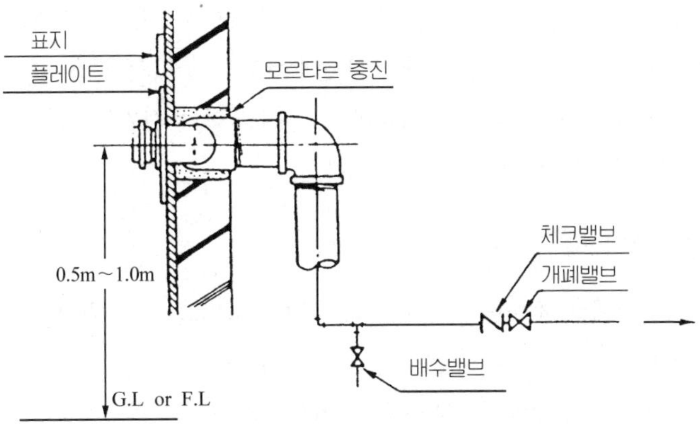

[그림 4-29] 송수구의 설치

⑤ 폐쇄형 스프링클러헤드를 사용하는 스프링클러설비의 송수구는 하나의 층의 바닥면적이 3,000 m^2를 넘을 때마다 1개 이상(5개를 넘을 경우에는 5개로 한다)을 설치할 것

⑥ 지면으로부터 높이가 0.5 m 이상 1 m 이하의 위치에 설치할 것

⑦ 송수구의 부근에는 자동배수밸브(또는 직경 5 mm의 배수공) 및 체크밸브를 설치할 것. 이 경우 자동배수밸브는 배관안의 물이 잘 빠질 수 있는 위치에 설치하되, 배수로 인하여 다른 물건이나 장소에 피해를 주지 않아야 한다.

⑧ 송수구에는 이물질을 막기 위한 마개를 씌울 것

▶ 보충 스프링클러설비에서 송수구를 설치하는 목적

화재가 확대되어 자체의 수원으로 화재를 소화하기 곤란하게 되었을 때, 외부의 소방자동차 등으로부터 수원을 공급받기 위해서이며, 그리고 화재시 원활하고 신속한 소화활동을 하기 위해서이다.

▶ 보충 연결송수구와 체크밸브사이에 자동배수장치(Auto Drip)를 설치하는 이유

겨울철 배관의 동파방지 및 관의 부식 방지를 위해 배관내의 물을 자동적으로 배수하기 위해서 설치된다.

8) 스프링클러설비의 전원 및 제어반

(1) 스프링클러설비의 전원

스프링클러설비에는 자가발전설비, 축전지설비 또는 전기저장장치에 따른 비상전원을 설치해야 한다. 다만, 차고·주차장으로서 스프링클러설비가 설치된 부분의 바닥면적의 합계

가 1,000 m^2 미만인 경우에는 비상전원수전설비로 설치할 수 있으며, 2 이상의 변전소에서 전력을 동시에 공급받을 수 있거나 하나의 변전소로부터 전력의 공급이 중단되는 때에는 자동으로 다른 변전소로부터 전력을 공급받을 수 있도록 상용전원을 설치한 경우와 가압수조방식에는 비상전원을 설치하지 않을 수 있다.

(2) 스프링클러설비의 제어반

가. 스프링클러설비에는 제어반을 설치하되, 감시제어반과 동력제어반으로 구분하여 설치해야 한다.

나. 감시제어반은 가압송수장치, 상용전원, 비상전원, 수조, 물올림수조, 예비전원 등을 감시·제어 및 시험할 수 있는 기능을 갖추어야 한다.

다. 감시제어반은 다음의 기준에 따라 설치해야 한다.

a. 화재 및 침수 등의 재해로 인한 피해를 받을 우려가 없는 곳에 설치할 것

b. 감시제어반은 스프링클러설비의 전용으로 할 것

c. 감시제어반은 다음의 기준에 따른 전용실 안에 설치하고, 전용실에는 특정소방대상물의 기계·기구 또는 시설 등의 제어 및 감시설비 외의 것을 두지 않을 것

1. 다른 부분과 방화구획을 할 것
2. 피난층 또는 지하 1층에 설치할 것
3. 비상조명등 및 급·배기설비를 설치할 것
4. 「무선통신보조설비의 화재안전성능기준(NFPC 505)」 제5조제3항에 따라 유효하게 통신이 가능할 것
5. 바닥면적은 감시제어반의 설치에 필요한 면적 외에 화재 시 소방대원이 그 감시제어반의 조작에 필요한 최소면적 이상으로 할 것

d. 각 유수검지장치 또는 일제개방밸브의 작동 여부를 확인할 수 있는 표시 및 경보기능이 있도록 할 것

e. 일제개방밸브를 사용하는 설비의 경우 화재감지는 각 경계회로별로 화재표시가 되도록 하고, 일제개방밸브를 개방시킬 수 있는 수동조작스위치를 설치할 것

f. 다음의 각 확인회로마다 도통시험 및 작동시험을 할 수 있도록 할 것

1. 기동용 수압개폐장치의 압력스위치회로
2. 수조 또는 물올림수조의 저수위감시회로
3. 유수검지장치 또는 일제개방밸브의 압력스위치회로
4. 일제개방밸브를 사용하는 설비의 화재감지기회로
5. 개폐밸브의 폐쇄상태 확인회로

6. 그 밖의 이와 비슷한 회로

g. 감시제어반과 자동화재탐지설비의 수신기를 별도의 장소에 설치하는 경우에는 이들 상호간 연동하여 화재발생 및 나.의 기능을 확인할 수 있도록 할 것

라. 동력제어반은 다음의 기준에 따라 설치해야 한다.

a. 앞면은 적색으로 하고 "스프링클러소화설비용 동력제어반"이라고 표시한 표지를 설치할 것

b. 외함은 두께 1.5 mm 이상의 강판 또는 이와 동등 이상의 강도 및 내열성능이 있는 것으로 할 것

c. 그 밖의 동력제어반의 설치에 관하여는 다.의 a. 및 b.의 기준을 준용할 것

마. 자가발전설비 제어반의 제어장치는 비영리 공인기관의 시험을 필한 것으로 설치해야 한다.

9) 동력장치

스프링클러설비 펌프의 동력으로서는 전동기를 사용하는데 전동기의 용량은 다음 식에 의해 산정되는 용량 이상으로 해야 한다.

전동기 용량(P)는

$$P(\mathrm{kW}) = \frac{\gamma \times Q \times H}{102 \times E} \times K \quad \text{또는} \quad P(\mathrm{kW}) = \frac{0.163 \times Q \times H}{\mathrm{E}} \times K$$

γ : 물의 비중량(1,000 kgf/m^3)
Q : 방수량(m^3/min)
H : 펌프의 양정(m)
E : Pump 효율
K : 전달계수(여유율)

1 kW = 102 kgf·m/sec
1 HP = 76 kgf·m/sec
1 PS = 75 kgf·m/sec

4.4 스프링클러설비의 수원

1) 수원의 양(저수량) 산출기준

① 폐쇄형 스프링클러헤드를 사용하는 경우에는 다음 표 스프링클러설비의 설치장소별 스프링클러헤드의 기준개수[스프링클러헤드의 설치개수가 가장 많은 층(아파트의 경우에는 설치개수가 가장 많은 세대)에 설치된 스프링클러헤드의 개수가 기준개수보다 적은 경우에는 그 설치개수를 말한다]에 1.6 m^3를 곱한 양 이상이 되도록 할 것

수원의 양 = 헤드의 기준개수 × 1.6 m^3 (80 ℓ/min × 20 min)

<table>
<tr><th colspan="3">스프링클러설비의 설치장소</th><th>스프링클러헤드의 기준개수</th></tr>
<tr><td rowspan="6">지하층을 제외한 층수가 10층 이하인 특정소방대상물</td><td rowspan="2">공장 또는 창고(랙크식 창고를 포함한다)</td><td>특수가연물을 저장·취급하는 것</td><td>30</td></tr>
<tr><td>그 밖의 것</td><td>20</td></tr>
<tr><td rowspan="2">근린생활시설·판매시설·운수시설 또는 복합건축물</td><td>판매시설 또는 복합건축물(판매시설이 설치되는 복합건축물을 말한다)</td><td>30</td></tr>
<tr><td>그 밖의 것</td><td>20</td></tr>
<tr><td rowspan="2">그 밖의 것</td><td>헤드의 부착높이가 8 m 이상의 것</td><td>20</td></tr>
<tr><td>헤드의 부착높이가 8 m 미만의 것</td><td>10</td></tr>
<tr><td colspan="3">아파트</td><td>10</td></tr>
<tr><td colspan="3">지하층을 제외한 층수가 11층 이상인 특정소방대상물(아파트를 제외한다)·지하가 또는 지하역사</td><td>30</td></tr>
</table>

비고 : 하나의 소방대상물이 2 이상의 "스프링클러헤드의 기준개수"란에 해당하는 때에는 기준개수가 많은 것을 기준으로 한다. 다만 각 기준개수에 해당하는 수원을 별도로 설치하는 경우에는 그렇지 않다.

② 개방형 스프링클러헤드를 사용하는 스프링클러설비의 수원은 최대 방수구역에 설치된 스프링클러헤드의 개수가 30개 이하일 경우에는 설치헤드수에 1.6 m^3를 곱한 양 이상으로 하고, 30개를 초과하는 경우에는 산출된 가압송수장치의 1분당 송수량에 20을 곱한 양 이상이 되도록 할 것

2) 스프링클러설비 수원의 설치기준

① 스프링클러설비의 수원은 산출된 유효수량 외에 유효수량의 1/3 이상을 옥상(스프링클러설비가 설치된 건축물의 주된 옥상을 말한다)에 설치해야 한다. 다만, 다음의 어

느 하나에 해당하는 경우에는 그렇지 않다.

가. 지하층만 있는 건축물

나. 고가수조를 가압송수장치로 설치한 경우

다. 수원이 건축물의 최상층에 설치된 헤드보다 높은 위치에 설치된 경우

라. 건축물의 높이가 지표면으로부터 10 m 이하인 경우

마. 주펌프와 동등 이상의 성능이 있는 별도의 펌프로서 내연기관의 기동과 연동하여 작동되거나 비상전원을 연결하여 설치한 경우

바. 가압수조를 가압송수장치로 설치한 경우

② 옥상수조(산출된 유효수량의 1/3 이상을 옥상에 설치한 설비를 말한다)는 이와 연결된 배관을 통하여 상시 소화수를 공급할 수 있는 구조의 특정소방대상물의 경우에는 2 이상의 특정소방대상물이 있더라도 하나의 특정소방대상물에만 이를 설치할 수 있다.

③ 스프링클러설비의 수원을 수조로 설치하는 경우에는 소화설비의 전용수조로 해야 한다. 다만, 다음의 어느 하나에 해당하는 경우에는 그렇지 않다.

가. 스프링클러설비용 펌프의 풋밸브 또는 흡수배관의 흡수구(수직회전축 펌프의 흡수구를 포함한다)를 다른 설비(소화용 설비 외의 것을 말한다)의 풋밸브 또는 흡수구보다 낮은 위치에 설치한 때

나. 고가수조로부터 스프링클러설비의 수직배관에 물을 공급하는 급수구를 다른 설비의 급수구보다 낮은 위치에 설치한 때

④ 저수량을 산정함에 있어서 다른 설비와 겸용하여 스프링클러설비용 수조를 설치하는 경우에는 스프링클러설비의 풋밸브·흡수구 또는 수직배관의 급수구와 다른 설비의 풋밸브·흡수구 또는 수직배관의 급수구와의 사이의 수량을 그 유효수량으로 한다.

⑤ 스프링클러설비용 수조는 다음의 기준에 따라 설치해야 한다.

가. 점검에 편리한 곳에 설치할 것

나. 동결방지조치를 하거나 동결의 우려가 없는 장소에 설치할 것

다. 수조의 외측에 수위계를 설치할 것. 다만, 구조상 불가피한 경우에는 수조의 맨홀 등을 통하여 수조 안의 물의 양을 쉽게 확인할 수 있도록 해야 한다.

라. 수조의 상단이 바닥보다 높은 때에는 수조의 외측에 고정식 사다리를 설치할 것

마. 수조가 실내에 설치된 때에는 그 실내에 조명설비를 설치할 것

바. 수조의 밑부분에는 청소용 배수밸브 또는 배수관을 설치할 것

사. 수조 외측의 보기 쉬운 곳에 "스프링클러소화설비용 수조"라고 표시한 표지를 할 것. 이 경우 그 수조를 다른 설비와 겸용하는 때에는 그 겸용되는 설비의 이름을

표시한 표지를 함께 해야 한다.

아. 소화설비용 펌프의 흡수배관 또는 소화설비의 수직배관과 수조의 접속부분에는 "스프링클러소화설비용 배관"이라고 표시한 표지를 할 것. 다만, 수조와 가까운 장소에 소화설비용 펌프가 설치되고 해당 펌프에 표지를 설치한 때에는 그렇지 않다.

예제 4.22 7층의 복합건축물로서 슈퍼마켓, 도매시장, 소매시장 등이 설치되어 있다. 이 건축물에는 화재 시 유효하게 진압을 위하여 스프링클러설비가 설치되어 있다. 이 때 초기화재 진압을 위한 필요한 수원의 양(m^3)은 얼마 이상이어야 하는가?

① 16　　② 32　　③ 48　　④ 64

답 ③

예제 4.23 스프링클러설비 수원의 설치기준으로 바르지 못한 것은?

① 유효수량 중 1/3 이상을 옥상수조에 설치해야 한다.
② 건축물의 높이가 지표면으로부터 10 m 이하인 경우에는 옥상수조를 설치할 수 있다.
③ 수조의 외측에 수위계를 설치해야 한다.
④ 수조가 실내에 설치된 때에는 그 실내에 조명 설비를 설치해야 한다.

답 ②

4.5 스프링클러설비의 특징 및 설치기준

1) 특징(장 · 단점)

① 장점

가. 초기진화에 특히 절대적인 효과가 있다.
나. 약제가 물이라서 값이 싸고 경제적이다.
다. 조작이 편리하다.
라. 오작동 및 오보가 없다.
마. 화재의 감지, 경보, 소화를 자동으로 수행한다.
바. 시설의 수명이 반영구적이다.

② 단점

가. 초기 시설비가 많이 든다.

나. 시공이 복잡하다.

다. 물에 의한 피해가 크다.

2) 설치대상물

스프링클러설비를 설치해야 하는 특정소방대상물(위험물 저장 및 처리 시설 중 가스시설 또는 지하구는 제외한다)은 다음의 어느 하나에 해당하는 것으로 한다.

① 층수가 6층 이상인 특정소방대상물의 경우에는 모든 층. 다만, 다음의 어느 하나에 해당하는 경우에는 제외한다.

가. 주택 관련 법령에 따라 기존의 아파트등을 리모델링하는 경우로서 건축물의 연면적 및 층의 높이가 변경되지 않는 경우. 이 경우 해당 아파트등의 사용검사 당시의 소방시설의 설치에 관한 대통령령 또는 화재안전기준을 적용한다.

나. 스프링클러설비가 없는 기존의 특정소방대상물을 용도변경하는 경우. 다만, ②부터 ⑥까지 및 ⑨부터 ⑫까지의 규정에 해당하는 특정소방대상물로 용도변경하는 경우에는 해당 규정에 따라 스프링클러설비를 설치한다.

② 기숙사(교육연구시설·수련시설 내에 있는 학생 수용을 위한 것을 말한다) 또는 복합건축물로서 연면적 5,000 m^2 이상인 경우에는 모든 층

③ 문화 및 집회시설(동·식물원은 제외한다), 종교시설(주요구조부가 목조인 것은 제외한다), 운동시설(물놀이형 시설 및 바닥이 불연재료이고 관람석이 없는 운동시설은 제외한다)로서 다음의 어느 하나에 해당하는 경우에는 모든 층

가. 수용인원이 100명 이상인 것

나. 영화상영관의 용도로 쓰는 층의 바닥면적이 지하층 또는 무창층인 경우에는 500 m^2 이상, 그 밖의 층의 경우에는 1,000 m^2 이상인 것

다. 무대부가 지하층·무창층 또는 4층 이상의 층에 있는 경우에는 무대부의 면적이 300 m^2 이상인 것

라. 무대부가 다. 외의 층에 있는 경우에는 무대부의 면적이 500 m^2 이상인 것

④ 판매시설, 운수시설 및 창고시설(물류터미널에 한정한다)로서 바닥면적의 합계가 5,000 m^2 이상이거나 수용인원이 500명 이상인 경우에는 모든 층

⑤ 다음의 어느 하나에 해당하는 용도로 사용되는 시설의 바닥면적의 합계가 600 m^2 이

상인 것은 모든 층

가. 근린생활시설 중 조산원 및 산후조리원

나. 의료시설 중 정신의료기관

다. 의료시설 중 종합병원, 병원, 치과병원, 한방병원 및 요양병원

라. 노유자 시설

마. 숙박이 가능한 수련시설

바. 숙박시설

⑥ 창고시설(물류터미널은 제외한다)로서 바닥면적 합계가 5,000 m^2 이상인 경우에는 모든 층

⑦ 특정소방대상물의 지하층·무창층(축사는 제외한다) 또는 층수가 4층 이상인 층으로서 바닥면적이 1,000 m^2 이상인 층이 있는 경우에는 해당 층

⑧ 천장 또는 반자(반자가 없는 경우에는 지붕의 옥내에 면하는 부분)의 높이가 10 m를 넘는 랙식 창고(rack warehouse; 물건을 수납할 수 있는 선반이나 이와 비슷한 것을 갖춘 것을 말한다)로서 바닥면적의 합계가 1,500 m^2 이상인 경우에는 모든 층

⑨ 공장 또는 창고시설로서 다음의 어느 하나에 해당하는 시설

가. 「화재의 예방 및 안전관리에 관한 법률 시행령」 별표 2에서 정하는 수량의 1,000배 이상의 특수가연물을 저장·취급하는 시설

나. 「원자력안전법 시행령」 제2조제1호에 따른 중·저준위방사성폐기물(이하 "중·저준위방사성폐기물"이라 한다)의 저장시설 중 소화수를 수집·처리하는 설비가 있는 저장시설

⑩ 지붕 또는 외벽이 불연재료가 아니거나 내화구조가 아닌 공장 또는 창고시설로서 다음의 어느 하나에 해당하는 것

가. 창고시설(물류터미널에 한정한다) 중 ④에 해당하지 않는 것으로서 바닥면적의 합계가 2,500 m^2 이상이거나 수용인원이 250명 이상인 경우에는 모든 층

나. 창고시설(물류터미널은 제외한다) 중 ⑥에 해당하지 않는 것으로서 바닥면적의 합계가 2,500 m^2 이상인 경우에는 모든 층

다. 공장 또는 창고시설 중 ⑦에 해당하지 않는 것으로서 지하층·무창층 또는 층수가 4층 이상인 것 중 바닥면적이 500 m^2 이상인 경우에는 모든 층

라. 랙식 창고시설 중 ⑧에 해당하지 않는 것으로서 바닥면적의 합계가 750 m^2 이상인 경우에는 모든 층

마. 공장 또는 창고시설 중 ⑨의 가.에 해당하지 않는 것으로서 「화재의 예방 및 안전관리에 관한 법률 시행령」 별표 2에서 정하는 수량의 500배 이상의 특수가연

물을 저장·취급하는 시설

⑪ 교정 및 군사시설 중 다음의 어느 하나에 해당하는 경우에는 해당 장소

가. 보호감호소, 교도소, 구치소 및 그 지소, 보호관찰소, 갱생보호시설, 치료감호시설, 소년원 및 소년분류심사원의 수용거실

나. 「출입국관리법」 제52조제2항에 따른 보호시설(외국인보호소의 경우에는 보호대상자의 생활공간으로 한정한다. 이하 같다)로 사용하는 부분. 다만, 보호시설이 임차건물에 있는 경우는 제외한다.

다. 「경찰관 직무집행법」 제9조에 따른 유치장

⑫ 지하가(터널은 제외한다)로서 연면적 1,000 m^2 이상인 것

⑬ 발전시설 중 전기저장시설

⑭ ①부터 ⑬까지의 특성소방대상물에 부속된 보일러실 또는 연결통로 등

3) 스프링클러헤드의 설치제외대상물

스프링클러설비를 설치해야 할 특정소방대상물에 있어서 다음의 어느 하나에 해당하는 장소에는 스프링클러헤드를 설치하지 않을 수 있다.

① 계단실(특별피난계단의 부속실을 포함한다), 경사로, 승강기의 승강로, 비상용 승강기의 승강장, 파이프덕트 및 덕트피트(파이프·덕트를 통과시키기 위한 구획된 구멍에 한한다), 목욕실, 수영장(관람석 부분을 제외한다), 화장실, 직접 외기에 개방되어 있는 복도, 기타 이와 유사한 장소

② 통신기기실, 전자기기실, 기타 이와 유사한 장소

③ 발전실, 변전실, 변압기, 기타 이와 유사한 전기설비가 설치되어 있는 장소

④ 병원의 수술실, 응급처치실, 기타 이와 유사한 장소

⑤ 천장과 반자 양쪽이 불연재료로 되어 있는 경우로서 그 사이의 거리 및 구조가 다음의 어느 하나에 해당하는 부분

가. 천장과 반자 사이의 거리가 2 m 미만인 부분

나. 천장과 반자 사이의 벽이 불연재료이고 천장과 반자 사이의 거리가 2 m 이상으로서 그 사이에 가연물이 존재하지 않는 부분

⑥ 천장·반자 중 한쪽이 불연재료로 되어 있고, 천장과 반자 사이의 거리가 1 m 미만인 부분

⑦ 천장 및 반자가 불연재료 외의 것으로 되어 있고, 천장과 반자 사이의 거리가 0.5 m 미만인 부분

⑧ 펌프실, 물탱크실, 엘리베이터 권상기실 그 밖의 이와 비슷한 장소
⑨ 현관 또는 로비 등으로서 바닥으로부터 높이가 20 m 이상인 장소
⑩ 영하의 냉장창고의 냉장실 또는 냉동창고의 냉동실
⑪ 고온의 노가 설치된 장소 또는 물과 격렬하게 반응하는 물품의 저장 또는 취급장소
⑫ 불연재료로 된 특정소방대상물 또는 그 부분으로서 다음의 어느 하나에 해당하는 장소
  가. 정수장, 오물처리장 그 밖의 이와 비슷한 장소
  나. 펄프공장의 작업장, 음료수공장의 세정 또는 충전하는 작업장 그 밖의 이와 비슷한 장소
  다. 불연성의 금속, 석재 등의 가공공장으로서 가연성물질을 저장 또는 취급하지 않는 장소
  라. 가연성 물질이 존재하지 않는 「건축물의 에너지절약설계기준」에 따른 방풍실
⑬ 실내에 설치된 테니스장·게이트볼장·정구장 또는 이와 비슷한 장소로서 실내 바닥·벽·천장이 불연재료 또는 준불연재료로 구성되어 있고, 가연물이 존재하지 않는 장소로서 관람석이 없는 운동시설(지하층은 제외한다)
⑭ 공동주택 중 아파트의 대피공간

연소할 우려가 있는 개구부에 다음의 기준에 따른 드렌처설비를 설치한 경우에는 해당 개구부에 한하여 스프링클러헤드를 설치하지 않을 수 있다.

① 드렌처헤드는 개구부 위측에 2.5 m 이내마다 1개를 설치할 것
② 제어밸브(일제개방밸브·개폐표시형 밸브 및 수동조작부를 합한 것을 말한다. 이하 같다)는 특정소방대상물 층마다에 바닥면으로부터 0.8 m 이상 1.5 m 이하의 위치에 설치할 것
③ 수원의 수량은 드렌처헤드가 가장 많이 설치된 제어밸브의 드렌처헤드의 설치개수에 1.6 m^3를 곱하여 얻은 수치 이상이 되도록 할 것
④ 드렌처설비는 드렌처헤드가 가장 많이 설치된 제어밸브에 설치된 드렌처헤드를 동시에 사용하는 경우에 각각의 헤드선단에 방수압력이 0.1 MPa 이상, 방수량이 80 ℓ/분 이상이 되도록 할 것
⑤ 수원에 연결하는 가압송수장치는 점검이 쉽고 화재 등의 재해로 인한 피해우려가 없는 장소에 설치할 것

예제 4.24 다음 중 스프링클러설비의 장점과 거리가 먼 것은?

① 초기진화에 특히 절대적인 효과가 있다.
② 약제가 물이라서 값이 싸고 경제적이다.
③ 화재의 감지, 경보, 소화를 자동으로 수행한다.
④ 물에 의한 피해가 적다.

답 ④

예제 4.25 다음 중 스프링클러설비의 설치대상물에 해당되지 않는 것은?

① 수용인원 500명 이상인 것
② 지하가(터널은 제외)로서 연면적 1,000 m^2 이상인 것
③ 현관 또는 로비 등으로서 바닥으로부터 높이가 20 m 이상인 장소
④ 층수가 6층 이상인 특정소방대상물의 경우에는 모든 층

답 ③

예제 4.26 다음 중 스프링클러설비를 설치해야 하는 대상물은?

① 계단실　　② 수영장
③ 펌프실　　④ 냉동창고의 관리사무실

답 ④

Chapter 5

간이스프링클러설비

5.1 설치대상 및 장소

1) 공동주택 중 연립주택 및 다세대주택(연립주택 및 다세대주택에 설치하는 간이스프링클러설비는 화재안전기준에 따른 주택전용 간이스프링클러설비를 설치한다)
2) 근린생활시설 중 다음의 어느 하나에 해당하는 것
   ① 근린생활시설로 사용하는 부분의 바닥면적 합계가 1,000 m^2 이상인 것은 모든 층
   ② 의원, 치과의원 및 한의원으로서 입원실이 있는 시설
   ③ 조산원 및 산후조리원으로서 연면적 600 m^2 미만인 시설
3) 의료시설 중 다음의 어느 하나에 해당하는 시설
   ① 종합병원, 병원, 치과병원, 한방병원 및 요양병원(의료재활시설은 제외한다)으로 사용되는 바닥면적의 합계가 600 m^2 미만인 시설
   ② 정신의료기관 또는 의료재활시설로 사용되는 바닥면적의 합계가 300 m^2 이상 600 m^2 미만인 시설
   ③ 정신의료기관 또는 의료재활시설로 사용되는 바닥면적의 합계가 300 m^2 미만이고, 창살(철재·플라스틱 또는 목재 등으로 사람의 탈출 등을 막기 위하여 설치한 것을 말하며, 화재 시 자동으로 열리는 구조로 되어 있는 창살은 제외한다)이 설치된 시설
4) 교육연구시설 내에 합숙소로서 연면적 100 m^2 이상인 경우에는 모든 층
5) 노유자 시설로서 다음의 어느 하나에 해당하는 시설
   ① 「소방시설법 시행령」 제7조제1항제7호 각 목에 따른 시설[같은 호 가목2) 및 같은 호 나목부터 바목까지의 시설 중 단독주택 또는 공동주택에 설치되는 시설은 제외하며, 이하 "노유자 생활시설"이라 한다]

② ①에 해당하지 않는 노유자 시설로 해당 시설로 사용하는 바닥면적의 합계가 300 m^2 이상 600 m^2 미만인 시설

③ ①에 해당하지 않는 노유자 시설로 해당 시설로 사용하는 바닥면적의 합계가 300 m^2 미만이고, 창살(철재·플라스틱 또는 목재 등으로 사람의 탈출 등을 막기 위하여 설치한 것을 말하며, 화재 시 자동으로 열리는 구조로 되어 있는 창살은 제외한다)이 설치된 시설

6) 숙박시설로 사용되는 바닥면적의 합계가 300 m^2 이상 600 m^2 미만인 시설

7) 건물을 임차하여 「출입국관리법」 제52조제2항에 따른 보호시설로 사용하는 부분

8) 복합건축물(하나의 건축물이 근린생활시설, 판매시설, 업무시설, 숙박시설 또는 위락시설의 용도와 주택의 용도로 함께 사용되는 복합건축물만 해당한다)로서 연면적 1,000 m^2 이상인 것은 모든 층

용어 정의

간이헤드	폐쇄형 헤드의 일종으로 간이스프링클러설비를 설치해야 하는 특정소방대상물의 화재에 적합한 감도·방수량 및 살수분포를 갖는 헤드를 말한다.
폐쇄형 간이헤드	정상상태에서 방수구를 막고 있는 감열체가 일정온도에서 자동적으로 파괴·용해 또는 이탈됨으로써 방수구가 개방되는 간이헤드를 말한다.
개방형 간이헤드	감열체 없이 방수구가 항상 열려져 있는 간이헤드를 말한다.
고가수조	구조물 또는 지형지물 등에 설치하여 자연낙차 압력으로 급수하는 수조를 말한다.
압력수조	소화용수와 공기를 채우고 일정압력 이상으로 가압하여 그 압력으로 급수하는 수조를 말한다.
가압수조	가압원인 압축공기 또는 불연성 고압기체에 따라 소방용수를 가압시키는 수조를 말한다.
진공계	대기압 이하의 압력을 측정하는 계측기를 말한다.
연성계	대기압 이상의 압력과 대기압 이하의 압력을 측정할 수 있는 계측기를 말한다.
기동용 수압개폐장치	소화설비의 배관 내 압력변동을 검지하여 자동적으로 펌프를 기동 및 정지시키는 것으로서 압력챔버 또는 기동용 압력스위치 등을 말한다.
가지배관	간이헤드가 설치되어 있는 배관을 말한다.
교차배관	직접 또는 수직배관을 통하여 가지배관에 급수하는 배관을 말한다.
주배관	각 층을 수직으로 관통하는 수직배관을 말한다.

신축배관	가지배관과 간이헤드를 연결하는 구부림이 쉽도록 유연성을 가진 것을 말한다.
급수배관	수원 및 옥외송수구로부터 간이헤드에 급수하는 배관을 말한다.
분기배관	배관 측면에 구멍을 뚫어 둘 이상의 관로가 생기도록 가공한 배관으로서 확관형 분기배관과 비확관형 분기배관을 말한다.
확관형 분기배관	배관의 측면에 조그만 구멍을 뚫고 소성가공으로 확관시켜 배관 용접이음자리를 만들거나 배관 용접이음자리에 배관이음쇠를 용접 이음한 배관을 말한다.
비확관형 분기배관	배관의 측면에 분기호칭내경 이상의 구멍을 뚫고 배관이음쇠를 용접 이음한 배관을 말한다.
습식 유수검지장치	1차측 및 2차측에 가압수를 가득 채운상태에서 폐쇄형 스프링클러헤드가 열린 경우 2차측의 압력저하로 시트가 열리어 가압수 등이 2차측으로 유출되도록 하는 장치(패들형을 포함한다)를 말한다.
준비작동식 유수검지장치	1차측에 가압수 등을 채우고 2차측에서 폐쇄형 스프링클러헤드까지 대기압 또는 저압으로 있다가 화재감지설비의 감지기 또는 화재감지용 헤드의 작동에 의하여 시트가 열리어 가압수 등이 2차측으로 유출되도록 하는 장치를 말한다.
반사판(디플렉터)	간이헤드의 방수구에서 유출되는 물을 세분시키는 작용을 하는 것을 말한다.
개폐표시형 밸브	밸브의 개폐 여부를 외부에서 식별이 가능한 밸브를 말한다.

5.2 구성 및 기준

1) 수원

① 간이스프링클러설비의 수원은 다음과 같다.

가. 상수도직결형의 경우에는 수돗물

나. 수조("캐비닛형"을 포함한다)를 사용하고자 하는 경우에는 적어도 1개 이상의 자동급수장치를 갖추어야 하며, 2개의 간이헤드에서 최소 10분[「소방시설법 시행령」 별표 4 제1호마목2)가) 또는 6)과 8)에 해당하는 경우에는 5개의 간이헤드에서 최소 20분] 이상 방수할 수 있는 양 이상을 수조에 확보할 것

② 간이스프링클러설비의 수원을 수조로 설치하는 경우에는 소화설비의 전용수조로 해야 한다. 다만, 다음에 해당하는 경우에는 그렇지 않다.

가. 간이스프링클러설비용 펌프의 풋밸브 또는 흡수배관의 흡수구(수직회전축펌프의 흡수구를 포함한다. 이하 같다)를 다른 설비(소화용 설비 외의 것을 말한다. 이하 같다)의 풋밸브 또는 흡수구보다 낮은 위치에 설치한 때

나. 고가수조로부터 소화설비의 수직배관에 물을 공급하는 급수구를 다른 설비의 급수구보다 낮은 위치에 설치한 때

③ 저수량을 산정함에 있어서 다른 설비와 겸용하여 간이스프링클러설비용 수조를 설치하는 경우에는 간이스프링클러설비의 풋밸브·흡수구 또는 수직배관의 급수구와 다른 설비의 풋밸브·흡수구 또는 수직배관의 급수구와의 사이의 수량을 그 유효수량으로 한다.

④ 간이스프링클러설비용 수조는 다음의 기준에 따라 설치해야 한다.

가. 점검에 편리한 곳에 설치할 것

나. 동결방지조치를 하거나 동결의 우려가 없는 장소에 설치할 것

다. 수조의 외측에 수위계를 설치할 것. 다만, 구조상 불가피한 경우에는 수조의 맨홀 등을 통하여 수조 안의 물의 양을 쉽게 확인할 수 있도록 해야 한다.

라. 수조의 상단이 바닥보다 높은 때에는 수조의 외측에 고정식 사다리를 설치할 것

마. 수조가 실내에 설치된 때에는 그 실내에 조명설비를 설치할 것

바. 수조의 밑부분에는 청소용 배수밸브 또는 배수관을 설치할 것

사. 수조 외측의 보기 쉬운 곳에 "간이스프링클러설비용 수조"라고 표시한 표지를 할 것. 이 경우 그 수조를 다른 설비와 겸용하는 때에는 그 겸용되는 설비의 이름을 표시한 표지를 함께 해야 한다.

아. 소화설비용 펌프의 흡수배관 또는 소화설비의 수직배관과 수조의 접속부분에는 "간이스프링클러설비용 배관"이라고 표시한 표지를 할 것. 다만, 수조와 가까운 장소에 소화설비용 펌프가 설치되고 해당 펌프에 "간이스프링클러소화펌프"라고 표지를 설치한 때에는 그렇지 않다.

예제 5.1 간이스프링클러설비의 수원에 관한 기준으로 옳지 못한 것은?

① 상수도직결형의 경우에는 수돗물을 사용한다.
② 2개의 간이헤드에서 최소 20분 이상 방수할 수 있는 양 이상을 수원으로 한다.
③ 수원을 수조로 설치하는 경우에는 소화설비의 전용수조로 해야 한다.
④ 다른 설비와 겸용하여 간이스프링클러설비용 수조를 설치하는 경우에는 간이스프링클러설비의 풋밸브와 다른 설비의 풋밸브와의 사이의 수량을 그 유효수량으로 한다.

답 ②

2) 가압송수장치

① 방수압력(상수도직결형의 상수도압력)은 가장 먼 가지배관에서 2개의 간이헤드를 동시에 개방할 경우 각각의 간이헤드 선단 방수압력은 0.1 MPa 이상, 방수량은 50 ℓ/min 이상이어야 한다. 다만, 주차장에 표준반응형 스프링클러헤드를 사용할 경우 헤드 1개의 방수량은 80 ℓ/min 이상이어야 한다.

② 전동기 또는 내연기관에 따른 펌프를 이용하는 가압송수장치는 다음의 기준에 따라 설치해야 한다.

가. 쉽게 접근할 수 있고 점검하기에 충분한 공간이 있는 장소로서 화재 및 침수 등의 재해로 인한 피해를 받을 우려가 없는 곳에 설치할 것

나. 동결방지조치를 하거나 동결의 우려가 없는 장소에 설치할 것

다. 펌프는 전용으로 할 것. 다만, 다른 소화설비와 겸용하는 경우 각각의 소화설비의 성능에 지장이 없을 때에는 그렇지 않다.

라. 펌프의 토출측에는 압력계를 체크밸브 이전에 펌프 토출측 플랜지에서 가까운 곳에 설치하고, 흡입측에는 연성계 또는 진공계를 설치할 것. 다만, 수원의 수위가 펌프의 위치보다 높거나 수직회전축펌프의 경우에는 연성계 또는 진공계를 설치하지 않을 수 있다.

마. 펌프의 성능은 체절운전 시 정격토출압력의 140%를 초과하지 않고, 정격토출량의 150%로 운전 시 정격토출압력의 65% 이상이 되어야 하며, 펌프의 성능을 시험할 수 있는 성능시험배관을 설치할 것. 다만, 충압펌프의 경우에는 그렇지 않다.

바. 가압송수장치에는 체절운전 시 수온의 상승을 방지하기 위한 순환배관을 설치할 것

사. 기동장치로는 기동용 수압개폐장치 또는 이와 동등 이상의 성능이 있는 것을 설치할 것

아. 기동용 수압개폐장치를 기동장치로 사용할 경우에는 다음의 기준에 따른 충압펌프를 설치할 것. 다만, 캐비닛형 간이스프링클러설비의 경우에는 그렇지 않다.

a. 펌프의 토출압력은 그 설비의 최고위 살수장치의 자연압보다 적어도 0.2 MPa이 더 크도록 하거나 가압송수장치의 정격토출압력과 같게 할 것

b. 펌프의 정격토출량은 정상적인 누설량보다 적어서는 안 되며, 간이스프링클러설비가 자동적으로 작동할 수 있도록 충분한 토출량을 유지할 것

자. 수원의 수위가 펌프보다 낮은 위치에 있는 가압송수장치에는 다음의 기준에 따른 물올림장치를 설치할 것. 다만, 캐비닛형 간이스프링클러설비의 경우에는 그렇지 않다.

a. 물올림장치에는 전용의 수조를 설치할 것
b. 수조의 유효수량은 100 ℓ 이상으로 하되, 구경 15 mm 이상의 급수배관에 따라 해당 수조에 물이 계속 보급되도록 할 것

차. 내연기관을 사용하는 경우에는 제어반에 따라 내연기관의 자동기동 및 수동기동이 가능하고, 상시 충전되어 있는 축전지설비를 갖출 것

카. 가압송수장치에는 "간이스프링클러소화펌프"라고 표시한 표지를 할 것. 이 경우 그 가압송수장치를 다른 설비와 겸용하는 때에는 그 겸용되는 설비의 이름을 표시한 표지를 함께 해야 한다.

타. 가압송수장치는 부식 등으로 인한 펌프의 고착을 방지할 수 있도록 다음의 기준에 적합한 것으로 할 것. 다만, 충압펌프는 제외한다.

a. 임펠러는 청동 또는 스테인리스 등 부식에 강한 재질을 사용할 것
b. 펌프축은 스테인리스 등 부식에 강한 재질을 사용할 것

③ 고가수조의 자연낙차를 이용한 가압송수장치는 다음의 기준에 따라 설치해야 한다.

가. 고가수조의 자연낙차수두(수조의 하단으로부터 최고층에 설치된 헤드까지의 수직거리를 말한다)는 다음의 식에 따라 산출한 수치 이상 유지되도록 할 것

$$H = h_1 + 10$$

H : 필요한 낙차(m)

h_1 : 배관의 마찰손실수두(m)

나. 고가수조에는 수위계·배수관·급수관·오버플로우관 및 맨홀을 설치할 것

④ 압력수조를 이용한 가압송수장치는 다음의 기준에 따라 설치해야 한다.

가. 압력수조의 압력은 다음의 식에 따라 산출한 수치 이상 유지되도록 할 것

$$P = p_1 + p_2 + 0.1$$

P : 필요한 압력(MPa)

p_1 : 낙차의 환산수두압(MPa)

p_2 : 배관의 마찰손실수두압(MPa)

나. 압력수조에는 수위계·급수관·배수관·급기관·맨홀·압력계·안전장치 및 압력저

하 방지를 위한 자동식 공기압축기를 설치할 것

⑤ 가압수조를 이용한 가압송수장치는 다음의 기준에 따라 설치해야 한다.

가. 가압수조의 압력은 간이헤드 2개를 동시에 개방할 때 적정방수량 및 방수압이 10분[영 별표 4 제1호마목 2)가) 또는 6)과 8)에 해당하는 경우에는 5개의 간이헤드에서 최소 20분] 이상 유지되도록 할 것

예제 5.2 간이스프링클러설비의 가압송수장치에 대한 설치기준이다. 틀린 것은?

① 간이헤드 선단의 방수압력은 0.1 MPa 이상이어야 한다.
② 간이스프링클러헤드 1개의 방수량은 50 ℓ/min 이상이어야 한다.
③ 물올림수조는 전용으로 해야 한다.
④ 고가수조, 압력수조, 지하수조가 있으며 사용되고 있다.

답 ④

3) 방호구역, 유수검지장치

간이스프링클러설비의 방호구역(간이스프링클러설비의 소화범위에 포함된 영역을 말한다. 이하 같다) 및 유수검지장치는 다음의 기준에 적합해야 한다. 다만, 캐비닛형의 경우에는 ③의 기준에 적합해야 한다.

① 하나의 방호구역의 바닥면적은 1,000 m^2를 초과하지 않을 것

② 하나의 방호구역에는 1개 이상의 유수검지장치를 설치하되, 화재 시 접근이 쉽고 점검하기 편리한 장소에 설치할 것

③ 하나의 방호구역은 2개 층에 미치지 않도록 할 것. 다만, 1개 층에 설치되는 간이헤드의 수가 10개 이하인 경우에는 3개 층 이내로 할 수 있다.

④ 유수검지장치를 실내에 설치하거나 보호용 철망 등으로 구획하여 바닥으로부터 0.8 m 이상 1.5 m 이하의 위치에 설치하되, 그 실 등에는 개구부가 가로 0.5 m 이상 세로 1 m 이상의 출입문을 설치하고 그 출입문 상단에 "유수검지장치실"이라고 표시한 표지를 설치할 것. 다만, 유수검지장치를 기계실(공조용 기계실을 포함한다) 안에 설치하는 경우에는 별도의 실 또는 보호용 철망을 설치하지 않고 기계실 출입문 상단에 "유수검지장치실"이라고 표시한 표지를 설치할 수 있다.

⑤ 간이헤드에 공급되는 물은 유수검지장치를 지나도록 할 것. 다만, 송수구를 통하여 공급되는 물은 그렇지 않다.

⑥ 자연낙차에 따른 압력수가 흐르는 배관 상에 설치된 유수검지장치는 화재 시 물의 흐름을 검지할 수 있는 최소한의 압력이 얻어질 수 있도록 수조의 하단으로부터 낙차를

두어 설치할 것

⑦ 간이스프링클러설비가 설치되는 특정소방대상물에 부설된 주차장부분(영 별표 4 제1호바목에 해당하지 않는 부분에 한한다)에는 습식 이외의 방식으로 해야 한다. 다만, 동결의 우려가 없거나 동결을 방지할 수 있는 구조 또는 장치가 된 곳은 그렇지 않다.

예제 5.3 간이스프링클러설비의 방호구역의 설치기준으로 타당하지 않는 것은?

① 하나의 방수구역을 담당하는 헤드의 개수는 50개 이하로 해야 한다.
② 하나의 방호구역의 바닥면적은 1,000 m^2를 초과하지 않아야 한다.
③ 하나의 방호구역은 2개 층에 미치지 않도록 해야 한다.
④ 1개 층에 설치되는 간이헤드의 수가 10개 이하인 경우에는 3개 층 이내를 하나의 방호구역으로 할 수 있다.

답 ①

4) 배관 및 밸브

① 배관과 배관이음쇠는 다음의 어느 하나에 해당하는 것 또는 동등 이상의 강도·내식성 및 내열성 등을 국내·외 공인기관으로부터 인정받은 것을 사용해야 하고, 배관용 스테인리스강관(KS D 3576)의 이음을 용접으로 할 경우에는 텅스텐 불활성가스 아크용접(Tungsten Inertgas Arc Welding)방식에 따른다. 다만, 상수도직결형 간이스프링클러설비에 사용하는 배관 및 밸브는 「수도법」 제14조(수도용 자재와 제품의 인증 등)에 적합한 제품을 사용해야 한다. 또한, 4)에서 정하지 않은 사항은 「건설기술진흥법」 제44조제1항의 규정에 따른 "건설기준"에 따른다.

가. 배관 내 사용압력이 1.2 MPa 미만일 경우에는 다음의 어느 하나에 해당하는 것

a. 배관용 탄소강관(KS D 3507)
b. 이음매 없는 구리 및 구리합금관(KS D 5301). 다만, 습식의 배관에 한한다.
c. 배관용 스테인리스강관(KS D 3576) 또는 일반배관용 스테인리스강관(KS D 3595)
d. 덕타일 주철관(KS D 4311)

나. 배관 내 사용압력이 1.2 MPa 이상일 경우에는 다음의 어느 하나에 해당하는 것

a. 압력배관용 탄소강관(KS D 3562)
b. 배관용 아크용접 탄소강관(KS D 3583)

② ①에도 불구하고 다음에 해당하는 장소에는 소방청장이 정하여 고시한 「소방용 합성수지배관의 성능인증 및 제품검사의 기술기준」에 적합한 소방용 합성수지배관으로

설치할 수 있다.

가. 배관을 지하에 매설하는 경우

나. 다른 부분과 내화구조로 구획된 덕트 또는 피트의 내부에 설치하는 경우

다. 천장(상층이 있는 경우에는 상층바닥의 하단을 포함한다. 이하 같다)과 반자를 불연재료 또는 준불연재료로 설치하고 소화배관 내부에 항상 소화수가 채워진 상태로 설치하는 경우

③ 급수배관은 다음의 기준에 따라 설치해야 한다.

가. 전용으로 할 것. 다만, 상수도직결형의 경우에는 수도배관 호칭지름 32 mm 이상의 배관이어야 하고, 간이헤드가 개방될 경우에는 유수신호 작동과 동시에 다른 용도로 사용하는 배관의 송수를 자동 차단할 수 있도록 해야 하며, 배관과 연결되는 이음쇠 등의 부속품은 물이 고이는 현상을 방지하는 조치를 해야 한다.

나. 급수배관에 설치되어 급수를 차단할 수 있는 개폐밸브는 개폐표시형으로 할 것. 이 경우 펌프의 흡입측 배관에는 버터플라이밸브 외의 개폐표시형 밸브를 설치해야 한다.

다. 배관의 구경은 2)의 ①에 적합하도록 수리계산에 의하거나 다음 표의 기준에 따라 설치할 것. 다만, 수리계산에 따르는 경우 가지배관의 유속은 6 m/sec, 그 밖의 배관의 유속은 10 m/sec를 초과할 수 없다.

구분 \ 급수관의 구경	25	32	40	50	65	80	100	125	150
(가)	2	3	5	10	30	60	100	160	161 이상
(나)	2	4	7	15	30	60	100	160	161 이상

비고 : 1. 폐쇄형 스프링클러헤드를 사용하는 설비의 경우로서 1개 층에 하나의 급수배관(또는 밸브등)이 담당하는 구역의 최대면적은 1,000 m^{2}를 초과하지 않을 것
2. 폐쇄형 간이헤드를 설치하는 경우에는 (가)의 헤드수에 따를 것
3. 폐쇄형 간이헤드를 설치하고 반자 아래의 헤드와 반자 속의 헤드를 동일 급수관의 가지관상에 병설하는 경우에는 (나)의 헤드수에 따를 것
4. "캐비닛형" 및 "상수도직결형"을 사용하는 경우 주배관은 32 mm, 수평주행배관은 32 mm, 가지배관은 25 mm 이상으로 할 것. 이 경우 최장배관은 「캐비닛형 간이스프링클러설비의 성능인증 및 제품검사의 기술기준」에 따라 인정받은 길이로 하며 하나의 가지배관에는 간이헤드를 3개 이내로 설치해야 한다.

④ 펌프의 흡입측 배관은 다음의 기준에 따라 설치해야 한다.

가. 공기고임이 생기지 않는 구조로 하고 여과장치를 설치할 것

나. 수조가 펌프보다 낮게 설치된 경우에는 각 펌프(충압펌프를 포함한다)마다 수조

로부터 별도로 설치할 것

⑤ 연결송수관설비의 배관과 겸용할 경우의 주배관은 구경 100 mm 이상, 방수구로 연결되는 배관의 구경은 65 mm 이상의 것으로 해야 한다.

⑥ 펌프의 성능시험배관은 다음의 기준에 적합하도록 설치해야 한다. 다만, 공인된 방법에 의한 별도의 성능을 제시할 경우에는 그렇지 않으며 그 성능을 별도의 기준에 따라 확인해야 한다.

가. 성능시험배관은 펌프의 토출측에 설치된 개폐밸브 이전에서 분기하여 직선으로 설치하고, 유량측정장치를 기준으로 전단 직관부에는 개폐밸브를 후단 직관부에는 유량조절밸브를 설치할 것. 이 경우 개폐밸브와 유량측정장치 사이의 직관부 거리 및 유량측정장치와 유량조절밸브 사이의 직관부 거리는 해당 유량측정장치 제조사의 설치사양에 따르고, 성능시험배관의 호칭지름은 유량측정장치의 호칭지름에 따른다.

나. 유량측정장치는 펌프의 정격토출량의 175% 이상까지 측정할 수 있는 성능이 있을 것

⑦ 가압송수장치의 체절운전 시 수온의 상승을 방지하기 위하여 체크밸브와 펌프 사이에서 분기한 구경 20 mm 이상의 배관에 체절압력 이하에서 개방되는 릴리프밸브를 설치해야 한다.

⑧ 배관은 동결방지조치를 하거나 동결의 우려가 없는 장소에 설치해야 한다. 다만, 보온재를 사용할 경우에는 난연재료 성능 이상의 것으로 해야 한다.

⑨ 가지배관의 배열은 다음의 기준에 따른다.

가. 토너먼트(tournament) 배관방식이 아닐 것. 다만, 수리계산에 따라 헤드선단의 방수압 및 방수량에 적합한 경우에는 그렇지 않다.

나. 교차배관에서 분기되는 지점을 기점으로 한쪽 가지배관에 설치되는 헤드의 개수(반자 아래와 반자 속의 헤드를 하나의 가지배관 상에 병설하는 경우에는 반자 아래에 설치하는 헤드의 개수)는 8개 이하로 할 것. 다만, 다음에 해당하는 경우에는 그렇지 않다.

a. 기존의 방호구역 안에서 칸막이 등으로 구획하여 1개의 헤드를 증설하는 경우

b. 격자형 배관방식(2 이상의 수평주행배관 사이를 가지배관으로 연결하는 방식을 말한다)을 채택하는 때에는 펌프의 용량, 배관의 구경 등을 수리학적으로 계산한 결과 헤드의 방수압 및 방수량이 소화목적을 달성하는 데 충분하다고 인정되는 경우

⑩ 가지배관에 하향식 간이헤드를 설치하는 경우에 가지배관으로부터 간이헤드에 이르는 헤드접속배관은 가지배관 상부에서 분기해야 한다. 다만, 소화설비용 수원의 수질이 「먹는물관리법」 제5조에 따라 먹는물의 수질기준에 적합하고 덮개가 있는 저수조로부터 물을 공급받는 경우에는 가지배관의 측면 또는 하부에서 분기할 수 있다.

⑪ 준비작동식 유수검지장치를 사용하는 간이스프링클러설비에 있어서 유수검지장치 2차측 배관의 부대설비는 다음의 기준에 따른다.

가. 개폐표시형 밸브를 설치할 것

나. 개폐표시형 밸브와 준비작동식 유수검지장치 사이의 배관은 다음의 기준과 같은 구조로 할 것

> a. 수직배수배관과 연결하고 동 연결배관 상에는 개폐밸브를 설치할 것
> b. 자동배수장치 및 압력스위치를 설치할 것
> c. 'b.'에 따른 압력스위치는 수신부에서 준비작동식 유수검지장치의 개방 여부를 확인할 수 있게 설치할 것

⑫ 간이스프링클러설비에는 유수검지장치를 시험할 수 있는 시험장치를 다음의 기준에 따라 설치해야 한다. 다만, 준비작동식 유수검지장치를 설치하는 경우에는 그렇지 않다.

가. 펌프(캐비닛형 제외)를 가압송수장치로 사용하는 경우 유수검지장치 2차측 배관에 연결하여 설치하고, 펌프 외의 가압송수장치를 사용하는 경우 유수검지장치에서 가장 먼 거리에 위치한 가지배관의 끝으로부터 연결하여 설치할 것

나. 시험장치배관의 구경은 25 mm 이상으로 하고, 그 끝에 개폐밸브 및 개방형 간이헤드 또는 간이스프링클러헤드와 동등한 방수성능을 가진 오리피스를 설치할 것. 이 경우 개방형 간이헤드는 반사판 및 프레임을 제거한 오리피스만으로 설치할 수 있다.

다. 시험배관의 끝에는 물받이 통 및 배수관을 설치하여 시험 중 방사된 물이 바닥에 흘러내리지 않도록 할 것. 다만, 목욕실·화장실 또는 그 밖의 곳으로서 배수처리가 쉬운 장소에 시험배관을 설치한 경우에는 그렇지 않다.

⑬ 배관에 설치되는 행거는 다음의 기준에 따라 설치해야 한다.

가. 가지배관에는 헤드의 설치지점 사이마다 1개 이상의 행거를 설치하되, 헤드간의 거리가 3.5 m를 초과하는 경우에는 3.5 m 이내마다 1개 이상 설치할 것. 이 경우 상향식 헤드와 행거 사이에는 8 cm 이상의 간격을 두어야 한다.

나. 교차배관에는 가지배관과 가지배관 사이마다 1개 이상의 행거를 설치하되, 가지배관 사이의 거리가 4.5 m를 초과하는 경우에는 4.5 m 이내마다 1개 이상 설치

할 것

다. 수평주행배관에는 4.5 m 이내마다 1개 이상 설치할 것

⑭ 급수배관에 설치되어 급수를 차단할 수 있는 개폐밸브에는 그 밸브의 개폐상태를 감시제어반에서 확인할 수 있도록 급수개폐밸브 작동표시 스위치를 다음의 기준에 따라 설치해야 한다.

가. 급수개폐밸브가 잠길 경우 탬퍼스위치의 동작으로 인하여 감시제어반 또는 수신기에 표시되어야 하며 경보음을 발할 것

나. 탬퍼스위치는 감시제어반 또는 수신기에서 동작의 유무 확인과 동작시험, 도통시험을 할 수 있을 것

다. 급수개폐밸브의 작동표시 스위치에 사용되는 전기배선은 내화전선 또는 내열전선으로 설치할 것

⑮ 간이스프링클러설비 배관의 배수를 위한 기울기는 수평으로 할 것. 다만, 배관의 구조상 소화수가 남아 있는 곳에는 배수밸브를 설치해야 한다.

⑯ 간이스프링클러설비의 배관 및 밸브 등의 순서는 다음의 기준에 따라 설치해야 한다.

가. 상수도직결형은 다음의 기준에 따라 설치할 것

a. 수도용 계량기, 급수차단장치, 개폐표시형 밸브, 체크밸브, 압력계, 유수검지장치(압력스위치 등 유수검지장치와 동등 이상의 기능과 성능이 있는 것을 포함한다), 2개의 시험밸브의 순으로 설치할 것

b. 간이스프링클러설비 이외의 배관에는 화재 시 배관을 차단할 수 있는 급수차단장치를 설치할 것

나. 펌프 등의 가압송수장치를 이용하여 배관 및 밸브 등을 설치하는 경우에는 수원, 연성계 또는 진공계(수원이 펌프보다 높은 경우를 제외한다), 펌프 또는 압력수조, 압력계, 체크밸브, 성능시험배관, 개폐표시형 밸브, 유수검지장치, 시험밸브의 순으로 설치할 것

다. 가압수조를 가압송수장치로 이용하여 배관 및 밸브 등을 설치하는 경우에는 수원, 가압수조, 압력계, 체크밸브, 성능시험배관, 개폐표시형 밸브, 유수검지장치, 2개의 시험밸브의 순으로 설치할 것

라. 캐비닛형의 가압송수장치에 배관 및 밸브 등을 설치하는 경우에는 수원, 연성계 또는 진공계(수원이 펌프보다 높은 경우를 제외한다), 펌프 또는 압력수조, 압력계, 체크밸브, 개폐표시형 밸브, 2개의 시험밸브의 순으로 설치할 것. 다만, 소화용수의 공급은 상수도와 직결된 바이패스관 또는 펌프에서 공급받아야 한다.

⑰ 배관은 다른 설비의 배관과 쉽게 구분이 될 수 있는 위치에 설치하거나, 그 배관 표면 또는 배관 보온재표면의 색상은 「한국산업표준(배관계의 식별 표시, KS A 0503)」 또는 적색으로 식별이 가능하도록 소방용 설비의 배관임을 표시해야 한다.

⑱ 확관형 분기배관을 사용할 경우에는 소방청장이 정하여 고시한 「분기배관의 성능인증 및 제품검사의 기술기준」에 적합한 것으로 설치해야 한다.

예제 5.4 유수검지장치를 사용하는 간이스프링클러설비에는 동장치를 시험할 수 있는 시험장치를 설치하도록 되어 있다. 이 장치에 대한 설명으로 옳지 못한 것은?

① 유수검지장치에서 가장 먼 가지배관의 끝으로부터 연결·설치해야 한다.
② 시험장치배관의 끝에 개방형 간이헤드를 설치해야 한다.
③ 시험배관의 끝에는 물받이 통 및 배수관을 설치해야 한다.
④ 준비작동식 간이스프링클러설비에 설치되는 장치이다.

답 ④

5) 간이헤드

① 폐쇄형 간이헤드를 사용할 것

② 간이헤드의 작동온도는 실내의 최대 주위천장온도가 0℃ 이상 38℃ 이하인 경우 공칭작동온도가 57℃에서 77℃의 것을 사용하고, 39℃ 이상 66℃ 이하인 경우에는 공칭작동온도가 79℃에서 109℃의 것을 사용할 것

③ 간이헤드를 설치하는 천장·반자·천장과 반자 사이·덕트·선반 등의 각 부분으로부터 간이헤드까지의 수평거리는 2.3 m(「스프링클러헤드의 형식승인 및 제품검사의 기술기준」에 따른 유효살수반경의 것으로 한다) 이하가 되도록 해야 한다. 다만, 성능이 별도로 인정된 간이헤드를 수리계산에 따라 설치하는 경우에는 그렇지 않다.

④ 상향식 간이헤드 또는 하향식 간이헤드의 경우에는 간이헤드의 디플렉터에서 천장 또는 반자까지의 거리는 25 mm에서 102 mm 이내가 되도록 설치해야 하며, 측벽형 간이헤드의 경우에는 102 mm에서 152 mm 사이에 설치할 것. 다만, 플러쉬 스프링클러헤드의 경우에는 천장 또는 반자까지의 거리를 102 mm 이하가 되도록 설치할 수 있다.

⑤ 간이헤드는 천장 또는 반자의 경사·보·조명장치 등에 따라 살수장애의 영향을 받지 않도록 설치할 것

⑥ ④의 규정에도 불구하고 특정소방대상물의 보와 가장 가까운 간이헤드는 다음 표의 기준에 따라 설치할 것. 다만, 천장면에서 보의 하단까지의 길이가 55 cm를 초과하고 보의 하단 측면 끝부분으로부터 간이헤드까지의 거리가 간이헤드 상호간 거리의 1/2

이하가 되는 경우에는 간이헤드와 그 부착면과의 거리를 55 cm 이하로 할 수 있다.

간이헤드의 반사판 중심과 보의 수평거리	간이헤드의 반사판 높이와 보의 하단 높이의 수직거리
0.75 m 미만	보의 하단보다 낮을 것
0.75 m 이상 1 m 미만	0.1 m 미만일 것
1 m 이상 1.5 m 미만	0.15 m 미만일 것
1.5 m 이상	0.3 m 미만일 것

⑦ 상향식 간이헤드 아래에 설치되는 하향식 간이헤드에는 상향식 간이헤드의 방출수를 차단할 수 있는 유효한 차폐판을 설치할 것

⑧ 간이스프링클러설비를 설치해야 할 특정소방대상물에 있어서는 간이헤드 설치제외에 관한 사항은 「스프링클러설비의 화재안전성능기준(NFPC 103)」 제15조제1항을 준용할 것

⑨ 3)의 ⑦에 따른 주차장에는 표준반응형 스프링클러헤드를 설치해야 하며, 설치기준은 「스프링클러설비의 화재안전성능기준(NFPC 103)」 제10조를 준용할 것

예제 5.5 다음은 간이헤드에 대한 기준이다. 틀린 것은?

① 폐쇄형 간이헤드를 사용할 것
② 천장으로부터 간이스프링클러헤드까지의 수평거리는 2.3 m 이하로 할 것
③ 헤드와 헤드사이의 거리는 2.5 m 이하로 설치할 것
④ 하향식 간이헤드의 경우에는 간이헤드의 디플렉터에서 천장 또는 반자까지의 거리는 25 mm에서 102 mm 이내가 되도록 설치할 것

답 ③

6) 음향장치 및 기동장치

① 간이스프링클러설비의 음향장치 및 기동장치는 다음의 기준에 따라 설치해야 한다.

가. 습식 유수검지장치를 사용하는 설비에 있어서는 간이헤드가 개방되면 유수검지장치가 화재신호를 발신하고 그에 따라 음향장치가 경보되도록 할 것

나. 음향장치는 습식 유수검지장치의 담당구역마다 설치하되 그 구역의 각 부분으로부터 하나의 음향장치까지의 수평거리는 25 m 이하가 되도록 할 것

다. 음향장치는 경종 또는 사이렌(전자식 사이렌을 포함한다)으로 하되, 주위의 소음 및 다른 용도의 경보와 구별이 가능한 음색으로 할 것. 이 경우 경종 또는 사이렌은 자동화재탐지설비·비상벨설비 또는 자동식사이렌설비의 음향장치와 겸용할 수 있다.

라. 주음향장치는 수신기의 내부 또는 그 직근에 설치할 것

마. 층수가 5층(지하층을 제외한다) 이상으로서 연면적이 3,000 m^2를 초과하는 특정소방대상물 또는 그 부분에 있어서는 2층 이상의 층에서 발화한 때에는 발화층 및 그 직상층에 한하여, 1층에서 발화한 때에는 발화층·그 직상층 및 지하층에 한하여, 지하층에서 발화한 때에는 발화층·그 직상층 및 기타의 지하층에 한하여 경보를 발할 수 있도록 할 것

바. 음향장치는 다음의 기준에 따른 구조 및 성능의 것으로 할 것

a. 정격전압의 80% 전압에서 음향을 발할 수 있는 것으로 할 것
b. 음향의 크기는 부착된 음향장치의 중심으로부터 1 m 떨어진 위치에서 90 dB 이상이 되는 것으로 할 것

② 간이스프링클러설비의 가압송수장치로서 펌프가 설치되는 경우에는 그 펌프의 작동은 다음의 기준에 적합해야 한다.

가. 습식 유수검지장치를 사용하는 설비에 있어서는 동 장치의 발신이나 기동용 수압개폐장치에 따라 작동되거나 또는 이 두 가지의 혼용에 따라 작동될 수 있도록 할 것

나. 준비작동식 유수검지장치를 사용하는 설비에 있어서는 화재감지기의 화재감지나 기동용 수압개폐장치에 따라 작동되거나 또는 이 두 가지의 혼용에 따라 작동될 수 있도록 할 것

③ 배선(감지기 상호간의 배선은 제외한다)은 내화배선 또는 내열배선으로 하며 사용되는 전선은 내화전선으로 하고 전선의 종류 및 설치방법은 「옥내소화전설비의 화재안전기술기준(NFTC 102)」에 따르되, 다른 배선과 공유하는 회로방식이 되지 않도록 해야 한다. 다만, 음향장치의 작동에 지장을 주지 않는 회로방식의 경우에는 그렇지 않다.

예제 5.6 간이스프링클러설비의 음향장치 및 기동장치의 설치기준으로 타당하지 않는 것은?

① 구역의 각 부분으로부터 하나의 음향장치까지의 수평거리는 25 m 이하가 되도록 할 것
② 음향장치는 경종 또는 사이렌으로 하되, 주위의 소음 및 다른 용도의 경보와 구별이 가능한 음색으로 할 것
③ 음향장치는 정격전압의 70% 전압에서 음향을 발할 수 있는 것으로 할 것
④ 발신기는 소방대상물의 층마다 설치하되, 해당 소방대상물의 각 부분으로부터 수평거리가 25 m 이하가 되도록 할 것

답 ③

7) 송수구

간이스프링클러설비에는 소방차로부터 그 설비에 송수할 수 있는 송수구를 다음의 기준에 따라 설치해야 한다.

① 소방차가 쉽게 접근할 수 있는 잘 보이는 장소에 설치하고, 화재층으로부터 지면으로 떨어지는 유리창 등이 송수 및 그 밖의 소화작업에 지장을 주지 않는 장소에 설치할 것

② 송수구로부터 간이스프링클러설비의 주배관에 이르는 연결배관에 개폐밸브를 설치한 때에는 그 개폐상태를 쉽게 확인 및 조작할 수 있는 옥외 또는 기계실 등의 장소에 설치할 것

③ 송수구는 구경 65 mm의 쌍구형 또는 단구형으로 할 것. 이 경우 송수배관의 안지름은 40 mm 이상으로 해야 한다.

④ 지면으로부터 높이가 0.5 m 이상 1 m 이하의 위치에 설치할 것

⑤ 송수구의 부근에는 자동배수밸브(또는 직경 5 mm의 배수공) 및 체크밸브를 기준에 따라 설치할 것. 이 경우 자동배수밸브는 배관 안의 물이 잘 빠질 수 있는 위치에 설치하되, 배수로 인하여 다른 물건이나 장소에 피해를 주지 않아야 한다.

⑥ 송수구에는 이물질을 막기 위한 마개를 씌울 것

예제 5.7 간이스프링클러설비에 설치되는 송수구에 대한 설명으로 틀린 것은?

① 구경 65 mm의 쌍구형 또는 단구형으로 해야 한다.
② 송수배관의 안지름은 65 mm 이상으로 해야 한다.
③ 지면으로부터 높이가 0.5 m 이상 1 m 이하의 위치에 설치해야 한다.
④ 송수구의 가까운 부분에 자동배수밸브 및 체크밸브를 설치해야 한다.

답 ②

8) 비상전원

간이스프링클러설비에는 다음의 기준에 적합한 비상전원 또는 「소방시설용 비상전원수전설비의 화재안전성능기준(NFPC 602)」의 규정에 따른 비상전원수전설비를 설치해야 한다. 다만, 무전원으로 작동되는 간이스프링클러설비의 경우에는 모든 기능이 10분[영 별표 4 제1호마목 2)가) 또는 6)과 8)에 해당하는 경우에는 20분] 이상 유효하게 지속될 수 있는 구조를 갖추어야 한다.

① 간이스프링클러설비를 유효하게 10분[영 별표 4 제1호마목 2)가) 또는 6)과 8)에 해당하는 경우에는 20분] 이상 작동할 수 있도록 할 것

② 상용전원으로부터 전력의 공급이 중단된 때에는 자동으로 비상전원으로부터 전원을 공급받을 수 있는 구조로 할 것

예제 5.8 간이스프링클러설비의 비상전원 용량(분)은 얼마 이상인가?

① 10 ② 20 ③ 30 ④ 40

답 ①

9) 수원 및 가압송수장치의 펌프 등의 겸용

① 간이스프링클러설비의 수원을 옥내소화전설비·스프링클러설비·화재조기진압용 스프링클러설비·물분무소화설비·포소화설비 및 옥외소화전설비의 수원과 겸용하여 설치하는 경우의 저수량은 각 소화설비에 필요한 저수량을 합한 양 이상이 되도록 해야 한다. 다만, 이들 소화설비 중 고정식 소화설비(펌프·배관과 소화수 또는 소화약제를 최종 방출하는 방출구가 고정된 설비를 말한다. 이하 같다)가 2 이상 설치되어 있고, 그 소화설비가 설치된 부분이 방화벽과 방화문으로 구획되어 있는 경우에는 각 고정식 소화설비에 필요한 저수량 중 최대의 것 이상으로 할 수 있다.

② 간이스프링클러설비의 가압송수장치로 사용하는 펌프를 옥내소화전설비·스프링클러설비·화재조기진압용 스프링클러설비·물분무소화설비·포소화설비 및 옥외소화전설비의 가압송수장치와 겸용하여 설치하는 경우의 펌프의 토출량은 각 소화설비에 해당하는 토출량을 합한 양 이상이 되도록 해야 한다. 다만, 이들 소화설비 중 고정식 소화설비가 2 이상 설치되어 있고, 그 소화설비가 설치된 부분이 방화벽과 방화문으로 구획되어 있으며 각 소화설비에 지장이 없는 경우에는 펌프의 토출량 중 최대의 것 이상으로 할 수 있다.

③ 옥내소화전설비·스프링클러설비·간이스프링클러설비·화재조기진압용 스프링클러설비·물분무소화설비·포소화설비 및 옥외소화전설비의 가압송수장치에 있어서 각 토출측 배관과 일반급수용의 가압송수장치의 토출측 배관을 상호 연결하여 화재 시 사용할 수 있다. 이 경우 연결배관에는 개폐표시형 밸브를 설치해야 하며, 각 소화설비의 성능에 지장이 없도록 해야 한다.

④ 간이스프링클러설비의 송수구를 옥내소화전설비·스프링클러설비·화재조기진압용 스프링클러설비·물분무소화설비·포소화설비·연결송수관설비 또는 연결살수설비의 송수구와 겸용으로 설치하는 경우에는 스프링클러설비의 송수구의 설치기준에 따르되 각각의 소화설비의 기능에 지장이 없도록 해야 한다.

Chapter 6

화재조기진압용 스프링클러설비

6.1 설치장소의 구조

화재조기진압용 스프링클러설비를 설치할 장소의 구조는 다음의 기준에 적합해야 한다.

① 해당 층의 높이가 13.7 m 이하일 것. 다만, 2층 이상일 경우에는 해당 층의 바닥을 내화구조로 하고 다른 부분과 방화구획 할 것

② 천장의 기울기가 168/1,000을 초과하지 않아야 하고, 이를 초과하는 경우에는 반자를 지면과 수평으로 설치할 것

③ 천장은 평평해야 하며 철재나 목재트러스 구조인 경우, 철재나 목재의 돌출부분이 102 mm를 초과하지 않을 것

④ 보로 사용되는 목재·콘크리트 및 철재 사이의 간격이 0.9 m 이상 2.3 m 이하일 것. 다만, 보의 간격이 2.3 m 이상인 경우에는 화재조기진압용 스프링클러헤드의 동작을 원활히 하기 위해 보로 구획된 부분의 천장 및 반자의 넓이가 28 m^2를 초과하지 않을 것

⑤ 창고 내의 선반 등의 형태는 하부로 물이 침투되는 구조로 할 것

용어 정의

화재조기진압용 스프링클러헤드

특정한 높은 장소의 화재위험에 대하여 조기에 진화할 수 있도록 설계된 스프링클러헤드를 말한다.

6.2 구성 및 기준

1) 수원

① 화재조기진압용 스프링클러설비의 수원은 수리학적으로 가장 먼 가지배관 3개에 각각 4개의 스프링클러헤드가 동시에 개방되었을 때 헤드선단의 압력이 다음 표에 따른 값 이상으로 60분간 방수할 수 있는 양 이상으로 계산식은 다음과 같다.

최대 층고 (m)	최대 저장높이 (m)	화재조기진압용 스프링클러헤드의 최소방사압력(MPa)				
		k=360 하향식	k=320 하향식	k=240 하향식	k=240 상향식	k=200 하향식
13.7	12.2	0.28	0.28	-	-	-
13.7	10.7	0.28	0.28	-	-	-
12.2	10.7	0.17	0.28	0.36	0.36	0.52
10.7	9.1	0.14	0.24	0.36	0.36	0.52
9.1	7.6	0.10	0.17	0.24	0.24	0.34

$$Q = k\sqrt{10p} \times 12 \times 60$$

Q : 수원의 양(ℓ)

k : 상수 [ℓ/min/(MPa)$^{1/2}$]

p : 헤드선단의 압력(MPa)

② 화재조기진압용 스프링클러설비의 수원은 ①에 따라 산출된 유효수량 외에 유효수량의 1/3 이상을 옥상(화재조기진압용 스프링클러설비가 설치된 건축물의 주된 옥상을 말한다)에 설치해야 한다. 다만, 다음에 해당하는 경우에는 그렇지 않다.

가. 옥상이 없는 건축물 또는 공작물

나. 지하층만 있는 건축물

다. 고가수조를 가압송수장치로 설치한 경우

라. 수원이 건축물의 최상층에 설치된 헤드보다 높은 위치에 설치된 경우

마. 건축물의 높이가 지표면으로부터 10 m 이하인 경우

바. 주펌프와 동등 이상의 성능이 있는 별도의 펌프로서 내연기관의 기동과 연동하여 작동되거나 비상전원을 연결하여 설치한 경우

사. 가압수조를 가압송수장치로 설치한 경우

③ 옥상수조(①에 따라 산출된 유효수량의 1/3 이상을 옥상에 설치한 설비를 말한다)는 이와 연결된 배관을 통하여 상시 소화수를 공급할 수 있는 구조의 특정소방대상물의

경우에는 2 이상의 특정소방대상물이 있더라도 하나의 특정소방대상물에만 이를 설치할 수 있다.

④ 화재조기진압용 스프링클러설비의 수원을 수조로 설치하는 경우에는 소화설비의 전용수조로 해야 한다. 다만, 다음에 해당하는 경우에는 그렇지 않다.

가. 화재조기진압용 스프링클러설비용 펌프의 풋밸브 또는 흡수배관의 흡수구(수직회전축펌프의 흡수구를 포함한다. 이하 같다)를 다른 설비(소화용 설비 외의 것을 말한다. 이하 같다)의 풋밸브 또는 흡수구보다 낮은 위치에 설치한 때

나. 고가수조로부터 화재조기진압용 스프링클러설비의 수직배관에 물을 공급하는 급수구를 다른 설비의 급수구보다 낮은 위치에 설치한 때

⑤ 저수량을 산정함에 있어서 다른 설비와 겸용하여 화재조기진압용 스프링클러설비용 수조를 설치하는 경우에는 화재조기진압용 스프링클러설비의 풋밸브·흡수구 또는 수직배관의 급수구와 다른 설비의 풋밸브·흡수구 또는 수직배관의 급수구와의 사이의 수량을 그 유효수량으로 한다.

⑥ 화재조기진압용 스프링클러설비용 수조는 다음의 기준에 따라 설치해야 한다.

가. 점검에 편리한 곳에 설치할 것

나. 동결방지조치를 하거나 동결의 우려가 없는 장소에 설치할 것

다. 수조의 외측에 수위계를 설치할 것. 다만, 구조상 불가피한 경우에는 수조의 맨홀 등을 통하여 수조 안의 물의 양을 쉽게 확인할 수 있도록 해야 한다.

라. 수조의 상단이 바닥보다 높은 때에는 수조의 외측에 고정식 사다리를 설치할 것

마. 수조가 실내에 설치된 때에는 그 실내에 조명설비를 설치할 것

바. 수조의 밑 부분에는 청소용 배수밸브 또는 배수관을 설치할 것

사. 수조의 외측의 보기 쉬운 곳에 "화재조기진압용 스프링클러설비용 수조"라고 표시한 표지를 할 것. 이 경우 그 수조를 다른 설비와 겸용하는 때에는 그 겸용되는 설비의 이름을 표시한 표지를 함께 해야 한다.

아. 소화설비용 펌프의 흡수배관 또는 소화설비의 수직배관과 수조의 접속부분에는 "화재조기진압용 스프링클러설비용 배관"이라고 표시한 표지를 할 것. 다만, 수조와 가까운 장소에 소화설비용 펌프가 설치되고 해당 펌프에 2)의 파.에 따른 표지를 설치한 때에는 그렇지 않다.

2) 가압송수장치

① 전동기 또는 내연기관에 따라 펌프를 이용하는 가압송수장치는 다음의 기준에 따라

설치해야 한다.

가. 쉽게 접근할 수 있고 점검하기에 충분한 공간이 있는 장소로서 화재 및 침수 등의 재해로 인한 피해를 받을 우려가 없는 곳에 설치할 것

나. 동결방지조치를 하거나 동결의 우려가 없는 장소에 설치할 것

다. 펌프는 전용으로 할 것. 다만, 다른 소화설비와 겸용하는 경우 각각의 소화설비의 성능에 지장이 없을 때에는 그렇지 않다.

라. 펌프의 토출측에는 압력계를 체크밸브 이전에 펌프 토출측 플랜지에서 가까운 곳에 설치하고, 흡입측에는 연성계 또는 진공계를 설치할 것. 다만, 수원의 수위가 펌프의 위치보다 높거나 수직회전축펌프의 경우에는 연성계 또는 진공계를 설치하지 않을 수 있다.

마. 펌프의 성능은 체절운전 시 정격토출압력의 140%를 초과하지 않고, 정격토출량의 150%로 운전 시 정격토출압력의 65% 이상이 되어야 하며, 펌프의 성능을 시험할 수 있는 성능시험배관을 설치할 것. 다만, 충압펌프의 경우에는 그렇지 않다.

바. 가압송수장치에는 체절운전 시 수온의 상승을 방지하기 위한 순환배관을 설치할 것. 다만, 충압펌프의 경우에는 그렇지 않다.

사. 기동장치로는 기동용 수압개폐장치 또는 이와 동등 이상의 성능이 있는 것을 설치할 것

아. 기동용 수압개폐장치 중 압력챔버를 사용할 경우 그 용적은 100 ℓ 이상의 것으로 할 것

자. 수원의 수위가 펌프보다 낮은 위치에 있는 가압송수장치에는 다음의 기준에 따른 물올림장치를 설치할 것

> a. 물올림장치에는 전용의 수조를 설치할 것
> b. 수조의 유효수량은 100 ℓ 이상으로 하되, 구경 15 mm 이상의 급수배관에 따라 해당 수조에 물이 계속 보급되도록 할 것

차. 방사량 및 헤드선단의 압력을 충족할 것

카. 기동용 수압개폐장치를 기동장치로 사용하는 경우에는 다음의 기준에 따른 충압펌프를 설치할 것

> a. 펌프의 토출압력은 그 설비의 최고위 살수장치의 자연압보다 적어도 0.2 MPa이 더 크도록 하거나 가압송수장치의 정격토출압력과 같게 할 것
> b. 펌프의 정격토출량은 정상적인 누설량보다 적어서는 안 되며, 화재조기진압용 스프링클러설비가 자동적으로 작동할 수 있도록 충분한 토출량을 유지할 것

타. 내연기관을 사용하는 경우에는 제어반에 따라 내연기관의 자동기동 및 수동기동이 가능하고, 상시 충전되어 있는 축전지설비를 갖출 것

파. 가압송수장치에는 "화재조기진압용 스프링클러펌프"라고 표시한 표지를 할 것. 이 경우 그 가압송수장치를 다른 설비와 겸용하는 때에는 그 겸용되는 설비의 이름을 표시한 표지를 함께 해야 한다.

하. 가압송수장치가 기동이 된 경우에는 자동으로 정지되지 않도록 할 것. 다만, 충압펌프의 경우에는 그렇지 않다.

갸. 가압송수장치는 부식 등으로 인한 펌프의 고착을 방지할 수 있도록 다음의 기준에 적합한 것으로 할 것. 다만, 충압펌프는 제외한다.

a. 임펠러는 청동 또는 스테인리스 등 부식에 강한 재질을 사용할 것
b. 펌프축은 스테인리스 등 부식에 강한 재질을 사용할 것

② 고가수조의 자연낙차를 이용한 가압송수장치는 다음의 기준에 따라 설치해야 한다.

가. 고가수조의 자연낙차수두(수조의 하단으로부터 최고층에 설치된 헤드까지의 수직거리를 말한다)는 다음의 식에 따라 산출한 수치 이상 유지되도록 할 것

$$H = h_1 + h_2$$

H : 필요한 낙차(m)
h_1 : 배관의 마찰손실수두(m)
h_2 : 최소방사압력의 환산수두(m)

나. 고가수조에는 수위계·배수관·급수관·오버플로우관 및 맨홀을 설치할 것

③ 압력수조를 이용한 가압송수장치는 다음의 기준에 따라 설치해야 한다.

가. 압력수조의 압력은 다음의 식에 따라 산출한 수치 이상 유지되도록 할 것

$$P = p_1 + p_2 + p_3$$

P : 필요한 압력(MPa)
p_1 : 낙차의 환산수두압(MPa)
p_2 : 배관의 마찰손실수두압(MPa)
p_3 : 최소방사압력(MPa)

나. 압력수조에는 수위계·급수관·배수관·급기관·맨홀·압력계·안전장치 및 압력저하 방지를 위한 자동식 공기압축기를 설치할 것

④ 가압수조를 이용한 가압송수장치는 다음의 기준에 따라 설치해야 한다.

가. 가압수조의 압력은 규정 방수압 및 규정 방수량을 20분 이상 유지되도록 할 것

나. 가압수조 및 가압원은 방화구획 된 장소에 설치할 것

다. 가압수조를 이용한 가압송수장치는 「가압수조식 가압송수장치의 성능인증 및 제품검사의 기술기준」에 적합한 것으로 설치할 것

3) 방호구역 및 유수검지장치

화재조기진압용 스프링클러설비의 방호구역(화재조기진압용 스프링클러설비의 소화범위에 포함된 영역을 말한다. 이하 같다) 및 유수검지장치는 다음의 기준에 적합해야 한다.

① 하나의 방호구역의 바닥면적은 3,000 m^2를 초과하지 않을 것

② 하나의 방호구역에는 1개 이상의 유수검지장치를 설치하되, 화재 시 접근이 쉽고 점검하기 편리한 장소에 설치할 것

③ 하나의 방호구역은 2개 층에 미치지 않도록 할 것. 다만, 1개 층에 설치되는 화재조기진압용 스프링클러헤드의 수가 10개 이하인 경우에는 3개 층 이내로 할 수 있다.

④ 유수검지장치를 실내에 설치하거나 보호용 철망 등으로 구획하여 바닥으로부터 0.8 m 이상 1.5 m 이하의 위치에 설치하되, 그 실 등에는 가로 0.5 m 이상 세로 1 m 이상의 개구부로서 그 개구부에는 출입문을 설치하고 그 출입문 상단에 "유수검지장치실"이라고 표시한 표지를 설치할 것. 다만, 유수검지장치를 기계실(공조용기계실을 포함한다) 안에 설치하는 경우에는 별도의 실 또는 보호용 철망을 설치하지 않고 기계실 출입문 상단에 "유수검지장치실"이라고 표시한 표지를 설치할 수 있다.

⑤ 화재조기진압용 스프링클러헤드에 공급되는 물은 유수검지장치를 지나도록 할 것. 다만, 송수구를 통하여 공급되는 물은 그렇지 않다.

⑥ 자연낙차에 따른 압력수가 흐르는 배관 상에 설치된 유수검지장치는 소화수의 방수 시 물의 흐름을 검지할 수 있는 최소한의 압력이 얻어질 수 있도록 수조의 하단으로부터 낙차를 두어 설치할 것

4) 배관

① 화재조기진압용 스프링클러설비의 배관은 습식으로 해야 한다.

② 배관은 배관용 탄소강관(KS D 3507) 또는 배관 내 사용압력이 1.2 MPa 이상일 경우에는 압력배관용 탄소강관(KS D 3562) 또는 이음매 없는 구리 및 구리합금관(KS D 5301)이나 이와 동등 이상의 강도·내식성 및 내열성을 가진 것으로 해야 한다.

③ 다음에 해당하는 장소에는 「소방용 합성수지배관의 성능인증 및 제품검사의 기술기준」에 적합한 소방용 합성수지배관으로 설치할 수 있다.

가. 배관을 지하에 매설하는 경우

나. 다른 부분과 내화구조로 구획된 덕트 또는 피트의 내부에 설치하는 경우

다. 천장(상층이 있는 경우에는 상층바닥의 하단을 포함한다. 이하 같다)과 반자를 불연재료 또는 준불연재료로 설치하고 소화배관 내부에 항상 소화수가 채워진 상태로 설치하는 경우

④ 급수배관은 다음의 기준에 따라 설치해야 한다.

가. 전용으로 할 것. 다만, 화재조기진압용 스프링클러설비의 기동장치의 조작과 동시에 다른 설비의 용도에 사용하는 배관의 송수를 차단할 수 있거나, 화재조기진압용 스프링클러설비의 성능에 지장이 없는 경우에는 다른 설비와 겸용할 수 있다.

나. 급수배관에 설치되어 급수를 차단할 수 있는 개폐밸브는 개폐표시형으로 할 것. 이 경우 펌프의 흡입측 배관에는 버터플라이밸브 외의 개폐표시형 밸브를 설치해야 한다.

다. 배관의 구경은 규정에 적합하도록 수리계산에 따라 설치할 것. 다만, 수리계산에 따르는 경우 가지배관의 유속은 6 m/sec, 그 밖의 배관의 유속은 10 m/sec를 초과할 수 없다.

⑤ 펌프의 흡입측 배관은 다음의 기준에 따라 설치해야 한다.

가. 공기고임이 생기지 않는 구조로 하고 여과장치를 설치할 것

나. 수조가 펌프보다 낮게 설치된 경우에는 각 펌프(충압펌프를 포함한다)마다 수조로부터 별도로 설치할 것

⑥ 연결송수관설비의 배관과 겸용할 경우의 주배관은 구경 100 mm 이상, 방수구로 연결되는 배관의 구경은 65 mm 이상의 것으로 해야 한다.

⑦ 펌프의 성능시험배관은 다음의 기준에 적합하도록 설치해야 한다. 다만, 공인된 방법에 의한 별도의 성능을 제시할 경우에는 그렇지 않으며 그 성능을 별도의 기준에 따라 확인해야 한다.

가. 성능시험배관은 펌프의 토출측에 설치된 개폐밸브 이전에서 분기하여 직선으로 설치하고, 유량측정장치를 기준으로 전단 직관부에는 개폐밸브를 후단 직관부에는 유량조절밸브를 설치할 것. 이 경우 개폐밸브와 유량측정장치 사이의 직관부 거리 및 유량측정장치와 유량조절밸브 사이의 직관부 거리는 해당 유량측정장치 제조사의 설치사양에 따르고, 성능시험배관의 호칭지름은 유량측정장치의 호칭지름에 따른다.

나. 유량측정장치는 펌프의 정격토출량의 175% 이상까지 측정할 수 있는 성능이 있을 것

⑧ 가압송수장치의 체절운전 시 수온의 상승을 방지하기 위하여 체크밸브와 펌프 사이에서 분기한 구경 20 mm 이상의 배관에 체절압력 이하에서 개방되는 릴리프밸브를 설치할 것

⑨ 배관은 동결방지조치를 하거나 동결의 우려가 없는 장소에 설치해야 한다. 다만, 보온재를 사용할 경우에는 난연재료 성능 이상의 것으로 해야 한다.

⑩ 가지배관의 배열은 다음의 기준에 따른다.

가. 토너먼트(tournament) 배관방식이 아닐 것. 다만, 수리계산에 따라 헤드선단의 방수압 및 방수량에 적합한 경우에는 그렇지 않다.

나. 가지배관 사이의 거리는 2.4 m 이상 3.7 m 이하로 할 것. 다만, 천장의 높이가 9.1 m 이상 13.7 m 이하인 경우에는 2.4 m 이상 3.1 m 이하로 한다.

다. 교차배관에서 분기되는 지점을 기점으로 한쪽 가지배관에 설치되는 헤드의 개수(반자 아래와 반자 속의 헤드를 하나의 가지배관 상에 병설하는 경우에는 반자 아래에 설치하는 헤드의 개수)는 8개 이하로 할 것. 다만, 다음에 해당하는 경우에는 그렇지 않다.

a. 기존의 방호구역 안에서 칸막이 등으로 구획하여 1개의 헤드를 증설하는 경우
b. 격자형 배관방식(2 이상의 수평주행배관 사이를 가지배관으로 연결하는 방식을 말한다)을 채택하는 때에는 펌프의 용량, 배관의 구경 등을 수리학적으로 계산한 결과 헤드의 방수압 및 방수량이 소화목적을 달성하는 데 충분하다고 인정되는 경우. 다만, 중앙소방기술심의위원회 또는 지방소방기술심의위원회의 심의를 거친 경우에 한정한다.

라. 가지배관과 헤드 사이의 배관을 신축배관으로 하는 경우에는 소방청장이 정하여 고시한 「스프링클러설비 신축배관 성능인증 및 제품검사의 기술기준」에 적합한 것으로 설치할 것

⑪ 교차배관의 위치·청소구 및 가지배관의 헤드설치는 다음의 기준에 따른다.

가. 교차배관은 가지배관과 수평으로 설치하거나 가지배관 밑에 설치하고, 최소구경이 40 mm 이상이 되도록 할 것

나. 청소구는 교차배관 끝에 40 mm 이상 크기의 개폐밸브를 설치하고, 호스접결이 가능한 나사식 또는 고정배수 배관식으로 할 것. 이 경우 나사식의 개폐밸브는 옥내소화전 호스접결용의 것으로 하고, 나사보호용의 캡으로 마감해야 한다.

다. 하향식 헤드를 설치하는 경우에 가지배관으로부터 헤드에 이르는 헤드접속배관은 가지배관 상부에서 분기할 것. 다만, 소화설비용 수원의 수질이 「먹는물관리법」 제5조에 따라 먹는물의 수질기준에 적합하고 덮개가 있는 저수조로부터 물을 공급받는 경우에는 가지배관의 측면 또는 하부에서 분기할 수 있다.

⑫ 화재조기진압용 스프링클러설비에는 유수검지장치를 시험할 수 있는 시험장치를 다음의 기준에 따라 설치해야 한다.

가. 유수검지장치 2차측 배관에 연결하여 설치할 것

나. 시험장치 배관의 구경은 32 mm 이상으로 하고, 그 끝에 개폐밸브 및 개방형 헤드 또는 화재조기진압용 스프링클러헤드와 동등한 방수성능을 가진 오리피스를 설치할 것. 이 경우 개방형 헤드는 반사판 및 프레임을 제거한 오리피스만으로 설치할 수 있다.

다. 시험배관의 끝에는 물받이 통 및 배수관을 설치하여 시험 중 방사된 물이 바닥에 흘러내리지 않도록 할 것. 다만, 목욕실·화장실 또는 그 밖의 곳으로서 배수처리가 쉬운 장소에 시험배관을 설치한 경우에는 그렇지 않다.

⑬ 배관에 설치되는 행거는 다음의 기준에 따라 설치해야 한다.

가. 가지배관에는 헤드의 설치지점 사이마다 1개 이상의 행거를 설치하되, 헤드간의 거리가 3.5 m를 초과하는 경우에는 3.5 m 이내마다 1개 이상 설치할 것. 이 경우 상향식 헤드와 행거 사이에는 8 cm 이상의 간격을 두어야 한다.

나. 교차배관에는 가지배관과 가지배관 사이마다 1개 이상의 행거를 설치하되, 가지배관 사이의 거리가 4.5 m를 초과하는 경우에는 4.5 m 이내마다 1개 이상 설치할 것

다. 수평주행배관에는 4.5 m 이내마다 1개 이상 설치할 것

⑭ 수직배수배관의 구경은 50 mm 이상으로 해야 한다.

⑮ 급수배관에 설치되어 급수를 차단할 수 있는 개폐밸브에는 그 밸브의 개폐상태를 감시제어반에서 확인할 수 있도록 급수개폐밸브 작동표시 스위치를 다음의 기준에 따라 설치해야 한다.

가. 급수개폐밸브가 잠길 경우 탬퍼스위치의 동작으로 인하여 감시제어반 또는 수신기에 표시되어야 하며 경보음을 발할 것

나. 탬퍼스위치는 감시제어반 또는 수신기에서 동작의 유무 확인과 동작시험, 도통시험을 할 수 있을 것

다. 급수개폐밸브의 작동표시 스위치에 사용되는 전기배선은 내화전선 또는 내열전선으로 설치할 것

⑯ 화재조기진압용 스프링클러설비 배관을 수평으로 해야 한다. 다만, 배관의 구조상 소화수가 남아 있는 곳에는 배수밸브를 설치할 수 있다.

⑰ 배관은 다른 설비의 배관과 쉽게 구분이 될 수 있는 위치에 설치하거나, 그 배관 표면 또는 배관 보온재표면의 색상은 「한국산업표준(배관계의 식별 표시, KS A 0503)」 또는 적색으로 식별이 가능하도록 소방용 설비의 배관임을 표시해야 한다.

예제 6.1 화재조기진압용 스프링클러설비가 설치된 대상물의 천장 높이가 9.1 m 미만인 경우 가지배관 사이의 거리에 관한 기준으로 옳은 것은?

① 1.2 m 이상 2.4 m 이하　② 2.4 m 이상 3.7 m 이하
③ 3.7 m 이상 4.9 m 이하　④ 4.9 m 이상 6.1 m 이하

답 ②

예제 6.2 화재조기진압용 스프링클러설비에 설치되는 수직배수배관의 구경(mm)은 얼마 이상으로 해야 하는가?

① 32　② 40　③ 50　④ 65

답 ③

5) 음향장치 및 기동장치

① 화재조기진압용 스프링클러설비의 음향장치 및 기동장치는 다음의 기준에 따라 설치해야 한다.

가. 유수검지장치를 사용하는 설비는 헤드가 개방되면 유수검지장치가 화재신호를 발신하고 그에 따라 음향장치가 경보되도록 할 것

나. 음향장치는 유수검지장치의 담당구역마다 설치하되 그 구역의 각 부분으로부터 하나의 음향장치까지의 수평거리는 25 m 이하가 되도록 할 것

다. 음향장치는 경종 또는 사이렌(전자식 사이렌을 포함한다)으로 하되, 주위의 소음 및 다른 용도의 경보와 구별이 가능한 음색으로 할 것. 이 경우 경종 또는 사이렌은 자동화재탐지설비·비상벨설비 또는 자동식 사이렌설비의 음향장치와 겸용할 수 있다.

라. 주음향장치는 수신기의 내부 또는 그 직근에 설치할 것

마. 층수가 5층 이상으로서 연면적이 3,000 m^2를 초과하는 특정소방대상물은 다음의 기준에 따라 경보를 발할 수 있도록 해야 한다.

a. 2층 이상의 층에서 발화한 때에는 발화층 및 그 직상층에 경보를 발할 수 있도록 할 것
b. 1층에서 발화한 때에는 발화층·그 직상층 및 지하층에 경보를 발할 수 있도록 할 것
c. 지하층에서 발화한 때에는 발화층·그 직상층 및 기타의 지하층에 경보를 발할 수 있도록 할 것

바. 음향장치는 다음의 기준에 따른 구조 및 성능의 것으로 할 것

a. 정격전압의 80% 전압에서 음향을 발할 수 있는 것으로 할 것
b. 음향의 크기는 부착된 음향장치의 중심으로부터 1 m 떨어진 위치에서 90 dB 이상이 되는 것으로 할 것

② 화재조기진압용 스프링클러설비의 가압송수장치로서 펌프가 설치되는 경우에는 그 펌프의 작동은 유수검지장치의 발신이나 기동용 수압개폐장치에 따라 작동되거나 또는 이 두 가지의 혼용에 따라 작동될 수 있도록 해야 한다.

6) 헤드

화재조기진압용 스프링클러설비의 헤드는 다음의 기준에 적합해야 한다.

① 헤드 하나의 방호면적은 6.0 m^2 이상 9.3 m^2 이하로 할 것
② 가지배관의 헤드 사이의 거리는 천장의 높이가 9.1 m 미만인 경우에는 2.4 m 이상 3.7 m 이하로, 9.1 m 이상 13.7 m 이하인 경우에는 3.1 m 이하로 할 것
③ 헤드의 반사판은 천장 또는 반자와 평행하게 설치하고 저장물의 최상부와 914 mm 이상 확보되도록 할 것
④ 하향식 헤드의 반사판의 위치는 천장이나 반자 아래 125 mm 이상 355 mm 이하일 것
⑤ 상향식 헤드의 감지부 중앙은 천장 또는 반자와 101 mm 이상 152 mm 이하이어야 하며, 반사판의 위치는 스프링클러 배관의 윗부분에서 최소 178 mm 상부에 설치되도록 할 것
⑥ 헤드와 벽과의 거리는 헤드 상호간 거리의 1/2을 초과하지 않아야 하며 최소 102 mm 이상일 것
⑦ 헤드의 작동온도는 74℃ 이하일 것. 다만, 헤드 주위의 온도가 38℃ 이상의 경우에는 그 온도에서의 화재시험 등에서 헤드 작동에 관하여 공인기관의 시험을 거친 것을 사용할 것

⑧ 헤드의 살수분포에 장애를 주는 장애물이 있는 경우에는 다음에 적합할 것

가. 천장 또는 천장 근처에 있는 장애물과 반사판의 위치는 별도 1 또는 별도 2와 같이 하며, 천장 또는 천장 근처에 보·덕트·기둥·난방기구·조명기구·전선관 및 배관 등의 기타 장애물이 있는 경우에는 장애물과 헤드 사이의 수평거리에 따른 장애물의 하단과 그보다 윗부분에 설치되는 헤드 반사판 사이의 수직거리는 별표 1 또는 별도 3에 따를 것

나. 헤드 아래에 덕트·전선관·난방용 배관 등이 설치되어 헤드의 살수를 방해하는 경우에는 별표 1 또는 별도 3에 따를 것. 다만, 2개 이상의 헤드의 살수를 방해하는 경우에는 별표 2를 참고로 한다.

⑨ 상부에 설치된 헤드의 방출수에 따라 감열부에 영향을 받을 우려가 있는 헤드에는 방출수를 차단할 수 있는 유효한 차폐판을 설치할 것

예제 6.3 화재조기진압용 스프링클러설비를 설치하는 장소의 천장 높이가 9.1 m 이상 13.7 m 이하인 경우, 헤드간의 간격(m)은 얼마 이하로 해야 하는가?

① 2.9 ② 3.0 ③ 3.1 ④ 3.2

답 ③

예제 6.4 화재조기진압용 스프링클러설비의 헤드의 작동온도(℃)는 얼마 이하로 해야 하는가?

① 54 ② 64 ③ 74 ④ 84

답 ③

참고

별도 1 보 또는 기타 장애물 위에 헤드가 설치된 경우의 반사판 위치

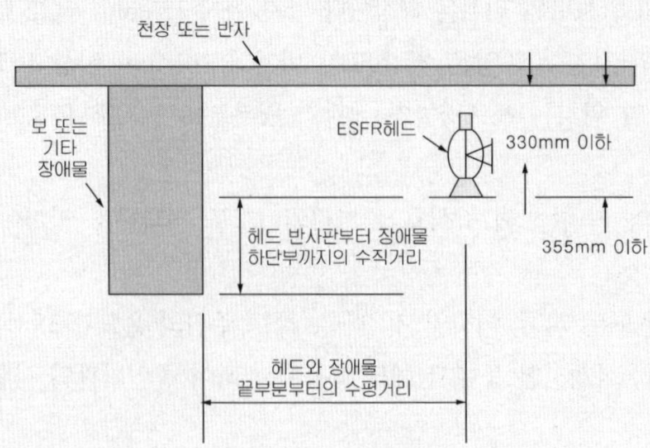

별도 2　장애물이 헤드 아래에 연속적으로 설치된 경우의 반사판 위치

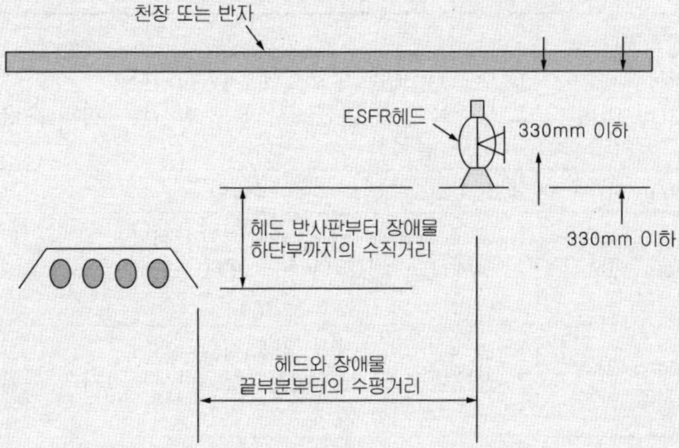

별도 3　장애물 아래에 설치되는 헤드 반사판의 위치

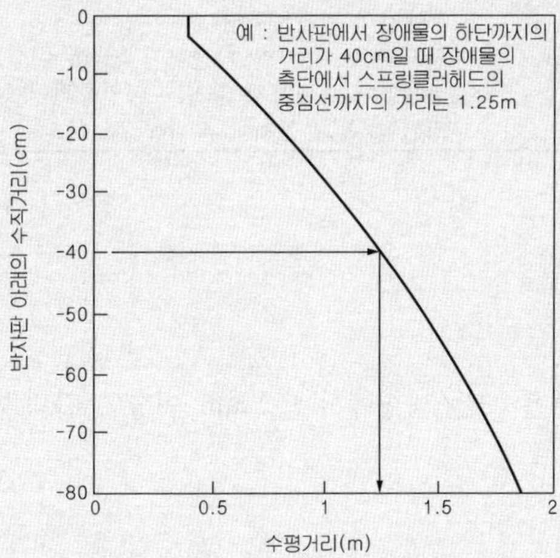

별표 1　보 또는 기타 장애물 아래에 헤드가 설치된 경우의 반사판 위치

장애물과 헤드 사이의 수평거리(m)	장애물의 하단과 헤드의 반사판 사이의 수직거리(mm)	장애물과 헤드 사이의 수평거리(m)	장애물의 하단과 헤드의 반사판 사이의 수직거리(mm)
0.3 미만	0	1.1 이상 ~ 1.2 미만	300
0.3 이상 ~ 0.5 미만	40	1.2 이상 ~ 1.4 미만	380
0.5 이상 ~ 0.7 미만	75	1.4 이상 ~ 1.5 미만	460
0.7 이상 ~ 0.8 미만	140	1.5 이상 ~ 1.7 미만	560
0.8 이상 ~ 0.9 미만	200	1.7 이상 ~ 1.8 미만	660
0.9 이상 ~ 1.1 미만	250	1.8 이상	790

별표 2 저장물 위에 장애물이 있는 경우의 헤드 설치기준

장애물의 류(폭)		조 건
돌출장애물	0.6 m 이하	1. 별표 1 또는 별도 2에 적합하거나 2. 장애물의 끝 부근에서 헤드 반사판까지의 수평거리가 0.3 m 이하로 설치할 것
	0.6 m 초과	별표 1 또는 별도 3에 적합할 것
연속장애물	5 cm 이하	1. 별표 1 또는 별도 3에 적합하거나 2. 장애물이 헤드 반사판 아래 0.6 m 이하로 설치된 경우는 허용한다.
	5 cm 초과~ 0.3 m 이하	1. 별표 1 또는 별도 3에 적합하거나 2. 장애물의 끝 부근에서 헤드 반사판까지의 수평거리가 0.3 m 이하로 설치할 것
	0.3 m 초과~ 0.6 m 이하	1. 별표 1 또는 별도 3에 적합하거나 2. 장애물이 끝 부근에서 헤드 반사판까지의 수평거리가 0.6 m 이하로 설치할 것
	0.6 m 초과	1. 별표 1 또는 별도 3에 적합하거나 2. 장애물이 평편하고 견고하며 수평적인 경우에는 저장물의 최상단과 헤드 반사판의 간격이 0.9 m 이하로 설치할 것 3. 장애물이 평편하지 않거나 비연속적인 경우에는 저장물 아래에 평편한 판을 설치한 후 헤드를 설치할 것

7) 저장물의 간격

저장물품 사이의 간격은 모든 방향에서 152 mm 이상의 간격을 유지해야 한다.

8) 환기구

화재조기진압용 스프링클러설비의 환기구는 다음의 기준에 적합해야 한다.

① 공기의 유동으로 인하여 헤드의 작동온도에 영향을 주지 않는 구조 및 위치일 것

② 화재감지기와 연동하여 동작하는 자동식 환기장치를 설치하지 않을 것. 다만, 자동식 환기장치를 설치할 경우에는 최소작동온도가 180℃ 이상일 것

9) 송수구

화재조기진압용 스프링클러설비에는 소방차로부터 그 설비에 송수할 수 있는 송수구를 다음의 기준에 따라 설치해야 한다.

① 소방차가 쉽게 접근할 수 있고 잘 보이는 장소에 설치하고, 화재층으로부터 지면으

로 떨어지는 유리창 등이 송수 및 그 밖의 소화작업에 지장을 주지 않는 장소에 설치할 것

② 송수구로부터 화재조기진압용 스프링클러설비의 주배관에 이르는 연결배관에 개폐밸브를 설치한 때에는 그 개폐상태를 쉽게 확인 및 조작할 수 있는 옥외 또는 기계실 등의 장소에 설치할 것

③ 구경 65 mm의 쌍구형으로 할 것

④ 송수구에는 그 가까운 곳의 보기 쉬운 곳에 송수압력범위를 표시한 표지를 할 것

⑤ 송수구는 하나의 층의 바닥면적이 3,000 m^2를 넘을 때마다 1개 이상(5개를 넘을 경우에는 5개로 한다)을 설치할 것

⑥ 지면으로부터 높이가 0.5 m 이상 1 m 이하의 위치에 설치할 것

⑦ 송수구의 부근에는 자동배수밸브(또는 직경 5 mm의 배수공) 및 체크밸브를 설치할 것. 이 경우 자동배수밸브는 배관 안의 물이 잘 빠질 수 있는 위치에 설치하되, 배수로 인하여 다른 물건이나 장소에 피해를 주지 않아야 한다.

⑧ 송수구에는 이물질을 막기 위한 마개를 씌울 것

10) 전원

① 화재조기진압용 스프링클러설비에는 그 특정소방대상물의 수전방식에 따라 다음의 기준에 따른 상용전원회로의 배선을 설치해야 한다. 다만, 가압수조방식으로서 모든 기능이 20분 이상 유효하게 지속될 수 있는 경우에는 그렇지 않다.

가. 저압수전인 경우에는 인입개폐기의 직후에서 분기하여 전용배선으로 해야 하며, 전용의 전선관에 보호되도록 할 것

나. 특별고압수전 또는 고압수전일 경우에는 전력용 변압기 2차측의 주차단기 1차측에서 분기하여 전용배선으로 하되, 상용전원의 상시공급에 지장이 없을 경우에는 주차단기 2차측에서 분기하여 전용배선으로 할 것. 다만, 가압송수장치의 정격입력전압이 수전전압과 같은 경우에는 '가.'의 기준에 따른다.

② 화재조기진압용 스프링클러설비에는 자가발전설비, 축전지설비(내연기관에 따른 펌프를 설치한 경우에는 내연기관의 기동 및 제어용 축전지를 말한다) 또는 전기저장장치(외부 전기에너지를 저장해 두었다가 필요한 때 전기를 공급하는 장치)에 따른 비상전원을 설치해야 한다. 다만, 2 이상의 변전소(「전기사업법」 제67조 및 「전기설비기술기준」 제3조제1항제2호에 따른 변전소를 말한다. 이하 같다)에서 전력을 동시에 공급받을 수 있거나 하나의 변전소로부터 전력의 공급이 중단되는 때에는 자동으로

다른 변전소로부터 전력을 공급받을 수 있도록 상용전원을 설치한 경우와 가압수조 방식에는 비상전원을 설치하지 않을 수 있다.

③ 비상전원 중 자가발전설비, 축전지설비 또는 전기저장장치는 다음의 기준에 따라 설치해야 한다.

가. 점검에 편리하고 화재 및 침수 등의 재해로 인한 피해를 받을 우려가 없는 곳에 설치할 것

나. 화재조기진압용 스프링클러설비를 유효하게 20분 이상 작동할 수 있어야 할 것

다. 상용전원으로부터 전력의 공급이 중단된 때에는 자동으로 비상전원으로부터 전력을 공급받을 수 있도록 할 것

라. 비상전원(내연기관의 기동 및 제어용 축전기를 제외한다)의 설치장소는 다른 장소와 방화구획 할 것. 이 경우 그 장소에는 비상전원의 공급에 필요한 기구나 설비 외인 것(열병합발전설비에 필요한 기구나 설비는 제외한다)을 두어서는 안 된다.

마. 비상전원을 실내에 설치하는 때에는 그 실내에 비상조명등을 설치할 것

11) 제어반

① 화재조기진압용 스프링클러설비에는 제어반을 설치하되, 감시제어반과 동력제어반으로 구분하여 설치해야 한다. 다만, 다음에 해당하는 경우에는 감시제어반과 동력제어반으로 구분하여 설치하지 않을 수 있다.

가. 다음에 해당하지 않는 특정소방대상물에 설치되는 경우

> a. 지하층을 제외한 층수가 7층 이상으로서 연면적이 2,000 m^2 이상인 것
> b. 'a.'에 해당하지 않는 특정소방대상물로서 지하층의 바닥면적의 합계가 3,000 m^2 이상인 것. 다만, 차고·주차장 또는 보일러실·기계실·전기실 등 이와 유사한 장소의 면적은 제외한다.

나. 내연기관에 따른 가압송수장치를 사용하는 경우

다. 고가수조에 따른 가압송수장치를 사용하는 경우

라. 가압수조에 따른 가압송수장치를 사용하는 경우

② 감시제어반의 기능은 다음의 기준에 적합해야 한다.

가. 각 펌프의 작동 여부를 확인할 수 있는 표시등 및 음향경보기능이 있어야 할 것

나. 각 펌프를 자동 및 수동으로 작동시키거나 중단시킬 수 있어야 할 것

다. 비상전원을 설치한 경우에는 상용전원 및 비상전원의 공급 여부를 확인할 수 있어야 할 것

라. 수조 또는 물올림수조가 저수위로 될 때 표시등 및 음향으로 경보할 것

마. 예비전원이 확보되고 예비전원의 적합 여부를 시험할 수 있어야 할 것

③ 감시제어반은 다음의 기준에 따라 설치해야 한다.

가. 화재 및 침수 등의 재해로 인한 피해를 받을 우려가 없는 곳에 설치할 것

나. 감시제어반은 화재조기진압용 스프링클러설비의 전용으로 할 것. 다만, 화재조기진압용 스프링클러설비의 제어에 지장이 없는 경우에는 다른 설비와 겸용할 수 있다.

다. 감시제어반은 다음의 기준에 따른 전용실 안에 설치할 것. 다만, ①의 단서에 따른 각 기준의 어느 하나에 해당하는 경우와 공장, 발전소 등에서 설비를 집중 제어·운전할 목적으로 설치하는 중앙제어실 내에 감시제어반을 설치하는 경우에는 그렇지 않다.

a. 다른 부분과 방화구획을 할 것. 이 경우 전용실의 벽에는 기계실 또는 전기실 등의 감시를 위하여 두께 7 mm 이상의 망입유리(두께 16.3 mm 이상의 접합유리 또는 두께 28 mm 이상의 복층유리를 포함한다)로 된 4 m^2 미만의 붙박이창을 설치할 수 있다.

b. 피난층 또는 지하 1층에 설치할 것. 다만, 「건축법 시행령」 제35조에 따라 특별피난계단이 설치되고 그 계단(부속실을 포함한다) 출입구로부터 보행거리 5 m 이내에 전용실의 출입구가 있는 경우, 아파트의 관리동(관리동이 없는 경우에는 경비실)에 설치하는 경우에는 지상 2층에 설치하거나 지하 1층 외의 지하층에 설치할 수 있다.

c. 비상조명등 및 급·배기설비를 설치할 것

d. 「무선통신보조설비의 화재안전기술기준(NFTC 505)」에 따라 유효하게 통신이 가능할 것(영 별표 4의 제5호마목에 따른 무선통신보조설비가 설치된 특정소방대상물에 한한다)

e. 바닥면적은 감시제어반의 설치에 필요한 면적 외에 화재 시 소방대원이 그 감시제어반의 조작에 필요한 최소면적 이상으로 할 것

라. 전용실에는 특정소방대상물의 기계·기구 또는 시설 등의 제어 및 감시설비 외의 것을 두지 않을 것

마. 각 유수검지장치의 작동 여부를 확인할 수 있는 표시 및 경보기능이 있도록 할 것

바. 다음의 각 확인회로마다 도통시험 및 작동시험을 할 수 있도록 할 것

a. 기동용 수압개폐장치의 압력스위치회로
b. 수조 또는 물올림수조의 저수위감시회로
c. 유수검지장치 또는 압력스위치회로
d. 개폐밸브의 폐쇄상태 확인회로
e. 그 밖의 이와 비슷한 회로

사. 감시제어반과 자동화재탐지설비의 수신기를 별도의 장소에 설치하는 경우에는 이들 상호간 연동하여 화재발생 및 '②'의 기능을 확인할 수 있도록 할 것

④ 동력제어반은 다음의 기준에 따라 설치해야 한다.

가. 앞면은 적색으로 하고 "화재조기진압용 스프링클러설비용 동력제어반"이라고 표시한 표지를 설치할 것

나. 외함은 두께 1.5 mm 이상의 강판 또는 이와 동등 이상의 강도 및 내열성능이 있는 것으로 할 것

12) 배선

① 화재조기진압용 스프링클러설비 배선은 「전기사업법」 제67조에 따른 「전기설비기술기준」에서 정한 것 외에 다음의 기준에 따라 설치해야 한다.

가. 비상전원을 설치한 경우에는 비상전원으로부터 동력제어반 및 가압송수장치에 이르는 전원회로의 배선은 내화배선으로 할 것. 다만, 자가발전설비와 동력제어반이 동일한 실에 설치된 경우에는 자가발전기로부터 그 제어반에 이르는 전원회로의 배선은 그렇지 않다.

나. 상용전원으로부터 동력제어반에 이르는 배선, 그 밖의 화재조기진압용 스프링클러설비의 감시·조작 또는 표시등회로의 배선은 내화배선 또는 내열배선으로 할 것. 다만, 감시제어반 또는 동력제어반 안의 감시·조작 또는 표시등회로의 배선은 그렇지 않다.

② '①'에 따른 내화배선 및 내열배선에 사용되는 전선의 종류 및 설치방법은 「옥내소화전설비의 화재안전기술기준(NFTC 102)」의 기준에 따른다.

③ 소화설비의 과전류차단기 및 개폐기에는 "화재조기진압용 스프링클러설비용"이라고 표시한 표지를 해야 한다.

④ 소화설비용 전기배선의 양단 및 접속단자에는 다음의 기준에 따라 표지해야 한다.

가. 단자에는 "화재조기진압용 스프링클러설비단자"라고 표시한 표지를 부착할 것

나. 소화설비용 전기배선의 양단에는 다른 배선과 식별이 용이하도록 표시할 것

6.3 설치제외대상물

다음의 기준에 해당하는 물품의 경우에는 화재조기진압용 스프링클러를 설치해서는 안 된다. 다만, 물품에 대한 화재시험등 공인기관의 시험을 받은 것은 제외한다.

1) 제4류 위험물
2) 타이어, 두루마리 종이 및 섬유류, 섬유제품 등 연소 시 화염의 속도가 빠르고 방사된 물이 하부까지에 도달하지 못하는 것

연습문제(4-6장)

1. 스프링클러(sprinkler)설비 송수구의 설치기준에 대하여 서술하라.

2. 개방형(open type) 스프링클러(sprinkler)설비에 있어서의 방수구역 선정조건에 관하여 설명하라.

3. 말단시험밸브(Test Valve)를 사용하는 목적과 설치위치에 관하여 기술하라.

4. 스프링클러(sprinkler)설비의 형태와 각각의 작동시스템에 관하여 서술하라.

5. 스프링클러(sprinkler)설비를 작동하다보면 배관에서 일어날 수 있는 여러 가지 현상들이 있다. 이 중 공동현상(캐비테이션; Cavitation)과 수격현상(워터해머; Water Hammer)이 대표적 현상인데 이들의 발생원인과 예방대책 및 이러한 현상으로 인해 발생될 수 있는 현상에 대해 기술하라.

6. 물올림장치(물마중장치; 호수조; priming tank)의 기능 및 설치기준에 대해 서술하라.

7. 스프링클러(sprinkler)설비의 배관을 접합할 경우 접합방법 3가지를 설명하라.

8. 스프링클러(sprinkler)설비 중 배관을 습식으로 할 경우 동절기 때 동파의 우려가 발생한다. 이러한 동절기 동파방지법에 대해 설명하라.

9. 폐쇄형 스프링클러설비의 외관점검 사항 몇 가지를 설명하라.

10. 스프링클러(sprinkler)설비 중 일제살수식과 폐쇄형습식과의 차이점은?

11. 기동용 수압개폐장치인 압력챔버를 설치하는 목적은?

12. 스프링클러(sprinkler)설비의 주동력원은 펌프(pump)인데 주로 원심펌프를 많이 사용한다. 이러한 펌프의 본체 중에는 씨일(seal)을 사용하는데 이 씨일(seal)의 종류 3가지를 들고 구분하여 설명하라.

13. 폐쇄형 스프링클러헤드를 설치할 경우 취급 시 주의사항은?

14. 무대부 및 연소할 우려가 높은 곳에는 개방형 스프링클러헤드를 설치한다. 그 이유에 대해 서술하라.

15. 물올림장치의 점검 항목 몇 가지만 서술하라.

16. 폐쇄형 스프링클러헤드를 잘못해서 개방하고 헤드에서 살수가 개시되었다. 어떻게 처리를 해야 하겠는가?

17. 준비작동식 밸브(preaction Valve)의 작동순서를 말하고 기동방식에 대하여 서술하라.

18. 스프링클러(sprinkler)설비 중 준비작동식과 일제개방식의 차이점에 대해 기술하라.

19. 건식 밸브(Dry Valve)에는 급속개방장치인 익저스터(Exhauster)와 액셀러레이터(Accelerator)가 있는데 이들의 역할과 설치이유에 관하여 서술하라.

20. 준비작동식 밸브에는 시스템의 헤드(Head)라고 불리는 슈퍼비조리 판넬과 비상조치용 스위치인 탬퍼스위치가 설치된다. 이 장치들이 시스템에서의 역할에 대해 서술하라.

21. 수압지연하강 때문에 펌프(pump)가 빈번하게 기동해 버리므로 기동용 압력스위치를 조정하고자 한다. 조정방법에 대해 서술하라.

22. 풋밸브(Foot Valve)의 점검방법은?

23. 압력탱크의 압력스위치에 의해서 가압송수장치를 기동하는 스프링클러설비에 있어서, 정상상태에 있어서 때때로 소화펌프가 기동한다. 그 원인과 대책에 대해서 설명하라.

24. 자동경보밸브의 작동시험을 말단 시험밸브로 실시하였지만, 말단 시험밸브를 폐지해도 자동경보밸브의 압력스위치는 복구되지 않았다. 그 원인이라고 생각되는 것은 무엇인가?

25. 릴리프밸브와 안전밸브의 차이점에 대해 설명하라.

26. 펌프부하 운전 시 확인사항은?

27. 자동경보밸브(Alarm Check Valve)의 작동순서를 기계식, 전기식을 구분하여 서술하라.

28. 유수검지장치의 구비조건은?

29. 일제개방밸브의 종류(작동방식)에 관하여 간략히 서술하라.

30. 준비작동식(pre-action) 설비의 프리액션(pre-action) 밸브의 종류와 종류별 기능(작동) 원리에 관하여 서술하시오.

31. 스프링클러(sprinkler)설비의 헤드의 배치형태에 관하여 기술하라.

32. 일제살수식의 일제개방밸브의 작동방법과 작동 후 복구방법에 관하여 논하라.

33. 준비작동식(pre-action) 스프링클러설비의 준비작동밸브의 작동점검 및 작동후 복구방법에 관하여 논하라.

34. 건식(Dry type) 스프링클러설비의 건식 밸브의 작동점검 및 작동 후 복구방법에 관하여 논하라.

35. 습식(Wet type) 스프링클러설비의 유수검지장치의 작동점검 및 작동 후 복구방법에 관하여 논하라.

36. 자동경보밸브에 부착된 압력스위치와 압력탱크에 부착된 압력스위치의 작동원리와 목적에 대하여 비교 설명하라.

37. 다음 그림은 스프링클러설비의 Isometric Diagram이다. 이 도면과 같이 A점에서의 방사압력이 1.5 kgf/cm^{2}이라면 각 지점에서의 압력을 구하라.

[조건] 1. 배관의 마찰손실은 William-Hagen 공식을 이용할 것

$$\Delta P_m = 6.174 \times 10^5 \times \frac{Q^{1.85}}{Q^{1.85} \times D^{4.87}}$$

단, ΔP_m : 배관 1 m당 마찰손실에 따른 압력강하[kgf/cm^2 · m]

Q : 배관 내의 유량 [ℓ/min]

D : 관경 [mm]

C : 관의 조도 [120]

2. 배관의 호칭구경별 안지름은 다음과 같다.

호칭구경	25φ	32φ	40φ	50φ	65φ	80φ	100φ
내경	28	36	42	55	68	82	108

3. 배관 부속 및 밸브류의 등가길이(m)는 다음 표와 같으며, 이 표에 없는 부속 또는 밸브류의 등가길이는 무시해도 좋다.

호칭구경	25 mm	32 mm	40 mm	50 mm	65 mm	80 mm	100 mm
90°엘보	0.8	1.1	1.3	1.6	2.0	2.4	3.2
티 측 류	1.7	2.2	2.5	3.2	4.1	4.9	6.3
게이트밸브	0.2	0.2	0.3	0.3	0.4	0.5	0.7
체크밸브	2.3	3.0	3.5	4.4	5.6	6.7	8.7
알람밸브	-	-	-	-	-	-	8.7

4. 가지관과 헤드간의 마찰손실은 무시한다.

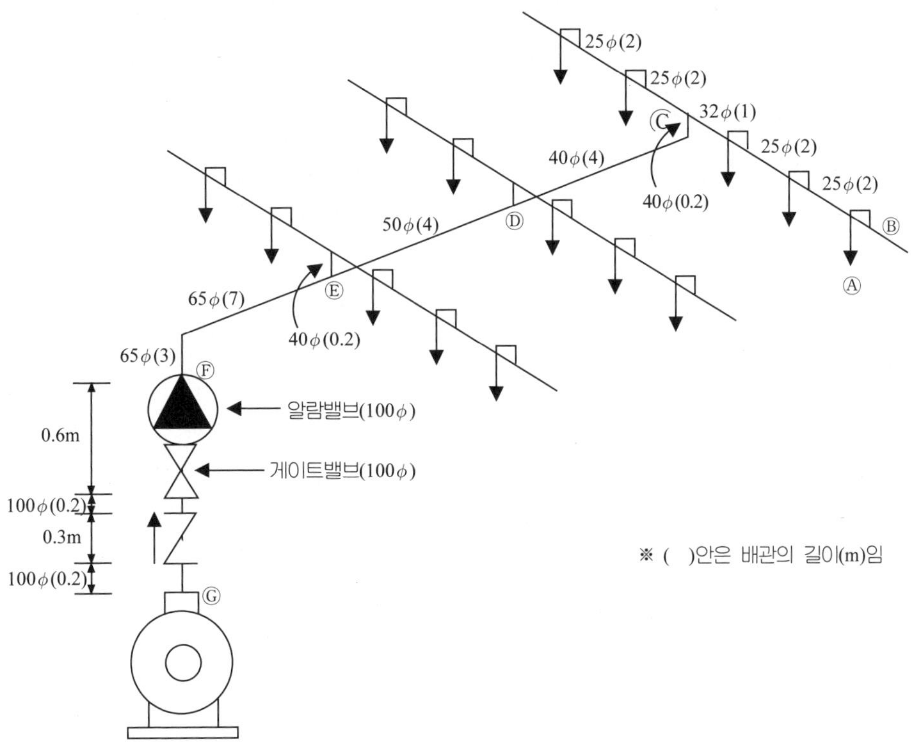

Chapter 7

물분무소화설비

7.1 개요

물분무소화설비는 물분무 헤드를 통하여 물을 안개와 같은 입자로 방사하여 화재가 그 이상 확산되지 않도록 할 목적으로 사용되는 설비이다. 물분무소화설비에 이용되는 물분무 헤드는 방화대상물의 형상, 구조, 성질, 수량 또는 취급방법에 따라 달리 설치되며 각각 그 헤드의 설계에 따라 일제 방사된다.

물분무 헤드는 화재 진압 및 화재가 퍼지지 않게 하는데 이상적인 성능을 발휘한다.

물분무소화설비는 물을 미입자 상태의 무상(안개)으로 방사시키는 시스템으로서,

① 물에 의한 냉각작용

② 화재 발생 시 열에 의해 발생하는 수증기에 의한 질식작용

③ 유류화재 시 물이 기름표면에 방사되어 불연성의 유화층을 형성, 유면을 덮는 유화(에멀전)작용

④ 수용성의 희석작용 등에 의해서 소화하여 화재의 억제, 연소방지 등을 목적으로 사용되는 소화설비이다.

7.2 물분무소화설비의 구성, 구조 및 기능

1) 설비의 구성

물분무소화설비는 수원, 가압송수장치, 개방밸브, 화재감지장치, 개방밸브시험장치, 물분무 헤드 및 접속하는 배관에 의해서 구성되어 있다. 그 외에 가압송수장치에 펌프를 사용하는 장치가 필요하다.

시스템 작동을 보면, 화재가 발생하면 감지기가 감열 작동하여 화재를 감지하여 수신기에 화재신호를 보낸다. 또는 사람이 수동식 기동 스위치를 ON으로 한다. 수신기는 일제개방Valve에 Valve개방(ON)신호를 보내 Valve를 열게 한다. 헤드로부터의 방수에 의해 배관내의 유수를 유수검지장치가 감지하여, 제어Valve에 신호를 보내 펌프를 기동시킨다. 펌프의 기동에 의해 본격적으로 헤드에서 살수가 시작된다.

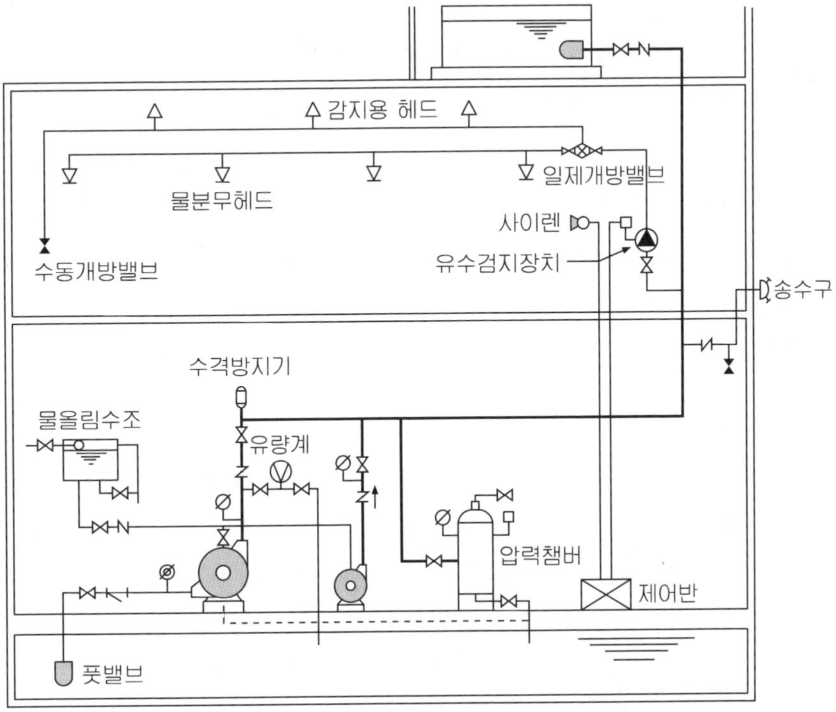

[그림 7-1] 물분무소화설비 계통도

2) 구조 기능 및 기준

(1) 수원

물분무소화설비의 수원은 그 저수량이 다음 기준에 적합하도록 해야 한다.

가. 특수가연물을 저장 또는 취급하는 특정소방대상물 또는 그 부분에 있어서 그 바닥면적(최대 방수구역의 바닥면적을 기준으로 하며, 50 m^2 이하인 경우에는 50 m^2) 1 m^2에 대하여 10 ℓ/min로 20분간 방수할 수 있는 양 이상으로 할 것

나. 차고 또는 주차장은 그 바닥면적(최대 방수구역의 바닥면적을 기준으로 하며, 50 m^2 이하인 경우에는 50 m^2) 1 m^2에 대하여 20 ℓ/min로 20분간 방수할 수 있는 양 이상으로 할 것

다. 절연유 봉입 변압기는 바닥부분을 제외한 표면적을 합한 면적 1 m^2에 대하여 10 ℓ/min로 20분간 방수할 수 있는 양 이상으로 할 것

라. 케이블트레이, 케이블덕트 등은 투영된 바닥면적 1 m^2에 대하여 12 ℓ/min로 20분간 방수할 수 있는 양 이상으로 할 것

마. 컨베이어벨트 등은 벨트부분의 바닥면적 1 m^2에 대하여 10 ℓ/min로 20분간 방수할 수 있는 양 이상으로 할 것

(2) 가압송수장치

물분무소화설비의 가압송수장치는 전동기 또는 내연기관에 의한 펌프를 이용하는 가압송수장치와 고가수조의 자연낙차압력을 이용한 방식, 압력수조, 가압수조를 이용하는 방식 4가지로 분류할 수 있다.

가. 펌프방식

전동기 또는 내연기관에 따른 펌프를 이용하는 가압송수장치는 다음 기준에 따라 설치해야 한다.

a. 쉽게 접근할 수 있고 점검하기에 충분한 공간이 있는 장소로서 화재 및 침수 등의 재해로 인한 피해를 받을 우려가 없는 곳에 설치할 것

b. 펌프의 1분당 토출량은 다음의 기준에 따라 설치할 것

1. 특수가연물을 저장·취급하는 특정소방대상물 또는 그 부분은 그 바닥면적(최대 방수구역의 바닥면적을 기준으로 하며, 50 m^2 이하인 경우에는 50 m^2) 1 m^2에 대하여 10 ℓ를 곱한 양 이상이 되도록 할 것
2. 차고 또는 주차장은 그 바닥면적(최대 방수구역의 바닥면적을 기준으로 하며, 50

m^2 이하인 경우에는 50 m^2) 1 m^2에 대하여 20 ℓ를 곱한 양 이상이 되도록 할 것

3. 절연유 봉입 변압기는 바닥면적을 제외한 표면적을 합한 면적 1 m^2당 10 ℓ를 곱한 양 이상이 되도록 할 것
4. 케이블트레이, 케이블덕트 등은 투영된 바닥면적 1 m^2당 12 ℓ를 곱한 양 이상이 되도록 할 것
5. 컨베이어벨트 등은 벨트부분의 바닥면적 1 m^2당 10 ℓ를 곱한 양 이상이 되도록 할 것

c. 펌프의 양정은 다음의 식에 따라 산출한 수치 이상이 되도록 할 것

$$H = h_1 + h_2$$

H : 펌프의 양정(m)
h_1 : 물분무 헤드의 설계압력 환산수두(m)
h_2 : 배관의 마찰손실수두(m)

나. 고가수조방식

고가수조의 자연낙차를 이용한 가압송수장치는 다음의 기준에 따라 설치해야 한다.

a. 고가수조의 자연낙차수두(수조의 하단으로부터 최고층에 설치된 헤드까지의 수직거리를 말한다)는 다음의 식에 따라 산출한 수치 이상 유지되도록 할 것

$$H = h_1 + h_2$$

H : 필요한 낙차(m)
h_1 : 물분무 헤드의 설계압력 환산수두(m)
h_2 : 배관의 마찰손실수두(m)

b. 고가수조에는 수위계, 배수관, 급수관, 오버플로우관 및 맨홀을 설치할 것

다. 압력수조방식

압력수조를 이용한 가압송수장치는 다음의 기준에 따라 설치해야 한다.

a. 압력수조의 압력은 다음의 식에 따라 산출한 수치 이상 유지되도록 할 것

$$P = p_1 + p_2 + p_3$$

P : 필요한 압력(MPa)
p_1 : 물분무 헤드의 설계압력(MPa)
p_2 : 배관의 마찰손실수두압(MPa)
p_3 : 낙차의 환산수두압(MPa)

b. 압력수조에는 수위계, 급수관, 배수관, 급기관, 맨홀, 압력계, 안전장치 및 압력저하 방지를 위한 자동식 공기압축기를 설치할 것

라. 가압수조방식

a. 가압수조의 압력은 규정에 따른 단위 면적당 방수량을 20분 이상 유지되도록 할 것

b. 가압수조 및 가압원은 방화구획 된 장소에 설치할 것

c. 가압수조를 이용한 가압송수장치는 「가압수조식 가압송수장치의 성능인증 및 제품검사의 기술기준」에 적합한 것으로 설치할 것

(3) 물분무소화설비의 헤드

가. 물분무 헤드는 표준방사량으로 해당 방호대상물의 화재를 유효하게 소화하는데 필요한 수를 적정한 위치에 설치해야 한다.

나. 고압의 전기기기가 있는 장소는 전기의 절연을 위하여 전기기기와 물분무 헤드 사이에 다음 표에 따른 거리를 두어야 한다.

전압(kV)	거리(cm)	전압(kV)	거리(cm)
66 이하	70 이상	154 초과 181 이하	180 이상
66 초과 77 이하	80 이상	181 초과 220 이하	210 이상
77 초과 110 이하	110 이상	220 초과 275 이하	260 이상
110 초과 154 이하	150 이상		

다. 분무원리

가압송수장치로부터 송수된 물은 높은 에너지를 보유하고 있으므로 이 에너지를 이용하여 무화한다. 오리피스를 통과시켜 속도가 빨라진 물을 살수판에 충돌(디플렉터형) 시키거나, 유수와 유수의 충돌(충돌형)에 의해서 미세한 물방울을 만들 수 있다. 또 소구경의 오리피스로부터 고압으로 분사(분사형)하거나 수류를 슬리트를 통해 방출(슬리트형)하여 수막상의 분무를 얻기도 한다. 선회류에 의한 확산방출 및 선회류와 진선류의 충돌(선회류형)에 의한 확산방출에 의해서도 역시 미세한 물방울을 얻는다. 결국은 유체가 보유한 에너지를 이용하여 미립, 분사되도록 유도하는 기구가 물분무 헤드이다.

라. 구조

a. 직선류 또는 나선류의 물을 충돌·확산시켜 분무할 수 있는 구조이어야 한다.

b. 헤드를 배관에 부착하는 경우 그 기능에 영향을 미치는 변형·손상·오차 등이 생기지 않아야 한다.

c. 헤드의 나사는 KS B 0222(관용테이프나사) 중 다음 표의 헤드 구분에 따른 부착나사 또는 이에 상당하는 호칭의 관용테이프나사이어야 하며, 보관 운반 등의 경우 손상되지 아니 하도록 적합한 보호장치를 해야 한다.

[그림 7-2] 물분무 헤드

짚고넘어가기 01

물분무 헤드는 화재 시 직선류 또는 나선류의 물을 충돌·확산시켜 미립상태로 분무함으로서 소화하는 헤드로서 분무상태를 만드는 방법에 따라 충돌형, 분사형, 선회류형, 디플렉터형 및 슬리트형으로 구분한다.

1. **충돌형** : 유수와 유수의 충돌에 의해 미세한 물방울을 만드는 물분무 헤드
2. **분사형** : 소구경의 오리피스로부터 고압으로 분사하여 미세한 물방울을 만드는 물분무 헤드
3. **선회류형** : 선회류에 의해 확산 방출하든가 선회류와 직선류의 충돌에 의해 확산방출하여 미세한 물방울로 만드는 물분무 헤드
4. **디플렉터형** : 수류를 살수판에 충돌하여 미세한 물방울을 만드는 물분무 헤드
5. **슬리트형** : 수류를 슬리트에 의해 방출하여 수성막의 분무를 만드는 물분무 헤드

(4) 물분무소화설비의 배관

가. 배관은 배관용 탄소강관(KS D 3507) 또는 배관 내 사용압력이 1.2 MPa 이상일 경우에는 압력배관용 탄소강관(KS D 3562)이나 이와 동등 이상의 강도·내식성 및 내열성을 국내·외 공인기관으로부터 인정받은 것을 사용해야 한다.

나. '가.'에도 불구하고 다음에 해당하는 장소에는 「소방용 합성수지배관의 성능인증 및

제품검사의 기술기준」에 적합한 소방용 합성수지배관으로 설치할 수 있다.

a. 배관을 지하에 매설하는 경우

b. 다른 부분과 내화구조로 구획된 덕트 또는 피트의 내부에 설치하는 경우

c. 천장(상층이 있는 경우에는 상층바닥의 하단을 포함한다. 이하 같다)과 반자를 불연재료 또는 준불연재료로 설치하고 소화배관 내부에 항상 소화수가 채워진 상태로 설치하는 경우

나. 급수배관은 전용으로 해야 한다. 다만, 물분무소화설비의 기동장치의 조작과 동시에 다른 설비의 용도에 사용하는 배관의 송수를 차단할 수 있거나, 물분무소화설비의 성능에 지장이 없는 경우에는 다른 설비와 겸용할 수 있다.

다. 펌프의 흡입측 배관은 다음의 기준에 따라 설치해야 한다.

a. 공기고임이 생기지 않는 구조로 하고 여과장치를 설치할 것

b. 수조가 펌프보다 낮게 설치된 경우에는 각 펌프(충압펌프를 포함한다)마다 수조로부터 별도로 설치할 것

라. 연결송수관설비의 배관과 겸용할 경우의 주배관은 구경 100 mm 이상, 방수구로 연결되는 배관의 구경은 65 mm 이상의 것으로 해야 한다.

마. 펌프의 성능시험배관은 다음의 기준에 적합하도록 설치해야 한다. 다만, 공인된 방법에 의한 별도의 성능을 제시할 경우에는 그렇지 않으며 그 성능을 별도의 기준에 따라 확인해야 한다.

a. 성능시험배관은 펌프의 토출측에 설치된 개폐밸브 이전에서 분기하여 직선으로 설치하고, 유량측정장치를 기준으로 전단 직관부에는 개폐밸브를 후단 직관부에는 유량조절밸브를 설치할 것. 이 경우 개폐밸브와 유량측정장치 사이의 직관부 거리 및 유량측정장치와 유량조절밸브 사이의 직관부 거리는 해당 유량측정장치 제조사의 설치사양에 따르고, 성능시험배관의 호칭지름은 유량측정장치의 호칭지름에 따른다.

b. 유량측정장치는 펌프의 정격토출량의 175% 이상까지 측정할 수 있는 성능이 있을 것

바. 가압송수장치의 체절운전 시 수온의 상승을 방지하기 위하여 체크밸브와 펌프 사이에서 분기한 구경 20 mm 이상의 배관에 체절압력 이하에서 개방되는 릴리프밸브를 설치해야 한다.

사. 배관은 동결방지조치를 하거나 동결의 우려가 없는 장소에 설치해야 한다. 다만, 보온재를 사용할 경우에는 난연재료 성능 이상의 것으로 해야 한다.

아. 급수배관에 설치되어 급수를 차단할 수 있는 개폐밸브는 개폐표시형으로 해야 한다.

이 경우 펌프의 흡입측 배관에는 버터플라이밸브 외의 개폐표시형 밸브를 설치해야 한다.

자. '아.'에 따른 개폐밸브에는 그 밸브의 개폐상태를 감시제어반에서 확인할 수 있도록 급수개폐밸브 작동표시 스위치를 다음의 기준에 따라 설치해야 한다.

a. 급수개폐밸브가 잠길 경우 탬퍼스위치의 동작으로 인하여 감시제어반 또는 수신기에 표시되어야 하며 경보음을 발할 것

b. 탬퍼스위치는 감시제어반 또는 수신기에서 동작의 유무 확인과 동작시험, 도통시험을 할 수 있을 것

c. 급수개폐밸브의 작동표시 스위치에 사용되는 전기배선은 내화전선 또는 내열전선으로 설치할 것

차. 배관은 다른 설비의 배관과 쉽게 구분이 될 수 있는 위치에 설치하거나, 그 배관 표면 또는 배관 보온재표면의 색상은 「한국산업표준(배관계의 식별 표시, KS A 0503)」 또는 적색으로 식별이 가능하도록 소방용 설비의 배관임을 표시해야 한다.

카. 확관형 분기배관을 사용할 경우에는 「분기배관의 성능인증 및 제품검사의 기술기준」에 적합한 것으로 설치해야 한다.

타. 물분무소화설비에는 소방차로부터 그 설비에 송수할 수 있는 송수구를 다음의 기준에 따라 설치해야 한다.

a. 송수구는 화재층으로부터 지면으로 떨어지는 유리창 등이 송수 및 그 밖의 소화작업에 지장을 주지 않는 장소에 설치할 것. 이 경우 가연성 가스의 저장·취급시설에 설치하는 송수구는 그 방호대상물로부터 20 m 이상의 거리를 두거나, 방호대상물에 면하는 부분이 높이 1.5 m 이상 폭 2.5 m 이상의 철근콘크리트 벽으로 가려진 장소에 설치해야 한다.

b. 송수구로부터 물분무소화설비의 주배관에 이르는 연결배관에 개폐밸브를 설치한 때에는 그 개폐상태를 쉽게 확인 및 조작할 수 있는 옥외 또는 기계실 등의 장소에 설치할 것

c. 송수구는 구경 65 mm의 쌍구형으로 할 것

d. 송수구에는 그 가까운 곳의 보기 쉬운 곳에 송수압력범위를 표시한 표지를 할 것

e. 송수구는 하나의 층의 바닥면적이 3,000 m^2를 넘을 때마다 1개 이상(5개를 넘을 경우에는 5개로 한다)을 설치할 것

f. 지면으로부터 높이가 0.5 m 이상 1 m 이하의 위치에 설치할 것

g. 송수구의 부근에는 자동배수밸브(또는 직경 5 mm의 배수공) 및 체크밸브를 설치할 것. 이 경우 자동배수밸브는 배관안의 물이 잘 빠질 수 있는 위치에 설치하되,

배수로 인하여 다른 물건이나 장소에 피해를 주지 않아야 한다.

h. 송수구에는 이물질을 막기 위한 마개를 씌울 것

(5) 물분무소화설비의 기동장치 및 제어밸브

가. 물분무소화설비의 기동장치 설치기준

물분무소화설비의 수동식 기동장치는 직접조작 또는 원격조작에 따라 각각의 가압송수장치 및 수동식 개방밸브 또는 가압송수장치 및 자동개방밸브를 개방할 수 있도록 설치해야 하며, 기동장치의 가까운 곳의 보기 쉬운 곳에 "기동장치"라고 표시한 표지를 해야 한다. 또한 자동식 기동장치는 화재감지기의 작동 또는 폐쇄형 스프링클러헤드의 개방과 연동하여 경보를 발하고, 가압송수장치 및 자동개방밸브를 기동할 수 있는 것으로 해야 한다. 다만, 자동화재탐지설비의 수신기가 설치되어 있고, 수신기가 설치되어 있는 장소에 상시 사람이 근무하고 있으며, 화재 시 물분무소화설비를 즉시 작동시킬 수 있는 경우에는 그렇지 않다.

나. 물분무소화설비의 제어밸브 설치기준

물분무소화설비의 제어밸브는 방수구역마다 바닥으로부터 0.8 m 이상 1.5 m 이하의 위치에 설치하고, 제어밸브의 가까운 곳의 보기 쉬운 곳에 "제어밸브"라고 표시한 표지를 해야 한다. 그리고 자동개방밸브 및 수동식 개방밸브는 화재 시 용이하게 접근할 수 있는 곳의 바닥으로부터 0.8 m 이상 1.5 m 이하의 위치에 설치해야 하며, 자동개방밸브 및 수동식 개방밸브의 2차측 배관부분에는 해당 방수구역 외에 밸브의 작동을 시험할 수 있는 장치를 설치해야 한다. 다만, 방수구역에서 직접 방수시험을 할 수 있는 경우에는 그렇지 않다.

(6) 물분무소화설비의 배수설비 설치기준

물분무소화설비를 설치하는 차고 또는 주차장에는 다음의 기준에 따라 배수설비를 해야 한다.

가. 차량이 주차하는 장소의 적당한 곳에 높이 10 cm 이상의 경계턱으로 배수구를 설치할 것

나. 배수구에는 새어 나온 기름을 모아 소화할 수 있도록 길이 40 m 이하마다 집수관, 소화핏트 등 기름분리장치를 설치할 것

다. 차량이 주차하는 바닥은 배수구를 향하여 2/100 이상의 기울기를 유지할 것

라. 배수설비는 가압송수장치의 최대송수능력의 수량을 유효하게 배수할 수 있는 크기 및 기울기로 할 것

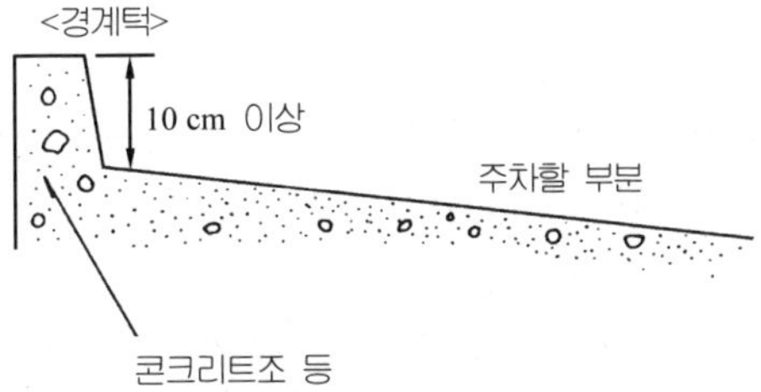

[그림 7-3] 경계턱

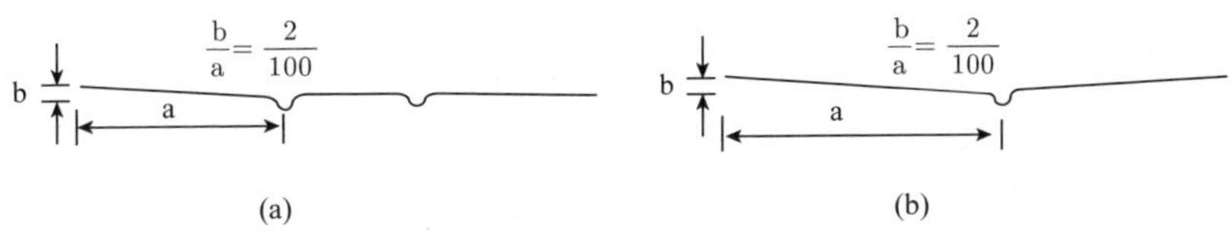

[그림 7-4] 바닥의 경사

(7) 물분무소화설비의 전원

가. 물분무소화설비에는 그 특정소방대상물의 수전방식에 따라 다음의 기준에 따른 상용전원회로의 배선을 설치해야 한다. 다만, 가압수조방식으로서 모든 기능이 20분 이상 유효하게 지속될 수 있는 경우에는 그렇지 않다.

a. 저압수전인 경우에는 인입개폐기의 직후에서 분기하여 전용배선으로 해야 하며, 전용의 전선관에 보호되도록 할 것
b. 특별고압수전 또는 고압수전일 경우에는 전력용 변압기 2차측의 주차단기 1차측에서 분기하여 전용배선으로 하되, 상용전원의 상시공급에 지장이 없을 경우에는 주차단기 2차측에서 분기하여 전용배선으로 할 것. 다만, 가압송수장치의 정격입력전압이 수전전압과 같은 경우에는 'a.'의 기준에 따른다.

나. 물분무소화설비에는 자가발전설비, 축전지설비(내연기관에 따른 펌프를 설치한 경우에는 내연기관의 기동 및 제어용 축전지를 말한다) 또는 전기저장장치(외부 전기에너지를 저장해 두었다가 필요한 때 전기를 공급하는 장치)에 따른 비상전원을 다음의 기준에 따라 설치해야 한다. 다만, 2 이상의 변전소(「전기사업법」 제67조 및 「전기설비기술기준」 제3조제1항제2호에 따른 변전소)에서 전력을 동시에 공급받을 수 있거나 하나의 변전소로부터 전력의 공급이 중단되는 때에는 자동으로 다른 변전소

로부터 전원을 공급받을 수 있도록 상용전원을 설치한 경우와 가압수조방식에는 비상전원을 설치하지 않을 수 있다.

a. 점검에 편리하고 화재 및 침수 등의 재해로 인한 피해를 받을 우려가 없는 곳에 설치할 것
b. 물분무소화설비를 유효하게 20분 이상 작동할 수 있어야 할 것
c. 상용전원으로부터 전력의 공급이 중단된 때에는 자동으로 비상전원으로부터 전력을 공급받을 수 있도록 할 것
d. 비상전원(내연기관의 기동 및 제어용 축전기를 제외한다)의 설치장소는 다른 장소와 방화구획 할 것. 이 경우 그 장소에는 비상전원의 공급에 필요한 기구나 설비 외의 것(열병합발전설비에 필요한 기구나 설비는 제외한다)을 두어서는 안 된다.
e. 비상전원을 실내에 설치하는 때에는 그 실내에 비상조명등을 설치할 것

(8) 물분무소화설비의 제어반

가. 물분무소화설비에는 제어반을 설치하되, 감시제어반과 동력제어반으로 구분하여 설치해야 한다. 다만, 다음에 해당하는 경우에는 감시제어반과 동력제어반으로 구분하여 설치하지 않을 수 있다.

a. 다음에 해당하지 않는 특정소방대상물에 설치되는 경우

1. 지하층을 제외한 층수가 7층 이상으로서 연면적이 2,000 m^2 이상인 것
2. '1.'에 해당하지 않는 특정소방대상물로서 지하층의 바닥면적의 합계가 3,000 m^2 이상인 것

b. 내연기관에 따른 가압송수장치를 사용하는 경우
c. 고가수조에 따른 가압송수장치를 사용하는 경우
d. 가압수조에 따른 가압송수장치를 사용하는 경우

나. 감시제어반의 기능은 다음의 기준에 적합해야 한다. 다만, '가.'의 단서에 따른 각 기준의 어느 하나에 해당하는 경우에는 c.와 e.를 적용하지 않는다.

a. 각 펌프의 작동 여부를 확인할 수 있는 표시등 및 음향경보기능이 있어야 할 것
b. 각 펌프를 자동 및 수동으로 작동시키거나 중단시킬 수 있어야 할 것
c. 비상전원을 설치한 경우에는 상용전원 및 비상전원의 공급 여부를 확인할 수 있어야 할 것
d. 수조 또는 물올림수조가 저수위로 될 때 표시등 및 음향으로 경보할 것

e. 각 확인회로(기동용 수압개폐장치의 압력스위치회로·수조 또는 물올림수조의 저수위감시회로를 말한다)마다 도통시험 및 작동시험을 할 수 있도록 할 것

f. 예비전원이 확보되고 예비전원의 적합 여부를 시험할 수 있어야 할 것

다. 감시제어반은 다음의 기준에 따라 설치해야 한다.

a. 화재 및 침수 등의 재해로 인한 피해를 받을 우려가 없는 곳에 설치할 것

b. 감시제어반은 물분무소화설비의 전용으로 할 것. 다만, 물분무소화설비의 제어에 지장이 없는 경우에는 다른 설비와 겸용할 수 있다.

c. 감시제어반은 다음의 기준에 따른 전용실 안에 설치할 것. 다만, '가.'의 단서에 따른 각 기준의 어느 하나에 해당하는 경우와 공장, 발전소 등에서 설비를 집중 제어·운전할 목적으로 설치하는 중앙제어실 내에 감시제어반을 설치하는 경우에는 그렇지 않다.

1. 다른 부분과 방화구획을 할 것. 이 경우 전용실의 벽에는 기계실 또는 전기실 등의 감시를 위하여 두께 7 mm 이상의 망입유리(두께 16.3 mm 이상의 접합유리 또는 두께 28 mm 이상의 복층유리를 포함한다)로 된 4 m^2 미만의 붙박이창을 설치할 수 있다.
2. 피난층 또는 지하 1층에 설치할 것. 다만, 다음의 어느 하나에 해당하는 경우에는 지상 2층에 설치하거나 지하 1층 외의 지하층에 설치할 수 있다.
   (1) 「건축법 시행령」 제35조에 따라 특별피난계단이 설치되고 그 계단(부속실을 포함한다) 출입구로부터 보행거리 5 m 이내에 전용실의 출입구가 있는 경우
   (2) 아파트의 관리동(관리동이 없는 경우에는 경비실)에 설치하는 경우
3. 비상조명등 및 급·배기설비를 설치할 것
4. 「무선통신보조설비의 화재안전기술기준(NFTC 505) 2.2.3에 따라 유효하게 통신이 가능할 것(영 별표 4의 제5호마목에 따른 무선통신보조설비가 설치된 특정소방대상물에 한한다)
5. 바닥면적은 감시제어반의 설치에 필요한 면적 외에 화재 시 소방대원이 그 감시제어반의 조작에 필요한 최소면적 이상으로 할 것

d. 'c.'에 따른 전용실에는 특정소방대상물의 기계·기구 또는 시설 등의 제어 및 감시설비 외의 것을 두지 않을 것

라. 동력제어반은 다음의 기준에 따라 설치해야 한다.

a. 앞면은 적색으로 하고 "물분무소화설비용 동력제어반"이라고 표시한 표지를 설치할 것

b. 외함은 두께 1.5 mm 이상의 강판 또는 이와 동등 이상의 강도 및 내열성능이 있는 것으로 할 것

(9) 물분무소화설비의 배선

가. 물분무소화설비의 배선은 「전기사업법」 제67조에 따른 「전기설비기술기준」에서 정한 것 외에 다음의 기준에 따라 설치해야 한다.

a. 비상전원을 설치한 경우에는 비상전원으로부터 동력제어반 및 가압송수장치에 이르는 전원회로의 배선은 내화배선으로 할 것. 다만, 자가발전설비와 동력제어반이 동일한 실에 설치된 경우에는 자가발전기로부터 그 제어반에 이르는 전원회로의 배선은 그렇지 않다.

b. 상용전원으로부터 동력제어반에 이르는 배선, 그 밖의 물분무소화설비의 감시·조작 또는 표시등회로의 배선은 내화배선 또는 내열배선으로 할 것. 다만, 감시제어반 또는 동력제어반 안의 감시·조작 또는 표시등회로의 배선은 그렇지 않다.

나. '가.'에 따른 내화배선 및 내열배선에 사용되는 전선의 종류 및 설치방법은 「옥내소화전설비의 화재안전기술기준(NFTC 102)」의 기준에 따른다.

다. 소화설비의 과전류차단기 및 개폐기에는 "물분무소화설비용"이라고 표시한 표지를 해야 한다.

라. 소화설비용 전기배선의 양단 및 접속단자에는 다음의 기준에 따라 표시해야 한다.

a. 단자에는 "물분무소화설비단자"라고 표시한 표지를 부착할 것

b. 소화설비용 전기배선의 양단에는 다른 배선과 식별이 용이하도록 표시할 것

7.3 물분무소화설비의 설치대상물 및 설치제외장소

1) 설치대상물

① 항공기 및 자동차 관련시설 중 항공기 격납고

② 차고, 주차용 건축물 또는 철골 조립식 주차시설. 이 경우 연면적 800 m^2 이상인 것만 해당한다.

③ 건축물의 내부에 설치된 차고·주차장으로서 차고 또는 주차의 용도로 사용되는 면적이 200 m^2 이상인 경우 해당 부분(50세대 미만 연립주택 및 다세대주택은 제외한다)

④ 기계장치에 의한 주차시설을 이용하여 20대 이상의 차량을 주차할 수 있는 시설

⑤ 특정소방대상물에 설치된 전기실 · 발전실 · 변전실(가연성 절연유를 사용하지 않는 변압기 · 전류차단기 등의 전기기기와 가연성 피복을 사용하지 않은 전선 및 케이블만을 설치한 전기실 · 발전실 및 변전실은 제외한다) · 축전지실 · 통신기기실 또는 전산실, 그 밖에 이와 비슷한 것으로서 바닥면적이 300 m^2 이상인 것[하나의 방화구획 내에 2 이상의 실(室)이 설치되어 있는 경우에는 이를 하나의 실로 보아 바닥면적을 산정한다]. 다만, 내화구조로 된 공정제어실 내에 설치된 주조정실로서 양압시설(외부 오염 공기 침투를 차단하고 내부의 나쁜 공기가 자연스럽게 외부로 흐를 수 있도록 한 시설을 말한다)이 설치되고 전기기기에 220 V 이하인 저전압이 사용되며 종업원이 24시간 상주하는 곳은 제외한다.

⑥ 소화수를 수집 · 처리하는 설비가 설치되어 있지 않은 중 · 저준위방사성폐기물의 저장시설. 이 시설에는 이산화탄소소화설비, 할론소화설비 또는 할로겐화합물 및 불활성기체 소화설비를 설치해야 한다.

⑦ 지하가 중 예상 교통량, 경사도 등 터널의 특성을 고려하여 행정안전부령으로 정하는 터널. 이 시설에는 물분무소화설비를 설치해야 한다.

⑧ 문화재 중 「문화재보호법」 제2조제3항제1호 또는 제2호에 따른 지정문화재로서 소방청장이 문화재청장과 협의하여 정하는 것

2) 설치제외장소

다음의 장소에는 물분무 헤드를 설치하지 않을 수 있다.

① 물에 심하게 반응하는 물질 또는 물과 반응하여 위험한 물질을 생성하는 물질을 저장 또는 취급하는 장소

② 고온의 물질 및 증류범위가 넓어 끓어 넘치는 위험이 있는 물질을 저장 또는 취급하는 장소

③ 운전 시에 표면의 온도가 260℃ 이상으로 되는 등 직접 분무를 하는 경우 그 부분에 손상을 입힐 우려가 있는 기계장치 등이 있는 장소

연습문제

1. 물분무소화설비의 적용대상물 및 장소와 설치가 제외되는 장소에 관하여 서술하라.

2. 물분무 헤드의 구조에 대하여 설명하라.

3. 물분무소화설비의 헤드와 소화작용에 대하여 설명하라.

4. 차고나 주차장에 설치되는 물분무소화설비의 배수시설의 기준에 대하여 서술하라.

5. 물분무소화설비의 개방밸브 기동방식 2가지를 들고 각각 설명하라.

6. 물분무소화설비와 스프링클러(sprinkler)설비의 차이점을 비교하여 설명하라.

Chapter 8

포소화설비

8.1 개요

포소화설비(Air Foam System)는 인화성 및 가연성 액체를 저장하는 Tank화재에 적용한다. 기름이나 물보다 밀도가 적은 견고하고 작은 기포가 인화성 또는 가연성 액체표면에 유동전개하여 덮어버리면 이 Air포가 공기와의 접촉을 방해하고 기포 속에 함유되어 있는 수분에 의하여 연소물질을 냉각 소화한다.

포원액은 용적비 3～6%로 구분하고 물(담수) 또는 해수와 혼합 포수용액 상태로 방출한다. 방출설비는 고정식 및 반고정식, 이동식의 3가지로 구분된다. 단백포를 기초로 한 System은 수성막포(AFFF)나 계면활성제포 System과도 거의 같다.

8.2 포소화약제

포원액의 종류로는 크게 4가지로 구분되며 특징으로는 수온이나 기온 등에 영향이 적고 해수와 담수 등의 수질에 관계없이 공기포가 형성되며 부착성 및 내구성, 유동성이 있어 고체의 표면이나 액체의 표면 등에 자유스럽게 부착 및 흘러들어가 도포층을 형성, 바람이나 열 그리고 재착화에도 견디는 특성이 있다. 소화약제의 적용성을 고려하여 선택하면 된다.

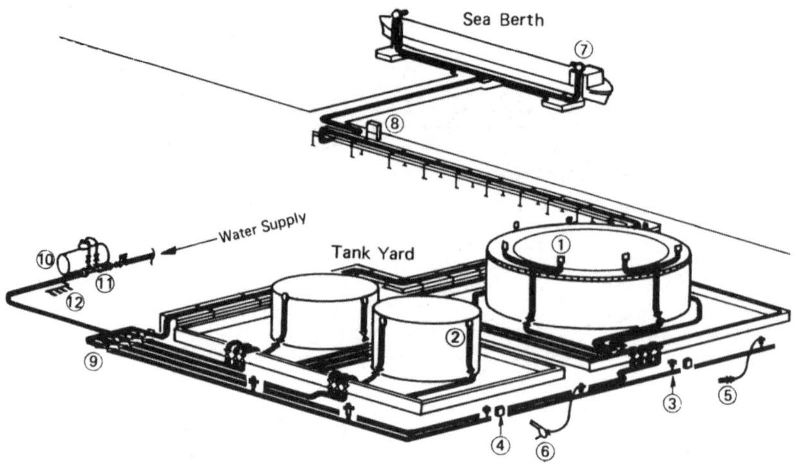

① Air Foam Chamber for Floating Roof Tank ② Air Foam Chamber for Dome Roof Tank or Cone Roof Tank
③ Foam Hydrant ④ Fire Hose Box ⑤ Air Foam Nozzle ⑥ Portable Foam Monitor
⑦ Fixed Foam Monitor ⑧ Remote Control Panel for Fixed Foam Monitor
⑨ Selection Valve ⑩ Foam Liquid Tank ⑪ Pressure Proportioner ⑫ Fire Department Connection

[그림 8-1] 포소화설비 System

[그림 8-2] 포소화약제

1) 내알코올포 소화약제

수성막포, 합성계면 활성제포, 단백포 등의 소화약제를 알코올류 등 극성용제의 화재에 사용하면 포를 형성하는 수용액이 알코올 등에 녹아들어감으로 포가 소멸되어 소화가 안 된다. 이 소화약제는 특수 계면 활성제를 Base로 한 알코올류 화재용 소화약제로 긴급히 대량의 소화약제를 필요로 하는 콤비네이트 비축용으로써 가장 적합하다. 종래의 단백포 내 알코올소화제와는 다르게 변질되지 않고 수명이 길고 악취가 없으며 3～9%의 범위에서 사용되는 등 탁월한 특징을 가지고 있다.

2) 수성막포 소화약제

불소계 계면활성제를 Base로 한 기포성 수성 Film소화약제이다. 방사된 포에 의해 연소면을 덮어 공기의 유입을 차단함과 동시에 포로부터 환원유출된 수용액이 가연성액체의 표면에 얇은 막(Film)을 형성하여 연료의 기화를 억제하고 재착화, 재연소방지의 효과를 발휘한다. 이 소화약제는 저발포용으로 사용된다.

3) 단백포 소화약제

가수분해단백질을 Base로 하고 안정제 등을 배합한 소화약제이다. 안전성, 내열성이 우수한 미세한 포를 형성하고 가연성액체의 표면을 용이하게 유동전개하여 신속히 소화한다.

4) 합성계면활성제포 소화약제

특수 합성 계면활성제를 Base 하고 기포제, 포강화제, 안정제 등을 배합한 소화약제이다. 발포성, 유동성이 우수하고 저발포, 고발포 양쪽에 사용된다. 이 소화약제가 개발됨으로써 비로소 고발포 소화법이 확립되었다.

8.3 종류

방출방식에 따라 고정포방출방식, 포헤드방식, 포소화전방식, 포호스릴방식으로 분류된다. 포소화설비의 종류는 포워터스프링클러설비(포워터스프링클러헤드를 사용하는 포소화설비를 말한다)·포헤드설비(포헤드를 사용하는 포소화설비를 말한다)·고정포방출설비(고정포방출구를 사용하는 설비를 말한다)·호스릴 포소화설비(호스릴 포방수구·호스릴 및 이동식 포노즐을 사용하는 설비를 말한다) 또는 포소화전설비(포소화전방수구·호스 및 이동식 포노즐을 사용하는 설비를 말한다)로 하고, 특정소방대상물에 따라 적응하는 포소화설비는 다음과 같다.

1) 특수가연물을 저장·취급하는 공장 또는 창고 : 포워터스프링클러설비·포헤드설비 또는 고정포방출설비, 압축공기포소화설비
2) 차고 또는 주차장 : 포워터스프링클러설비, 포헤드설비 또는 고정포방출설비, 압축공

기포소화설비. 다만, 다음에 해당하는 차고·주차장의 부분에는 호스릴 포소화설비 또는 포소화전설비를 설치할 수 있다.

① 완전 개방된 옥상주차장 또는 고가 밑의 주차장으로서 주된 벽이 없고 기둥뿐이거나 주위가 위해방지용 철주 등으로 둘러싸인 부분

② 지상 1층으로서 지붕이 없는 부분

3) 항공기 격납고 : 포워터스프링클러설비·포헤드설비 또는 고정포방출설비, 압축공기포소화설비. 다만, 바닥면적의 합계가 1,000 m^2 이상이고 항공기의 격납위치가 한정되어 있는 경우에는 그 한정된 장소 외의 부분에 대하여는 호스릴 포소화설비를 설치할 수 있다.

4) 발전기실, 엔진펌프실, 변압기, 전기케이블실, 유압설비 : 바닥면적의 합계가 300 m^2 미만의 장소에는 고정식 압축공기포소화설비를 설치할 수 있다.

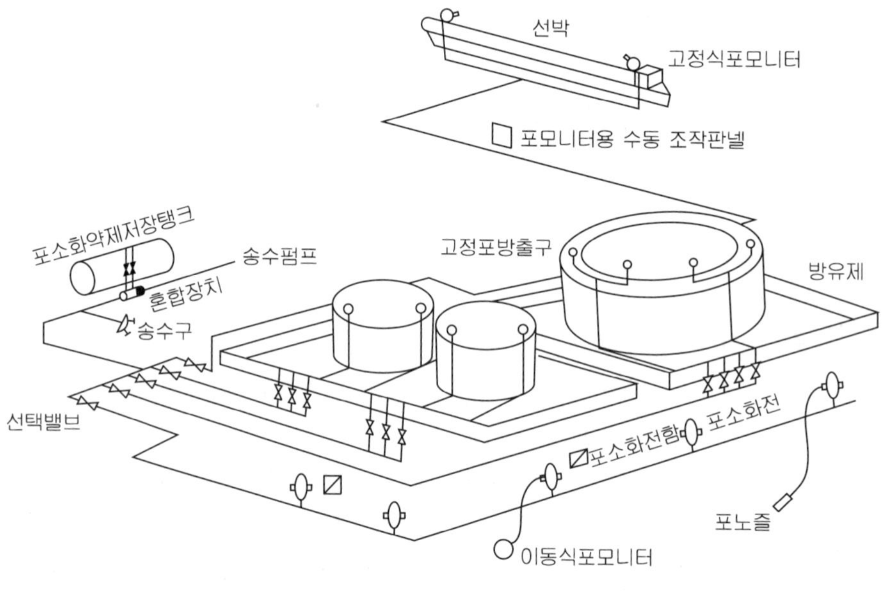

[그림 8-3] 고정포방출구 System

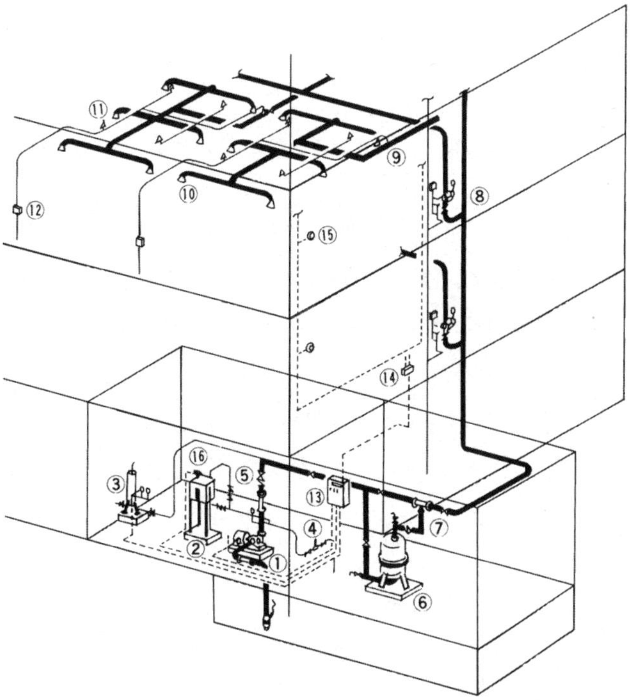

① Fire Pump	② Priming Tank	③ Pressure Chamber
④ Flow Meter	⑤ Non-Rise Temperature Device	⑥ Diaphragm Type Foam Liquid Tank
⑦ Pressure Proportioner	⑧ Alarm Valve Unit	⑨ Deluge Valve
⑩ Foam Head	⑪ Detector	⑫ Manual Operation Valve
⑬ Control Pane	⑭ Alarm Panel	⑮ Alarm Bell ⑯ Level Switch

[그림 8-4] 포헤드 System

8.4 포소화설비의 구성

설비는 다음과 같은 장치들로 구성된다.

① 수원

② 가압송수장치

③ 소화약제 혼합장치

④ 발포기(foam maker) 또는 포방출구(foam outlet)

⑤ 약제저장 탱크

⑥ 일제개방밸브

⑦ 자동화재탐지설비(혹은 감지용 헤드)

⑧ 배관(관, 관부속품 및 밸브류)

용어 정의

전역방출방식	고정식 포 발생장치로 구성되어 포 수용액이 방호대상물 주위가 막혀진 공간이나 밀폐 공간 속으로 방출되도록 된 설비방식을 말한다.
국소방출방식	고정된 포 발생장치로 구성되어 화점이나 연소 유출물 위에 직접 포를 방출하도록 설치된 설비방식을 말한다.
팽창비	최종 발생한 포 체적을 원래 포 수용액 체적으로 나눈 값을 말한다.
포워터스프링클러설비	포워터스프링클러헤드를 사용하는 포소화설비를 말한다.
포헤드설비	포헤드를 사용하는 포소화설비를 말한다.
고정포방출설비	고정포방출구를 사용하는 설비를 말한다.
호스릴 포소화설비	호스릴 포방수구·호스릴 및 이동식 포노즐을 사용하는 설비를 말한다.
포소화전설비	포소화전방수구·호스 및 이동식 포노즐을 사용하는 설비를 말한다.
송액관	수원으로부터 포헤드·고정포방출구 또는 이동식 포노즐에 급수하는 배관을 말한다.
급수배관	수원 및 옥외송수구로부터 포소화설비의 헤드 또는 방출구에 급수하는 배관을 말한다.
펌프 프로포셔너방식	펌프의 토출관과 흡입관 사이의 배관 도중에 설치한 흡입기에 펌프에서 토출된 물의 일부를 보내고, 농도 조정밸브에서 조정된 포소화약제의 필요량을 포소화약제 탱크에서 펌프 흡입측으로 보내어 이를 혼합하는 방식을 말한다.
프레져 프로포셔너방식	펌프와 발포기의 중간에 설치된 벤투리관의 벤투리작용과 펌프 가압수의 포소화약제 저장탱크에 대한 압력에 따라 포소화약제를 흡입·혼합하는 방식을 말한다.
라인 프로포셔너방식	펌프와 발포기의 중간에 설치된 벤투리관의 벤투리작용에 따라 포소화약제를 흡입·혼합하는 방식을 말한다.
프레져 사이드 프로포셔너방식	펌프의 토출관에 압입기를 설치하여 포소화약제 압입용펌프로 포소화약제를 압입시켜 혼합하는 방식을 말한다.

1) 작동원리

화재감지용 폐쇄형 헤드가 장치된 설비에서는 상시에 펌프에서 일제개방밸브에 이르는 배관 내에는 일정한 압력이 유지되고 있다. 이 관로내의 압력이 저하되면 압력챔버에 부착되어 있는 압력스위치가 이를 감지하고 펌프를 기동하여 정상압력으로 올린다. 즉, 수압개폐장치에 의한 기동방식이다.

화재가 발생하면 감지용 헤드가 화열에 의해 개방되고 관내 액체가 유출되어 감지용 배관내부의 압력이 급격히 낮아지며, 결국 일제개방밸브(감압개방식)가 열리게 된다. 이렇게 되면 일제개방밸브를 지나 헤드쪽으로 유수가 생기고 이것을 유수검지장치가 검지하여 경보를 발신한다. 혼합기에서 소화액이 혼합되므로 이 장치 후단부터는 포수용액이 유동한다. 수용액은 헤드(발포기 겸용)에서 발포되어 방출된다.

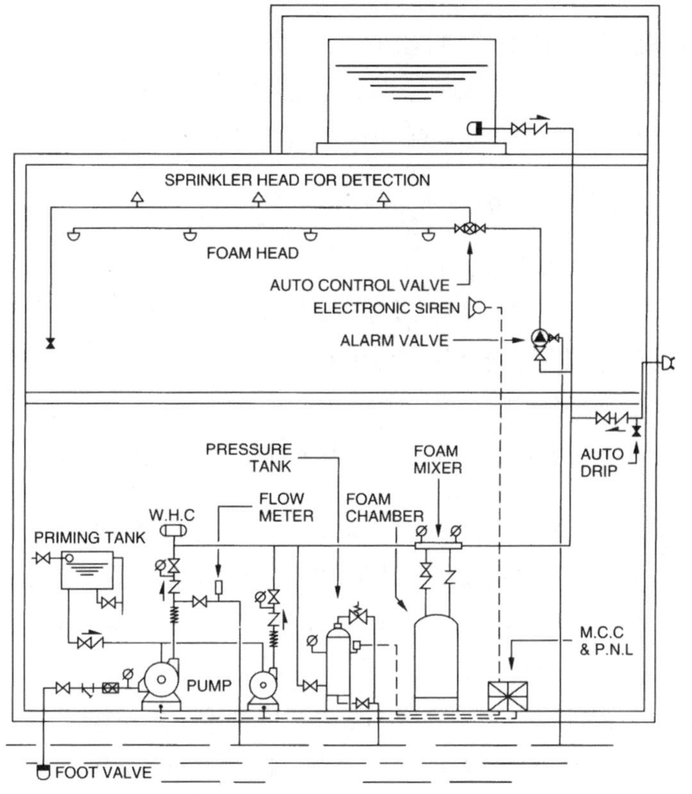

[그림 8-5] 포소화설비 계통도

2) 포소화설비의 가압송수장치

① 전동기 또는 내연기관에 따른 펌프를 이용하는 가압송수장치는 다음의 기준에 따라 설치해야 한다. 다만, 가압송수장치의 주펌프는 전동기에 따른 펌프로 설치해야 한다.

가. 쉽게 접근할 수 있고 점검하기에 충분한 공간이 있는 장소로서 화재 및 침수 등의 재해로 인한 피해를 받을 우려가 없는 곳에 설치할 것

나. 동결방지조치를 하거나 동결의 우려가 없는 장소에 설치할 것. 다만, 포소화설비의 가압송수장치에 보온재를 사용할 경우에는 난연재료 성능 이상의 것으로 해야 한다.

다. 소화약제가 변질될 우려가 없는 곳에 설치할 것

라. 펌프의 토출량은 포헤드·고정포방출구 또는 이동식 포노즐의 설계압력 또는 노즐의 방사압력의 허용범위 안에서 포수용액을 방출 또는 방사할 수 있는 양 이상이 되도록 할 것

마. 펌프는 전용으로 할 것. 다만, 다른 소화설비와 겸용하는 경우 각각의 소화설비의 성능에 지장이 없을 때에는 그렇지 않다.

바. 펌프의 양정은 다음의 식에 따라 산출한 수치 이상이 되도록 할 것

$$H = h_1 + h_2 + h_3 + h_4$$

H : 펌프의 양정(m)

h_1 : 방출구의 설계압력 환산수두 또는 노즐 선단의 방사압력 환산수두(m)

h_2 : 배관의 마찰손실수두(m)

h_3 : 낙차(m)

h_4 : 소방용 호스의 마찰손실수두(m)

사. 펌프의 토출측에는 압력계를 체크밸브 이전에 펌프 토출측 플랜지에서 가까운 곳에 설치하고, 흡입측에는 연성계 또는 진공계를 설치할 것. 다만, 수원의 수위가 펌프의 위치보다 높거나 수직회전축펌프의 경우에는 연성계 또는 진공계를 설치하지 않을 수 있다.

아. 펌프의 성능은 체절운전 시 정격토출압력의 140%를 초과하지 않고, 정격토출량의 150%로 운전 시 정격토출압력의 65% 이상이 되어야 하며, 펌프의 성능을 시험할 수 있는 성능시험배관을 설치할 것. 다만, 충압펌프의 경우에는 그렇지 않다.

자. 가압송수장치에는 체절운전 시 수온의 상승을 방지하기 위한 순환배관을 설치할 것. 다만, 충압펌프의 경우에는 그렇지 않다.

차. 기동장치로는 기동용 수압개폐장치 또는 이와 동등 이상의 성능이 있는 것을 설치하고, 기동용 수압개폐장치 중 압력챔버를 사용할 경우 그 용적은 100 ℓ 이상의 것으로 할 것

카. 수원의 수위가 펌프보다 낮은 위치에 있는 가압송수장치에는 다음의 기준에 따른 물올림장치를 설치할 것

a. 물올림장치에는 전용의 수조를 설치할 것
b. 수조의 유효수량은 100 ℓ 이상으로 하되, 구경 15 mm 이상의 급수배관에 따라 해당 수조에 물이 계속 보급되도록 할 것

타. 기동용 수압개폐장치를 기동장치로 사용할 경우에는 다음의 기준에 따른 충압펌프를 설치할 것. 다만, 호스릴 포소화설비 또는 포소화전설비를 설치한 경우 소화용 급수펌프로 상시 충압이 가능하고 1개의 호스릴 포방수구 또는 포소화전방수구를 개방할 때에 급수펌프가 정지되는 시간 없이 지속적으로 작동될 수 있고 다음 a.의 성능을 갖춘 경우에는 충압펌프를 별도로 설치하지 않을 수 있다.

a. 펌프의 토출압력은 그 설비의 최고위 일제개방밸브·포소화전 또는 호스릴 포방수구의 자연압보다 적어도 0.2 MPa이 더 크도록 하거나 가압송수장치의 정격토출압력과 같게 할 것
b. 펌프의 정격토출량은 정상적인 누설량보다 적어서는 안 되며, 포소화설비가 자동적으로 작동할 수 있도록 충분한 토출량을 유지할 것

파. 내연기관을 사용하는 경우에는 제어반에 따라 내연기관의 자동기동 및 수동기동이 가능하고, 상시 충전되어 있는 축전지설비를 갖출 것

하. 가압송수장치에는 "포소화설비펌프"라고 표시한 표지를 할 것. 이 경우 그 가압송수장치를 다른 설비와 겸용하는 때에는 그 겸용되는 설비의 이름을 표시한 표지를 함께 해야 한다.

갸. 가압송수장치가 기동이 된 경우에는 자동으로 정지되지 않도록 할 것. 다만, 충압펌프의 경우에는 그렇지 않다.

냐. 압축공기포소화설비에 설치되는 펌프의 양정은 0.4 MPa 이상이 되어야 한다. 다만, 자동으로 급수장치를 설치한 때에는 전용펌프를 설치하지 않을 수 있다.

댜. 가압송수장치는 부식 등으로 인한 펌프의 고착을 방지할 수 있도록 다음의 기준에 적합한 것으로 할 것. 다만, 충압펌프는 제외한다.

a. 임펠러는 청동 또는 스테인리스 등 부식에 강한 재질을 사용할 것
b. 펌프축은 스테인리스 등 부식에 강한 재질을 사용할 것

② 고가수조의 자연낙차를 이용한 가압송수장치는 다음의 기준에 따라 설치해야 한다.

가. 고가수조의 자연낙차수두(수조의 하단으로부터 최고층에 설치된 소화전 호스접결구 또는 헤드까지의 수직거리를 말한다)는 다음의 식에 따라 산출한 수치 이상 유지되도록 할 것

$$H = h_1 + h_2 + h_3$$

H : 필요한 낙차(m)

h_1 : 방출구의 설계압력 환산수두 또는 노즐 선단의 방사압력 환산수두(m)

h_2 : 배관의 마찰손실수두(m)

h_3 : 호스의 마찰손실수두(m)

나. 고가수조에는 수위계, 배수관, 급수관, 오버플로우관 및 맨홀을 설치할 것

③ 압력수조를 이용한 가압송수장치는 다음의 기준에 따라 설치해야 한다.

가. 압력수조의 압력은 다음의 식에 따라 산출한 수치 이상 유지되도록 할 것

$$P = p_1 + p_2 + p_3 + p_4$$

P : 필요한 압력(MPa)

p_1 : 방출구의 설계압력 환산수두 또는 노즐 선단의 방사압력(MPa)

p_2 : 배관의 마찰손실수두압(MPa)

p_3 : 낙차의 환산수두압(MPa)

p_4 : 호스의 마찰손실수두압(MPa)

나. 압력수조에는 수위계, 급수관, 배수관, 급기관, 맨홀, 압력계, 안전장치 및 압력저하 방지를 위한 자동식 공기압축기를 설치할 것

④ 가압수조를 이용한 가압송수장치는 다음의 기준에 따라 설치해야 한다.

가. 가압수조의 압력은 ⑥에 따른 방사량 및 방사압이 20분 이상 유지되도록 할 것

나. 가압수조 및 가압원은 방화구획 된 장소에 설치할 것

다. 소방청장이 정하여 고시한 「가압수조식 가압송수장치의 성능인증 및 제품검사의 기술기준」에 적합한 것으로 설치할 것

⑤ 가압송수장치에는 포헤드·고정포방출구 또는 이동식 포노즐의 방사압력이 설계압력 또는 방사압력의 허용범위를 넘지 않도록 감압장치를 설치해야 한다.

⑥ 가압송수장치는 다음 표에 따른 표준방사량을 방사할 수 있도록 해야 한다.

구 분	표준방사량
포워터스프링클러헤드	75 ℓ/분 이상
포헤드·고정포방출구 또는 이동식 포노즐·압축공기포헤드	각 포헤드·고정포방출구 또는 이동식 포노즐의 설계압력에 따라 방출되는 소화약제의 양

3) 포소화설비의 배관

① 배관과 배관이음쇠는 다음의 어느 하나에 해당하는 것 또는 동등 이상의 강도·내식성 및 내열성 등을 국내·외 공인기관으로부터 인정받은 것을 사용해야 하고, 배관용 스테인리스강관(KS D 3576)의 이음을 용접으로 할 경우에는 텅스텐 불활성가스 아크용접(Tungsten Inertgas Arc Welding)방식에 따른다. 다만, 3)에서 정하지 않은 사항은 「건설기술 진흥법」 제44조제1항의 규정에 따른 "건설기준"에 따른다.

가. 배관 내 사용압력이 1.2 MPa 미만일 경우에는 다음에 해당하는 것
  a. 배관용 탄소강관(KS D 3507)
  b. 이음매 없는 구리 및 구리합금관(KS D 5301). 다만, 습식의 배관에 한한다.
  c. 배관용 스테인리스강관(KS D 3576) 또는 일반배관용 스테인리스강관(KS D 3595)
  d. 덕타일 주철관(KS D 4311)

나. 배관 내 사용압력이 1.2 MPa 이상일 경우에는 다음에 해당하는 것
  a. 압력 배관용 탄소강관(KS D 3562)
  b. 배관용 아크용접 탄소강관(KS D 3583)

② 2)의 ①에도 불구하고 다음에 해당하는 장소에는 「소방용 합성수지배관의 성능인증 및 제품검사의 기술기준」에 적합한 소방용 합성수지배관으로 설치할 수 있다.

가. 배관을 지하에 매설하는 경우
나. 다른 부분과 내화구조로 구획된 덕트 또는 피트의 내부에 설치하는 경우
다. 천장(상층이 있는 경우에는 상층바닥의 하단을 포함한다)과 반자를 불연재료 또는 준불연재료로 설치하고 소화배관 내부에 항상 소화수가 채워진 상태로 설치하는 경우

③ 송액관은 포의 방출 종료 후 배관 안의 액을 배출하기 위하여 적당한 기울기를 유지하도록 하고 그 낮은 부분에 배액밸브를 설치해야 한다.

④ 포워터스프링클러설비 또는 포헤드설비의 가지배관의 배열은 토너먼트방식이 아니어야 하며, 교차배관에서 분기하는 지점을 기점으로 한쪽 가지배관에 설치하는 헤드의 수는 8개 이하로 한다.

⑤ 송액관은 전용으로 해야 한다. 다만, 포소화전의 기동장치의 조작과 동시에 다른 설비의 용도에 사용하는 배관의 송수를 차단할 수 있거나, 포소화설비의 성능에 지장이 없는 경우에는 다른 설비와 겸용할 수 있다.

⑥ 펌프의 흡입측 배관은 다음의 기준에 따라 설치해야 한다.

> 가. 공기고임이 생기지 않는 구조로 하고 여과장치를 설치할 것
> 나. 수조가 펌프보다 낮게 설치된 경우에는 각 펌프(충압펌프를 포함한다)마다 수조로부터 별도로 설치할 것

⑦ 연결송수관설비의 배관과 겸용할 경우의 주배관은 구경 100 mm 이상, 방수구로 연결되는 배관의 구경은 65 mm 이상의 것으로 해야 한다.

⑧ 펌프의 성능시험배관은 다음의 기준에 적합하도록 설치해야 한다. 다만, 공인된 방법에 의한 별도의 성능을 제시할 경우에는 그렇지 않으며 그 성능을 별도의 기준에 따라 확인해야 한다.

> 가. 성능시험배관은 펌프의 토출측에 설치된 개폐밸브 이전에서 분기하여 직선으로 설치하고, 유량측정장치를 기준으로 전단 직관부에는 개폐밸브를 후단 직관부에는 유량조절밸브를 설치할 것. 이 경우 개폐밸브와 유량측정장치 사이의 직관부 거리 및 유량측정장치와 유량조절밸브 사이의 직관부 거리는 해당 유량측정장치 제조사의 설치사양에 따르고, 성능시험배관의 호칭지름은 유량측정장치의 호칭지름에 따른다.
> 나. 유량측정장치는 펌프의 정격토출량의 175% 이상 측정할 수 있는 성능이 있을 것

⑨ 가압송수장치의 체절운전 시 수온의 상승을 방지하기 위하여 체크밸브와 펌프 사이에서 분기한 구경 20 mm 이상의 배관에 체절압력 이하에서 개방되는 릴리프밸브를 설치해야 한다.

⑩ 배관은 동결방지조치를 하거나 동결의 우려가 없는 장소에 설치해야 한다. 다만, 보온재를 사용할 경우에는 난연재료 성능 이상의 것으로 해야 한다.

⑪ 급수배관에 설치되어 급수를 차단할 수 있는 개폐밸브(포헤드·고정포방출구 또는 이동식 포노즐은 제외한다)는 개폐표시형으로 해야 한다. 이 경우 펌프의 흡입측 배관에는 버터플라이밸브 외의 개폐표시형 밸브를 설치해야 한다.

⑫ ⑪에 따른 개폐밸브에는 그 밸브의 개폐상태를 감시제어반에서 확인할 수 있도록 급수개폐밸브 작동표시 스위치를 다음의 기준에 따라 설치해야 한다.

> 가. 급수개폐밸브가 잠길 경우 탬퍼스위치의 동작으로 인하여 감시제어반 또는 수신기에 표시되어야 하며 경보음을 발할 것
> 나. 탬퍼스위치는 감시제어반 또는 수신기에서 동작의 유무 확인과 동작시험, 도통시험을 할 수 있을 것

다. 급수개폐밸브의 작동표시 스위치에 사용되는 전기배선은 내화전선 또는 내열전선으로 설치할 것

⑬ 배관은 다른 설비의 배관과 쉽게 구분이 될 수 있는 위치에 설치하거나, 그 배관 표면 또는 배관 보온재표면의 색상은 「한국산업표준(배관계의 식별 표시, KS A 0503)」 또는 적색으로 식별이 가능하도록 소방용 설비의 배관임을 표시해야 한다.

⑭ 포소화설비에는 소방차로부터 그 설비에 송수할 수 있는 송수구를 다음의 기준에 따라 설치해야 한다.

가. 송수구는 화재층으로부터 지면으로 떨어지는 유리창 등이 송수 및 그 밖의 소화작업에 지장을 주지 않는 장소에 설치할 것
나. 송수구로부터 포소화설비의 주배관에 이르는 연결배관에 개폐밸브를 설치한 때에는 그 개폐상태를 쉽게 확인 및 조작할 수 있는 옥외 또는 기계실 등의 장소에 설치할 것
다. 송수구는 구경 65 mm의 쌍구형으로 할 것
라. 송수구에는 그 가까운 곳의 보기 쉬운 곳에 송수압력범위를 표시한 표지를 할 것
마. 송수구는 하나의 층의 바닥면적이 3,000 m^2를 넘을 때마다 1개 이상(5개를 넘을 경우에는 5개로 한다)을 설치할 것
바. 지면으로부터 높이가 0.5 m 이상 1 m 이하의 위치에 설치할 것
사. 송수구의 부근에는 자동배수밸브(또는 직경 5 mm의 배수공) 및 체크밸브를 설치할 것. 이 경우 자동배수밸브는 배관 안의 물이 잘 빠질 수 있는 위치에 설치하되, 배수로 인하여 다른 물건이나 장소에 피해를 주지 않아야 한다.
아. 송수구에는 이물질을 막기 위한 마개를 씌울 것
자. 압축공기포소화설비를 스프링클러 보조설비로 설치하거나 압축공기포소화설비에 자동으로 급수되는 장치를 설치한 때에는 송수구를 설치하지 않을 수 있다.

⑮ 압축공기포소화설비의 배관은 토너먼트방식으로 해야 하고 소화약제가 균일하게 방출되는 등거리 배관구조로 설치해야 한다.

⑯ 확관형 분기배관을 사용할 경우에는 소방청장이 정하여 고시한 「분기배관의 성능인증 및 제품검사의 기술기준」에 적합한 것으로 설치해야 한다.

예제 8.1 포소화설비에 사용되는 배관의 설치기준으로 틀린 것은?

① 배관 내 사용압력이 1.2 MPa 이상일 경우에는 압력배관용 탄소강관(KS D 3562)을 사용해야 한다.

② 송액관은 포의 방출 종료 후 배관안의 액을 배출하기 위하여 그 낮은 부분에 배액밸브를 설치해야 한다.
③ 흡입측 배관은 공기고임이 생기지 않은 구조로 하고 여과장치를 설치해야 한다.
④ 포헤드설비의 가지배관의 배열은 토너먼트방식이어야 한다.

답 ④

예제 8.2 포소화설비의 송수구 구경(mm)과 설치높이에 대한 기준은?

① 40, 바닥으로부터 1.5 m 이하
② 50, 바닥으로부터 0.5 m 이상 1.5 m 이하
③ 65, 바닥으로부터 0.5 m 이상 1 m 이하
④ 80, 바닥으로부터 0.8 m 이상 1.5m 이하

답 ③

4) 포소화약제의 저장탱크

① 포소화약제의 저장탱크(용기를 포함한다)는 다음의 기준에 따라 설치하고, 혼합장치와 배관 등으로 연결해야 한다.

가. 화재 등의 재해로 인한 피해를 받을 우려가 없는 장소에 설치할 것
나. 기온의 변동으로 포의 발생에 장애를 주지 않는 장소에 설치할 것. 다만, 기온의 변동에 영향을 받지 않는 포소화약제의 경우에는 그렇지 않다.
다. 포소화약제가 변질될 우려가 없고 점검에 편리한 장소에 설치할 것
라. 가압송수장치 또는 포소화약제 혼합장치의 기동에 따라 압력이 가해지는 것 또는 상시 가압된 상태로 사용되는 것은 압력계를 설치할 것
마. 포소화약제 저장량의 확인이 쉽도록 액면계 또는 계량봉 등을 설치할 것
바. 가압식이 아닌 저장탱크는 글라스게이지를 설치하여 액량을 측정할 수 있는 구조로 할 것

② 포소화약제의 저장량은 다음의 기준에 따른다.

가. 고정포방출구방식은 다음의 양을 합한 양 이상으로 할 것

a. 고정포방출구에서 방출하기 위하여 필요한 양

$$Q = A \times Q_1 \times T \times S$$

Q : 포소화약제의 양(ℓ)
A : 저장탱크의 액표면적(m^2)
Q_1 : 단위 포소화수용액의 양($\ell/m^2 \cdot$분)

T : 방출시간(분)

S : 포소화약제의 사용농도(%)

b. 보조 소화전에서 방출하기 위하여 필요한 양

$$Q = N \times S \times 8{,}000\,\ell$$

Q : 포소화약제의 양(ℓ)

N : 호스접결구 개수(3개 이상인 경우는 3개)

S : 포소화약제의 사용농도(%)

c. 가장 먼 탱크까지의 송액관(내경 75 mm 이하의 송액관을 제외한다)에 충전하기 위하여 필요한 양

$$Q = V \times S \times 1{,}000\,\ell/\text{m}^3$$

Q : 포소화약제의 양(ℓ)

V : 송액관 내부의 체적(m^3)

S : 포소화약제의 사용농도(%)

나. 옥내포소화전방식 또는 호스릴방식에 있어서는 다음의 식에 따라 산출한 양 이상으로 할 것. 다만, 바닥면적이 200 m^2 미만인 건축물에 있어서는 75%로 할 수 있다.

$$Q = N \times S \times 6{,}000\,\ell$$

Q : 포소화약제의 양(ℓ)

N : 호스접결구 개수(5개 이상인 경우는 5개)

S : 포소화약제의 사용농도(%)

다. 포헤드방식 및 압축공기포소화설비에 있어서는 하나의 방사구역 안에 설치된 포헤드를 동시에 개방하여 표준방사량으로 10분간 방사할 수 있는 양 이상으로 할 것

참고 • 포소화약제 혼합방지장치의 기동에 의해 압력이 가해지거나 상시 가압된 상태로 사용되는 것에 있어서는 압력계를 설치해야 하는데 프레져 프로포셔너방식, 펌프 프로포셔너방식 중 바이패스방식이 여기에 해당한다.

참고 • 포소화약제 저장량을 확인할 수 있도록 액면계 또는 계량봉 등을 설치하되 가압식이 아닌 저장탱크는 유리게이지를 설치하여 액량을 측정할 수 있는 구조로 해야 한다. 가압식이 아닌 것은 혼합방식에서 프레져 사이드 프로포셔너방식과 라인 프로포셔너방식 및 펌프 프로포셔너방식 중 펌프 흡입측 설치방식이 여기에 해당하므로 액면계를 글라스게이지로 설치해야 한다.

[그림 8-6] 포소화약제의 저장탱크

5) 포소화약제의 혼합장치

포소화약제의 혼합장치는 포소화약제의 사용농도에 적합한 수용액으로 혼합할 수 있도록 다음에 해당하는 방식에 따라야 한다.

① 펌프 프로포셔너방식(pump proportioner)

펌프의 토출관과 흡입관 사이의 배관도 중에 설치한 흡입기에 펌프에서 토출된 물의 일부를 보내고, 농도조정밸브에서 조정된 포소화약제의 필요량을 포소화약제 탱크에서 펌프 흡입측으로 보내어 이를 혼합하는 방식

② 프레져 프로포셔너방식(pressure proportioner)

펌프와 발포기의 중간에 설치된 벤투리관의 벤투리작용과 펌프 가압수의 포소화약제 저장탱크에 대한 압력에 의하여 포소화약제를 흡입·혼합하는 방식

③ 라인 프로포셔너방식(line proportioner)

펌프와 발포기의 중간에 설치된 벤투리관의 벤투리작용에 의하여 포소화약제를 흡입·혼합하는 방식

④ 프레져 사이드 프로포셔너방식(pressure side proportioner)

펌프의 토출관에 압입기를 설치하여 포소화약제 압입용 펌프로 포소화약제를 압입시켜 혼합하는 방식

⑤ 압축공기포 믹싱챔버방식

물, 포소화약제 및 공기를 믹싱챔버로 강제주입시켜 챔버 내에서 포수용액을 생성한 후 포를 방사하는 방식

[그림 8-7] 포소화약제의 혼합장치

참고 • **프레져 프로포셔너(pressure proportioner)방식**에는 2가지가 있다.

첫 번째 방법은 펌프와 펌프의 토출측 송수관로에 소화원액 탱크를 설치해서 가압수가 원액탱크로 유입되어 소화원액을 가압하면서 원액탱크 하단으로부터 시작되는 관로를 따라 소화원액이 송수관로에 혼합기를 거쳐서 유입되면 수용액 상태로 송수되는데 혼합기는 벤투리형 혼합기외에도 여러 형태가 쓰인다.

가압수가 약제원액탱크 속으로 유입되어 약제원액을 가압하면 약제가 밀려나오면서 벤투리 카트리치가 설치된 부분에서 와류에 의한 혼합이 더욱 혼합효과를 높여주게 된다.

두 번째 방식은 약제원액탱크가 다이어프램 즉 튜브식으로 만들어진 탱크를 사용하는 방식으로 가압수에 의해 원액탱크 내의 다이어프램을 가압하면 원액탱크 내의 소화원액이 가압된 만큼 유출되어 혼합기를 통하여 송수관로에 혼입되어 수용액 상태로 송수되어 발포기에서 Foam이 형성된다.

어느 방법이든 혼합방식에는 차이가 없으나 약제를 오래 변질되지 않게 저장할 수 있는 것은 다이어프램식이 훨씬 효과적이다. 이유는 소화원액과 물이 섞여져 있지 않은 상태에서 저장될 수 있기 때문에 약제가 부식되거나 효능이 떨어지는 다른 반응이 일어날 위험이 적기 때문이다.

예제 8.3 포소화설비에서 포소화약제의 혼합장치의 혼합방식과 거리가 먼 것은?

① 펌프 프로포셔너방식 ② 펌프 사이드 프로포셔너방식
③ 프레져프로포셔너방식 ④ 라인 프로포셔너방식

답 ②

예제 8.4 펌프의 토출측 배관에 압입기를 설치하여 포약제 압입용 펌프로 포소화약제를 압입시켜 혼합하는 방식은?

① 펌프 프로포셔너방식 ② 라인 프로포셔너방식
③ 프레져 프로포셔너방식 ④ 프레져 사이드 프로포셔너방식

답 ④

6) 포소화설비의 개방밸브

포소화설비의 개방밸브는 자동식과 수동식으로 구분되는데 자동개방밸브는 화재감지장치의 작동에 따라 자동으로 개방되는 것으로 해야 하며, 수동식 개방밸브는 화재 시 쉽게 접근할 수 있는 곳에 설치해야 한다. 제1선택밸브(주배관에서 각 방호구역으로 전환되는 주선택밸브)는 펌프실 또는 송액 주배관으로부터의 분기점에 설치하며 제2선택밸브(방호대상물마다 절환되는 선택밸브)는 화재의 경우 안전하게 조작할 수 있는 곳에 설치해야 한다. 제3선택밸브(하나의 탱크에 고정포방출구가 2 이상이 되는 경우 포방출구마다 설치하는 개폐밸브)는 방유제 밖에 설치할 것. 다만, 방유제가 없는 경우에는 탱크로부터 다음의 거리를 두어야 한다.

[그림 8-8] 포소화설비의 개방밸브

탱크의 구분	탱크와의 수평거리
직경 15 m 미만의 탱크	15 m 이상
직경 15 m 이상의 탱크	탱크의 직경 이상

방호대상물의 설치 상황에 따라 제2선택밸브와 제3선택밸브는 서로 겸용할 수 있으며 제1선택밸브 및 제2선택밸브에는 그 종별 및 해당 밸브가 제어하는 방호구역 또는 방호대상을 명기한 표지판을 부착할 것

참고 ● **자동개방밸브**라 함은 일제개방밸브나 준비작동밸브를 말하는 것으로 일제개방밸브나 준비작동밸브에 솔레노이드를 설치하여 감지기의 작동에 의한 솔레노이드를 개방시켜서 밸브를 작동시키는 방식이 전기장치에 해당하며 솔레노이드가 부착되는 배관을 연장하여 감지용 스프링클러헤드를 부착하여 감지용 헤드가 화재를 감지하여 그 열에 의해 개방되면서 밸브를 작동시키는 방식이 바로 기계장치에 의해 자동개방되는 것이다.

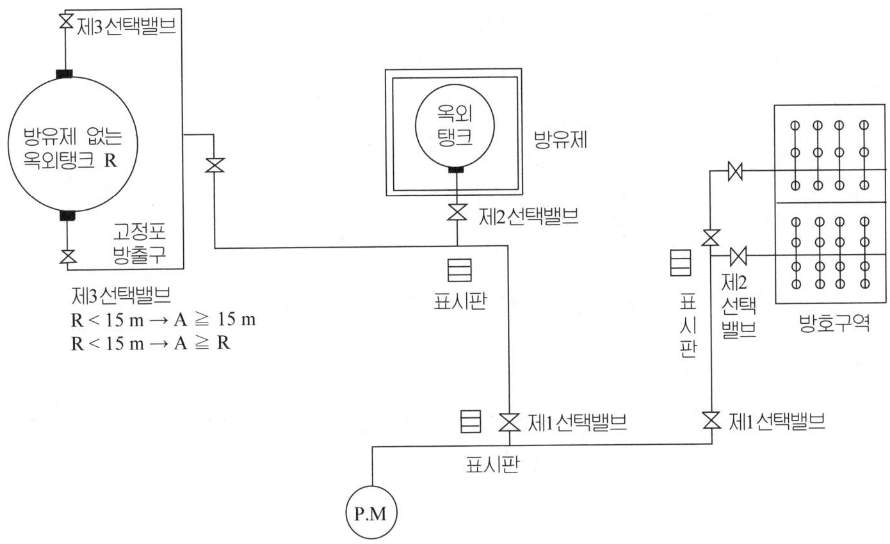

[그림 8-9] 선택밸브의 설치

7) 포소화설비의 기동장치

① 포소화설비의 수동식 기동장치는 직접조작 또는 원격조작에 따라 가압송수장치, 수동식 개방밸브 및 소화약제 혼합장치를 기동할 수 있는 것으로 해야 하며, 2 이상의 방사구역을 가진 포소화설비에는 방사구역을 선택할 수 있는 구조로 해야 한다.
기동장치의 조작부는 화재 시 쉽게 접근할 수 있는 곳에 설치하되, 바닥으로부터 0.8 m 이상 1.5 m 이하의 위치에 설치하고, 유효한 보호장치를 설치해야 한다.
기동장치의 조작부 및 호스접결구에는 가까운 곳의 보기 쉬운 곳에 각각 “기동장치의 조작부” 및 “접결구”라고 표시한 표지를 설치해야 한다.
차고 또는 주차장에 설치하는 포소화설비의 수동식 기동장치는 각 방사구역마다 1개 이상 설치하며, 항공기 격납고에 설치하는 포소화설비의 수동식 기동장치는 각 방사구역마다 2개 이상을 설치하되, 그 중 1개는 각 방사구역으로부터 가장 가까운 곳 또는 조작에 편리한 장소에 설치하고, 1개는 화재감지기의 수신기를 설치한 감시실 등에 설치해야 한다.

② 포소화설비의 자동식 기동장치는 화재감지기의 작동 또는 폐쇄형 스프링클러헤드의 개방과 연동하여 가압송수장치, 일제개방밸브 및 포소화약제 혼합장치를 기동시킬 수 있도록 다음의 기준에 따라 설치해야 한다. 다만, 자동화재탐지설비의 수신기가 설치되어 있고, 수신기가 설치된 장소에 상시 사람이 근무하고 있으며, 화재 시 즉시 해당

조작부를 작동시킬 수 있는 경우에는 그렇지 않다.

가. 폐쇄형 스프링클러헤드를 사용하는 경우에는 다음의 기준에 따를 것

a. 표시온도가 79℃ 미만인 것을 사용하고, 1개의 스프링클러헤드의 경계면적은 20 m^2 이하로 할 것

b. 부착면의 높이는 바닥으로부터 5 m 이하로 하고, 화재를 유효하게 감지할 수 있도록 할 것

c. 하나의 감지장치 경계구역은 하나의 층이 되도록 할 것

나. 화재감지기를 사용하는 경우에는 다음의 기준에 따를 것

a. 화재감지기는 「자동화재탐지설비 및 시각경보장치의 화재안전기술기준(NFTC 203)」의 기준에 따라 설치할 것

b. 화재감지기 회로에는 다음의 기준에 따른 발신기를 설치할 것

(1) 조작이 쉬운 장소에 설치하고, 스위치는 바닥으로부터 0.8 m 이상 1.5 m 이하의 높이에 설치할 것

(2) 특정소방대상물의 층마다 설치하되, 해당 특정소방대상물의 각 부분으로부터 수평거리가 25 m 이하가 되도록 할 것. 다만, 복도 또는 별도로 구획된 실로서 보행거리가 40 m 이상일 경우에는 추가로 설치해야 한다.

(3) 발신기의 위치를 표시하는 표시등은 함의 상부에 설치하되, 그 불빛은 부착면으로부터 15° 이상의 범위 안에서 부착지점으로부터 10 m 이내의 어느 곳에서도 쉽게 식별할 수 있는 적색등으로 할 것

다. 동결우려가 있는 장소의 포소화설비의 자동식 기동장치는 자동화재탐지설비와 연동되도록 할 것

③ 포소화설비의 기동장치에 설치하는 자동경보장치는 다음의 기준에 따라 설치해야 한다. 다만, 자동화재탐지설비에 따라 경보를 발할 수 있는 경우에는 음향경보장치를 설치하지 않을 수 있다.

가. 방사구역마다 일제개방밸브와 그 일제개방밸브의 작동 여부를 발신하는 발신부를 설치할 것. 이 경우 각 일제개방밸브에 설치되는 발신부 대신 1개 층에 1개의 유수검지장치를 설치할 수 있다.

나. 상시 사람이 근무하고 있는 장소에 수신기를 설치하되, 수신기에는 폐쇄형 스프링클러헤드의 개방 또는 감지기의 작동 여부를 알 수 있는 표시장치를 설치할 것

다. 하나의 소방대상물에 2 이상의 수신기를 설치하는 경우에는 수신기가 설치된 장소 상호간에 동시 통화가 가능한 설비를 할 것

예제 8.5 포소화설비의 기동장치에 대한 기준으로 옳지 못한 것은?

① 차고 또는 주차장에 설치하는 포소화설비의 수동식 기동장치는 방사구역마다 1개 이상 설치할 것
② 감지용 폐쇄형 스프링클러헤드는 표시온도가 79℃ 미만인 것을 사용하고, 1개의 경계면적은 20 m^2 이하로 할 것
③ 발신기는 특정소방대상물의 각 부분으로부터 보행거리가 25 m 이하가 되도록 할 것
④ 방사구역마다 일제개방밸브와 그 일제개방밸브의 작동 여부를 발신하는 발신부를 설치할 것

답 ③

8) 포소화설비의 포헤드 및 고정포방출구

(1) **포헤드**(포워터스프링클러헤드·포헤드를 말한다) **및 고정포방출구**는 포의 팽창비율에 따라 다음 표에 따른 것으로 해야 한다.

팽창비율에 의한 포의 종류	포방출구의 종류
팽창비가 20 이하인 것(저발포)	포헤드, 압축공기포헤드
팽창비가 80 이상 1,000 미만인 것(고발포)	고발포용 고정포방출구

(2) 포헤드의 설치기준

가. 포워터스프링클러헤드는 특정소방대상물의 천장 또는 반자에 설치하되, 바닥면적 8 m^2마다 1개 이상으로 하여 해당 방호대상물의 화재를 유효하게 소화할 수 있도록 할 것

나. 포헤드는 특정소방대상물의 천장 또는 반자에 설치하되, 바닥면적 9 m^2 마다 1개 이상으로 하여 해당 방호대상물의 화재를 유효하게 소화할 수 있도록 할 것

다. 포헤드는 특정소방대상물별로 그에 사용되는 포소화약제에 따라 1분당 방사량이 다음 표에 따른 양 이상이 되는 것으로 할 것

소방대상물	포소화약제의 종류	바닥면적 1 m^2 당 방사량
차고·주차장 및 항공기 격납고	단백 포소화약제	6.5 ℓ 이상
	합성계면활성제 포소화약제	8.0 ℓ 이상
	수성막 포소화약제	3.7 ℓ 이상
「화재의 예방 및 안전관리에 관한 법률 시행령」 별표 2의 특수가연물을 저장·취급하는 소방대상물	단백 포소화약제	6.5 ℓ 이상
	합성계면활성제 포소화약제	6.5 ℓ 이상
	수성막 포소화약제	6.5 ℓ 이상

라. 특정소방대상물의 보가 있는 부분의 포헤드는 다음 표의 기준에 따라 설치할 것

포헤드와 보의 하단의 수직거리	포헤드와 보의 수평거리
0	0.75 m 미만
0.1 m 미만	0.75 m 이상 1 m 미만
0.1 m 이상 0.15 미만	1 m 이상 1.5 미만
0.15 m 이상 0.3 미만	1.5 m 이상

마. 포헤드 상호간에는 다음의 기준에 따른 거리를 두도록 할 것

a. 정방형으로 배치한 경우에는 다음의 식에 따라 산정한 수치 이하가 되도록 할 것

$$S = 2R\cos 45°$$

S : 포헤드 상호간의 거리(m)

R : 유효반경(2.1 m)

b. 장방형으로 배치한 경우에는 그 대각선의 길이가 다음의 식에 따라 산정한 수치 이하가 되도록 할 것

$$pt = 2R$$

pt : 대각선의 길이(m)

R : 유효반경(2.1 m)

바. 포헤드와 벽 방호구역의 경계선과는 '마.'에 따른 거리의 1/2 이하의 거리를 둘 것

사. 압축공기포소화설비의 분사헤드는 천장 또는 반자에 설치하되 방호대상물에 따라 측벽에 설치할 수 있으며, 유류탱크 주위에는 바닥면적 13.9 m^2마다 1개 이상, 특수가연물저장소에는 바닥면적 9.3 m^2마다 1개 이상으로 해당 방호대상물의 화재를 유효하게 소화할 수 있도록 할 것

방호대상물	방호면적 1 m^2에 대한 1분당 방출량
특수가연물	2.3 ℓ
기타의 것	1.63 ℓ

(3) **차고·주차장에 설치하는 호스릴 포소화설비 또는 포소화전설비**는 특정소방대상물의 어느 층에 있어서도 그 층에 설치된 호스릴 포방수구 또는 포소화전방수구(호스릴 포방수구 또는 포소화전방수구가 5개 이상 설치된 경우에는 5개)를 동시에 사용할 경우 각 이동식 포노즐 선단의 포수용액 방사압력이 0.35 MPa 이상이고 300 ℓ/분 이상(1개 층의 바닥면적이 200 m^2 이하인 경우에는 230 ℓ/분 이상)의 포수용액을 수평거리 15 m 이상으로 방사할 수 있도록 해야 하며, 저발포의 포소화약제를 사용할 수 있는 것으로 해야

한다.

호스릴 또는 호스를 호스릴 포방수구 또는 포소화전방수구로 분리하여 비치하는 때에는 그로부터 3 m 이내의 거리에 호스릴함 또는 호스함을 설치해야 하며, 호스릴함 또는 호스함은 바닥으로부터 높이 1.5 m 이하의 위치에 설치하고 그 표면에는 "포호스릴함(또는 포소화전함)"이라고 표시한 표지와 적색의 위치표시등을 설치해야 한다. 방호대상물의 각 부분으로부터 하나의 호스릴 포방수구까지의 수평거리는 15 m 이하(포소화전방수구의 경우에는 25 m 이하)가 되도록 하고 호스릴 또는 호스의 길이는 방호대상물의 각 부분에 포가 유효하게 뿌려질 수 있도록 해야 한다.

(4) 고발포용 고정포방출구는 다음의 기준에 따라 설치해야 한다.

가. 전역방출방식의 고발포용 고정포방출구는 다음의 기준에 따를 것

a. 개구부에 자동폐쇄장치(「건축법 시행령」 제64조제1항에 따른 방화문 또는 불연재료로 된 문으로 포수용액이 방출되기 직전에 개구부가 자동적으로 폐쇄될 수 있는 장치를 말한다)를 설치할 것. 다만, 해당 방호구역에서 외부로 새는 양 이상의 포수용액을 유효하게 추가하여 방출하는 설비가 있는 경우에는 그렇지 않다.

b. 고정포방출구(포발생기가 분리되어 있는 것은 해당 포발생기를 포함한다)는 특정소방대상물 및 포의 팽창비에 따른 종별에 따라 해당 방호구역의 관포체적(해당 바닥면으로부터 방호대상물의 높이보다 0.5 m 높은 위치까지의 체적을 말한다) 1 m^3에 대하여 1분당 방출량이 다음 표에 따른 양 이상이 되도록 할 것

소방대상물	포의 팽창비	1 m^3에 대한 분당 포수용액 방출량
항공기 격납고	팽창비 80 이상 250 미만의 것	2.00 ℓ
	팽창비 250 이상 500 미만의 것	0.50 ℓ
	팽창비 500 이상 1,000 미만의 것	0.29 ℓ
차고 또는 주차장	팽창비 80 이상 250 미만의 것	1.11 ℓ
	팽창비 250 이상 500 미만의 것	0.28 ℓ
	팽창비 500 이상 1,000 미만의 것	0.16 ℓ
특수가연물을 저장 또는 취급하는 소방대상물	팽창비 80 이상 250 미만의 것	1.25 ℓ
	팽창비 250 이상 500 미만의 것	0.31 ℓ
	팽창비 500 이상 1,000 미만의 것	0.18 ℓ

c. 고정포방출구는 바닥면적 500 m^2마다 1개 이상으로 하여 방호대상물의 화재를 유효하게 소화할 수 있도록 할 것

d. 고정포방출구는 방호대상물의 최고부분보다 높은 위치에 설치할 것. 다만, 밀어올

리는 능력을 가진 것은 방호대상물과 같은 높이로 할 수 있다.

나. 국소방출방식의 고발포용 고정포방출구는 다음의 기준에 따를 것

a. 방호대상물이 서로 인접하여 불이 쉽게 붙을 우려가 있는 경우에는 불이 옮겨 붙을 우려가 있는 범위 내의 방호대상물을 하나의 방호대상물로 하여 설치할 것

b. 고정포방출구(포발생기가 분리되어 있는 것에 있어서는 해당 포발생기를 포함한다)는 방호대상물의 구분에 따라 해당 방호대상물의 높이의 3배(1 m 미만의 경우에는 1 m)의 거리를 수평으로 연장한 선으로 둘러싸인 부분의 면적 1 m^2에 대하여 1분당 방출량이 다음 표에 따른 양 이상이 되도록 할 것

방호대상물	방호면적 1 m^2에 대한 1분당 방출량
특수가연물	3 ℓ
기타의 것	2 ℓ

[그림 8-10] 포헤드

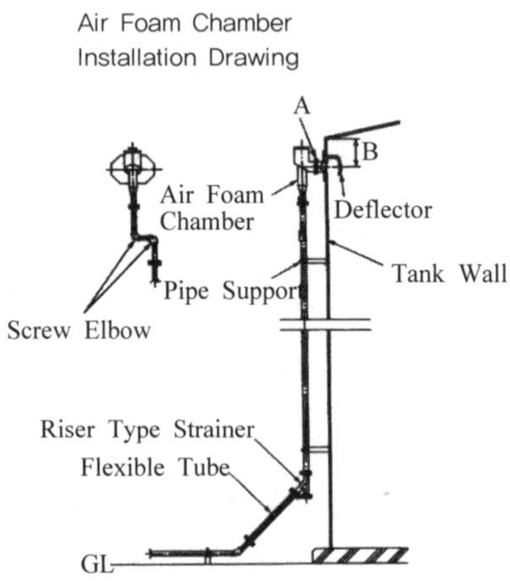

[그림 8-11] 고정포방출구

참고 • **고정포방출구의 종류**

① **I형 포방출구** : 포방출구로부터 방출된 포가 위험물의 표면 아래로 투입 또는 위험물과 혼합되지 않고 탱크 안으로 들어가 소화작용을 용이하게 해주기 위해서 통계단, 물받이 등의 설비가 된 포방출구를 말한다.

② **II형 포방출구** : 포방출구로부터 방출된 포가 디플렉터(반사판)에 의하여 탱크의 벽면으로 흘러 들어가 소화작용을 할 수 있도록 설치된 포방출구를 말한다.

③ **표면하주입식 포방출구** : 준 표면주입방식에 쓰이는 특수방출구로서 탱크의 저내부에 설치하여 평소에는 유압에 의하여 포방출구 부분에 부착된 씰(seal)이 닫힌 상태로 되어 있다가 포수용액을 방사하는 압력에 의해서 포가 형성되어 위로 올라가 표면을 덮어 소화하는 포방출구를 말한다.

④ **특형 포방출구** : 플루팅 루프 탱크에 설치하는 포방출구로서 위로 떠오르는 지붕 탱크에 0.9 m 이상의 언판을 탱크측판으로부터 2.5 m 이상 떨어진 위치에 설치하고 측판과 언판에 의하여 형성된 환상부분에 포를 방사할 수 있도록 한 포방출구를 말한다.

짚고넘어가기 01

[I형 포방출구 종류]

① **홈트러프** : 고정포 방출구의 일종으로서 내유, 내식성의 철판으로 포의 송로를 만들어 그 포의 송로를 저유 탱크의 내면에 스프링형으로 위에서부터 밑으로 틀어 달아내려 장치하는 것으로 이는 포 송로로 탱크의 바닥으로 1.2 m 밑에서 그 밑이 멈추도록 설치하여 포가 밑으로부터 부상하게 함으로서 질식효과를 높이도록한 발포기이다.

② **크로스 석션 뮬러 튜브 챔버** : 일명 석면 튜브라고 하는 것으로 뮬러 튜브라고 불리는 석면 튜브를 감아서 철제 챔버 속에 넣고 그 한쪽 끝은 포의 가압 공급 관로에 연결하고 다른 한쪽은 열어 놓거나 고정을 하지 않고 있다가 포를 방출하면 화면위로 굴러 던져지면 소화를 하는 고정포 발포기이다.

③ **홈 슈트** : 탱크 외벽에는 포 혼합 챔버를 설치하고 탱크 내벽에는 토포구 및 포 튀김 반사판이 달린 슈트를 설치해서 혼합된 포를 더욱 발포시켜 홈 슈트를 통해 탱크의 저면 중심부 상부에 이르는 전국면에서 토포케 하는 것이다. 이 설비는 대부분이 화학포 소화설비에 주로 사용된다.

예제 8.6 포워터스프링클러헤드가 화재를 유효하게 소화하기 위한 유효경계 바닥면적(m^2)은 얼마로 해야 하는가?

① 7 ② 8 ③ 9 ④ 10

답 ②

예제 8.7 차고 또는 주차장에 설치하는 포소화전설비의 방수구 노즐선단에서 포수용액 방사압력(MPa)과 방사량(ℓ/min)은 얼마 이상으로 해야 하는가?

① 0.1－80　② 0.17－130
③ 0.25－230　④ 0.35－300

답 ④

예제 8.8 포소화전방수구과 소방대상물의 각 부분으로부터의 유효방사거리 기준은?

① 수평거리 15 m　② 수평거리 25 m
③ 보행거리 15 m　④ 보행거리 25 m

답 ②

예제 8.9 방호구역에 있어서 관포체적이란 무엇인가?

① 해당 바닥면으로부터 방호대상물의 높이보다 0.5 m 높은 위치까지의 체적을 말한다.
② 해당 바닥면으로부터 방호대상물의 높이보다 0.5 m 낮은 위치까지의 체적을 말한다.
③ 해당 바닥면으로부터 방호대상물의 높이보다 0.6 m 높은 위치까지의 체적을 말한다.
④ 해당 바닥면으로부터 방호대상물의 높이보다 0.6 m 낮은 위치까지의 체적을 말한다.

답 ①

9) 포소화설비의 전원

① 포소화설비에는 그 특정소방대상물의 수전방식에 따라 다음의 기준에 따른 상용전원회로의 배선을 설치해야 한다. 다만, 가압수조방식으로서 모든 기능이 20분 이상 유효하게 지속될 수 있는 경우에는 그렇지 않다.

가. 저압수전인 경우에는 인입개폐기의 직후에서 분기하여 전용배선으로 해야 하며, 전용의 전선관에 보호되도록 할 것

나. 특별고압수전 또는 고압수전일 경우에는 전력용 변압기 2차측의 주차단기 1차측에서 분기하여 전용배선으로 하되, 상용전원의 상시공급에 지장이 없을 경우에는 주차단기 2차측에서 분기하여 전용배선으로 할 것. 다만, 가압송수장치의 정격입력전압이 수전전압과 같은 경우에는 '가.'의 기준에 따른다.

② 포소화설비에는 자가발전설비, 축전지설비(내연기관에 따른 펌프를 설치한 경우에는 내연기관의 기동 및 제어용 축전지를 말한다) 또는 전기저장장치(외부 전기에너지를 저장해 두었다가 필요한 때 전기를 공급하는 장치)에 따른 비상전원을 설치하되, 다음에 해당하는 경우에는 비상전원수전설비로 설치할 수 있다. 다만, 2 이상의 변전소(「전기사업법」 제67조 및 「전기설비기술기준」 제3조제1항제2호에 따른 변전소를 말한다)로부터 동시에 전력을 공급받을 수 있거나 하나의 변전소로부터 전력의 공급이

중단되는 때에는 자동으로 다른 변전소로부터 전력을 공급받을 수 있도록 상용전원을 설치한 경우와 가압수조방식에는 비상전원을 설치하지 않을 수 있다.

가. 호스릴 포소화설비 또는 포소화전만을 설치한 차고·주차장

나. 포헤드설비 또는 고정포방출설비가 설치된 부분의 바닥면적(스프링클러설비가 설치된 차고·주차장의 바닥면적을 포함한다)의 합계가 1,000 m^2 미만인 것

③ 비상전원 중 자가발전설비, 축전지설비 또는 전기저장장치는 다음의 기준에 따라 설치하고, 비상전원수전설비는 「소방시설용 비상전원수전설비의 화재안전기술기준(NFTC 602)」에 따라 설치해야 한다.

가. 점검에 편리하고 화재 및 침수 등의 재해로 인한 피해를 받을 우려가 없는 곳에 설치할 것

나. 포소화설비를 유효하게 20분 이상 작동할 수 있어야 할 것

다. 상용전원으로부터 전력의 공급이 중단된 때에는 자동으로 비상전원으로부터 전력을 공급받을 수 있도록 할 것

라. 비상전원(내연기관의 기동 및 제어용 축전기를 제외한다)의 설치장소는 다른 장소와 방화구획 할 것. 이 경우 그 장소에는 비상전원의 공급에 필요한 기구나 설비 외의 것(열병합발전설비에 필요한 기구나 설비는 제외한다)을 두어서는 안 된다.

마. 비상전원을 실내에 설치하는 때에는 그 실내에 비상조명등을 설치할 것

10) 포소화설비의 제어반

① 포소화설비에는 제어반을 설치하되, 감시제어반과 동력제어반으로 구분하여 설치해야 한다. 다만, 다음에 해당하는 경우에는 감시제어반과 동력제어반으로 구분하여 설치하지 않을 수 있다.

가. 다음에 해당하지 않는 특정소방대상물에 설치되는 경우

> a. 지하층을 제외한 층수가 7층 이상으로서 연면적이 2,000 m^2 이상인 것
>
> b. 'a.'에 해당하지 않는 특정소방대상물로서 지하층의 바닥면적 합계가 3,000 m^2 이상인 것. 다만, 차고·주차장 또는 보일러실·기계실·전기실 등 이와 유사한 장소의 면적은 제외한다.

나. 내연기관에 따른 가압송수장치를 사용하는 경우

다. 고가수조에 따른 가압송수장치를 사용하는 경우

라. 가압수조에 따른 가압송수장치를 사용하는 경우

② 감시제어반의 기능은 다음의 기준에 적합해야 한다. 다만, ①의 단서에 따른 각 기준

의 어느 하나에 해당하는 경우에는 '다.'와 '바.'를 적용하지 않는다.

가. 각 펌프의 작동 여부를 확인할 수 있는 표시등 및 음향경보기능이 있어야 할 것

나. 각 펌프를 자동 및 수동으로 작동시키거나 중단시킬 수 있어야 할 것

다. 비상전원을 설치한 경우에는 상용전원 및 비상전원의 공급 여부를 확인할 수 있어야 할 것

라. 수조 또는 물올림수조가 저수위로 될 때 표시등 및 음향으로 경보할 것

마. 각 확인회로(기동용 수압개폐장치의 압력스위치회로, 수조 또는 물올림수조의 저수위감시회로, 개폐밸브의 폐쇄상태 확인회로, 그 밖의 이와 비슷한 회로를 말한다)마다 도통시험 및 작동시험을 할 수 있도록 할 것

바. 예비전원이 확보되고 예비전원의 적합 여부를 시험할 수 있어야 할 것

③ 감시제어반은 다음의 기준에 따라 설치해야 한다.

가. 화재 및 침수 등의 재해로 인한 피해를 받을 우려가 없는 곳에 설치할 것

나. 감시제어반은 포소화설비의 전용으로 할 것. 다만, 포소화설비의 제어에 지장이 없는 경우에는 다른 설비와 겸용할 수 있다.

다. 감시제어반은 다음의 기준에 따른 전용실 안에 설치할 것. 다만, ①의 단서에 따른 각 기준의 어느 하나에 해당하는 경우와 공장, 발전소 등에서 설비를 집중 제어·운전할 목적으로 설치하는 중앙제어실 내에 감시제어반을 설치하는 경우에는 그렇지 않다.

a. 다른 부분과 방화구획을 할 것. 이 경우 전용실의 벽에는 기계실 또는 전기실 등의 감시를 위하여 두께 7 mm 이상의 망입유리(두께 16.3 mm 이상의 접합유리 또는 두께 28 mm 이상의 복층유리를 포함한다)로 된 4 m^2 미만의 붙박이창을 설치할 수 있다.

b. 피난층 또는 지하 1층에 설치할 것. 다만, 다음에 해당하는 경우에는 지상 2층에 설치하거나 지하 1층 외의 지하층에 설치할 수 있다.

(1) 「건축법 시행령」 제35조에 따라 특별피난계단이 설치되고 그 계단(부속실을 포함한다) 출입구로부터 보행거리 5 m 이내에 전용실의 출입구가 있는 경우

(2) 아파트의 관리동(관리동이 없는 경우에는 경비실)에 설치하는 경우

c. 비상조명등 및 급·배기설비를 설치할 것

d. 「무선통신보조설비의 화재안전기술기준(NFTC 505)」 2.2.3에 따라 유효하게 통신이 가능할 것(영 별표 4의 제5호마목에 따른 무선통신보조설비가 설치된 특정소방대상물에 한한다)

e. 바닥면적은 감시제어반의 설치에 필요한 면적 외에 화재 시 소방대원이 그 감시제어반의 조작에 필요한 최소면적 이상으로 할 것

라. 전용실에는 특정소방대상물의 기계·기구 또는 시설 등의 제어 및 감시설비 외의 것을 두지 않을 것

④ 동력제어반은 다음의 기준에 따라 설치해야 한다.

가. 앞면은 적색으로 하고 "포소화설비용 동력제어반"이라고 표시한 표지를 설치할 것

나. 외함은 두께 1.5 mm 이상의 강판 또는 이와 동등 이상의 강도 및 내열성능이 있는 것으로 할 것

다. 그 밖의 동력제어반의 설치에 관하여는 ③의 '가. 및 나.'의 기준을 준용할 것

11) 포소화설비의 배선

① 포소화설비의 배선은 「전기사업법」 제67조에 따른 「전기설비기술기준」에서 정한 것 외에 다음의 기준에 따라 설치해야 한다.

가. 비상전원을 설치한 경우에는 비상전원으로부터 동력제어반 및 가압송수장치에 이르는 전원회로의 배선은 내화배선으로 할 것. 다만, 자가발전설비와 동력제어반이 동일한 실에 설치된 경우에는 자가발전기로부터 그 제어반에 이르는 전원회로의 배선은 그렇지 않다.

나. 상용전원으로부터 동력제어반에 이르는 배선, 그 밖의 포소화설비의 감시·조작 또는 표시등회로의 배선은 내화배선 또는 내열배선으로 할 것. 다만, 감시제어반 또는 동력제어반 안의 감시·조작 또는 표시등회로의 배선은 그렇지 않다.

② 내화배선 및 내열배선에 사용되는 전선의 종류 및 설치방법은 「옥내소화전설비의 화재안전기술기준(NFTC 102)」 2.7.2의 표 2.7.2(1) 및 표 2.7.2(2)의 기준에 따른다.

③ 포소화설비의 과전류차단기 및 개폐기에는 "포소화설비용 과전류차단기 또는 개폐기"라고 표시한 표지를 해야 한다.

④ 포소화설비용 전기배선의 양단 및 접속단자에는 다음의 기준에 따라 표지해야 한다.

가. 단자에는 "포소화설비단자"라고 표시한 표지를 부착할 것

나. 포소화설비용 전기배선의 양단에는 다른 배선과 식별이 용이하도록 표시할 것

8.5 소화설비의 수원

포소화설비의 수원은 그 저수량이 특정소방대상물에 따라 다음의 기준에 적합하도록 해야 한다.

1) 특수가연물을 저장·취급하는 공장 또는 창고

포워터스프링클러설비 또는 포헤드설비의 경우에는 포워터스프링클러헤드 또는 포헤드(이하 “포헤드”라 한다)가 가장 많이 설치된 층의 포헤드(바닥면적이 200 m^2를 초과한 층은 바닥면적 200 m^2 이내에 설치된 포헤드를 말한다)에서 동시에 표준방사량으로 10분간 방사할 수 있는 양 이상으로, 고정포방출설비의 경우에는 고정포방출구가 가장 많이 설치된 방호구역 안의 고정포방출구에서 표준방사량으로 10분간 방사할 수 있는 양 이상으로 한다. 이 경우 하나의 공장 또는 창고에 포워터스프링클러설비·포헤드설비 또는 고정포방출설비가 함께 설치된 때에는 각 설비별로 산출된 저수량 중 최대의 것을 그 특정소방대상물에 설치해야 할 수원의 양으로 한다.

2) 차고 또는 주차장

호스릴 포소화설비 또는 포소화전설비의 경우에는 방수구가 가장 많은 층의 설치개수(호스릴 포방수구 또는 포소화전방수구가 5개 이상 설치된 경우에는 5개)에 6 m^3를 곱한 양 이상으로 포워터스프링클러설비, 포헤드설비 또는 고정포방출설비의 경우에는 1)의 기준을 준용한다. 이 경우 하나의 차고 또는 주차장에 호스릴 포소화설비·포소화전설비·포워터스프링클러설비·포헤드설비 또는 고정포방출설비가 함께 설치된 때에는 각 설비별로 산출된 저수량 중 최대의 것을 그 차고 또는 주차장에 설치해야 할 수원의 양으로 한다.

3) 항공기 격납고

포워터스프링클러설비·포헤드설비 또는 고정포방출설비의 경우에는 포헤드 또는 고정포방출구가 가장 많이 설치된 항공기 격납고의 포헤드 또는 고정포방출구에서 동시에 표준방사량으로 10분간 방사할 수 있는 양 이상으로 하되, 호스릴 포소화설비를 함께 설치한 경우에는 호스릴 포방수구가 가장 많이 설치된 격납고의 호스릴 포방수구수(호스릴 포방수구가 5개 이상 설치된 경우에는 5개)에 6 m^3를 곱한 양을 합한 양 이상으로 해야 한다.

8.6 포소화설비의 설치대상물

1) 항공기 및 자동차 관련시설 중 항공기 격납고
2) 차고, 주차용 건축물 또는 철골 조립식 주차시설. 이 경우 연면적 800 m^2 이상인 것만 해당한다.
3) 건축물 내부에 설치된 차고 또는 주차장으로서 차고 또는 주차의 용도로 사용되는 부분의 면적이 200 m^2 이상인 경우 해당 부분(50세대 미만 연립주택 및 다세대주택은 제외한다)
4) 기계장치에 의한 주차시설을 이용하여 20대 이상의 차량을 주차할 수 있는 시설
5) 특정소방대상물에 설치된 전기실·발전실·변전실(가연성 절연유를 사용하지 않는 변압기·전류차단기 등의 전기기기와 가연성 피복을 사용하지 않은 전선 및 케이블만을 설치한 전기실·발전실 및 변전실은 제외한다)·축전지실·통신기기실 또는 전산실, 그 밖에 이와 비슷한 것으로서 바닥면적이 300 m^2 이상인 것[하나의 방화구획 내에 2 이상의 실(室)이 설치되어 있는 경우에는 이를 하나의 실로 보아 바닥면적을 산정한다]. 다만, 내화구조로 된 공정제어실 내에 설치된 주조정실로서 양압시설(외부 오염공기 침투를 차단하고 내부의 나쁜 공기가 자연스럽게 외부로 흐를 수 있도록 한 시설)이 설치되고 전기기기에 220 V 이하인 저전압이 사용되며 종업원이 24시간 상주하는 곳은 제외한다.
6) 소화수를 수집·처리하는 설비가 설치되어 있지 않은 중·저준위 방사성폐기물의 저장시설. 이 시설에는 이산화탄소소화설비, 할론소화설비 또는 할로겐화합물 및 불활성기체 소화설비를 설치해야 한다.
7) 지하가 중 예상 교통량, 경사도 등 터널의 특성을 고려하여 행정안전부령으로 정하는 터널. 이 시설에는 물분무소화설비를 설치해야 한다.
8) 지정문화재로서 소방청장이 문화재청장과 협의하여 정하는 것

연습문제

1. 포소화설비에는 소화약제의 혼합을 위한 혼합장치들이 있는데 이들 혼합장치들의 특징에 대하여 서술하라.

2. 포(Foam)헤드의 종류와 이들의 기능 및 특징에 대하여 간략히 서술하라.

3. 포소화약제는 크게 화학포소화약제와 기계포(공기포)소화약제로 나누는데 기계포(공기포)소화약제에는 저팽창포소화약제와 고팽창포소화약제로 나누어진다. 이들 포소화약제들의 특성 및 소화원리에 관하여 서술하라.

4. 포소화설비의 개방밸브의 작동방식(자동식, 수동식)에 관하여 기술하라.

5. 위험물탱크에 설치되는 고정포방출구의 방출시험방법과 방출시험 후의 정상적인 원상복구 방법에 관하여 설명하라.

6. 고정포방출구의 종류를 쓰고 이들의 기능 및 특징에 관하여 비교 설명하라.

7. 옥외위험물 저장탱크에 고정포방출구를 설치하고 그 주위에는 보조포소화전을 설치하는데 보조포소화전의 설치 목적(역할)은 무엇인가?

8. 화학포소화약제의 저장방식에 관하여 설명하라.

9. 포소화설비의 사용 후 처리 방법은 어떠한가?

10. 고정포방출구에서 포의 방출 시 밀봉에 사용되는 물질과 그 물질들의 역할 및 조건에 관하여 기술하라.

11. 포혼합장치 및 포원액탱크의 점검사항 몇 가지를 서술하라.

12. 고발포용 방출구를 공기의 흡입방식에 따라 분류하고 설명하라.

13. 위험물 저장탱크용 고발포방출구(Ⅱ형 포방출구)의 작동원리 및 작동과정에 대하여 서술하라.

14. 공항에 있는 항공기 격납고에 포소화설비를 설치하였다. 아래 조건을 참조하여 물음에 답하라.

[조건]

1. 단백포 3%를 사용한다.
2. 포소화전을 8개 설치하였다.
3. 가로 35 m, 세로 20 m의 항공기 격납고

[물음]

1. 포소화전을 8개 설치 시 수원의 양 및 수용액의 양은 얼마인가?
2. 포워터스프링클러헤드 설치 시 몇 개 이상 설치해야 하며 이때 수용액의 양은 얼마 이상이어야 하는가?
3. 포헤드 설치 시 몇 개 이상의 헤드를 설치할 수 있는가?

15. 가솔린을 저장하는 탱크의 내부 직경 40 m인 플루팅루프 탱크(Floating Roof Tank)에 포소화설비의 특형 방출구를 설치하여 방호하려고 할 때 다음의 물음에 답하라.

[조건]

1. 소화약제는 3%의 단백포를 사용하며 수용액의 분당 방출량은 15 ℓ/m^2 분이고 방사시간은 20분으로 한다.
2. 굽도리판의 직경은 25 m로 한다.
3. 펌프의 효율은 50%, 전동기의 전달계수는 1.15로 한다.

[물음]

1. 상기 탱크의 특형 고정포방출구에 의하여 소화하는데 필요한 수용액의 양(ℓ), 수원의 양(ℓ), 소화약제의 원액의 양(ℓ)은 각각 얼마 이상이어야 하는가?
2. 수원을 공급하는 가압송수장치의 분당 토출량(m^3/min)은 얼마 이상이어야 하는가?
3. 펌프의 전양정이 75 m라고 할 때 전동기의 출력을 kW, HP으로 산출하라.

16. 다음 그림과 같이 자동차 주차장에 포소화설비를 설치하고자 한다. 아래 도면과 조건을 참조하여 물음에 답하라.

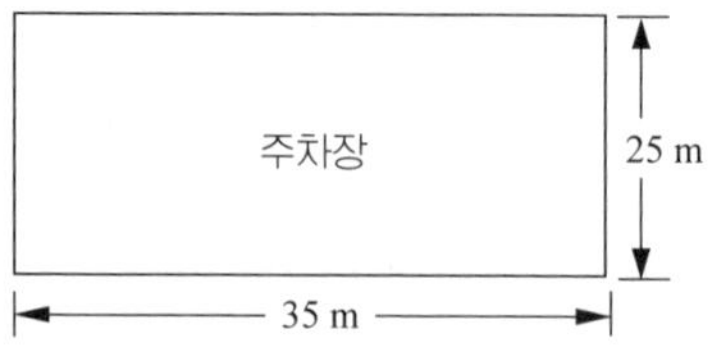

[조건]

1. 포소화약제는 6% 단백포를 사용한다.
2. 화재감지방식은 감지용 폐쇄형 스프링클러헤드를 사용한다.
3. 포헤드 설치 개수에 대한 관경은 표를 참조할 것

설치헤드개수(개)	1	2	5	8	15	27	55	90	150
관경(mm)	25	32	40	50	65	80	100	125	150

[물음]

1. 주차장에 설치해야 하는 화재감지용 스프링클러헤드의 표시온도 및 헤드의 종류는?
2. 설치되는 일제개방밸브수는 몇 개 이상이 되어야 하는가?
3. 설치될 화재감지용 헤드는 몇 개 이상 설치되어야 하는가?
4. 설치해야 할 포헤드는 몇 개 이상인가?
5. 주배관의 관경은 얼마이상인가?
6. 설치한 포헤드 1개의 방사량(m^3/min)은 얼마 이상으로 해야 하는가?
7. 송수펌프의 토출량(m^3/min)은 얼마인가?
8. 수원의 양(m^3)은 얼마인가?
9. 포소화약제 저장량(m^3)은 얼마 이상인가?

Chapter 9

이산화탄소소화설비

9.1 개요

이산화탄소(CO_2)소화설비는 스프링클러설비나 포소화설비 등 물에 의한 피해가 예상되는 장소나 전기화재, 유류화재 등에 사용된다. 화학적으로 안정된 소화약제이므로 약제의 변질이 없고 한번 설치하면 반영구적으로 사용이 가능하며 복잡하고 입체적 구조물의 대상물이라도 침투성이 강해 심층부까지 파고들어 완전소화가 된다. A급 화재(일반화재), B급 화재(유류화재), C급 화재(전기화재) 등 어느 것이라도 유효하며 소화 후에도 잔유물이 남지 않는 것이 특징이다. 구체적으로 탄산가스(CO_2)는 무색, 무취의 기체로서 독성이 없으며 공기보다 비중이 1.52배 무겁다. 액체는 액화탄산가스, 기체는 탄산가스, 고체는 드라이

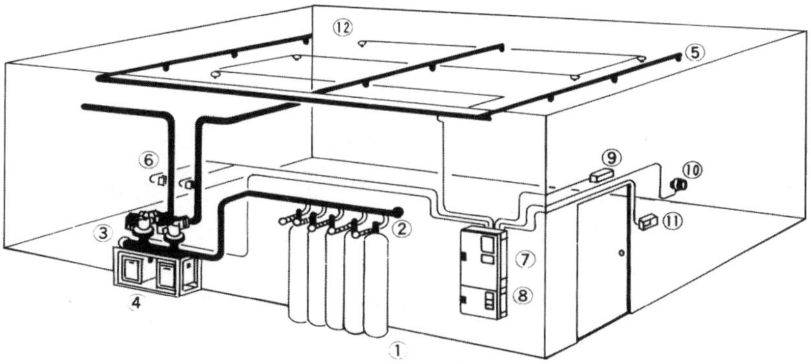

① Halon 1301(CO_2) Cylinder	② Manifold	③ Selection Valve	④ Actuating Cylinder Box
⑤ Discharge Nozzle	⑥ Pressure Switch	⑦ Control Panel	⑧ Battery Panel
⑨ Discharged Lamp	⑩ Alarm Siren	⑪ Manual Operation Box	⑫ Detector

[그림 9-1] 이산화탄소소화설비 System

아이스(dry ice)라 한다. 이산화탄소(CO_2)의 특징으로는 오손, 부식, 손상의 우려가 없고 소화 후 흔적이 없고 비전도성이므로 전기설비의 전도성이 있는 장소에 소화가 가능하다. 자체압력으로도 소화가 가능하므로 가압할 필요가 없으며 증거보존이 양호하며 화재원인의 조사가 쉽다.

그러나 소화 시 산소의 농도를 저하시키므로 질식의 우려가 있고 방사 시 액체상태로 영하로 저장하였다가 기화하므로 동상의 우려가 있다. 또한 자체압력으로 소화가 가능하므로 고압저장 시 주의를 요하며 CO_2 방사 시 소음이 크다. 이러한 단점 때문에 사용상 주의를 요하고 있다.

짚고넘어가기 01

1. 이산화탄소소화설비의 장점
① 오손, 부식, 손상의 우려가 없고 소화 후 흔적이 없다.
② 방사 시 가스이므로 구석까지 침투하여 소화하며, 비전도성이므로 전기 설비와 같은 장소의 소화에 적합하다.
③ 자체 압력으로도 소화가 가능하므로 가압할 필요가 없다.
④ 증거 보존이 양호하여 화재 원인의 조사가 쉽다.

2. 이산화탄소소화설비의 단점
① 소화 시 산소의 농도 저하로 질식의 우려가 있다.
② 방사 시 기화하므로 동상의 우려가 있다.
③ 고압 저장 시 주의를 요한다.
④ CO_2 약제 방사 시 소음이 크다.

예제 9.1 이산화탄소소화설비의 특징과 관계가 없는 것은?

① 자체 압력으로도 소화가 불가능하므로 별도의 압력원으로 가압할 필요가 있다.
② 소화 후에도 잔유물이 남지 않는다.
③ 전기화재, 유류화재 등에 사용된다.
④ 소화 시 산소의 농도를 저하시키므로 질식의 우려가 있다.

답 ①

9.2 종류

이산화탄소(CO_2)소화설비는 방출방식에 따라 전역방출방식, 국소방출방식, 호스릴방식의 3종류로 구분된다.

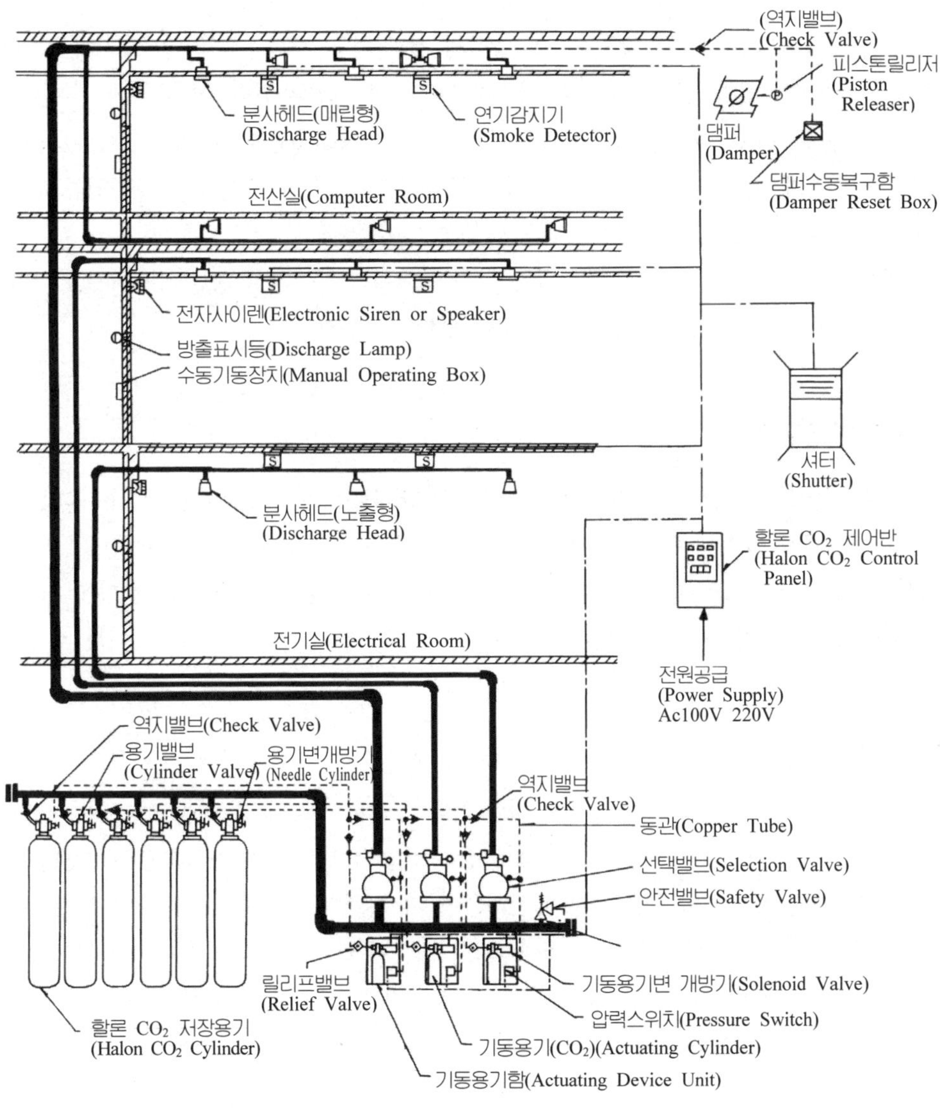

[그림 9-2] 이산화탄소소화설비 작동원리

1) 전역방출방식

밀폐 또는 그와 비슷한 상태로 될 수 있는 구역 전역에 가스를 방출하여 소화하는 방식이다. 이 방식은 이 설비의 방호대상물이 어떠한 연소형태인가, 즉 변전실, 주차장 등에서 예상되는 유류화재와 같은 급속표면으로 확대되는 표면화재인가 또는 냉장고, 창고 등에서 발생이 예상되는 포장재료, 종이류 등의 화재와 같이 심부화재인가에 따라 이 설비의 이산화탄소의 양과 방출시간이 달라진다. 이 설비의 기동방식은 자동화재 탐지설비의 감지기와 연동하여 자동적으로 가스를 방출시키는 방식의 것과 자동화재 탐지설비의 감지기와 연동하지 않는 방식이 있다. 전자의 방식은 가스방출에 따라 인명 위험발생의 우려가 있어 무인 변전실 등에 설치하는 경우를 제외하고 일반적으로는 자동화재탐지설비의 감지기에 의하여 화재를 발견하게 되면 방사구역 내에서 작업 등을 하고 있던 사람의 대피를 확인한 후 원격조작에 의하여 소화가스의 기동조작을 행하게 되어 있다.

입체주차장과 같은 야간 근무자가 없는 시설에는 주간 근무시간 중은 수동식으로, 야간에는 다시 연동식으로 전환하도록 하는 것이 좋다.

2) 국소방출방식

방호대상물에 큰 개구부가 있어 가스 방출시의 폐쇄불능 또는 곤란하여 전역방출방식으로는 소화효과를 기대할 수 없는 경우 또는 특히 대규모의 대상물로 전역방출방식으로는 방대한 가스량만 필요로 할 뿐만 아니라 가스 방출시 인명 위험 발생 우려가 있어 전역방출방식으로는 곤란한 경우 이용되는 방식이다.

3) 호스릴방식

호스릴에 감아 놓아 그 호스 선단에 대형 폰을 부착하여 화재 발생의 경우 기동밸브에 의하여 가스용기 개방밸브를 열어 호스를 연장하고 폰밸브를 개방, 이산화탄소(CO_2)를 방출시켜 소화하는 방법이다. 이동식은 조작하는 자가 화점에 접근하여 소화해야 하기 때문에 그 설치 장소가 한정되어 있고, 가연성가스나 미분이 발생하여 화재가 갑자기 확대할 우려가 있는 장소, 또는 화재 시 연기가 충만할 우려가 있는 장소에는 설치하지 않는 것이 좋으며, 일반적으로 양측이 개방되어 있는 소규모의 주차장 등의 경우에 설치된다.

짚고넘어가기 02

소화약제 방출방식에 의한 분류

① **전역방출방식** : 배관 및 분사헤드가 실내에 고정되어 있어 화재 발생 시 저장된 탄산가스를 전량 방출하여 산소의 농도 21%를 16% 이하로 저하시켜 소화하는 방식

② **국소방출방식** : 실내에 배관, 분사헤드가 고정되어 있어 화재 발생 시 저장된 탄산가스를 국소 연소 부분에 방사하여 연소 부분을 덮어 산소의 농도를 저하시키는 방식

③ **호스릴방식** : 저장된 탄산가스를 호스와 이동하면서 연소 부분에 직접 방사하여 소화하는 방식

예제 9.2 이산화탄소소화설비를 약제방출방식으로 구분할 경우 관계가 없는 것은?

① 전역방출방식　　② 국소방출방식

③ 가스가압방식　　④ 호스릴방식

답 ③

9.3 이산화탄소소화설비의 구성·구조 및 기능

용어 정의

충전비	소화약제 저장용기의 내부 용적과 소화약제의 중량과의 비(용적/중량)를 말한다.
심부화재	종이·목재·석탄·섬유류 및 합성수지류와 같은 고체가연물에서 발생하는 화재 형태로서 가연물 내부에서 연소하는 화재를 말한다.
표면화재	가연성물질의 표면에서 연소하는 화재를 말한다.
교차회로방식	하나의 방호구역 내에 2 이상의 화재감지기회로를 설치하고 인접한 2 이상의 화재감지기가 동시에 감지되는 때에는 이산화탄소소화설비가 작동하여 소화약제가 방출되는 방식을 말한다.
방화문	「건축법 시행령」 제64조에 따른 60분+ 방화문, 60분 방화문 또는 30분 방화문을 말한다.

1) 이산화탄소(CO_2)소화설비의 작동원리

자동식에 있어서는 감지기에 의하여 화재를 감지, 음향경보를 발하고, 기동가스 용기밸브를 전기적으로 개방, 기동가스를 방출하여 선택밸브 및 소화가스 봄베의 용기밸브를 개방하여 소화가스를 방출한다.

수동식에 있어서는 수동 기동장치의 문을 개방할 때 음향 경보를 발하고, 누름단추를 누름으로서 기동가스밸브를 전기적으로 개방하여 기동가스를 방출하여 선택밸브, 소화가스봄베의 용기밸브를 개방하여 소화가스가 방출된다. 원격조작의 방식에는 2가지 방식이 있다.

(1) 전기 조작방식

각 방호구역의 출입구 부근에 있는 조작함의 문을 열면 스위치가 작동, 대피경보의 사이렌 등이 울리고 누름단추를 누르면 먼저 보조계전기가 작동하고 환기설비가 정지되면서 방화셔터를 폐쇄한 후 출화구역의 선택밸브의 솔레노이드가 작동하고 용기밸브를 개방시켜 용기 유니트의 가스용기로부터 가스가 방출된다. 보조계전기는 처음부터 방화셔터의 폐쇄시간에 맞추어 용기밸브 개방장치의 솔레노이드를 작동시켜 가스를 방출, 처음에 열려진 선택밸브를 통하여 방호구역으로 방출하는 것이다. 또한 가스 방출용의 타이머 대신에 방화셔터에 리미트 스위치를 설치, 방화셔터의 폐쇄와 동시에 용기밸브의 솔레노이드가 작동하는 방식도 있다.

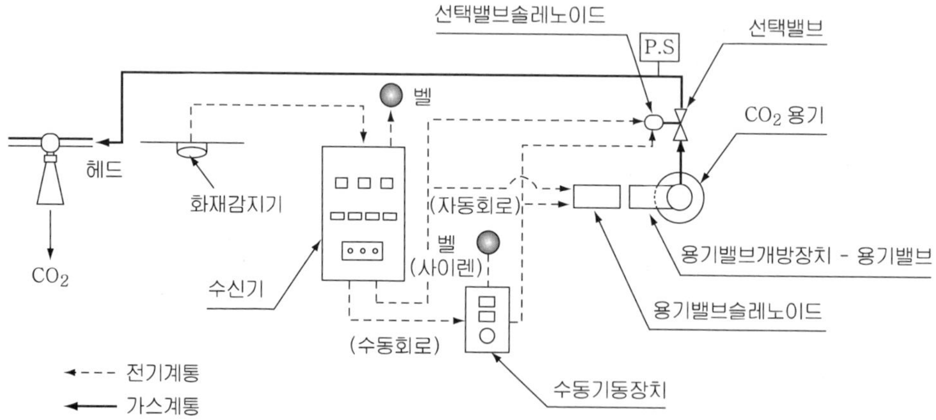

[그림 9-3] 전기개방식

(2) 가스압 조작방식

푸시버튼 대신 각 방호구역의 출입구 부근에 상자들이 소형의 이산화탄소(CO_2) 용기를 설치, 그 용기밸브를 개방하여 소화가스 용기밸브의 개방을 행하게 하는 방식이다.

조작 순서를 설명하면 다음과 같다.

가. 조작함의 문을 열면 대피경보를 울린다.
나. 내부사람의 대피상황을 확인한다.
다. 조작함의 누름단추를 누른다.
라. 필요에 따라 셔터를 폐쇄 환기팬을 정지, 기계기구의 정지 등을 자동적으로 한다.
마. 기동용기의 전자 개방밸브가 작동한다.
바. 기동용 CO_2가 방출하여 그 가스압력으로 선택밸브가 개방되며 소화용 CO_2 용기밸브가 개방된다.
사. 소화용 CO_2가 방출한다.
아. 그 가스 압력으로 댐퍼가 폐쇄된다.
자. 압력스위치가 작동하여 가스 방출 경보가 울린다.

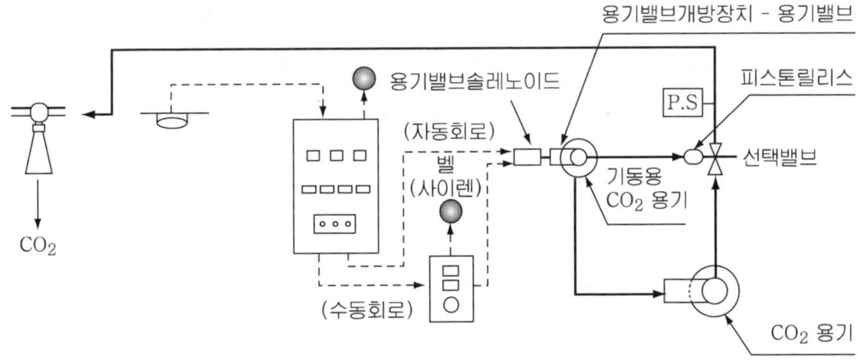

[그림 9-4] 가스압력개방식

2) 이산화탄소(CO_2)소화설비의 기동장치

이산화탄소(CO_2)소화설비의 기동장치는 수동식 기동장치와 자동식 기동장치로 크게 분류되는데 각각의 기준에 대해 살펴보기로 하자.

① 이산화탄소(CO_2)소화설비의 수동식 기동장치는 다음의 기준에 따라 설치해야 한다. 이 경우 수동식 기동장치의 부근에는 소화약제의 방출을 지연시킬 수 있는 방출지연 스위치(자동복귀형 스위치로서 수동식 기동장치의 타이머를 순간 정치시키는 기능의 스위치를 말한다)를 설치해야 한다.

가. 전역방출방식은 방호구역마다, 국소방출방식은 방호대상물마다 설치할 것

나. 해당 방호구역의 출입구 부근 등 조작을 하는 자가 쉽게 피난할 수 있는 장소에 설치할 것

다. 기동장치의 조작부는 바닥으로부터 높이 0.8 m 이상 1.5 m 이하의 위치에 설치하고, 보호판 등에 따른 보호장치를 설치할 것

라. 기동장치 인근의 보기 쉬운 곳에 "이산화탄소소화설비 수동식 기동장치"라는 표지를 할 것

마. 전기를 사용하는 기동장치에는 전원표시등을 설치할 것

바. 기동장치의 방출용 스위치는 음향경보장치와 연동하여 조작될 수 있는 것으로 할 것

② 이산화탄소(CO_2)소화설비의 자동식 기동장치는 자동화재탐지설비의 감지기의 작동과 연동하는 것으로서 다음의 기준에 따라 설치해야 한다.

가. 자동식 기동장치에는 수동으로도 기동할 수 있는 구조로 할 것

나. 전기식 기동장치로서 7병 이상의 저장용기를 동시에 개방하는 설비는 2병 이상의 저장용기에 전자 개방밸브를 부착할 것

다. 가스압력식 기동장치는 다음의 기준에 따를 것

a. 기동용 가스용기 및 해당 용기에 사용하는 밸브는 25 MPa 이상의 압력에 견딜 수 있는 것으로 할 것

b. 기동용 가스용기에는 내압시험압력의 0.8배부터 내압시험압력 이하에서 작동하는 안전장치를 설치할 것

c. 기동용 가스용기의 체적은 5 ℓ 이상으로 하고, 해당 용기에 저장하는 질소 등의 비활성기체는 6.0 MPa 이상(21℃ 기준)의 압력으로 충전할 것

d. 질소 등의 비활성기체 기동용 가스용기에는 충전 여부를 확인할 수 있는 압력 게이지를 설치할 것

라. 기계식 기동장치는 저장용기를 쉽게 개방할 수 있는 구조로 할 것

③ 이산화탄소(CO_2)소화설비가 설치된 부분의 출입구 등의 보기 쉬운 곳에 소화약제의 방출을 표시하는 표시등을 설치해야 한다.

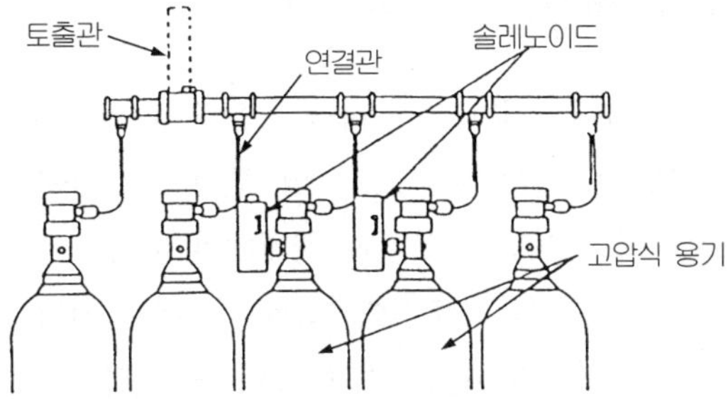

전자기동방식의 고압식용기군정열

[그림 9-5] 전기식 개방장치

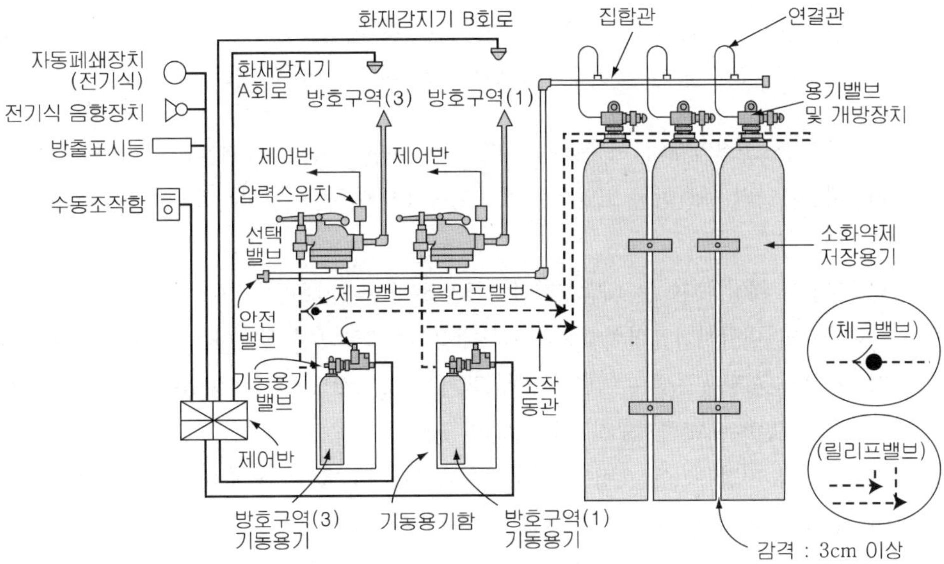

[그림 9-6] 가스압력식 개방장치

참고 ● 기동장치에는 기동용기를 포함하여 기동용기 개방용 솔레노이드가 함께 설치된다. 이 솔레노이드는 수신반과 화재 감지장치와 연동되는 것으로 감지구역에서 오동작을 최소화하기 위하여 감지기가 2개 이상 복수로 동작되면 수신부에 화재 수신과 동시에 음향장치가 기동되어 방호구역 및 수신부에 경보를 발하여 수신부 내의 지연장치인 지연타이머에 의해 수신부로부터 기동장치로의 기동출력이 지연되고 있다가 조정된 지연시간이 지나면 기동장치의 솔레노이드가 동작된다.

예제 9.3 이산화탄소소화설비의 자동식 기동장치의 기동방식으로 거리가 먼 것은?

① 기계식 ② 전기식 ③ 가스압력식 ④ 가스충전식

답 ④

3) 이산화탄소(CO_2)소화설비의 저장용기

① 이산화탄소 소화약제의 저장용기는 다음의 기준에 적합한 장소에 설치해야 한다.

가. 방호구역 외의 장소에 설치할 것. 다만, 방호구역 내에 설치할 경우에는 피난 및 조작이 용이하도록 피난구 부근에 설치해야 한다.

나. 온도가 40℃ 이하이고, 온도변화가 작은 곳에 설치할 것

다. 직사광선 및 빗물이 침투할 우려가 없는 곳에 설치할 것

라. 방화문으로 방화구획 된 실에 설치할 것

마. 용기의 설치장소에는 해당 용기가 설치된 곳임을 표시하는 표지를 할 것

바. 용기 간의 간격은 점검에 지장이 없도록 3 cm 이상의 간격을 유지할 것

사. 저장용기와 집합관을 연결하는 연결배관에는 체크밸브를 설치할 것. 다만, 저장용기가 하나의 방호구역만을 담당하는 경우에는 그렇지 않다.

② 이산화탄소 소화약제의 저장용기는 다음의 기준에 적합해야 한다.

가. 저장용기의 충전비는 고압식은 1.5 이상 1.9 이하, 저압식은 1.1 이상 1.4 이하로 할 것

나. 저압식 저장용기에는 내압시험압력의 0.64배부터 0.8배의 압력에서 작동하는 안전밸브와 내압시험압력의 0.8배부터 내압시험압력에서 작동하는 봉판을 설치할 것

다. 저압식 저장용기에는 액면계 및 압력계와 2.3 MPa 이상 1.9 MPa 이하의 압력에서 작동하는 압력경보장치를 설치할 것

라. 저압식 저장용기에는 용기 내부의 온도가 －18℃ 이하에서 2.1 MPa의 압력을 유지할 수 있는 자동냉동장치를 설치할 것

마. 저장용기는 고압식은 25 MPa 이상, 저압식은 3.5 MPa 이상의 내압시험압력에 합격한 것으로 할 것

③ 이산화탄소 소화약제 저장용기의 개방밸브는 전기식, 가스압력식 또는 기계식에 따라 자동으로 개방되고 수동으로도 개방되는 것으로서 안전장치가 부착된 것으로 해야 한다.

④ 이산화탄소 소화약제 저장용기와 선택밸브 또는 개폐밸브 사이에 내압시험압력 0.8배에서 작동하는 안전장치를 설치해야 한다.

예제 9.4 이산화탄소소화설비의 저장용기 설치기준으로 바르지 못한 것은?

① 방호구역 내의 장소에 설치할 것

② 온도가 40℃ 이하이고, 온도변화가 작은 곳에 설치할 것
③ 방화문으로 구획된 실에 설치할 것
④ 용기간의 간격은 점검에 지장이 없도록 3 cm 이상의 간격을 유지할 것

답 ①

예제 9.5 이산화탄소 소화약제의 저장용기 설치기준으로 타당하지 않는 것은?

① 저장용기의 충전비는 고압식은 1.5 이상 1.9 이하로 할 것
② 저압식 저장용기에는 액면계 및 압력계와 2.3 MPa 이상 1.9 MPa 이하의 압력에서 작동하는 압력경보장치를 설치할 것
③ 저장용기는 고압식은 25 MPa 이상, 저압식은 15 MPa 이상의 내압시험압력에 합격한 것으로 할 것
④ 저압식 저장용기에는 용기내부의 온도가 영하 18℃ 이하에서 2.1 MPa의 압력을 유지할 수 있는 자동냉동장치를 설치할 것

답 ③

4) 이산화탄소(CO_2)소화설비의 배관시공

① 이산화탄소소화설비의 배관은 다음의 기준에 따라 설치해야 한다.

가. 배관은 전용으로 할 것

나. 강관을 사용하는 경우의 배관은 압력배관용 탄소강관(KS D 3562) 중 스케줄 80(저압식은 스케줄 40) 이상의 것 또는 이와 동등 이상의 강도를 가진 것으로 아연도금 등으로 방식 처리된 것을 사용할 것. 다만, 배관의 호칭구경이 20 mm 이하인 경우에는 스케줄 40 이상인 것을 사용할 수 있다.

다. 동관을 사용하는 경우의 배관은 이음이 없는 구리 및 구리합금관(KS D 5301)으로서 고압식은 16.5 MPa 이상, 저압식은 3.75 MPa 이상의 압력에 견딜 수 있는 것을 사용할 것

라. 고압식의 경우 개폐밸브 또는 선택밸브의 2차측 배관부속은 호칭압력 2.0 MPa 이상의 것을 사용해야 하며, 1차측 배관부속은 호칭압력 4.0 MPa 이상의 것을 사용해야 하고, 저압식의 경우에는 2.0 MPa의 압력에 견딜 수 있는 배관부속을 사용할 것

② 배관의 구경은 이산화탄소 소화약제의 소요량이 다음의 기준에 따른 시간 내에 방출될 수 있는 것으로 해야 한다.

가. 전역방출방식에 있어서 가연성액체 또는 가연성가스 등 표면화재 방호대상물의 경우에는 1분

나. 전역방출방식에 있어서 종이, 목재, 석탄, 섬유류, 합성수지류 등 심부화재 방호대상물의 경우에는 7분. 이 경우 2분 이내에 설계농도의 30%에 도달해야 한다.

다. 국소방출방식의 경우에는 30초

③ 소화약제의 저장용기와 선택밸브 사이의 집합배관에는 수동잠금밸브를 설치하되 선택밸브 직전에 설치할 것. 다만, 선택밸브가 없는 설비의 경우에는 저장용기실 내에 설치하되 조작 및 점검이 쉬운 위치에 설치해야 한다.

참고 • **CO_2 배관 설치 시 주의사항**

① 보통의 배관용 주철관을 사용해서는 안 된다.

② 일반적으로 가단주철, 철, 가단주철제의 용접조인트, 나사가 난 플랜지를 사용한다.

③ 고압설비용 파이프 및 부속은 최소파괴압력이 35 MPa, 저압설비용의 파이프 및 부속은 최소파괴 압력이 12.5 MPa 이상의 것이어야 한다.

④ 탄산가스가 배출된 뒤에 배관 내에는 수분이 남게 되므로 이것이 배수될 수 있도록 설치되어야 하며 설치작업 시에도 배관 안에 수분이 남지 않도록 세심히 주의해야 한다.

⑤ 탄산가스 방출시 그 압력에 의한 반동이 극심하므로 배관의 지지물은 강한 진동에 이겨낼 수 있는 것이어야 한다.

예제 9.6 이산화탄소소화설비에 설치되는 배관에 대한 설명이다. 틀린 것은?

① 강관을 사용하는 경우의 배관은 압력배관용 탄소강관(KS D 3562) 중 저압식은 스케줄 40 이상의 것을 사용할 것

② 동관을 사용하는 경우의 배관은 이음이 없는 구리 및 구리합금관(KS D 5301)으로서 고압식은 16.5 MPa 이상의 압력에 견딜 수 있는 것을 사용할 것

③ 동관을 사용하는 경우의 배관은 이음이 없는 구리 및 구리합금관(KS D 5301)으로서 저압식은 2.0 MPa의 압력에 견딜 수 있는 배관부속을 사용할 것

④ 호칭구경이 20 mm 이하인 강관의 경우에는 스케줄 40 이상인 것을 사용할 수 있다.

답 ③

5) 이산화탄소(CO_2)소화설비의 선택밸브

하나의 특정소방대상물 또는 그 부분에 2 이상의 방호구역 또는 방호대상물이 있어 소화약제 저장용기를 공용하는 경우에는 다음의 기준에 따라 선택밸브를 설치해야 한다.

① 방호구역 또는 방호대상물마다 설치할 것

② 각 선택밸브에는 해당 방호구역 또는 방호대상물을 표시할 것

[그림 9-7] 선택밸브

참고 • **선택밸브**는 하나의 방호구역마다 설치되어 해당 구역 가스송출 관로의 대문 역할을 하는 것으로서 선택밸브가 개방되지 않으면 해당 방호구역에서 절대로 가스가 방출될 수가 없다. 선택밸브는 가스압력에 의한 개방방식과 전기식 개방의 2가지가 있다.

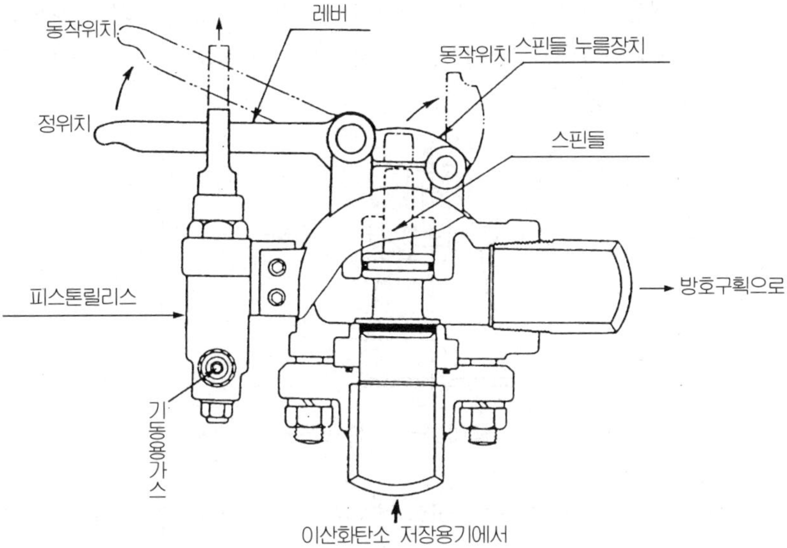

(가스압력식)

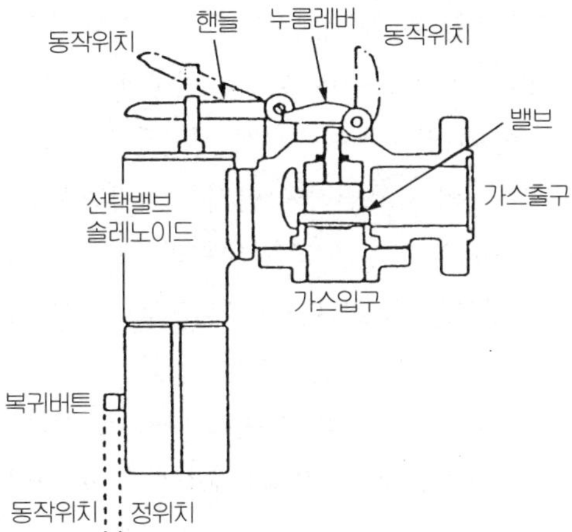

(전기식)

[그림 9-8] 선택밸브의 작동

6) 이산화탄소(CO_2)소화설비의 분사헤드

① 전역방출방식의 이산화탄소소화설비의 분사헤드는 다음의 기준에 따라 설치해야 한다.

가. 방출된 소화약제가 방호구역의 전역에 균일하고 신속하게 확산할 수 있도록 할 것

나. 분사헤드의 방출압력이 2.1 MPa(저압식은 1.05 MPa) 이상의 것으로 할 것

다. 특정소방대상물 또는 그 부분에 설치된 이산화탄소소화설비의 소화약제의 저장량은 표면화재 방호대상물은 1분, 심부화재 방호대상물은 7분 이내에 방출할 수 있는 것으로 할 것

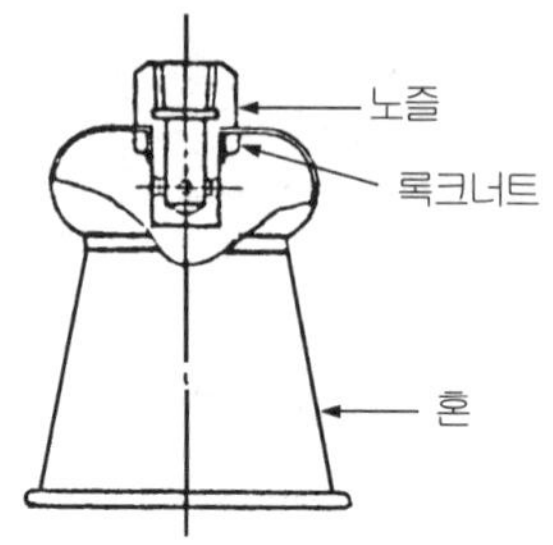

[그림 9-9] 분사헤드

② 국소방출방식의 이산화탄소소화설비의 분사헤드는 다음의 기준에 따라 설치해야 한다.

가. 소화약제의 방출에 따라 가연물이 비산하지 않는 장소에 설치할 것

나. 이산화탄소 소화약제의 저장량은 30초 이내에 방출할 수 있는 것으로 할 것

다. 성능 및 방출압력이 '①의 가. 및 나.'의 기준에 적합한 것으로 할 것

③ 화재 시 현저하게 연기가 찰 우려가 없는 장소(차고 또는 주차의 용도로 사용되는 부분 제외)로서 다음에 해당하는 장소에는 호스릴 이산화탄소소화설비를 설치할 수 있다.

가. 지상 1층 및 피난층에 있는 부분으로서 지상에서 수동 또는 원격조작에 따라 개방할 수 있는 개구부의 유효면적의 합계가 바닥면적의 15% 이상이 되는 부분

나. 전기설비가 설치되어 있는 부분 또는 다량의 화기를 사용하는 부분(해당 설비의 주위 5 m 이내의 부분을 포함한다)의 바닥면적이 해당 설비가 설치되어 있는 구획의 바닥면적의 1/5 미만이 되는 부분

④ 호스릴 이산화탄소소화설비는 다음의 기준에 따라 설치해야 한다.

가. 방호대상물의 각 부분으로부터 하나의 호스접결구까지의 수평거리가 15 m 이하가 되도록 할 것

나. 노즐은 20℃에서 하나의 노즐마다 60 kg/분 이상의 소화약제를 방출할 수 있는 것으로 할 것

다. 소화약제 저장용기는 호스릴을 설치하는 장소마다 설치할 것

라. 소화약제 저장용기의 개방밸브는 호스릴의 설치장소에서 수동으로 개폐할 수 있는 것으로 할 것

마. 소화약제 저장용기의 가장 가까운 곳의 보기 쉬운 곳에 적색의 표시등을 설치하고, 호스릴 이산화탄소소화설비가 있다는 뜻을 표시한 표지를 할 것

⑤ 이산화탄소소화설비의 분사헤드의 오리피스구경 등은 다음의 기준에 적합해야 한다.

가. 분사헤드에는 부식방지조치를 해야 하며 오리피스의 크기, 제조일자, 제조업체가 표시되도록 할 것

나. 분사헤드의 개수는 방호구역에 소화약제의 방출시간이 충족되도록 설치할 것

다. 분사헤드의 방출률 및 방출압력은 제조업체에서 정한 값으로 할 것

라. 분사헤드의 오리피스의 면적은 분사헤드가 연결되는 배관구경 면적의 70% 이하가 되도록 할 것

⑥ 이산화탄소소화설비의 분사헤드 설치제외장소

가. 방재실, 제어실 등 사람이 상시 근무하는 장소

나. 나이트로셀룰로오스, 셀룰로이드제품 등 자기연소성물질을 저장·취급하는 장소

다. 나트륨, 칼륨, 칼슘 등 활성금속물질을 저장·취급하는 장소

라. 전시장 등의 관람을 위하여 다수인이 출입·통행하는 통로 및 전시실 등

짚고넘어가기 03

헤드의 분구 면적(헤드의 분출구 단면적, 오리피스 단면적, 노즐의 단면적) [cm^2]

= 소화약제의 양(kg) ÷ 방출량(kg/sec · cm^2 · 개) ÷ 헤드 개수(개) ÷ 방출시간(sec)

$$= \frac{\text{헤드 1개당 방출량(kg/sec · 개)}}{\text{헤드의 방출률(kg/sec · cm}^2\text{ · 개)}}$$

예제 9.7 저압식 이산화탄소소화설비에 설치하는 분사헤드의 방출압력(MPa)은 얼마 이상으로 해야 하는가?

① 0.6 ② 1.05 ③ 1.6 ④ 2.15

답 ②

예제 9.8 화재 시 현저하게 연기가 찰 우려가 없는 장소에 설치하는 호스릴 이산화탄소 소화설비의 설치기준으로 바르지 못한 것은?

① 지상 1층 및 피난층에 있는 부분으로서 지상에서 수동 또는 원격조작에 따라 개방할 수 있는 개구부의 유효면적의 합계가 바닥면적의 15% 이상이 되는 부분에 설치할 수 있다.
② 방호대상물의 각 부분으로부터 하나의 호스접결구까지의 수평거리가 15 m 이하가 되도록 해야 한다.
③ 노즐은 20℃에서 하나의 노즐마다 60 kg/min 이상의 소화약제를 방출할 수 있는 것으로 해야 한다.
④ 소화약제 저장용기의 개방밸브는 호스의 설치장소에서 자동으로 개폐할 수 있는 것으로 해야 한다.

답 ④

7) 이산화탄소(CO_2)소화설비의 제어반

이산화탄소소화설비의 제어반 및 화재표시반은 다음의 기준에 따라 설치해야 한다. 다만, 자동화재탐지설비의 수신기 제어반이 화재표시반의 기능을 가지고 있는 것은 화재표시반을 설치하지 않을 수 있다.

① 제어반은 수동기동장치 또는 화재감지기에서의 신호를 수신하여 음향경보장치의 작동, 소화약제의 방출 또는 지연 등 기타의 제어기능을 가진 것으로 하고, 제어반에는 전원표시등을 설치할 것
② 화재표시반은 제어반에서의 신호를 수신하여 작동하는 기능을 가진 것으로 하되, 다음의 기준에 따라 설치할 것
  가. 각 방호구역마다 음향경보장치의 조작 및 감지기의 작동을 명시하는 표시등과 이와 연동하여 작동하는 벨·버저 등의 경보기를 설치할 것. 이 경우 음향경보장치의 조작 및 감지기의 작동을 명시하는 표시등을 겸용할 수 있다.
  나. 수동식 기동장치는 그 방출용 스위치의 작동을 명시하는 표시등을 설치할 것
  다. 소화약제의 방출을 명시하는 표시등을 설치할 것
  라. 자동식 기동장치는 자동·수동의 절환을 명시하는 표시등을 설치할 것
③ 제어반 및 화재표시반은 화재 및 침수 등의 재해로 인한 피해를 받을 우려가 없고 점검에 편리한 장소에 설치할 것
④ 제어반 및 화재표시반에는 해당 회로도 및 취급설명서를 비치할 것
⑤ 수동잠금밸브의 개폐 여부를 확인할 수 있는 표시등을 설치할 것

8) 이산화탄소(CO_2)소화설비의 화재감지기

이산화탄소소화설비의 자동식 기동장치는 다음의 기준에 따른 화재감지기를 설치해야 한다.

① 각 방호구역 내의 화재감지기의 감지에 따라 작동되도록 할 것

② 화재감지기의 회로는 교차회로방식으로 설치할 것. 다만, 화재감지기를 「자동화재탐지설비 및 시각경보장치의 화재안전기술기준(NFTC 203)」 2.4.1 단서의 각 감지기로 설치하는 경우에는 그렇지 않다.

③ 교차회로 내의 각 화재감지기회로별로 설치된 화재감지기 1개가 담당하는 바닥면적은 「자동화재탐지설비 및 시각경보장치의 화재안전기술기준(NFTC 203)」 2.4.3.5, 2.4.3.8부터 2.4.3.10까지의 규정에 따른 바닥면적으로 할 것

참고 • **이산화탄소소화설비에서 사용되는 화재감지기 교차회로방식**
감지기의 오동작으로 이산화탄소 소화약제의 방출을 방지하기 위한 것으로 하나의 방호구역 내의 2 이상의 화재감지기회로를 설치하고 인접한 2 이상의 화재감지기가 동시에 감지되는 때에 이산화탄소소화설비가 작동하여 소화약제가 방출되는 방식이다.

예제 9.9 이산화탄소소화설비 화재감지기의 회로를 교차회로방식으로 하는 이유는?

① 약제의 원활한 방출을 위하여
② 비화재시 오보 및 오작동을 방지하기 위하여
③ 확실한 경보의 작동을 위하여
④ 설비의 작동을 원활히 하기 위하여

답 ②

9) 이산화탄소(CO_2)소화설비의 음향경보장치

① 이산화탄소소화설비의 음향경보장치는 다음의 기준에 따라 설치해야 한다.

가. 수동식 기동장치를 설치한 것은 그 기동장치의 조작과정에서, 자동식 기동장치를 설치한 것은 화재감지기와 연동하여 자동으로 경보를 발하는 것으로 할 것

나. 소화약제의 방출개시 후 1분 이상 경보를 계속할 수 있는 것으로 할 것

다. 방호구역 또는 방호대상물이 있는 구획 안에 있는 자에게 유효하게 경보할 수 있는 것으로 할 것

② 방송에 따른 경보장치를 설치할 경우에는 다음의 기준에 따라야 한다.

가. 증폭기 재생장치는 화재 시 연소의 우려가 없고, 유지관리가 쉬운 장소에 설치할 것

나. 방호구역 또는 방호대상물이 있는 구획의 각 부분으로부터 하나의 확성기까지의 수평거리는 25 m 이하가 되도록 할 것

다. 제어반의 복구스위치를 조작하여도 경보를 계속 발할 수 있는 것으로 할 것

예제 9.10 다음은 이산화탄소소화설비 음향장치의 설치기준이다. 틀린 것은?

① 자동식 기동장치를 설치한 것에 있어서는 화재감지기와 연동하여 자동으로 경보를 발하는 것으로 해야 한다.

② 소화약제의 방사개시 후 1분 이상 경보를 계속할 수 있는 것으로 해야 한다.

③ 방호대상물이 있는 구획의 각 부분으로부터 하나의 확성기까지의 보행거리는 25 m 이하가 되도록 해야 한다.

④ 방호대상물이 있는 구획 안에 있는 자에게 유효하게 경보할 수 있는 것으로 해야 한다.

답 ③

10) 이산화탄소(CO_2)소화설비의 자동폐쇄장치

전역방출방식의 이산화탄소소화설비를 설치한 특정소방대상물 또는 그 부분에 대하여는 다음의 기준에 따라 자동폐쇄장치를 설치해야 한다.

① 환기장치 등을 설치한 것은 소화약제가 방출되기 전에 해당 환기장치 등이 정지될 수 있도록 할 것

② 개구부가 있거나 천장으로부터 1 m 이상의 아랫부분 또는 바닥으로부터 해당 층의 높이의 2/3 이내의 부분에 통기구가 있어 소화약제의 유출에 따라 소화효과를 감소시킬 우려가 있는 것은 소화약제가 방출되기 전에 해당 개구부 및 통기구를 폐쇄할 수 있도록 할 것

③ 자동폐쇄장치는 방호구역 또는 방호대상물이 있는 구획의 밖에서 복구할 수 있는 구조로 하고, 그 위치를 표시하는 표지를 할 것

11) 비상전원

① 점검에 편리하고 화재 및 침수 등의 재해로 인한 피해를 받을 우려가 없는 곳에 설치할 것

② 이산화탄소소화설비를 유효하게 20분 이상 작동할 수 있어야 할 것

③ 상용전원으로부터 전력의 공급이 중단된 때에는 자동으로 비상전원으로부터 전력을 공급받을 수 있도록 할 것

④ 비상전원의 설치장소는 다른 장소와 방화구획 할 것. 이 경우 그 장소에는 비상전원의 공급에 필요한 기구나 설비 외의 것(열병합발전설비에 필요한 기구나 설비는 제외한다)을 두어서는 안 된다.

⑤ 비상전원을 실내에 설치하는 때에는 그 실내에 비상조명등을 설치할 것

12) 배출설비

지하층, 무창층 및 밀폐된 거실 등에 이산화탄소소화설비를 설치한 경우에는 방출된 소화약제를 배출하기 위한 배출설비를 갖추어야 한다.

13) 과압배출구

이산화탄소소화설비가 설치된 방호구역에는 소화약제가 방출 시 과압으로 인한 구조물 등의 손상을 방지하기 위하여 과압배출구를 설치해야 한다.

참고 ● **전역방출방식의 설비**는 약제방출 전에 공조기의 정지 및 방화댐퍼, 창문 등 개구부의 폐쇄 등 부수적인 보조장치의 작동이 필요하다. 이 동작은 기동용기로부터의 가스압력이나 방출 가스압력 또는 압력스위치의 신호에 의하여 이루어진다. 가스압력을 이용하여 개구부를 폐쇄하는 자동폐쇄장치는 일반적으로 피스톤릴리스를 이용한다.

- 피스톤릴리스

기동용기로 부터의 가스압력 또는 주배관에서의 가스압력을 이용하는 자동폐쇄장치로 CO_2 소화설비에는 그 성질상 급배기 덕트의 방화댐퍼의 폐쇄 혹은 창문 등의 개구부를 폐쇄하기 위하여 피스톤릴리스를 사용하여 자동적으로 닫히게 한다.

- 급, 배기 팬(Fan)모터 정지

CO_2 방출을 행함에 있어서 해당 방호구역에 환기장치가 있는 경우 당연히 팬모터의 정지를 행한 후 가스방출을 하게 되는데 일반적으로 환기장치의 제어반에 접속한 조작반의 계전기의 개폐에 따라 팬모터를 정지한다.

- 문 또는 셔터 폐쇄

문 또는 셔터가 전동의 경우에는 제어반 또는 셔터의 스위치와 조작반의 계전기를 접속하여 폐쇄를 한다.

9.4 이산화탄소 소화약제 저장량

이산화탄소 소화약제 저장량은 다음 기준에 따른 양으로 한다. 이 경우 동일한 특정소방대상물 또는 그 부분에 2 이상의 방호구역이나 방호대상물이 있는 경우에는 각 방호구역 또는 방호대상물에 대하여 다음 각 기준에 따라 산출한 저장량 중 최대의 것으로 할 수 있다.

1) 전역방출방식에 있어서 가연성액체 또는 가연성가스 등 표면화재 방호대상물의 경우에는 다음의 기준에 따른다.

① 방호구역의 체적(불연재료나 내열성의 재료로 밀폐된 구조물이 있는 경우에는 그 체적을 감한 체적) 1 m^3에 대하여 다음 표에 따른 양. 다만, 다음 표에 따라 산출한 양이 동표에 따른 저장량의 최저한도의 양 미만이 될 경우에는 그 최저한도의 양으로 한다.

방호구역 체적	방호구역의 체적 1 m^3에 대한 소화약제의 양	소화약제 저장량의 최저한도의 양
45 m^3 미만	1.00 kg	45 kg
45 m^3 이상 150 m^3 미만	0.90 kg	
150 m^3 이상 1,450 m^3 미만	0.80 kg	135 kg
1,450 m^3 이상	0.75 kg	1,125 kg

② 다음 표에 따른 설계농도가 34% 이상인 방호대상물의 소화약제량은 ①의 기준에 따라 산출한 기본 소화약제량에 그림 9-10에 따른 보정계수를 곱하여 산출한다.

방호대상물	설계농도(%)
수소(Hydrogen)	75
아세틸렌(Acetylene)	66
일산화탄소(Carbon monoxide)	64
산화에틸렌(Ethylene oxide)	53
에틸렌(Ethylene)	49
에탄(Ethane)	40
석탄가스, 천연가스(Coal gas, Natural gas)	37
사이클로프로판(Cyclopropane)	37
아이소부탄(Isobutane)	36
프로판(Propane)	36
부탄(Butane)	34
메탄(Methane)	34

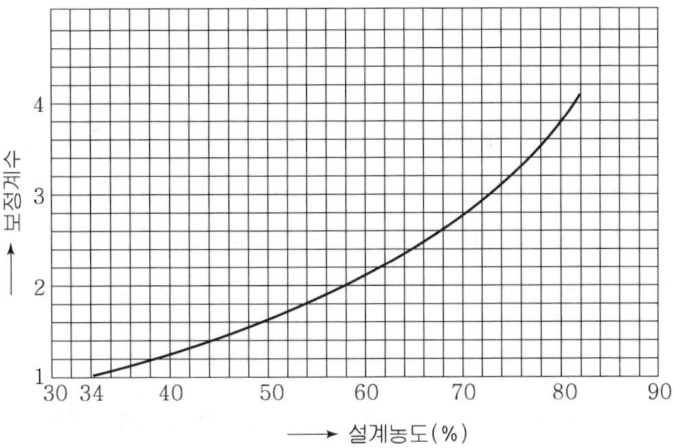

[그림 9-10] 설계농도와 보정계수의 관계그래프

③ 방호구역의 개구부에 자동폐쇄장치를 설치하지 아니한 경우에는 ① 및 ②의 기준에 따라 산출한 양에 개구부면적 1 m²당 5 kg을 가산해야 한다. 이 경우 개구부의 면적은 방호구역 전체 표면적의 3% 이하로 해야 한다.

2) 전역방출방식에 있어서 종이, 목재, 석탄, 섬유류, 합성수지류 등 심부화재 방호대상물의 경우에는 다음의 기준에 따른다.

① 방호구역의 체적(불연재료나 내열성의 재료로 밀폐된 구조물이 있는 경우에는 그 체적을 감한 체적) 1 m³에 대하여 다음 표에 따른 양 이상으로 해야 한다.

방호대상물	방호구역의 체적 1 m³에 대한 소화약제의 양	설계농도 (%)
유압기기를 제외한 전기설비, 케이블실	1.3 kg	50
체적 55 m³ 미만의 전기설비	1.6 kg	50
서고, 전자제품창고, 목재가공품창고, 박물관	2.0 kg	65
고무류, 면화류창고, 모피창고, 석탄창고, 집진설비	2.7 kg	75

② 방호구역의 개구부에 자동폐쇄장치를 설치하지 아니한 경우에는 ①의 기준에 따라 산출한 양에 개구부 면적 1 m²당 10 kg을 가산해야 한다. 이 경우 개구부의 면적은 방호구역 전체 표면적의 3% 이하로 해야 한다.

$$\text{소화약제 저장량(kg)} = \text{방호구역 체적}(m^3) \times \text{방호구역 체적당 소화약제의 양}(kg/m^3) + \text{개구부 면적}(m^2) \times \text{개구부 면적당 소화약제의 양}(kg/m^2)$$

3) 국소방출방식은 다음의 기준에 따라 산출한 양에 고압식은 1.4, 저압식은 1.1을 각각 곱하여 계산하여 나온 양 이상으로 한다.

① 윗면이 개방된 용기에 저장하는 경우와 화재 시 연소면이 한정되고 가연물이 비산할 우려가 없는 경우에는 방호대상물의 표면적 1 m^2에 대하여 13 kg

② ① 외의 경우에는 방호공간(방호대상물의 각 부분으로부터 0.6 m의 거리에 따라 둘러싸인 공간을 말한다. 이하 같다)의 체적 1 m^3에 대하여 다음의 식에 따라 산출한 양

$$Q = 8 - 6a/A$$

Q : 방호공간 1 m^3에 대한 이산화탄소 소화약제의 양(kg/m^3)
a : 방호대상물 주위에 설치된 벽면적의 합계(m^2)
A : 방호공간의 벽면적(벽이 없는 경우에는 벽이 있는 것으로 가정한 해당 부분의 면적)의 합계(m^2)

4) 호스릴 이산화탄소소화설비는 하나의 노즐에 대하여 90 kg 이상으로 한다.

5) 이론 소화농도와 설계농도

공기 중의 산소농도를 15% 이하로 낮추면 연소는 정지된다. 이 15%와 같은 농도를 연소한계 산소농도라고 한다. 이 값은 가연성 물질의 종류에 따라서 다르다. 휘발유 등과 같은 일반적인 가연성액체의 연소한계는 15%이므로 표면화재의 가스량 예산규정은 이 값을 기준으로 하여 정한다. 산소농도를 15%로 낮추기 위한 이산화탄소의 방출량과 방출된 탄소가스의 농도는 다음 식으로 구한다.

$$G = \frac{21 - O_2}{O_2} \times V \qquad CO_2(\%) = \frac{21 - O_2}{21} \times 100$$

G : 방출 탄산가스량(m^3)
O_2 : 물질의 연소한계 산소농도(%)
V : 실의 용적(m^3)
CO_2 : 탄산가스의 이론 농도(%)

예제 9.11 체적이 100 m^3인 전기실에 면적 2 m^2인 개구부가 설치되어 있으며 여기에는 자동폐쇄장치가 설치되어 있지 않다. 이 방호구역에 화재 시 필요한 이산화탄소 소화약제의 양(kg)은 얼마 이상으로 해야 하는가?

① 100 ② 150 ③ 200 ④ 250

답 ②

9.5 이산화탄소소화설비의 설치대상물

1) 항공기 및 자동차 관련시설 중 항공기 격납고
2) 차고, 주차용 건축물 또는 철골 조립식 주차시설. 이 경우 연면적 800 m^2 이상인 것만 해당한다.
3) 건축물 내부에 설치된 차고·주차장으로서 차고 또는 주차의 용도로 사용되는 면적이 200 m^2 이상인 경우 해당 부분(50세대 미만 연립주택 및 다세대주택은 제외한다)
4) 기계장치에 의한 주차시설을 이용하여 20대 이상의 차량을 주차할 수 있는 시설
5) 특정소방대상물에 설치된 전기실·발전실·변전실(가연성 절연유를 사용하지 않는 변압기·전류차단기 등의 전기기기와 가연성 피복을 사용하지 않은 전선 및 케이블만을 설치한 전기실·발전실 및 변전실은 제외한다)·축전지실·통신기기실 또는 전산실, 그 밖에 이와 비슷한 것으로서 바닥면적이 300 m^2 이상인 것[하나의 방화구획 내에 2 이상의 실(室)이 설치되어 있는 경우에는 이를 하나의 실로 보아 바닥면적을 산정한다]. 다만, 내화구조로 된 공정제어실 내에 설치된 주조정실로서 양압시설이 설치되고 전기기기에 220 V 이하인 저전압이 사용되며 종업원이 24시간 상주하는 곳은 제외한다.
6) 소화수를 수집·처리하는 설비가 설치되어 있지 않은 중·저준위 방사성폐기물의 저장시설. 이 시설에는 이산화탄소소화설비, 할론소화설비 또는 할로겐화합물 및 불활성기체 소화설비를 설치해야 한다.
7) 지하가 중 예상 교통량, 경사도 등 터널의 특성을 고려하여 행정안전부령으로 정하는 터널. 이 시설에는 물분무소화설비를 설치해야 한다.
8) 지정문화재로서 소방청장이 문화재청장과 협의하여 정하는 것

연습문제

1. 이산화탄소소화설비의 장·단점에 관하여 서술하라.

2. 이산화탄소소화설비의 배관재료에 관한 기준에 대하여 서술하라.

3. 이산화탄소소화설비의 기동방식 3가지를 설명하고 각각의 시스템(system)기동에 관하여 나열하라. [시스템(system)계통도를 그리고 설명할 것]

4. 이산화탄소(CO_2)소화설비의 사용 후의 처리에 관하여 기술하라.

5. 이산화탄소(CO_2)소화설비 및 주로 가스계 소화설비에서 사용되는 피스톤릴리스의 역할과 동작되는 과정에 관하여 상세히 기술하라.

6. 이산화탄소(CO_2)소화설비에서 연기감지기를 화재 감지용으로 설치하였다. 설치방식에 관하여 상세히 설명하라.

7. 전역방출방식의 이산화탄소(CO_2)소화설비에 있어서, 기동용의 누름단추스위치 등을 조작한 후 곧 저장용기의 용기밸브가 개방되어버린 경우의 원인은 무엇인가?

8. 이산화탄소(CO_2)소화설비의 경보장치의 종류를 2가지로 구분하고 설명하라.

9. 이산화탄소(CO_2)소화설비를 전역방출방식으로 설치한 경우, 다음과 같은 기기를 이용하여 수동으로 조작할 경우 조작순서를 나열하라. (모터사이렌, 수동조작함, 솔레노이드, 댐퍼, 압력스위치)

10. 이산화탄소(CO_2)소화설비의 기동방식 중 전자개방식의 기동에 관하여 서술하라.

11. 가스계(CO_2, 할론) 소화설비의 릴리프밸브의 기능에 대하여 서술하라.

12. 이산화탄소(CO_2)소화설비의 자동작동이 불가능할 경우(화재로 인한 정전일 경우) 수동

작동요령에 관하여 서술하라.

13. 기동용기의 가스를 방출시켜도 저장용기가스의 방출이 이루어지지 않을 경우, 조치 요령에 관하여 서술하라.

14. 수신반의 기기를 조작하여 가스방출을 시키는 방법에 관하여 기술하라.

15. 이산화탄소(CO_2)소화설비의 전기식과 가스압력식의 작동기능 점검에 관한 내용을 기술하라.

16. 이산화탄소(CO_2)소화설비의 소화효과에 관하여 설명하라.

17. 이산화탄소(CO_2)소화설비와 포소화설비의 질식소화효과의 차이점에 관하여 비교 설명하라.

18. 이산화탄소(CO_2)소화설비에는 고압상태의 이산화탄소(CO_2)를 방사하면 운무현상이 발생된다. 이러한 운무현상의 원인과 정의 및 문제점에 관하여 서술하라.

19. 이산화탄소(CO_2)소화설비에서 화재감지기가 배선 a, b 감지기(교차회로방식)로 구성되는 계통의 작동순서를 Flow Chart형식으로 나열하라.

20. 아래 도면에 이산화탄소(CO_2)소화설비를 전역방출방식으로 설치하려 한다. 조건 및 도면을 참조하여 각 물음에 답하라.

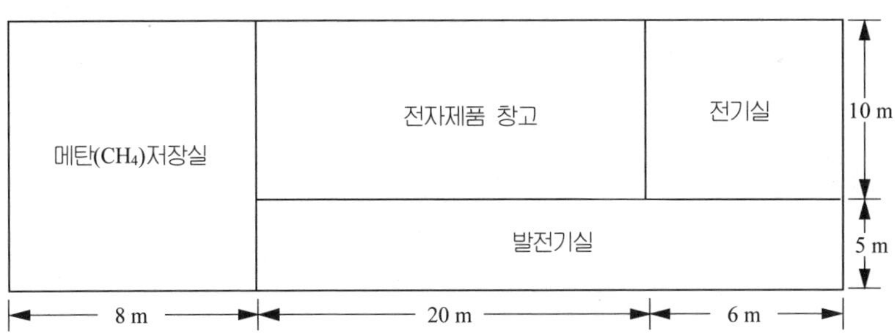

[조건]

1. 층고는 5 m이다.
2. 각 방호구역의 개구부면적은 아래와 같다.

방호구역	개구부 크기	방호구역	개구부 크기
메탄저장실 전자제품창고	1 m × 1.5 m 0.8 m × 0.7 m	전기실 발전기실	0.5 m × 0.5 m 0.8 m × 1 m

3. 자동폐쇄장치가 설치된 곳은 없다.
4. 각 방호구역에 설치된 헤드수는 아래 표와 같다.

방호구역	설치 헤드수	방호구역	설치 헤드수
메탄저장실	8개	전기실	3개
전자제품 창고	5개	발전기실	4개

5. 헤드의 방출압력에 대한 방출량은 0.9 kg/mm^2 · 분 · 개이다.
6. CO_2약제 저장용기 내용적은 68 ℓ이고 저장량은 45 kg이다.
7. 설비방식은 고압식이다.

[물음]

1. 각 방호구역에 대한 (CO_2) 약제 저장량(kg)을 계산하라.
2. 각 방호구역에 대한 (CO_2) 약제 저장용기수를 계산하라.
3. 저장용기 저장실에 저장해야 할 용기수는?
4. 각 방호구역의 방사헤드 1개당 등가 분구면적(mm^2)은 얼마인가?
5. 기동방식을 가스압력식으로 할 경우 기동용 (CO_2) 저장용기의 수와 선택밸브의 수는 얼마인가?

Chapter 10

할론소화설비

10.1 개요

할론 1301 소화설비는 21세기의 화학소화 시스템이라고 불릴 정도로 우수한 소화설비이다. 이 시스템은 할론 1301을 압축 액화하여 고압가스 용기에 충전하고 다시 질소로 가압된 상태로 저장하며 설비의 구성요소로서는 할론실린더, 기동용기, 집합관, 밸브헤더(Valve Header), 선택밸브, 분사헤드 등으로 구성되어 있고 자동 또는 수동 조작으로 용기밸브를 개방함과 동시에 경보와 표시를 하도록 한 설비이다. 화재가 발생하면 할론 1301 소화제는 분사헤드로부터 기화되면서 대상물의 공기 중에 신속하게 방출, 혼입되어 적은 농도(5% 정도)로써 소화목적을 달성한다. 이 설비의 종류로는 가압식과 축압식으로 분류되고 또한 전역방출방식과 국내에서 많이 사용되고 있는 국소방출방식으로도 구분된다. 할론 1301 소화설비는 소방법에서 요구하는 30초 방출방식과 특히 소화효과 높은 10초 방출방식도 가능하도록 되어있다. 이 10초 방출방식은 고속 소화를 목적으로 개발한 시스템이며 화재 피해와 고온으로 인한 소화제가스의 유해 생성가스를 최소한으로 줄이고 인명의 안전을 도모할 수 있는 이상적인 소화설비이다.

■ 수동조작의 경우

- 수동기동반의 문을 열면 음성 또는 사이렌으로 구획안의 사람이 대피할 수 있도록 경보가 울린다.
- 구역안의 사람들이 대피하였나 확인하고,
- 수동기동반의 PUSH BUTTON을 누르면 셔터 및 구획 내 댐퍼가 닫히면서,
- 당초 세팅된 시간(표준 20초)이 경과하면 솔레노이드를 기동시켜 탄산가스용기를 개방하고,
- 기동반 탄산가스에 의해 선택밸브 및 용기밸브를 개방시켜 소화제가 배관에 따라 구

획 내에 설치된 분사헤드를 통하여 방출시켜 소화하게 된다.

• 방출되는 구역 내의 압력스위치가 작동하여 방출표시등이 점등하게 된다.

■ 자동조작의 경우

• 구획내의 화재 감지기가 화재를 감지하게 되면 음성 또는 사이렌으로 구획 내의 사람들이 대피할 수 있도록 경보를 발한다.
• 이하는 수동조작 때와 동일하다.

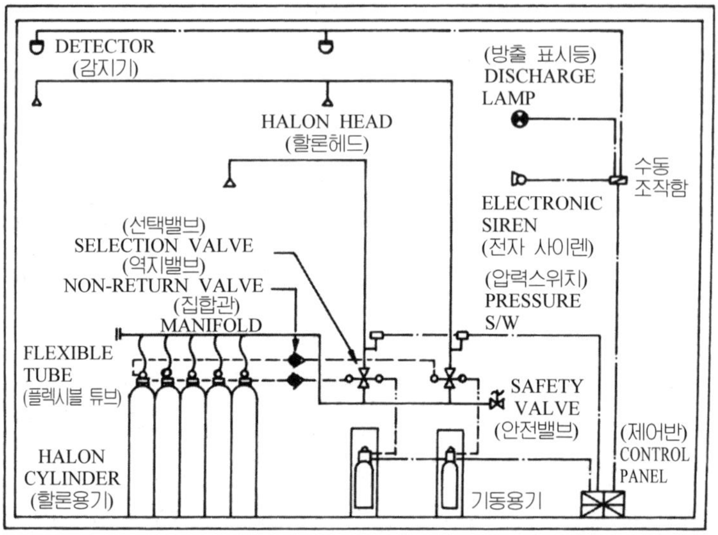

[그림 10-1] 할론 1301 소화설비 계통도

짚고넘어가기 01

1. 할론소화설비의 장점
   ① 전기 음성도가 강하여 다른 물질과 잘 결합하여 불연성의 가스를 발생한다.
   ② 부촉매에 의한 연소 억제 작용이 크며, 소화능력이 우수하다.
   ③ 금속에 대한 부식성이 적다.
   ④ 전기의 불량 도체이다.
   ⑤ 변질, 분해 등의 화학반응을 일으키지 않는다.
   ⑥ 소방대상물(피연소 물질)의 변질, 오염이 없다.
2. 할론소화설비의 단점
   ① 소화약제의 가격이 비싸다.
   ② 상온에서 가스 상태인 할론 1301 소화약제와 할론 1211 소화약제는 취급 시 주의를 요한다.

참고 ● 할론소화설비에서 할론소화약제를 저장할 경우 질소가스를 할론소화약제와 함께 저장하는 이유

할론소화약제는 자체 증기압(할론 1301의 경우는 1.4 MPa)만으로 스스로 방출이 어려우므로 질소(N_2)가스와 같은 압력원(방사원)을 충전(축압)하여 저장용기 내에 저장되어 있는 할론소화약제 전량을 방출하기 위해서이다.

10.2 종류(소화약제 방출방식)

1) 전역방출방식

내화구조 또는 불연재료로 된 방호구역에 화재의 발생과 동시에 작동하는 자동폐쇄장치 등을 설치하여 밀폐 또는 밀폐에 가까운 상태로 유지시키면서 그 내부에 설치된 분사헤드에서 할론소화약제를 방출시켜 화재를 소화하는 방식이다.

2) 국소방출방식

방호구역 전체를 밀폐 또는 밀폐에 가까운 상태로 유지하기 어려운 경우 방호해야 할 소방대상물만을 보호하기 위한 목적으로 방호대상물의 상부에 설치하여 소화약제를 방출시켜 화재를 소화하는 방식이다.

3) 호스릴방식(이동식)

호스릴에 호스를 감아 두었다가 화재가 발생한 장소로 이동시켜 할론소화약제 저장용기의 개방밸브를 개방하여 호스에 부착되어 있는 혼으로 소화약제를 방출시키는 방식이다.

참고 ● 할론 1301 소화설비에서 전역방출방식과 국소방출방식의 개념차이

1. 전역방출방식 : 방호구역 내 전역을 대상으로 소화약제를 헤드로부터 방사하여 방호하기 위한 설비방식이다.
2. 국소방출방식 : 방호구역 내에 방호해야 할 일국소의 방호대상물만을 방호하기 위한 것으로 대상물마다 헤드를 설치하며 전역방출방식이 곤란할 경우에 사용되는 방식이다.

10.3 구성, 구조 및 기능

1) 할론소화약제의 저장용기

① 할론소화약제의 저장용기 설치장소

가. 방호구역 외의 장소에 설치할 것. 다만, 방호구역 내에 설치할 경우에는 피난 및 조작이 용이하도록 피난구 부근에 설치해야 한다.

나. 온도가 40℃ 이하이고, 온도변화가 작은 곳에 설치할 것

다. 직사광선 및 빗물이 침투할 우려가 없는 곳에 설치할 것

라. 방화문으로 방화구획 된 실에 설치할 것

마. 용기의 설치장소에는 해당 용기가 설치된 곳임을 표시하는 표지를 할 것

바. 용기 간의 간격은 점검에 지장이 없도록 3 cm 이상의 간격을 유지할 것

사. 저장용기와 집합관을 연결하는 연결배관에는 체크밸브를 설치할 것. 다만, 저장용기가 하나의 방호구역만을 담당하는 경우에는 그렇지 않다.

② 할론소화약제의 저장용기 설치기준

가. 축압식 저장용기의 압력은 온도 20℃에서 할론 1211을 저장하는 것은 1.1 MPa 또는 2.5 MPa, 할론 1301을 저장하는 것은 2.5 MPa 또는 4.2 MPa이 되도록 질소가스로 축압할 것

나. 저장용기의 충전비는 할론 2402를 저장하는 것 중 가압식 저장용기는 0.51 이상 0.67 미만, 축압식 저장용기는 0.67 이상 2.75 이하, 할론 1211은 0.7 이상 1.4 이하, 할론 1301은 0.9 이상 1.6 이하로 할 것

다. 동일 집합관에 접속되는 저장용기의 소화약제 충전량은 동일 충전비의 것으로 할 것

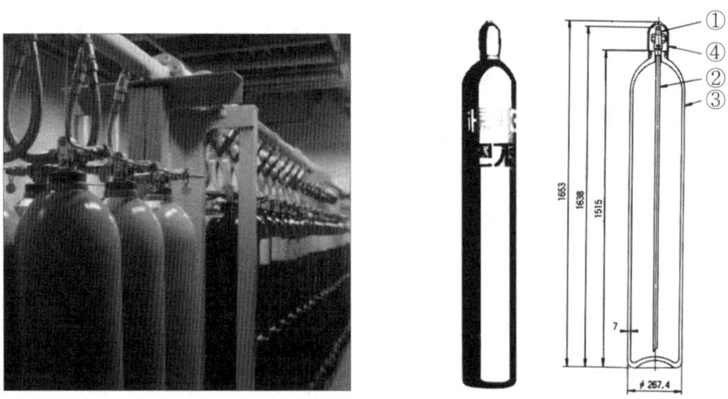

No.	부품명
1	용기밸브
2	사이펀관
3	용기
4	보호캡

[그림 10-2] 할론소화약제 저장용기

③ 가압용 가스용기는 질소가스가 충전된 것으로 하고, 그 압력은 21℃에서 2.5 MPa 또는 4.2 MPa이 되도록 해야 한다.

④ 할론소화약제 저장용기의 개방밸브는 전기식·가스압력식 또는 기계식에 따라 자동으로 개방되고 수동으로도 개방되는 것으로서 안전장치가 부착된 것으로 해야 한다.

⑤ 가압식 저장용기에는 2.0 MPa 이하의 압력으로 조정할 수 있는 압력조정장치를 설치해야 한다.

⑥ 하나의 방호구역을 담당하는 소화약제 저장용기의 소화약제량의 체적합계보다 그 소화약제 방출 시 방출경로가 되는 배관(집합관을 포함한다)의 내용적의 비율이 1.5배 이상일 경우에는 해당 방호구역에 대한 설비는 별도 독립방식으로 해야 한다.

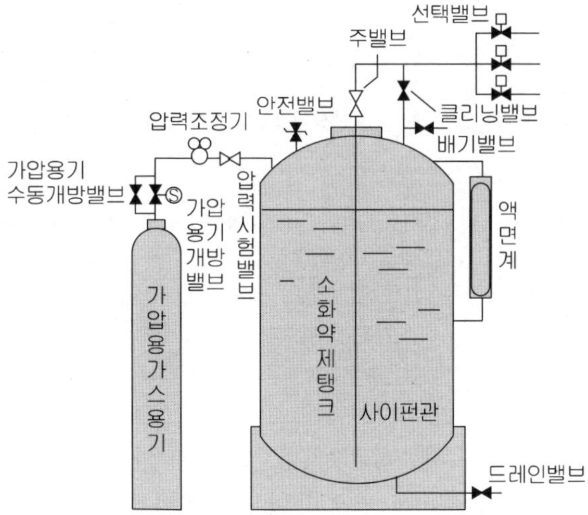

[그림 10-3] 약제 저장용기(상압용)

예제 10.1 할론소화설비의 약제 방출을 위해 사용되는 압력원의 종류는?

① 질소 ② 헬륨 ③ 수증기 ④ 일산화탄소

답 ①

예제 10.2 할론 1301 소화약제의 저장용기 충전비의 기준은?

① 0.51 이상 0.67 미만 ② 0.67 이상 2.75 이하

③ 0.7 이상 1.4 이하 ④ 0.9 이상 1.6 이하

답 ④

2) 할론소화약제의 저장량

할론소화약제의 저장량은 다음 기준에 따라야 한다. 이 경우 동일한 특정소방대상물 또는 그 부분에 2 이상의 방호구역 또는 방호대상물이 있는 경우에는 각 방호구역 또는 방호대상물에 대하여 다음의 각 기준에 따라 산출한 저장량 중 최대의 것으로 할 수 있다.

① 전역방출방식은 다음의 기준에 따라 산출한 양 이상으로 할 것

가. 방호구역의 체적(불연재료나 내열성의 재료로 밀폐된 구조물이 있는 경우에는 그 체적을 제외한다) 1 m^3에 대하여 다음 표에 따른 양

<table>
<tr><th colspan="2">소방대상물 또는 그 부분</th><th>소화약제의 종류</th><th>방호구역의 체적 1 m^3당 소화약제의 양</th></tr>
<tr><td colspan="2">차고·주차장·전기실·통신기기실·전산실 기타 이와 유사한 전기설비가 설치되어 있는 부분</td><td>할론 1301</td><td>0.32 kg 이상 0.64kg 이하</td></tr>
<tr><td rowspan="3">「화재의 예방 및 안전관리에 관한 법률 시행령」 별표 2의 특수가연물을 저장·취급하는 소방대상물 또는 그 부분</td><td>가연성고체류·가연성액체류</td><td>할론 2402
할론 1211
할론 1301</td><td>0.40 kg 이상 1.10 kg 이하
0.36 kg 이상 0.71 kg 이하
0.32 kg 이상 0.64 kg 이하</td></tr>
<tr><td>면화류·나무껍질 및 대팻밥·넝마 및 종이부스러기·사류·볏짚류·목재가공품 및 나무부스러기를 저장·취급하는 것</td><td>할론 1211
할론 1301</td><td>0.60 kg 이상 0.71 kg 이하
0.52 kg 이상 0.64 kg 이하</td></tr>
<tr><td>합성수지류를 저장·취급하는 것</td><td>할론 1211
할론 1301</td><td>0.36 kg 이상 0.71 kg 이하
0.32 kg 이상 0.64 kg 이하</td></tr>
</table>

나. 방호구역의 개구부에 자동폐쇄장치를 설치하지 아니한 경우에는 '가.'에 따라 산출한 양에 다음 표에 따라 산출한 양을 가산한 양

<table>
<tr><th colspan="2">소방대상물 또는 그 부분</th><th>소화약제의 종류</th><th>가산량(개구부의 면적 1 m^2당 소화약제의 양)</th></tr>
<tr><td colspan="2">차고·주차장·전기실·통신기기실·전산실 기타 이와 유사한 전기설비가 설치되어 있는 부분</td><td>할론 1301</td><td>2.4 kg</td></tr>
<tr><td rowspan="3">「화재의 예방 및 안전관리에 관한 법률 시행령」 별표 2의 특수가연물을 저장·취급하는 소방대상물 또는 그 부분</td><td>가연성고체류·가연성액체류</td><td>할론 2402
할론 1211
할론 1301</td><td>3.0 kg
2.7 kg
2.4 kg</td></tr>
<tr><td>면화류·나무껍질 및 대팻밥·넝마 및 종이부스러기·사류·볏짚류·목재가공품 및 나무부스러기를 저장·취급하는 것</td><td>할론 1211
할론 1301</td><td>4.5 kg
3.9 kg</td></tr>
<tr><td>합성수지류를 저장·취급하는 것</td><td>할론 1211
할론 1301</td><td>2.7 kg
2.4 kg</td></tr>
</table>

소화약제 저장량(kg) = 방호구역 체적(m^3) × 방호구역 체적당 소화약제의 양(kg/m^3)
+ 개구부 면적(m^2) × 개구부 면적당 소화약제의 양(kg/m^2)

② 국소방출방식은 다음의 기준에 따라 산출한 양에 할론 2402 또는 할론 1211은 1.1을, 할론 1301은 1.25를 각각 곱하여 산출한 양 이상으로 할 것

가. 윗면이 개방된 용기에 저장하는 경우와 화재 시 연소면이 1면에 한정되고 가연물이 비산할 우려가 없는 경우에는 다음 표에 따른 양

소화약제의 종류	방호대상물의 표면적 1 m^2 에 대한 소화약제의 양
할론 2402	8.8 kg
할론 1211	7.6 kg
할론 1301	6.8 kg

나. '가.' 외의 경우에는 방호공간(방호대상물의 각 부분으로부터 0.6 m의 거리에 따라 둘러싸인 공간을 말한다. 이하 같다)의 체적 1 m^3에 대하여 다음의 식에 따라 산출한 양

$$Q = X - Ya/A$$

Q : 방호공간 1 m^3에 대한 할론소화약제의 양(kg/m^3)

a : 방호대상물의 주위에 설치된 벽면적의 합계(m^2)

A : 방호공간의 벽면적(벽이 없는 경우에는 벽이 있는 것으로 가정한 해당 부분의 면적)의 합계(m^2)

X 및 Y : 다음 표의 수치

소화약제의 종류	X의 수치	Y의 수치
할론 2402	5.2	3.9
할론 1211	4.4	3.3
할론 1301	4.0	3.0

③ 호스릴 할론소화설비는 하나의 노즐에 대하여 다음 표에 따른 양 이상으로 할 것

소화약제의 종류	소화약제의 양
할론 2402 또는 1211	50 kg
할론 1301	45 kg

예제 10.3 체적이 50 m³인 주차장에 할론 1301 소화설비를 설치하였다. 여기에는 5 m²의 개구부가 설치되어 있으며 이 개구부에는 자동폐쇄장치가 설치되어 있다. 화재 시 필요한 약제의 양(kg)은 얼마 이상이 되어야 하는가?

① 16 ② 26 ③ 36 ④ 46

답 ①

3) 할론소화설비의 배관

할론소화설비의 배관은 다음의 기준에 따라 설치해야 한다.

① 배관은 전용으로 할 것

② 강관을 사용하는 경우의 배관은 압력배관용 탄소강관(KS D 3562) 중 스케줄 80(저압식은 스케줄 40) 이상의 것 또는 이와 동등 이상의 강도를 가진 것으로 아연도금 등으로 방식 처리된 것을 사용할 것

③ 동관을 사용하는 경우의 배관은 이음이 없는 구리 및 구리합금관(KS D 5301)으로서 고압식은 16.5 MPa 이상, 저압식은 3.75 MPa 이상의 압력에 견딜 수 있는 것을 사용할 것

④ 배관부속 및 밸브류는 강관 또는 동관과 동등 이상의 강도 및 내식성이 있는 것으로 할 것

4) 할론소화설비의 분사헤드

① 전역방출방식의 할론소화설비의 분사헤드는 다음의 기준에 따라 설치해야 한다.

가. 방출된 소화약제가 방호구역의 전역에 균일하고 신속하게 확산할 수 있도록 할 것

나. 할론 2402를 방출하는 분사헤드는 해당 소화약제가 무상으로 분무되는 것으로 할 것

다. 분사헤드의 방출압력은 0.1 MPa(할론 1211을 방출하는 것은 0.2 MPa, 할론 1301을 방출하는 것은 0.9 MPa) 이상으로 할 것

라. 기준저장량의 소화약제를 10초 이내에 방출할 수 있는 것으로 할 것

[그림 10-4] 할로겐화합물설비 분사헤드

② 국소방출방식의 할론소화설비의 분사헤드는 다음의 기준에 따라 설치해야 한다.

가. 소화약제의 방출에 따라 가연물이 비산하지 않는 장소에 설치할 것

나. 할론 2402를 방출하는 분사헤드는 해당 소화약제가 무상으로 분무되는 것으로 할 것

다. 분사헤드의 방출압력은 0.1 MPa(할론 1211을 방출하는 것은 0.2 MPa, 할론 1301을 방출하는 것은 0.9 MPa) 이상으로 할 것

라. 기준저장량의 소화약제를 10초 이내에 방출할 수 있는 것으로 할 것

③ 화재 시 현저하게 연기가 찰 우려가 없는 장소로서 다음의 어느 하나에 해당하는 장소는 호스릴 할론소화설비를 설치할 수 있다.

가. 지상 1층 및 피난층에 있는 부분으로서 지상에서 수동 또는 원격조작에 따라 개방할 수 있는 개구부의 유효면적의 합계가 바닥면적의 15% 이상이 되는 부분

나. 전기설비가 설치되어 있는 부분 또는 다량의 화기를 사용하는 부분(해당 설비의 주위 5 m 이내의 부분을 포함한다)의 바닥면적이 해당 설비가 설치되어 있는 구획의 바닥면적의 1/5 미만이 되는 부분

④ 호스릴 할론소화설비의 설치기준

가. 방호대상물의 각 부분으로부터 하나의 호스접결구까지의 수평거리는 20 m 이하가 되도록 할 것

나. 소화약제의 저장용기의 개방밸브는 호스릴의 설치장소에서 수동으로 개폐할 수 있는 것으로 할 것

다. 소화약제의 저장용기는 호스릴을 설치하는 장소마다 설치할 것

라. 노즐은 20℃에서 하나의 노즐마다 분당 45 kg(할론 1211은 40 kg, 할론 1301은 35 kg) 이상의 소화약제를 방출할 수 있는 것으로 할 것

마. 소화약제 저장용기의 가장 가까운 곳의 보기 쉬운 곳에 적색의 표시등을 설치하고, 호스릴 할론소화설비가 있다는 뜻을 표시한 표지를 할 것

⑤ 할론소화설비의 분사헤드의 오리피스구경 등은 다음의 기준에 적합해야 한다.

가. 분사헤드에는 부식방지조치를 해야 하며 오리피스의 크기, 제조일자, 제조업체가 표시되도록 할 것

나. 분사헤드의 개수는 방호구역에 소화약제의 방출시간이 충족되도록 설치할 것

다. 분사헤드의 방출률 및 방출압력은 제조업체에서 정한 값으로 할 것

라. 분사헤드의 오리피스의 면적은 분사헤드가 연결되는 배관구경 면적의 70% 이하가 되도록 할 것

예제 10.4 할론 1301 소화설비의 헤드 방출압력(MPa)은 얼마 이상이 되어야 하는가?

① 0.1 ② 0.3 ③ 0.6 ④ 0.9

답 ④

예제 10.5 할론소화약제의 규정방출 시간(초)은?

① 10 ② 20 ③ 30 ④ 40

답 ①

예제 10.6 호스릴 할론소화설비의 설치기준에 대한 설명이다. 틀린 것은?

① 방호대상물의 각 부분으로부터 하나의 호스접결구까지의 수평거리가 25 m 이하가 되도록 할 것
② 소화약제의 저장용기의 개방밸브는 호스릴의 설치장소에서 수동으로 개폐할 수 있는 것으로 할 것
③ 소화약제의 저장용기는 호스릴을 설치하는 장소마다 설치할 것
④ 소화약제 저장용기의 가까운 곳의 보기 쉬운 곳에 적색의 표시등을 설치할 것

답 ①

5) 할론소화설비의 기동장치

① 할론소화설비의 수동식 기동장치는 다음의 기준에 따라 설치해야 한다. 이 경우 수동식 기동장치의 부근에는 소화약제의 방출을 지연시킬 수 있는 방출지연스위치(자동복귀형 스위치로서 수동식 기동장치의 타이머를 순간 정지시키는 기능의 스위치를 말한다)를 설치해야 한다.

가. 전역방출방식은 방호구역마다, 국소방출방식은 방호대상물마다 설치할 것
나. 해당 방호구역의 출입구 부근 등 조작을 하는 자가 쉽게 피난할 수 있는 장소에 설치할 것
다. 기동장치의 조작부는 바닥으로부터 높이 0.8 m 이상 1.5 m 이하의 위치에 설치하고, 보호판 등에 따른 보호장치를 설치할 것
라. 기동장치 인근의 보기 쉬운 곳에 "할론소화설비 수동식 기동장치"라는 표지를 할 것
마. 전기를 사용하는 기동장치에는 전원표시등을 설치할 것
바. 기동장치의 방출용 스위치는 음향경보장치와 연동하여 조작될 수 있는 것으로 할 것

② 할론소화설비의 자동식 기동장치는 자동화재탐지설비의 감지기의 작동과 연동하는 것으로서 다음의 기준에 따라 설치해야 한다.

가. 자동식 기동장치에는 수동으로도 기동할 수 있는 구조로 할 것

나. 전기식 기동장치로서 7병 이상의 저장용기를 동시에 개방하는 설비는 2병 이상의 저장용기에 전자 개방밸브를 부착할 것

다. 가스압력식 기동장치는 다음의 기준에 따를 것

  a. 기동용 가스용기 및 해당 용기에 사용하는 밸브는 25 MPa 이상의 압력에 견딜 수 있는 것으로 할 것

  b. 기동용 가스용기에는 내압시험압력의 0.8배부터 내압시험압력 이하에서 작동하는 안전장치를 설치할 것

  c. 기동용 가스용기의 체적은 5 ℓ 이상으로 하고, 해당 용기에 저장하는 질소 등의 비활성기체는 6.0 MPa 이상(21℃ 기준)의 압력으로 충전할 것. 다만, 기동용 가스용기의 체적을 1 ℓ 이상으로 하고, 해당 용기에 저장하는 이산화탄소의 양은 0.6 kg 이상으로 하며, 충전비는 1.5 이상 1.9 이하의 기동용 가스용기로 할 수 있다.

라. 기계식 기동장치는 저장용기를 쉽게 개방할 수 있는 구조로 할 것

③ 할론소화설비가 설치된 부분의 출입구 등의 보기 쉬운 곳에 소화약제의 방출을 표시하는 표시등을 설치해야 한다.

참고 • **기동용기 (Actuating Cylinder Unit)**

기동용기는 CO_2 가스가 0.6 kg 충전된 고압가스 용기이다. 이 고압가스는 화재 시에 선택밸브와 니들밸브에 압력을 가해 작동을 유발하도록 한다.

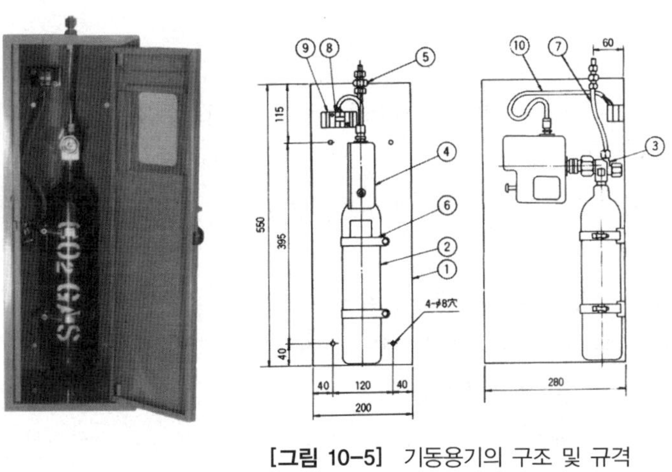

No.	부품명
1	케이스
2	기동용기
3	용기밸브
4	기동밸브
5	너트
6	용기고정구
7	동관
8	터미널
9	스테이션
10	전선

[그림 10-5] 기동용기의 구조 및 규격

6) 할론소화설비의 선택밸브

하나의 특정소방대상물 또는 그 부분에 2 이상의 방호구역 또는 방호대상물이 있어 할론 저장용기를 공용하는 경우에는 다음의 기준에 따라 선택밸브를 설치해야 한다.

① 방호구역 또는 방호대상물마다 설치할 것
② 각 선택밸브에는 해당 방호구역 또는 방호대상물을 표시할 것

선택밸브는 여러 개의 방호구역대상이 있는 가스 소화시스템에서 여러 용기에 저장된 소화제를 필요한 특정의 방호대상에 공급할 목적으로 사용된다.

[그림 10-6] 선택밸브

7) 할론소화설비의 제어반

할론소화설비의 제어반 및 화재표시반은 다음의 기준에 따라 설치해야 한다. 다만, 자동화재탐지설비의 수신기 제어반이 화재표시반의 기능을 가지고 있는 것은 화재표시반을 설치하지 않을 수 있다.

① 제어반은 수동기동장치 또는 화재감지기에서의 신호를 수신하여 음향경보장치의 작동, 소화약제의 방출 또는 지연 등 기타의 제어기능을 가진 것으로 하고, 제어반에는 전원표시등을 설치할 것
② 화재표시반은 제어반에서의 신호를 수신하여 작동하는 기능을 가진 것으로 하되, 다음의 기준에 따라 설치할 것
   가. 각 방호구역마다 음향경보장치의 조작 및 감지기의 작동을 명시하는 표시등과 이와 연동하여 작동하는 벨·버저 등의 경보기를 설치할 것. 이 경우 음향경보장치의 조작 및 감지기의 작동을 명시하는 표시등을 겸용할 수 있다.
   나. 수동식 기동장치는 그 방출용 스위치의 작동을 명시하는 표시등을 설치할 것
   다. 소화약제의 방출을 명시하는 표시등을 설치할 것

라. 자동식 기동장치는 자동·수동의 절환을 명시하는 표시등을 설치할 것

③ 제어반 및 화재표시반은 화재 및 침수 등의 재해로 인한 피해를 받을 우려가 없고 점검에 편리한 장소에 설치할 것

④ 제어반 및 화재표시반에는 해당 회로도 및 취급설명서를 비치할 것

8) 할론소화설비의 화재감지기

할론소화설비의 자동식 기동장치는 다음의 기준에 따른 화재감지기를 설치해야 한다.

① 각 방호구역 내의 화재감지기의 감지에 따라 작동되도록 할 것

② 화재감지기의 회로는 교차회로방식으로 설치할 것. 다만, 화재감지기를 「자동화재탐지설비 및 시각경보장치의 화재안전기술기준(NFTC 203)」 2.4.1 단서의 각 감지기로 설치하는 경우에는 그렇지 않다.

③ 교차회로 내의 각 화재감지기회로별로 설치된 화재감지기 1개가 담당하는 바닥면적은 「자동화재탐지설비 및 시각경보장치의 화재안전기술기준(NFTC 203)」 2.4.3.5, 2.4.3.8부터 2.4.3.10까지의 규정에 따른 바닥면적으로 할 것

9) 할론소화설비의 음향경보장치

① 할론소화설비의 음향경보장치는 다음의 기준에 따라 설치해야 한다.

가. 수동식 기동장치를 설치한 것은 그 기동장치의 조작과정에서, 자동식 기동장치를 설치한 것은 화재감지기와 연동하여 자동으로 경보를 발하는 것으로 할 것

나. 소화약제의 방출 개시 후 1분 이상 경보를 계속할 수 있는 것으로 할 것

다. 방호구역 또는 방호대상물이 있는 구획 안에 있는 자에게 유효하게 경보할 수 있는 것으로 할 것

② 방송에 따른 경보장치를 설치할 경우에는 다음의 기준에 따라야 한다.

가. 증폭기 재생장치는 화재 시 연소의 우려가 없고, 유지관리가 쉬운 장소에 설치할 것

나. 방호구역 또는 방호대상물이 있는 구획의 각 부분으로부터 하나의 확성기까지의 수평거리는 25 m 이하가 되도록 할 것

다. 제어반의 복구스위치를 조작하여도 경보를 계속 발할 수 있는 것으로 할 것

10) 할론소화설비의 자동폐쇄장치

전역방출방식의 할론소화설비를 설치한 특정소방대상물 또는 그 부분에 대하여는 다음의 기준에 따라 자동폐쇄장치를 설치해야 한다.

① 환기장치 등을 설치한 것은 할론이 방출되기 전에 해당 환기장치 등이 정지될 수 있도록 할 것

② 개구부가 있거나 천장으로부터 1 m 이상의 아랫부분 또는 바닥으로부터 해당 층의 높이의 2/3 이내의 부분에 통기구가 있어 할론의 유출에 따라 소화효과를 감소시킬 우려가 있는 것은 할론이 방출되기 전에 해당 개구부 및 통기구를 폐쇄할 수 있도록 할 것

③ 자동폐쇄장치는 방호구역 또는 방호대상물이 있는 구획의 밖에서 복구할 수 있는 구조로 하고, 그 위치를 표시하는 표지를 할 것

11) 기타 부속 및 장치

① 용기밸브(CYLINDER VALVE)

용기밸브는 할론 1301의 실린더 밸브로서 화재 시 니들핀에 의하여 작동된다. 용기밸브는 전용의 압력계를 설치할 수 있어서 점검 시 내부 압력 확인에 편리하다.

구 분	할론 1301	탄산가스
내압	25 MPa	25 MPa
누수시험	5.3 MPa	11 MPa
안전밸브작동압력	18～25 MPa	18～25 MPa
폭(mm)	83	
전장(mm)	111	

② 니들밸브(NEEDLE VALVE)

니들밸브는 용기밸브에 부착되어 화재 시에 니들핀(Needle Pin)으로 용기밸브를 작동시키는 역할을 한다. 이 니들밸브(Needle Value)는 기동용기에 방출된 탄산가스(CO_2)에 의하여 자동으로 작동되고, 만약 자동으로 작동이 되지 않을 때는 안전핀을 빼낸 후에 니들핀(Needle Pin)을 밀어서 수동으로 조작할 수 있다.

[그림 10-7] 용기밸브

[그림 10-8] 니들밸브

③ 체크밸브(CHECK VALVE)

체크밸브는 할론용기, 선택밸브와 기동용기 라인사이에 설치되며 방호대상에만 할론가스를 방출하고 타 방호구역에는 할론가스가 방출되지 않도록 기동용 고압 탄산가스(CO_2)의 역류를 방지할 목적으로 사용된다. 이 체크밸브는 6A, 20A의 2종류가 있으며 20A 밸브는 할론 용기와 메인폴드(Main Fold) 사이에 설치하여 사용된다.

④ 릴리프밸브(RELIEF VALVE)

릴리프밸브는 배관 내 발생한 응축수를 제거해 주는 기능을 갖고 있으며 밸브 입출구는 동구 6A에 적합하게 되어 있다. 릴리프밸브는 황동 단조품으로 제조되어 견고할 뿐만 아니라 외관을 니켈-크롬도금으로 처리하여 내식성이 우수하다.

⑤ 안전밸브(SAFETY VALVE)

안전밸브는 과압방지 밸브로서 돌발적으로 가스압력이 높아질 때 내부의 봉판이 파괴되도록 설계되어 있다. 밸브의 취부나사 규격은 15A, 20A의 2종류가 있다.

[그림 10-9] 체크밸브

[그림 10-10] 릴리프밸브

[그림 10-11] 안전밸브

10.4 할론소화설비의 작동원리

할론소화설비의 작동과정을 보면 축압식과 가압식으로 나누어 설명이 된다. 먼저, 가압식의 경우를 보면 화재발생시 자동식은 감지기에 의해 화재를 감지하며 수동식은 사람이 직접 화재를 발견하여 수동 조작스위치를 누르면 지연장치가 작동하게 된다. 지연타이머는 약 20~30초 정도 작동되며 이 시간에 개구부폐쇄, 환기장치정지, 음향경보장치 작동 및 화재표시등 점등 등의 일들이 일어난다. 이 시간이 종료되면 자동적으로 기동용 가스용기 밸브가 개방된다.

기동용기에 있던 질소(N_2)가스가 방출되어 가압용 가스용기밸브를 개방시켜 가압용 가스용기 내에 있던 고압(약 15 MPa)의 질소(N_2)가 방출된다. 이 질소(N_2)가스는 압력조정기를 통해 약 2 MPa 이하의 압력으로 조절되어 방출되면서 소화약제 저장용기밸브와 선택밸브를 개방시킨다. 저장용기의 개방으로 할론이 개방된 선택밸브를 통해 방출되며 약제의 방출표시등을 점등시킨다. 그와 동시에 방호구역의 출입문 부근에 설치된 피스톤릴리스의 작동으로 댐퍼를 폐쇄시킨다. 분사헤드에 의해 소화약제가 방사되며 소화를 시킨다. 또한 축압식의 경우를 보면 가압식과의 차이점은 가압용 가스용기가 설치되어 있지 않다는 것이다. 축압식은 저장용기에 할론과 압력원인 질소(N_2)가스를 축압시켜 충전시켜 놓은 것을 말하므로 별도로 가압용 가스용기가 필요 없다. 축압식은 이러한 차이점 외에는 가압식의 작동과정과 동일하다.

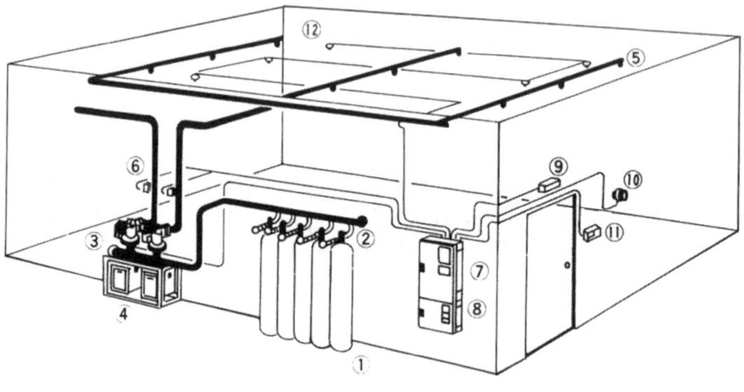

① Halon 1301(CO_2) Cylinder ② Manifold ③ Selection Valve ④ Actuating Cylinder Box
⑤ Discharge Nozzle ⑥ Pressure Switch ⑦ Control Panel ⑧ Battery Panel
⑨ Discharged Lamp ⑩ Alarm Siren ⑪ Manual Operation Box ⑫ Detector

[그림 10-12] 할론소화설비 System

10.5 할론소화약제의 소화원리 및 할론가스의 특징

할론소화약제란 지방족 포화탄화수소의 분자 중에 존재하는 수소원자들 중 하나 이상의 할로겐족 원소(불소, 염소, 취소 및 수소)와 치환되어 생성된 물질 중 현실적으로 소화약제로 사용될 수 있는 것을 총칭하는 말이다. 할론소화설비는 분자량의 증가에 따라 융점, 비점이 상승하며 밀도가 커지는 것이 일반적인 경향이다. 특징으로는 전기 전도성이 없으며 2차적 손실(오염, 변질, 수손 등) 및 금속에 대한 부식성이 없다. 할론 1301의 경우에는 인체에 해가 거의 없다. 또한 심부까지 침투하여 소화하며 소화시간이 매우 빠르다.

할론의 소화원리는 화학적 억제작용에 의한 것으로 할론소화제가 높은 온도의 화염에 접할 때 일부가 분해하여 유리되고, 그 유리 할로겐이 연소하고자 하는 가연물의 활성기와 결합하여 산소에 의한 발열을 방지하여 소화하는 것이다. 그러므로 할론소화제는 그 양이 적어도 효과가 있다. 이 소화약제는 냉각작용과 공기 중에 급격히 기화하여 불연성기체로 되고 산소농도를 저하시키는 동시에 가연물의 증기의 농도도 희석되므로 질식작용도 있다. 할론소화약제의 주된 소화작용은 연쇄반응 차단효과, 즉 부촉매효과에 의한 소화작용으로 볼 수 있다.

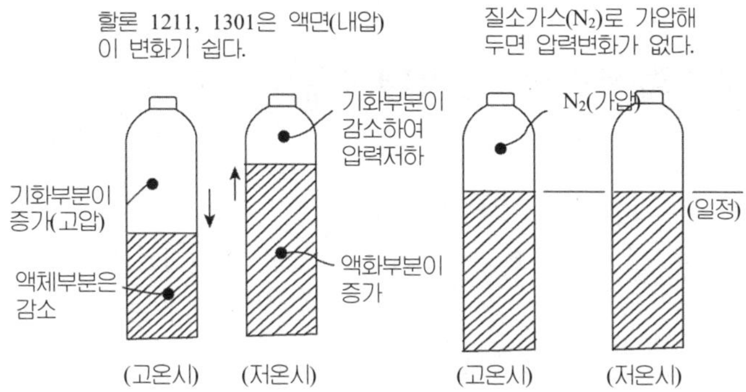

[그림 10-13] 내부압력과 액위의 변화

할론 1301 소화약제는 방호대상에 방출될 때에는 이산화탄소(CO_2)의 경우와 같이 주위에 안개와 같은 분위기(운무현상)를 형성하나 이산화탄소처럼 그 정도가 짙은 것은 아니다.

이러한 운무분위기의 형성은 약제의 방출시 액화 할론이 급격히 기화하면서 주위의 공기 중에 있는 수증기를 냉각, 응결시켜 주기 때문이다.

기체인 할론 1211과 할론 1301은 가압 액화하여 고압가스 용기에 충전 저장한다. 이 경우 온도의 변화에 따라 용기 내부에서 기화/액화가 일어나 액위가 변한다. 용기 내에 저장된 약제의 온도가 상승하면 증기 압력도 증가한다. 즉, 내부압력이 현저하게 변화한다. 따라서 설비 작동 시 방사 상태가 고르지 못하게 되므로 이를 방지하기 위하여 질소가스를 압입해서 내부 압력을 높여준다. 이렇게 하면 용기내의 압력을 일정하게 유지할 수 있다.

참고 • **할론 패키지(Halon package)**

케이스(패키지)는 복잡한 할론 및 CO_2 Gas소화설비를 불연구조의 콤팩트한 수직형 캐비닛에 집약한 경제적이면서 간단한 소화장치이다.

- 자동 및 수동 소화설비기능을 모두 갖추고 있다.
- 설치공사가 간단하며 이동이 용이하고 누구든지 간단히 조작할 수 있다.
- 크기는 사무실 서류함과 거의 같다.
- 사람이 없을 때도 자동적으로 화재를 감지하여 순식간에 소화할 수 있다.
- 고품질 설계에 의해 시스템의 정상작동 여부를 점검하는 자체진단기능을 갖고 있다.
- IC메모리 내장으로 작동 및 점검기능이 디지털로 표기하여 작동진행상태가 육안으로 확인되는 최신형이다.

10.6 할론소화설비의 설치대상물

1) 항공기 및 자동차 관련시설 중 항공기 격납고
2) 차고, 주차용 건축물 또는 철골 조립식 주차시설. 이 경우 연면적 800 m^2 이상인 것만 해당한다.
3) 건축물 내부에 설치된 차고·주차장으로서 차고 또는 주차의 용도로 사용되는 면적이 200 m^2 이상인 경우 해당 부분(50세대 미만 연립주택 및 다세대주택은 제외한다)
4) 기계장치에 의한 주차시설을 이용하여 20대 이상의 차량을 주차할 수 있는 시설
5) 특정소방대상물에 설치된 전기실·발전실·변전실(가연성 절연유를 사용하지 않는 변압기·전류차단기 등의 전기기기와 가연성 피복을 사용하지 않은 전선 및 케이블만을 설치한 전기실·발전실 및 변전실을 제외한다)·축전지실·통신기기실 또는 전산실, 그 밖에 이와 비슷한 것으로서 바닥면적이 300 m^2 이상인 것[하나의 방화구획 내에 2 이상의 실(室)이 설치되어 있는 경우에는 이를 하나의 실로 보아 바닥면적을 산정한다]. 다만, 내화구조로 된 공정제어실 내에 설치된 주조정실로서 양압시설이 설치되고 전기

기기에 220 V 이하인 저전압이 사용되며 종업원이 24시간 상주하는 곳은 제외한다.

6) 소화수를 수집·처리하는 설비가 설치되어 있지 않은 중·저준위방사성폐기물의 저장 시설. 이 시설에는 이산화탄소소화설비, 할론소화설비 또는 할로겐화합물 및 불활성 기체 소화설비를 설치해야 한다.
7) 지하가 중 예상 교통량, 경사도 등 터널의 특성을 고려하여 행정안전부령으로 정하는 터널. 이 시설에는 물분무소화설비를 설치해야 한다.
8) 지정문화재로서 소방청장이 문화재청장과 협의하여 정하는 것

연습문제

1. 할론소화설비의 장·단점에 관하여 서술하라.

2. 할론소화설비의 소화약제 방출방식에 관하여 서술하라.

3. 할론소화설비의 수동식 조작순서에 관하여 기술하라. (단, 축압식, 가압식으로 나누어 설명할 것)

4. 할론소화설비의 사용 후 처리에 관하여 설명하라.

5. 이산화탄소(CO_2)소화설비와 할론소화설비의 소화원리상 차이점에 관하여 비교 설명하라.

6. 할론소화설비의 배관재료의 기준에 대하여 설명하라.

7. 할론소화설비의 주 소화작용은 부촉매 소화(연소의 연쇄반응 차단) 작용이다. 부촉매소화 효과에 대하여 화학식을 기입하고 간단히 설명하라.

8. 할론 1301 소화약제의 특성상 유효한 대상물과 사용제한이 되는 대상물을 구분하여 비교 설명하라.

9. 할론 1301(CF_3Br) 소화약제의 일반적 성질은?

10. 이산화탄소(CO_2), 할론 1301(CF_3Br)의 소화특성을 비교 설명하라.

11. 할론소화설비의 가압용 가스용기 내용적 산출공식과 압력조정기 소요방출량 공식을 쓰고 설명하라.

12. 도면과 같은 방호대상물에 할론소화설비를 설계하려고 한다. 조건을 참조하여 각 물음에 답하라.

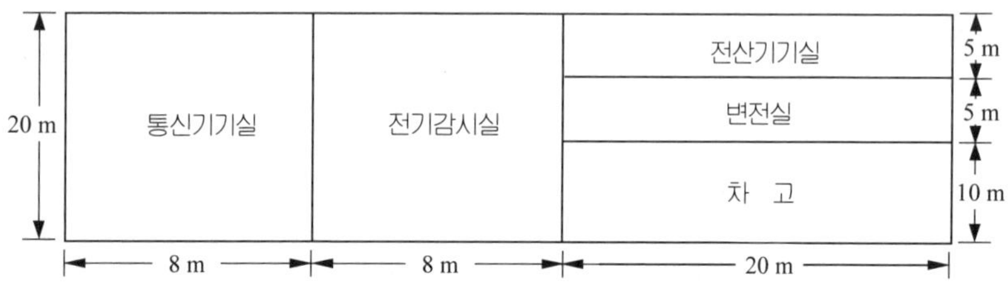

[조건]

1. 건물의 층고는 5 m이다.
2. 약제는 할론 1301을 사용한다.
3. 약제방출방식은 전역방출방식이다.
4. 자동폐쇄장치를 설치한 방호구역은 전기감시실과 차고뿐이다.
5. 저장용기의 충전비는 1.36이다.
6. 저장용기의 내용적은 68 ℓ이다.
7. 각 방호구역의 개구부는 다음 표와 같다.

방호구역	개구부 면적
통신기기실	24 m^2
전기감시실	16 m^2
전산기기실	9 m^2
변전실	7 m^2
차고	14 m^2

[물음]

1. 방호구역당 필요한 소화약제의 최소 저장량을 계산하라.
2. 방호구역당 필요한 저장용기의 수량은 얼마인가?

3. 위 설비에서 저장해야 할 소화약제의 최소량은 얼마인가?
4. 분사헤드의 방출압력은?
5. 설치해야 할 기동장치의 기동용 기수는 몇 개인가?
7. 기동용 가스용기의 내용적과 가스의 명칭 및 충전비는 얼마인가? (가스압력식일 경우)
8. 주배관에 흐르는 할론 1301의 유량(kg/sec)은 얼마인가?

13. 전기실에 할론 1301 소화설비를 설치하려 한다. 실린더실에 저장해야 할 용기수를 계산하라.

[조건]

1. 방출방식은 전역방출방식이다.
2. 저장용기의 저장방식은 축압식이다.
3. 충전비는 1.36이며 용기 내용적은 68 ℓ이다.
4. 자동폐쇄장치는 설치되어 있지 않다.
5. 전기실 용적은 19×10×6 m, 개구부면적은 3×2 m

Chapter 11

할로겐화합물 및 불활성기체 소화설비

11.1 개요

불소, 염소, 브롬 또는 요오드 중 하나 이상의 원소를 포함하고 있는 유기화합물을 기본성분으로 하는 할로겐화합물 소화약제 및 헬륨, 네온, 아르곤 또는 질소가스 중 하나 이상의 원소를 기본성분으로 하는 불활성기체 소화약제로 전기적으로 비전도성이며 휘발성이 있거나 증발 후 잔여물을 남기지 않는 특징의 소화약제를 이용한 소화설비를 말한다.

11.2 약제 종류

소화설비에 적용되는 할로겐화합물 및 불활성기체 소화약제는 다음 표에서 정하는 것에 한한다.

소 화 약 제	화 학 식
퍼플루오로부탄(이하 "FC-3-1-10"이라 한다)	C_4F_{10}
하이드로클로로플루오로카본혼화제 (이하 "HCFC BLEND A"라 한다)	HCFC-123 ($CHCl_2CF_3$) : 4.75% HCFC-22 ($CHClF_2$) : 82% HCFC-124 ($CHClFCF_3$) : 9.5% $C_{10}H_{16}$: 3.75%
클로로테트라플루오르에탄(이하 "HCFC-124"라 한다)	$CHClFCF_3$
펜타플루오로에탄(이하 "HFC-125"라 한다)	CHF_2CF_3
헵타플루오로프로판(이하 "HFC-227ea"라 한다)	CF_3CHFCF_3
트리플루오로메탄(이하 "HFC-23"라 한다)	CHF_3
헥사플루오로프로판(이하 "HFC-236fa"라 한다)	$CF_3CH_2CF_3$

트리플루오로이오다이드(이하 "FIC-13I1"라 한다)	CF_3I
불연성·불활성기체혼합가스 (이하 "IG-01"이라 한다)	Ar
불연성·불활성기체혼합가스 (이하 "IG-100"이라 한다)	N_2
불연성·불활성기체혼합가스 (이하 "IG-541"이라 한다)	N_2 : 52%, Ar : 40%, CO_2 : 8%
불연성·불활성기체혼합가스 (이하 "IG-55"이라 한다)	N_2 : 50%, Ar : 50%
도데카플루오로-2-메틸펜탄-3-원(FK-5-1-12)	$CF_3CF_2C(O)CF(CF_3)_2$

예제 11.1 불활성기체 소화약제의 기본 성분과 관계가 없는 것은?

① 헬륨 ② 이산화탄소 ③ 질소 ④ 아르곤

답 ②

11.3 설치제외

할로겐화합물 및 불활성기체 소화설비는 다음의 장소에는 설치할 수 없다.

① 사람이 상주하는 곳으로써 최대허용설계농도를 초과하는 장소

② 제3류 위험물 및 제5류 위험물을 저장·보관·사용하는 장소. 다만, 소화성능이 인정되는 위험물은 제외한다.

11.4 할로겐화합물 및 불활성기체 소화설비의 구성 및 기준

용어 정의

할로겐화합물 및 불활성기체 소화약제	할로겐화합물(할론 1301, 할론 2402, 할론 1211 제외) 및 불활성기체로서 전기적으로 비전도성이며 휘발성이 있거나 증발 후 잔여물을 남기지 않는 소화약제를 말한다.
할로겐화합물 소화약제	불소, 염소, 브롬 또는 요오드 중 하나 이상의 원소를 포함하고 있는 유기화합물을 기본성분으로 하는 소화약제를 말한다.
불활성기체 소화약제	헬륨, 네온, 아르곤 또는 질소가스 중 하나 이상의 원소를 기본성분으로 하는 소화약제를 말한다.
충전밀도	소화약제의 중량과 소화약제 저장용기의 내부 용적과의 비(중량/용적)를 말한다.

방화문	「건축법 시행령」 제64조에 따른 60분+ 방화문, 60분 방화문 또는 30분 방화문을 말한다.

1) 저장용기

① 할로겐화합물 및 불활성기체 소화약제의 저장용기는 다음의 기준에 적합한 장소에 설치해야 한다.

가. 방호구역 외의 장소에 설치할 것. 다만, 방호구역 내에 설치할 경우에는 피난 및 조작이 용이하도록 피난구 부근에 설치해야 한다.

나. 온도가 55℃ 이하이고, 온도변화가 작은 곳에 설치할 것

다. 직사광선 및 빗물이 침투할 우려가 없는 곳에 설치할 것

라. 방화문으로 방화구획 된 실에 설치할 것

마. 용기의 설치장소에는 해당 용기가 설치된 곳임을 표시하는 표지를 할 것

바. 용기 간의 간격은 점검에 지장이 없도록 3 cm 이상의 간격을 유지할 것

사. 저장용기와 집합관을 연결하는 연결배관에는 체크밸브를 설치할 것. 다만, 저장용기가 하나의 방호구역만을 담당하는 경우에는 그렇지 않다.

② 할로겐화합물 및 불활성기체 소화약제의 저장용기는 다음의 기준에 적합해야 한다.

가. 저장용기의 충전밀도 및 충전압력은 **다음 표**에 따를 것

할로겐화합물 및 불활성기체 소화약제 저장용기의
충전밀도·충전압력 및 배관의 최소사용설계압력

1. 할로겐화합물 소화약제

소화약제 / 항목	HFC-227ea			FC-3-1-10	HCFC BLEND A	
최대충전밀도(kg/m^3)	1,201.4	1,153.3	1,153.3	1,281.4	900.2	900.2
21℃ 충전압력(kPa)	1,034*	2,482*	4,137*	2,482*	4,137*	2,482*
최소사용설계압력(kPa)	1,379	2,868	5,654	2,482	4,689	2,979

소화약제 / 항목	HFC-23				
최대충전밀도(kg/m^3)	768.9	720.8	640.7	560.6	480.6
21℃ 충전압력(kPa)	4,198**	4,198**	4,198**	4,198**	4,198**
최소사용설계압력(kPa)	9,453	8,605	7,626	6,943	6,392

항목 \ 소화약제	HCFC-124		HFC-125		HFC-236fa			FK-5-1-12
최대충전밀도(kg/m³)	1,185.4	1,185.4	865	897	1,185.4	1,201.4	1,185.4	1,441.7
21℃ 충전압력(kPa)	1,655*	2,482*	2,482*	4,137*	1,655*	2,482*	4,137*	2,482*, 4,206*
최소사용설계압력(kPa)	1,951	3,199	3,392	5,764	1,931	3,310	6,068	2,482, 4,206

비고 1. "*" 표시는 질소로 축압한 경우를 표시한다.
2. "**" 표시는 질소로 축압하지 않은 경우를 표시한다.

2. 불활성기체 소화약제

항목 \ 소화약제		IG-01		IG-541			IG-55			IG-100		
21℃ 충전압력(kPa)		16,341	20,436	14,997	19,996	31,125	15,320	20,423	30,634	16,575	22,312	28,000
최소사용설계압력(kPa)	1차측	16,341	20,436	14,997	19,996	31,125	15,320	20,423	30,634	16,575	22,312	227.4
	2차측	비고 2 참조										

비고 1. 1차측과 2차측은 감압장치를 기준으로 한다.
2. 2차측의 최소사용설계압력은 제조사의 설계프로그램에 의한 압력값에 따른다.

나. 저장용기는 약제명·저장용기의 자체중량과 총중량·충전일시·충전압력 및 약제의 체적을 표시할 것

다. 동일 집합관에 접속되는 저장용기는 동일한 내용적을 가진 것으로 충전량 및 충전압력이 같도록 할 것

라. 저장용기에 충전량 및 충전압력을 확인할 수 있는 장치를 하는 경우에는 해당 소화약제에 적합한 구조로 할 것

마. 저장용기의 약제량 손실이 5%를 초과하거나 압력손실이 10%를 초과할 경우에는 재충전하거나 저장용기를 교체할 것. 다만, 불활성기체 소화약제 저장용기의 경우에는 압력손실이 5%를 초과할 경우 재충전하거나 저장용기를 교체해야 한다.

③ 하나의 방호구역을 담당하는 저장용기의 소화약제의 체적 합계보다 소화약제의 방출 시 방출경로가 되는 배관(집합관을 포함한다)의 내용적의 비율이 할로겐화합물 및 불활성기체 소화약제 제조업체(이하 "제조업체"라 한다)의 설계기준에서 정한 값 이상일 경우에는 해당 방호구역에 대한 설비는 별도 독립방식으로 해야 한다.

예제 11.2 할로겐화합물 및 불활성기체 소화약제 저장용기의 설치기준으로 옳은 것은?

① 방호구역 내의 장소에 설치할 것
② 온도가 40℃ 이하이고 온도변화가 작은 곳에 설치할 것
③ 방화문으로만 구획된 실에 설치할 것
④ 용기간의 간격은 점검에 지장이 없도록 일정한 간격을 유지할 것

답 ③

2) 소화약제량의 산정

① 소화약제의 저장량은 다음의 기준에 따른다.

가. 할로겐화합물 소화약제는 다음 공식에 따라 산출한 양 이상으로 할 것

$$W = \frac{V}{S} \times \left[\frac{C}{(100 - C)}\right]$$

W : 소화약제의 무게(kg)
V : 방호구역의 체적(m^3)
S : 소화약제별 선형상수($K_1 + K_2 \times t$) (m^3/kg)
C : 체적에 따른 소화약제의 설계농도(%)
t : 방호구역의 최소예상온도(℃)

소 화 약 제	K_1	K_2
FC-3-1-10	0.094104	0.00034455
HCFC BLEND A	0.2413	0.00088
HCFC-124	0.1575	0.0006
HFC-125	0.1825	0.0007
HFC-227ea	0.1269	0.0005
HFC-23	0.3164	0.0012
HFC-236fa	0.1413	0.0006
FIC-13I1	0.1138	0.0005
FK-5-1-12	0.0664	0.0002741

나. 불활성기체 소화약제는 다음 공식에 따라 산출한 양 이상으로 할 것

$$X = 2.303 \left(\frac{V_s}{S}\right) \times \log_{10}\left[\frac{100}{(100 - \mathrm{C})}\right]$$

X : 공간체적당 더해진 소화약제의 부피(m^3/m^3)
S : 소화약제별 선형상수($K_1 + K_2 \times t$) (m^3/kg)
C : 체적에 따른 소화약제의 설계농도(%)

V_s : 20℃에서 소화약제의 비체적(m^3/kg)

t : 방호구역의 최소예상온도(℃)

소 화 약 제	K_1	K_2
IG-01	0.5685	0.00208
IG-100	0.7997	0.00293
IG-541	0.65799	0.00293
IG-55	0.6598	0.00242

다. 체적에 따른 소화약제의 설계농도(%)는 상온에서 제조업체의 설계기준에서 정한 실험수치를 적용한다. 이 경우 설계농도는 소화농도(%)에 안전계수(A · C급 화재 1.2, B급 화재 1.3)를 곱한 값으로 할 것

② '①'의 기준에 의해 산출한 소화약제량은 사람이 상주하는 곳에서는 다음 표에 따른 최대허용설계농도를 초과할 수 없다.

할로겐화합물 및 불활성기체 소화약제 최대허용설계농도

소 화 약 제	최대허용설계농도(%)
FC-3-1-10	40
HCFC BLEND A	10
HCFC-124	1.0
HFC-125	11.5
HFC-227ea	10.5
HFC-23	30
HFC-236fa	12.5
FIC-13I1	0.3
FK-5-1-12	10
IG-01	43
IG-100	43
IG-541	43
IG-55	43

③ 방호구역이 2 이상인 장소의 소화설비가 '1) 저장용기의 ③'의 기준에 해당하지 않는 경우에 한하여 가장 큰 방호구역에 대하여 '①'의 기준에 의해 산출한 양 이상이 되도록 해야 한다.

3) 기동장치

① 수동식 기동장치는 다음의 기준에 따라 설치해야 한다. 이 경우 수동식 기동장치의

부근에는 소화약제의 방출을 지연시킬 수 있는 방출지연스위치(자동복귀형 스위치로서 수동식 기동장치의 타이머를 순간 정지시키는 기능의 스위치를 말한다)를 설치해야 한다.

가. 방호구역마다 설치할 것

나. 해당 방호구역의 출입구 부근 등 조작을 하는 자가 쉽게 피난할 수 있는 장소에 설치할 것

다. 기동장치의 조작부는 바닥으로부터 0.8 m 이상 1.5 m 이하의 위치에 설치하고, 보호판 등에 따른 보호장치를 설치할 것

라. 기동장치 인근의 보기 쉬운 곳에 "할로겐화합물 및 불활성기체 소화설비 수동식 기동장치"라는 표지를 할 것

마. 전기를 사용하는 기동장치에는 전원표시등을 설치할 것

바. 기동장치의 방출용 스위치는 음향경보장치와 연동하여 조작될 수 있는 것으로 할 것

사. 50 N 이하의 힘을 가하여 기동할 수 있는 구조로 할 것

② 자동식 기동장치는 자동화재탐지설비의 감지기의 작동과 연동하는 것으로서 다음의 기준에 따라 설치해야 한다.

가. 자동식 기동장치에는 수동으로도 기동할 수 있는 구조로 할 것

나. 전기식 기동장치로서 7병 이상의 저장용기를 동시에 개방하는 설비는 2병 이상의 저장용기에 전자 개방밸브를 부착할 것

다. 가스압력식 기동장치는 다음의 기준에 따를 것

a. 기동용 가스용기 및 해당 용기에 사용하는 밸브는 25 MPa 이상의 압력에 견딜 수 있는 것으로 할 것
b. 기동용 가스용기에는 내압시험압력의 0.8배부터 내압시험압력 이하에서 작동하는 안전장치를 설치할 것
c. 기동용 가스용기의 체적은 5 ℓ 이상으로 하고, 해당 용기에 저장하는 질소 등의 비활성기체는 6.0 MPa 이상(21℃ 기준)의 압력으로 충전할 것
d. 질소 등의 비활성기체 기동용 가스용기에는 충전 여부를 확인할 수 있는 압력게이지를 설치할 것

라. 기계식 기동장치는 저장용기를 쉽게 개방할 수 있는 구조로 할 것

③ 할로겐화합물 및 불활성기체 소화설비가 설치된 부분의 출입구 등의 보기 쉬운 곳에 소화약제의 방출을 표시하는 표시등을 설치해야 한다.

예제 11.3 다음 중 수동식 기동장치의 설치기준으로 옳지 못한 것은?

① 방호구역마다 설치해야 한다.
② 기동장치의 조작부는 바닥으로부터 0.5 m 이상 1.0 m 이하의 위치에 설치해야 한다.
③ 기동장치의 방출용 스위치는 음향경보장치와 연동하여 조작될 수 있는 것으로 해야 한다.
④ 50 N 이하의 힘을 가하여 기동할 수 있는 구조로 설치해야 한다.

답 ②

4) 제어반

할로겐화합물 및 불활성기체 소화설비의 제어반 및 화재표시반은 다음의 기준에 따라 설치해야 한다. 다만, 자동화재탐지설비의 수신기 제어반이 화재표시반의 기능을 가지고 있는 것은 화재표시반을 설치하지 않을 수 있다.

① 제어반은 수동기동장치 또는 감지기에서의 신호를 수신하여 음향경보장치의 작동, 소화약제의 방출 또는 지연 등 기타의 제어기능을 가진 것으로 하고, 제어반에는 전원표시등을 설치할 것
② 화재표시반은 제어반에서의 신호를 수신하여 작동하는 기능을 가진 것으로 하되, 다음의 기준에 따라 설치할 것
 가. 각 방호구역마다 음향경보장치의 조작 및 감지기의 작동을 명시하는 표시등과 이와 연동하여 작동하는 벨·버저 등의 경보기를 설치할 것. 이 경우 음향경보장치의 조작 및 감지기의 작동을 명시하는 표시등을 겸용할 수 있다.
 나. 수동식 기동장치는 그 방출용 스위치의 작동을 명시하는 표시등을 설치할 것
 다. 소화약제의 방출을 명시하는 표시등을 설치할 것
 라. 자동식 기동장치는 자동·수동의 절환을 명시하는 표시등을 설치할 것
③ 제어반 및 화재표시반은 화재 및 침수 등의 재해로 인한 피해를 받을 우려가 없고 점검에 편리한 장소에 설치할 것
④ 제어반 및 화재표시반에는 해당 회로도 및 취급설명서를 비치할 것

예제 11.4 제어반에서의 신호를 수신하여 작동하는 기능을 가진 화재표시반에 설치하는 표시등과 관계가 없는 것은?

① 감지기의 작동을 명시하는 표시등을 설치할 것
② 방출용 스위치의 작동을 명시하는 표시등을 설치할 것
③ 화재표시반의 위치를 명시하는 표시등을 설치할 것
④ 소화약제의 방출을 명시하는 표시등을 설치할 것

답 ③

5) 배관

① 할로겐화합물 및 불활성기체 소화설비의 배관은 다음의 기준에 따라 설치해야 한다.

가. 배관은 전용으로 할 것

나. 배관·배관 부속 및 밸브류는 저장용기의 방출내압을 견딜 수 있어야 하며, 다음의 기준에 적합할 것. 이 경우 설계내압은 최소사용설계압력 이상으로 한다.

a. 강관을 사용하는 경우의 배관은 압력배관용 탄소강관(KS D 3562) 또는 이와 동등 이상의 강도를 가진 것으로서 아연도금 등에 따라 방식처리된 것을 사용할 것

b. 동관을 사용하는 경우의 배관은 이음이 없는 구리 및 구리합금관(KS D 5301)의 것을 사용할 것

c. 배관의 두께는 다음의 계산식에서 구한 값(t) 이상일 것. 다만, 방출헤드 설치부는 제외한다.

$$\text{배관의 두께 } t(\text{mm}) = \frac{PD}{2SE} + A$$

P : 최대허용압력(kPa)

D : 배관의 바깥지름(mm)

SE : 최대허용응력(kPa) (배관재질 인장강도의 1/4 값과 항복점의 2/3 값 중 작은 값 × 배관이음효율 × 1.2)

A : 나사이음, 홈이음 등의 허용 값(mm) (헤드 설치부분은 제외한다)

- 나사이음 : 나사의 높이
- 절단홈이음 : 홈의 깊이
- 용접이음 : 0

※ 배관이음효율

- 이음매 없는 배관 : 1.0
- 전기저항 용접배관 : 0.85
- 가열맞대기 용접배관 : 0.60

다. 배관부속 및 밸브류는 강관 또는 동관과 동등 이상의 강도 및 내식성이 있는 것으로 할 것

② 배관과 배관, 배관과 배관 부속 및 밸브류의 접속은 나사접합, 용접접합, 압축접합 또는 플랜지접합 등의 방법을 사용해야 한다.

③ 배관의 구경은 해당 방호구역에 할로겐화합물 소화약제는 10초 이내에, 불활성기체 소화약제는 A·C급 화재 2분, B급 화재 1분 이내에 방호구역 각 부분에 최소설계농도의 95% 이상에 해당하는 약제량이 방출되도록 해야 한다.

6) 분사헤드

① 분사헤드는 다음의 기준에 따라야 한다.

가. 분사헤드의 설치높이는 방호구역의 바닥으로부터 최소 0.2 m 이상 최대 3.7 m 이하로 하며 천장높이가 3.7 m를 초과할 경우에는 추가로 다른 열의 분사헤드를 설치할 것. 다만, 분사헤드의 성능인정 범위 내에서 설치하는 경우에는 그렇지 않다.

나. 분사헤드의 개수는 방호구역에 5)의 ③에 따른 방출시간이 충족되도록 설치할 것

다. 분사헤드에는 부식방지조치를 해야 하며 오리피스의 크기, 제조일자, 제조업체가 표시되도록 할 것

② 분사헤드의 방출률 및 방출압력은 제조업체에서 정한 값으로 한다.

③ 분사헤드의 오리피스의 면적은 분사헤드가 연결되는 배관구경 면적의 70% 이하가 되도록 한다.

예제 11.5 할로겐화합물 및 불활성기체 소화설비 분사헤드의 설치높이는?

① 바닥으로부터 최소 0.2 m 이상 최대 3.7 m 이하
② 바닥으로부터 최소 0.3 m 이상 최대 3.8 m 이하
③ 바닥으로부터 최소 0.4 m 이상 최대 3.9 m 이하
④ 바닥으로부터 최소 0.5 m 이상 최대 4.0 m 이하

답 ①

7) 선택밸브

하나의 특정소방대상물 또는 그 부분에 2 이상의 방호구역이 있어 소화약제의 저장용기를 공용하는 경우에는 방호구역마다 선택밸브를 설치하고, 각 선택밸브에는 해당 방호구역을 표시해야 한다.

8) 자동식 기동장치의 화재감지기

할로겐화합물 및 불활성기체 소화설비의 자동식 기동장치는 다음의 기준에 따른 화재감지기를 설치해야 한다.

① 각 방호구역 내의 화재감지기의 감지에 따라 작동되도록 할 것
② 화재감지기의 회로는 교차회로방식으로 설치할 것. 다만, 화재감지기를 「자동화재탐지설비 및 시각경보장치의 화재안전기술기준(NFTC 203)」 2.4.1 단서의 각 감지기로 설치하는 경우에는 그렇지 않다.
③ 교차회로 내의 각 화재감지기회로별로 설치된 화재감지기 1개가 담당하는 바닥면적은 「자동화재탐지설비 및 시각경보장치의 화재안전기술기준(NFTC 203)」 2.4.3.5, 2.4.3.8부터 2.4.3.10까지의 규정에 따른 바닥면적으로 할 것

9) 음향경보장치

① 할로겐화합물 및 불활성기체 소화설비의 음향경보장치는 다음의 기준에 따라 설치해야 한다.
가. 수동식 기동장치를 설치한 것은 그 기동장치의 조작과정에서, 자동식 기동장치를 설치한 것은 화재감지기와 연동하여 자동으로 경보를 발하는 것으로 할 것
나. 소화약제의 방출 개시 후 1분 이상 경보를 계속할 수 있는 것으로 할 것
다. 방호구역 또는 방호대상물이 있는 구획 안에 있는 자에게 유효하게 경보할 수 있는 것으로 할 것
② 방송에 따른 경보장치를 설치할 경우에는 다음의 기준에 따라야 한다.
가. 증폭기 재생장치는 화재 시 연소의 우려가 없고, 유지관리가 쉬운 장소에 설치할 것
나. 방호구역 또는 방호대상물이 있는 구획의 각 부분으로부터 하나의 확성기까지의 수평거리는 25 m 이하가 되도록 할 것
다. 제어반의 복구스위치를 조작하여도 경보를 계속 발할 수 있는 것으로 할 것

10) 자동폐쇄장치

할로겐화합물 및 불활성기체 소화설비를 설치한 특정소방대상물 또는 그 부분에 대하여는 다음의 기준에 따라 자동폐쇄장치를 설치해야 한다.

① 환기장치 등을 설치한 것은 소화약제가 방출되기 전에 해당 환기장치 등이 정지될 수 있도록 할 것
② 개구부가 있거나 천장으로부터 1 m 이상의 아랫부분 또는 바닥으로부터 해당 층의 높이의 2/3 이내의 부분에 통기구가 있어 소화약제의 유출에 따라 소화효과를 감소시킬 우려가 있는 것은 소화약제가 방출되기 전에 해당 개구부 및 통기구를 폐쇄할 수

있도록 할 것

③ 자동폐쇄장치는 방호구역 또는 방호대상물이 있는 구획의 밖에서 복구할 수 있는 구조로 하고, 그 위치를 표시하는 표지를 할 것

11) 비상전원

할로겐화합물 및 불활성기체 소화설비에는 자가발전설비, 축전지설비(제어반에 내장하는 경우를 포함한다) 또는 전기저장장치(외부 전기에너지를 저장해 두었다가 필요한 때 전기를 공급하는 장치)에 따른 비상전원을 다음의 기준에 따라 설치해야 한다. 다만, 2 이상의 변전소(「전기사업법」 제67조 및 「전기설비기술기준」 제3조제1항제2호에 따른 변전소를 말한다. 이하 같다)에서 전력을 동시에 공급받을 수 있거나 하나의 변전소로부터 전력의 공급이 중단되는 때에는 자동으로 다른 변전소로부터 전력을 공급받을 수 있도록 상용전원을 설치한 경우에는 비상전원을 설치하지 않을 수 있다.

① 점검에 편리하고 화재 및 침수 등의 재해로 인한 피해를 받을 우려가 없는 곳에 설치할 것

② 할로겐화합물 및 불활성기체 소화설비를 유효하게 20분 이상 작동할 수 있어야 할 것

③ 상용전원으로부터 전력의 공급이 중단된 때에는 자동으로 비상전원으로부터 전력을 공급받을 수 있도록 할 것

④ 비상전원의 설치장소는 다른 장소와 방화구획 할 것. 이 경우 그 장소에는 비상전원의 공급에 필요한 기구나 설비 외의 것(열병합발전설비에 필요한 기구나 설비는 제외한다)을 두어서는 안 된다.

⑤ 비상전원을 실내에 설치하는 때에는 그 실내에 비상조명등을 설치할 것

12) 과압배출구

할로겐화합물 및 불활성기체 소화설비가 설치된 방호구역에는 소화약제가 방출 시 과압으로 인한 구조물 등의 손상을 방지하기 위하여 과압배출구를 설치해야 한다.

예제 11.6 할로겐화합물 및 불활성기체 소화설비의 구성요소와 관계가 없는 것은?

① 음향경보장치　　② 과압배출구

③ 자동폐쇄장치　　④ 정압작동밸브

답 ④

Chapter 12

분말소화설비

12.1 개요

연소 확대 위험이 특히 많거나 또는 열과 연기가 충만하여 소화기구로는 소화할 수 없는 특수한 대상물에 설치하여 수동 또는 자동 조작에 의하여 작동시켜 불연성가스(주로 질소가스)의 압력으로 소화분말을 배관 내에 압송시켜 고정된 헤드 또는 노즐로 하여금 방호대상물 또는 방호구역에 분말 소화제를 방출하는 설비이다.

이 소화설비는 급격히 확대하는 가연성 액체의 표면 화재를 소화하는데 가장 효과적이고 능률적이어서 이와 같은 방화대상물에 많이 사용되고 있다. 또한 소화분말은 전기의 분말도체의 성질이 있어 전기설비에도 사용되며, 급격히 연소 확대하는 섬유제품에도 좋다.

분말소화약제는 유동성을 높여주기 위하여 입도가 극히 작은 미분 상태로 만들어지나 그 자체가 유체가 아니므로 분말의 이송을 위해서는 고기압 기체 팽창을 이용하여 분말이 고압기체의 흐름 속에 분산, 혼합되어 흐르도록 해야 한다.

고압의 기체는 분말 약제의 저장용기 속에 기체를 고압으로 충전시켜 놓았다가 화재 시 용기로부터 분말과 고압 기체를 함께 방출되게 하는 것, 즉 축압식과 약제 저장용기와의 고압 기체 저장용기를 별도로 설치하여 상호 연결시켜 두었다가 화재 시 고압 기체 용기의 기체가 분말 용기내로 들어가게 한 다음 함께 방출하는 가압식이 있다.

약제의 수송 또는 이송에 사용되는 이와 같은 고압 기체를 추진 가스라 하며, 추진 가스는 당연히 불연성 가스이어야 하므로 주로 질소가스가 사용되나 이산화탄소를 사용하는 경우도 있다.

짚고넘어가기 01

1. 분말소화설비의 장점
   ① 소화성능이 우수하며 소화에 소요되는 시간이 짧다.
   ② 화재의 확대 및 연소가 빠른 인화성 액체의 소화에 적합하다.
   ③ 전기절연성이 높아 고전압의 전기화재에도 적합하다.
   ④ 소화약제의 수명이 반영구적이어서 경제적이다.
   ⑤ 심부화재의 소화에 적합하다.
2. 분말소화설비의 단점
   ① 피연소 물질에 영향을 끼친다.
   ② 유체가 아니므로 배관내의 흐름 시 고압을 필요로 한다.

12.2 종류

분말소화설비는 그 방출방식에 의하여 전역방출방식, 국소방출방식, 호스릴방식(이동식)의 3종류로 구분된다.

1) 전역방출방식

방호대상물이 내화구조 또는 불연재료로 된 벽, 기둥, 반자(반자가 없는 경우에는 지붕)로 구획되어 있고, 자동폐쇄장치의 개구부가 설치된 구획 안에 헤드를 설치하여 소화제를 방출하는 방식이다.

2) 국소방출방식

방호대상물이 불연재료로 되어 있지 않거나 또는 구획되어 있어도 전역방출방식으로는 소화가 곤란한 부분이나, 한정된 소규모의 방호대상물의 연소면을 직접 소화제로 덮어 소화할 수 있도록 헤드를 배치한 방식이다.

3) 호스릴방식(이동식)

전역방출방식, 국소방출방식과 같이 사전에 배관을 고정 설치하는 것이 아니고, 옥내소화전 모양으로 화재의 경우 호스를 연장하여 사람이 조작하는 방식이다.

12.3 분말소화설비의 구성 및 기능

용어 정의

전역방출방식	고정식 분말소화약제 공급장치에 배관 및 분사헤드를 고정 설치하여 밀폐 방호구역 내에 분말소화약제를 방출하는 설비를 말한다.
국소방출방식	고정식 분말소화약제 공급장치에 배관 및 분사헤드를 설치하여 직접 화점에 분말소화약제를 방출하는 설비로 화재발생 부분에만 집중적으로 소화약제를 방출하도록 설치하는 방식을 말한다.
호스릴방식	분사헤드가 배관에 고정되어 있지 않고 소화약제 저장용기에 호스를 연결하여 사람이 직접 화점에 소화약제를 방출하는 이동식 소화설비를 말한다.
충전비	용기의 용적과 소화약제의 중량과의 비율을 말한다.
집합관	분말소화설비의 가압용 가스(질소 또는 이산화탄소)와 분말소화약제가 혼합되는 관을 말한다.
교차회로방식	하나의 방호구역 내에 2 이상의 화재감지기회로를 설치하고 인접한 2 이상의 화재감지기가 동시에 감지되는 때에는 분말소화설비가 작동하여 소화약제가 방출되는 방식을 말한다.
방화문	「건축법 시행령」 제64조에 따른 60분+ 방화문, 60분 방화문 또는 30분 방화문을 말한다.

1) 분말소화설비의 저장용기

약제저장용기는 설비의 작동 시에 1.5～2.0 MPa의 압력이 인가되므로 고압용기이다. 재질, 두께 등은 압력용기의 기준에 따라서 제조되며, 최고사용압력의 2배의 압력으로 내압시험을 행한다. 용기에는 가압, 약제 혼화, 잔압배출, 청소 등의 조작을 행하기 위한 밸브 및 배관이 설치되어 있다. 이러한 배관에 장치된 밸브는 누설이 있으면 역류 등을 일으킬 수 있으므로 기밀이 양호한 구조의 것이 사용된다. 약제탱크에 설치되는 가압가스의 유입관은 약제와 가스의 유동화가 신속하고 충분하게 이루어지도록 배치해야 한다. 약제방출관은 방출이 균일하게 이루어지도록 배관하며 또 방출잔량을 최소로 줄일 수 있도록 설치한다. 약제탱크는 대개 직립원통형이지만, 용량이 큰 것은 구형으로 제작하는 경우도 있다.

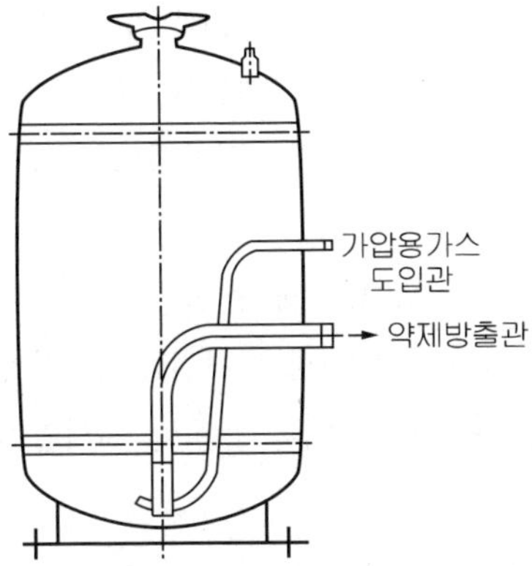

[그림 12-1] 분말소화약제 저장용기

(1) 설치장소

가. 방호구역 외의 장소에 설치할 것. 다만, 방호구역 내에 설치할 경우에는 피난 및 조작이 쉽도록 피난구 부근에 설치해야 한다.

나. 온도가 40℃ 이하이고, 온도변화가 작은 곳에 설치해야 한다.

다. 직사광선 및 빗물이 침투할 우려가 없는 곳에 설치해야 한다.

라. 방화문으로 방화구획 된 실에 설치해야 한다.

마. 용기의 설치장소에는 해당 용기가 설치된 곳임을 표시하는 표지를 해야 한다.

바. 용기 간의 간격은 점검에 지장이 없도록 3 cm 이상의 간격을 유지해야 한다.

사. 저장용기와 집합관을 연결하는 연결배관에는 체크밸브를 설치할 것. 다만, 저장용기가 하나의 방호구역만을 담당하는 경우에는 그렇지 않다.

(2) 설치기준

가. 저장용기의 내용적은 다음 표에 따를 것

표. 분말소화약제 종류에 따른 저장용기의 내용적

소화약제의 종류	소화약제 1kg당 저장용기의 내용적
탄산수소나트륨을 주성분으로 한 분말(제1종 분말)	0.80 ℓ
탄산수소칼륨을 주성분으로 한 분말(제2종 분말)	1.00 ℓ
인산염을 주성분으로 한 분말(제3종 분말)	1.00 ℓ
탄산수소칼륨과 요소가 화합된 분말(제4종 분말)	1.25 ℓ

나. 저장용기에는 가압식은 최고사용압력의 1.8배 이하, 축압식은 용기의 내압시험압력의 0.8배 이하의 압력에서 작동하는 안전밸브를 설치해야 한다.

다. 저장용기에는 저장용기의 내부압력이 설정압력으로 되었을 때 주밸브를 개방하는 정압작동장치를 설치해야 한다.

라. 저장용기의 충전비는 0.8 이상으로 해야 한다.

마. 저장용기 및 배관에는 잔류 소화약제를 처리할 수 있는 청소장치를 설치해야 한다.

바. 축압식 저장용기에는 사용압력 범위를 표시한 지시압력계를 설치해야 한다.

2) 분말소화설비의 가압용 가스용기

분말소화약제를 분출시키기 위한 압력원을 저장하는 용기이다. 화재 시, 이 용기의 고압기체가 약제탱크내로 방출되어 분말소화약제와 혼합되고 일정한 압력에 도달되면 방출된다. 이 가스로는 질소가 사용되지만, 소용량의 설비(약제량 45 kg 미만)에는 이산화탄소가 사용되기도 한다. 필요한 가스의 양은 분말소화약제의 양에 의해 정해진다.

① 분말소화약제의 가압용 가스용기는 분말소화약제의 저장용기에 접속하여 설치해야 한다.

② 분말소화약제의 가압용 가스용기를 3병 이상 설치한 경우에는 2개 이상의 용기에 전자개방밸브를 부착해야 한다.

③ 분말소화약제의 가압용 가스용기에는 2.5 MPa 이하의 압력에서 조정이 가능한 압력조정기를 설치해야 한다.

④ 가압용 또는 축압용 가스는 다음의 기준에 따라 설치해야 한다.

가. 가압용 또는 축압용 가스는 질소가스 또는 이산화탄소로 할 것

나. 가압용 가스에 질소가스를 사용하는 것의 질소가스는 소화약제 1 kg마다 40 ℓ(35℃에서 1기압의 압력상태로 환산한 것) 이상, 이산화탄소를 사용하는 것의 이산화탄소는 소화약제 1 kg에 대하여 20 g에 배관의 청소에 필요한 양을 가산한 양 이상으로 할 것

다. 축압용 가스에 질소가스를 사용하는 것의 질소가스는 소화약제 1 kg에 대하여 10 ℓ(35℃에서 1기압의 압력상태로 환산한 것) 이상, 이산화탄소를 사용하는 것의 이산화탄소는 소화약제 1 kg에 대하여 20 g에 배관의 청소에 필요한 양을 가산한 양 이상으로 할 것

라. 저장용기 및 배관의 청소에 필요한 양의 가스는 별도의 용기에 저장할 것

3) 저장용기의 주밸브

주밸브는 가압용 기체와 약제가 저장용기에서 균일하게 혼화된 후 방출되도록 제어하는 밸브이다. 저항이 적은 구조의 콕크밸브를 주로 사용하며 밸브의 개방은 대개 가스압으로 작동하는 피스톤을 이용한다.

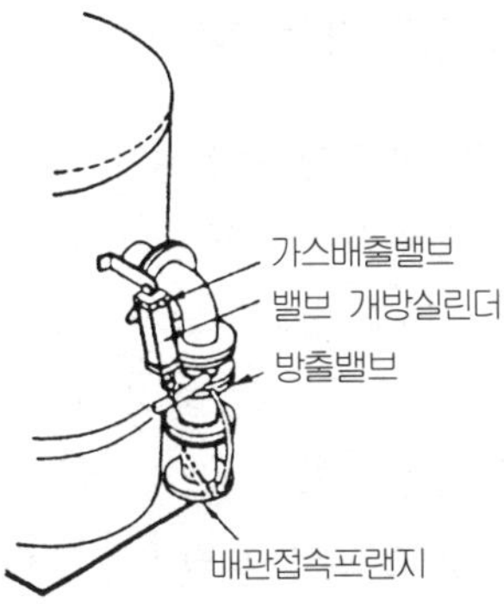

[그림 12-2] 저장용기의 주밸브

4) 압력조정기

가압용의 질소가스(최고 15 MPa, 35℃)를 통상 1.5～2.0 MPa으로 감압하여 약제탱크로 보내기 위해 설치하는 장치이다.

압력계는 1차측 25.9 MPa, 2차측 2.5 MPa용이다. 조정기의 용량은 약제방출에 필요한 가스 유량 이상의 것이 필요하며 통상 질소용기 1본마다 1개 이상을 부착한다. 용량이 큰 것은 기동 시에 약제탱크의 내압을 급속하게 상승시키기 때문에 특별히 감압기구를 병설하는 것도 있다. 소방법규정에는 분말소화약제의 가압용 가스용기에는 2.5 MPa 이하의 압력에서 조정이 가능한 압력조정기를 설치하도록 규정하고 있다.

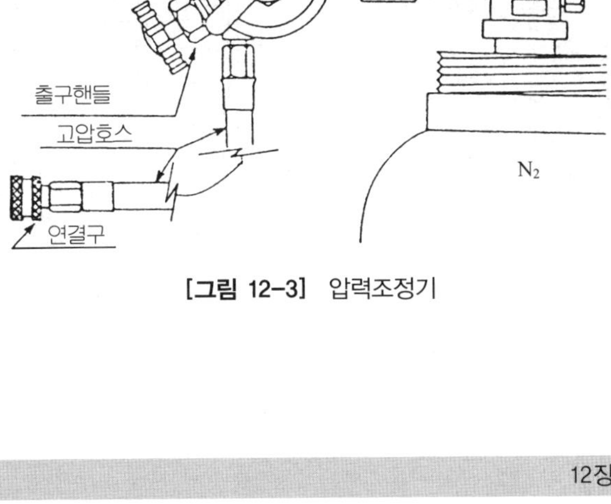

[그림 12-3] 압력조정기

5) 정압작동장치

가압용기에 저장되어 있던 가스가 약제탱크에 유입되고 약제와 혼합되어 일정한 압력에 이를 때까지는 주밸브가 폐쇄되어 있어야 한다. 방출에 필요한 이 압력까지 상승하는 데는 15～30초 정도가 소요되며 이후 주밸브가 개방된다. 이러한 기동을 수행하는 장치가 정압작동장치이다. 즉, 용기내부의 압력이 적정압력(설정)에 도달된 이후에 주밸브를 개방되도록 하는 장치이다. 이 장치의 종류는 압력스위치에 의한 방식, 기계적인 방식, 스프링에 의한 방식, 릴레이 방식이 있다.

① 압력스위치에 의한 것

약제탱크의 내부압력을 검출하는 압력스위치를 설치하고 이 압력이 설정압력에 달했을 때 전자밸브로 기동용 가스용기를 개방하여 이 가스압력으로 주밸브를 개방하는 방식이다. 이 방식은 원리적으로 이상적이지만 방출시간이 지연될 수 있다.

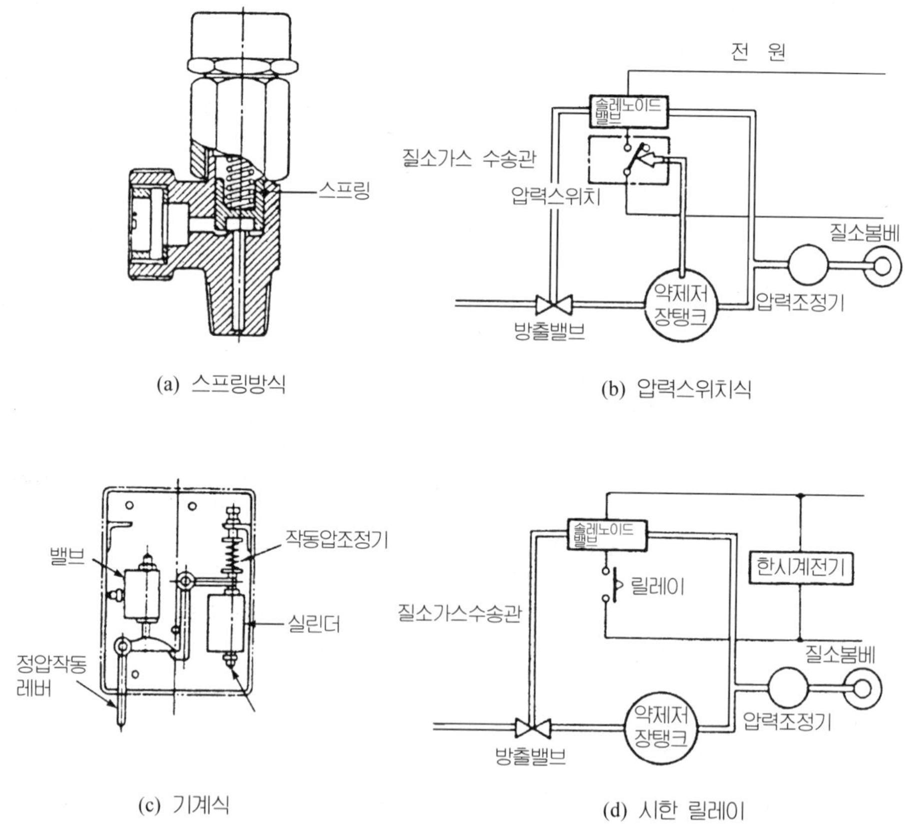

[그림 12-4] 정압작동장치

② 기계적인 것

약제탱크의 내부압력에 따라 밸브 콕크를 당겨, 가스의 통로를 열어 주밸브 개방용 가스를 보내는 방식이다. 전기를 필요로 하지 않으므로 구조가 간단하다.

③ 스프링에 의한 방식

저장용기내부의 압력이 일정압력에 도달하면 스프링이 이 압력에 의해 수축되어 주밸브를 개방한다.

④ 시한 릴레이를 사용하는 것

약제탱크내부의 압력이 설정압에 달하는 시간을 미리 추정하여 화재를 감지하는 순간부터 일정시간 후에 주밸브가 개방되도록 하는 시한 릴레이를 제어회로상에 장치한다. 기동용기가 개방된 후에 시한 릴레이에 설정된 시간이 경과한 후에 자동으로 주밸브가 열린다. 시한 릴레이를 사용하는 것은 설정시간 후에는 반드시 밸브가 개방되는 특징을 갖고 있다.

6) 선택밸브

각 대상구획을 담당하는 배관마다 주밸브와 가까운 위치에 설치하여 해당 구역에만 선택적으로 약제가 방출되도록 한다, 설비 기동장치의 작동에 따라 주밸브와 같은 기구에 의해 개방되며 수동으로도 개방할 수 있는 구조로 되어 있다.

짚고넘어가기 02

1. 정압작동장치의 설치 목적

가압용 가스용기에는 15 MPa 정도의 압력으로 질소(N_2)가스가 충전되어 있고 이 압력을 압력조정기에서 2.5 MPa으로 감압된 후 저장용기 내부로 들어가면 저장용기의 내부 압력이 적정 압력(1.5～2.0 MPa)에 도달하면 주밸브를 개방시키는데 사용하게 되는데 이것을 정압작동장치라고 한다. 이 정압작동장치는 저장용기의 압력이 낮을 때는 개방하여 가스를 보내고 적정 압력에 도달하면 정지시키는 구조로 되어있다.

2. 주밸브 개방방식(정압작동장치 작동방식)

① 기계적 방식 : 정압작동밸브에 의해서 주밸브를 작동시킨다.
② 시한 릴레이 방식 : 타이머에 의해 전자밸브가 작동하여 주밸브를 개방시킨다.
③ 압력스위치 방식 : 압력스위치에 의해 전자밸브가 작동하여 주밸브를 개방시킨다.

3. 청소(Cleaning)장치를 설치하는 목적

분말소화설비의 소화약제가 건조한 분말로서 작동 방출 후 배관 속에 소화약제가 남게 되므로 이를 방치하게 되면 습기를 흡수하여 굳어버려 실제 화재 시 작용이 불가피하게 되기 때문이다. 뿐만 아니라 굳어버린 약제를 제거하려면 배관 전체를 분해하여 청소하지 않으면 안 되기 때문에 이것을 방지하기 위해서이다.

4. 압력조정기의 사용 목적

가압용의 질소가스는 용기에 15 MPa의 압력으로 충전되어 있으므로 이것을 15～20 MPa의 압력으로 감압하여 소화약제 저장용기로 보내기 위하여 사용하는 것이다.

5. 저장용기 유니트에 설치되는 밸브 : 배기밸브, 안전밸브, 세척밸브(Cleaning)

예제 12.1 분말소화설비의 가압용 가스용기에 설치해야 하는 것들에 대한 설명을 틀린 것은?

① 전자개방밸브를 설치해야 한다.
② 압력조정기를 설치해야 한다.
③ 가압용 또는 축압용 가스는 불활성기체물질로 할 것
④ 배관의 청소에 필요한 양의 가스는 별도의 용기에 저장할 것

답 ③

7) 분말소화설비의 소화약제 저장량 산출

분말소화설비에 사용하는 소화약제는 제1종 분말, 제2종 분말, 제3종 분말 또는 제4종 분말로 해야 한다. 다만, 차고 또는 주차장에 설치하는 분말소화설비의 소화약제는 제3종 분말로 해야 한다. 분말소화약제의 저장량은 다음의 기준에 따르되 동일한 특정소방대상물 또는 그 부분에 2 이상의 방호구역 또는 방호대상물이 있는 경우에는 각 방호구역 또는 방호대상물에 대하여 다음 각 기준에 따라 산출한 저장량 중 최대의 것으로 할 수 있다.

(1) 전역방출방식

전역방출방식은 다음의 기준에 따라 산출한 양 이상으로 할 것

가. 방호구역의 체적 1 m^3에 대하여 다음 표에 따른 양

소화약제의 종류	방호구역의 체적 1 m^3에 대한 소화약제의 양
제1종 분말	0.60 kg
제2종 분말 또는 제3종 분말	0.36 kg
제4종 분말	0.24 kg

나. 방호구역의 개구부에 자동폐쇄장치를 설치하지 않은 경우에는 '가'에 따라 산출한 양에 다음 표에 따라 산출한 양을 가산한 양

소화약제의 종류	가산량(개구부의 면적 1 m^2에 대한 소화약제의 양)
제1종 분말	4.5 kg
제2종 분말 또는 제3종 분말	2.7 kg
제4종 분말	1.8 kg

분말소화설비의 소화약제 저장량 =
[방호구역 체적(m^3) × 방호구역의 체적 1 m^3에 대한 소화약제의 양] +
[개구부 면적(m^2) × 개구부의 면적 1 m^2에 대한 소화약제의 양]

(2) 국소방출방식

국소방출방식은 다음의 기준에 따라 산출한 양에 1.1을 곱하여 얻은 양 이상으로 할 것

$$Q = X - Ya/A$$

Q : 방호공간 1 m^3에 대한 분말소화약제의 양(kg/m^3)
a : 방호대상물의 주변에 설치된 벽면적의 합계(m^2)
A : 방호공간의 벽면적(벽이 없는 경우에는 벽이 있는 것으로 가정한 해당 부분의 면적)의 합계(m^2)
X 및 Y : 다음 표의 수치

소화약제의 종류	X의 수치	Y의 수치
제1종 분말	5.2	3.9
제2종 분말 또는 제3종 분말	3.2	2.4
제4종 분말	2.0	1.5

(3) 호스릴방식

호스릴 분말소화설비는 하나의 노즐에 대하여 다음 표에 따른 양 이상으로 할 것

소화약제의 종류	소화약제의 양
제1종 분말	50 kg
제2종 분말 또는 제3종 분말	30 kg
제4종 분말	20 kg

예제 12.2 체적이 50 m^3인 주차장에 분말소화설비가 설치되어 있으며, 이 주차장에는 자동폐쇄장치가 설치된 면적 2 m^2인 개구부가 설치되어 있고 화재 시 소화에 사용되는 약제는 제3종 분말소화약제가 저장되어 있다. 소화 시 필요한 약제량(kg)은 얼마 이상으로 해야 하는가?

① 16 ② 17 ③ 18 ④ 19

답 ③

8) 분말소화설비의 배관

소화약제가 분말이고 가압기체와 혼합된 상태로 유동되므로 기체도 아니고 고체도 아닌 상태로 유동한다. 소화약제의 관내 유동손실의 크기는 분말의 입도, 입도분포(조성), 배관의 내면가공 정밀도 등에 영향을 받는다. 소화약제를 밀어 분출시키는 가압용 가스의 압력은 일정하므로 관로 유동손실이 지나치게 크면 분사압력이 낮아지므로 설계 시 유의한다. 또, 관로의 내용적의 크기도 약제저장량 계산 시에 포함시켜야 하며 가압용 가스량, 가압능력도 역시 계산에 포함한다. 배관의 관경이 지나치게 크면 마찰손실은 감소되지만 분체의 유속을 저하시켜 가압용 기체와 완전히 혼합되지 못하게 되므로 유의해야 한다.

(1) 사용기준

가. 배관은 전용으로 할 것

나. 강관을 사용하는 경우의 배관은 아연도금에 따른 배관용 탄소강관(KS D 3507)이나 이와 동등 이상의 강도, 내식성 및 내열성을 가진 것으로 할 것. 다만, 축압식 분말소화설비에 사용하는 것 중 20℃에서 압력이 2.5 MPa 이상 4.2 MPa 이하인 것은 압력배관용 탄소강관(KS D 3562) 중 이음이 없는 스케줄 40 이상의 것 또는 이와 동등 이상의 강도를 가진 것으로서 아연도금으로 방식처리된 것을 사용해야 한다.

다. 동관을 사용하는 경우의 배관은 고정압력 또는 최고사용압력의 1.5배 이상의 압력에 견딜 수 있는 것을 사용할 것

라. 밸브류는 개폐위치 또는 개폐방향을 표시한 것으로 할 것

마. 배관의 관부속 및 밸브류는 배관과 동등 이상의 강도 및 내식성이 있는 것으로 할 것

바. 확관형 분기배관을 사용할 경우에는 소방청장이 정하여 고시한 「분기배관의 성능인증 및 제품검사의 기술기준」에 적합한 것으로 설치할 것

(2) 설치기준

가. 저장용기 등으로부터 배관의 굴절부까지의 거리는 배관 구경의 20배 이상으로 하는

것이 좋다.

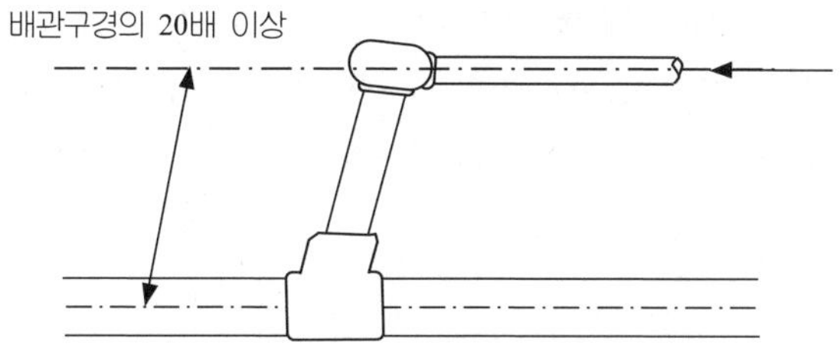

[그림 12-5] 분말소화설비 배관

나. 분사헤드의 균일한 방사압력과 방사량을 위해서 배관은 토너먼트 배관방식으로 설치한다.

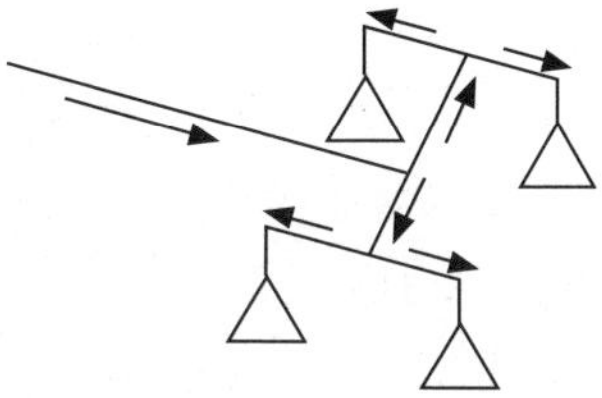

[그림 12-6] 분말소화설비 배관

다. 방사구역이 2 이상이고, 소화약제 저장탱크를 공용하는 경우에는 하나의 방사구역마다 선택밸브를 설치한다.

(3) 약제방출배관

분말소화장치에는 개관 외 굴곡에 의한 압력손실이 크므로 보 및 기둥을 우회하기 위해 엘보 등을 많이 사용하는 것은 좋지 않다. 그러므로 미리 슬리브를 넣은 관통부를 계획하는 것이 바람직하다. 또 시공에 있어서는 일반배관공사의 표준에 따르는 것은 물론, 다음과 같은 사항에 유의한다.

가. 나사 이음 시는 배관절단면의 버(burr)를 제거하고, 나사산을 적정하게 가공한다.
나. 관내로 이물질이 들어가지 않도록 한다(특히, 옥외공사나 매설 시에 빗물, 기름 등이 들어가지 않도록 한다).
다. 매설할 때는 드레인 배출기를 최저부에 설치한다.
라. 헤드 부착 전에는 질소가스로 배관 내를 청소한다(약제탱크에 질소 가스만을 충진하고 주밸브를 열어 급속하게 가스 방출).
마. 시방서를 준수하여 임의로 변경하지 않는다.

(4) 동관

기동용기와 가압용 가스용기의 용기밸브개방장치의 연결 및 가압용 가스용기에서 압력조정기를 경유하여 약제탱크에 이르는 연결 배관에 동관을 사용한다. 내부의 압력이 높고, 유속이 빠르므로 연결접속부는 견고하게 시공한다. 또 굴곡부가 많으면 압력손실이 크므로 주의를 요한다.

짚고넘어가기 03

1. **분말소화설비의 배관을 토너먼트 배관방식(균등, 균배 배관방식)으로 해야 하는 목적** : 방호구역에 설치된 분말 헤드에서의 방출압력과 방출량을 일정하게 유지시켜 주기 위해서이다.
2. **저장용기 등에서 배관의 굴곡부까지의 거리를 관의 지름의 20배 이상으로 해야 하는 이유** : 분말소화약제는 고체이며, 방사하는 경우 질소가스 또는 이산화탄소의 압력에 의하지 않으면 안 되기 때문에 배관의 굴곡부에서는 분말 가루와 가스가 분리되어 버리므로 적어도 관 지름의 20배 이상의 거리를 취하지 않으면 안 된다.
3. **분말소화설비의 배관 시공 시 주의사항**
   ① 배관은 전용으로 해야 한다.
   ② 배관은 토너먼트 배관방식으로 해야 한다.
   ③ 저장용기 등으로부터 배관의 굴절부까지의 거리는 배관 구경의 20배 이상으로 해야 한다.
   ④ 배관의 부속품인 밸브류는 유수 방향 및 개폐 방향을 표시한 것으로 한다.
   ⑤ 배관 및 관 이음쇠는 플랜지를 이용한 용접 배관으로 하며, 용접부분은 깨끗이 다듬어야 한다.
   ⑥ 하나의 관을 통하는 분말의 흐름이 두 방향으로 분기되어야 할 경우에는 반드시 티(Tee)를 사용하여 분기해야 하고 측류티와 직류티가 함께 일어나게 해서는 아니 된다.
   ⑦ 배관의 크기는 약제량과 유속에 의해 정하며, 유속이 너무 느리면 가스와 분말소화약제가 분리된다.

예제 12.3 분말소화설비의 배관 설치기준에 관한 것으로 바르지 못한 것은?

① 강관을 사용하는 경우의 배관은 아연도금에 따른 배관용 탄소강관(KSD 3507)을 사용해야 한다.
② 저장용기 등으로부터 배관의 굴절부까지의 거리는 배관구경의 20배 이상으로 하는 것이 좋다.
③ 배관은 토너먼트 배관방식으로 설치해서는 안 된다.
④ 밸브류는 개폐위치 또는 개폐방향을 표시한 것으로 해야 한다.

답 ③

9) 분말소화설비의 분사헤드

① 전역방출방식의 분말소화설비의 분사헤드는 다음의 기준에 따라 설치해야 한다.
   가. 방출된 소화약제가 방호구역의 전역에 균일하고 신속하게 확산할 수 있도록 할 것
   나. 소화약제 저장량을 30초 이내에 방출할 수 있는 것으로 할 것

② 국소방출방식의 분말소화설비의 분사헤드는 다음의 기준에 따라 설치해야 한다.
   가. 소화약제의 방출에 따라 가연물이 비산하지 않는 장소에 설치할 것
   나. 기준저장량의 소화약제를 30초 이내에 방출할 수 있는 것으로 할 것

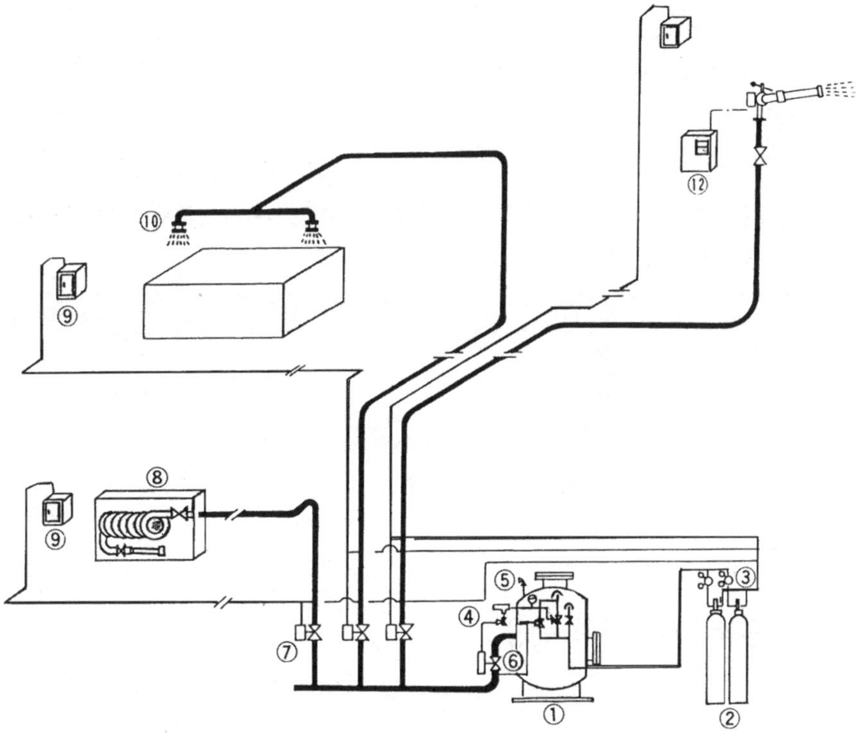

① Dry Powder Tank	② N_2 Gas Cylinder	③ Regulator
④ Constant Pressure Valve	⑤ Safety Valve	⑥ Main Valve
⑦ Selection Valve	⑧ Hose Reel	⑨ Actuating Cylinder Box
⑩ Discharge Nozzle	⑪ Fixed Monitor	⑫ Monitor Control Panel

[그림 12-7] 분말소화설비 System

③ 화재 시 현저하게 연기가 찰 우려가 없는 장소로서 다음의 어느 하나에 해당하는 장소에는 호스릴 분말소화설비를 설치할 수 있다.

가. 지상 1층 및 피난층에 있는 부분으로서 지상에서 수동 또는 원격조작에 따라 개방할 수 있는 개구부의 유효면적의 합계가 바닥면적의 15% 이상이 되는 부분

나. 전기설비가 설치되어 있는 부분 또는 다량의 화기를 사용하는 부분(해당 설비의 주위 5 m 이내의 부분을 포함한다)의 바닥면적이 해당 설비가 설치되어 있는 구획의 바닥면적의 1/5 미만이 되는 부분

④ 호스릴 분말소화설비는 다음의 기준에 따라 설치해야 한다.

가. 방호대상물의 각 부분으로부터 하나의 호스접결구까지의 수평거리가 15 m 이하가 되도록 할 것

나. 소화약제의 저장용기의 개방밸브는 호스릴의 설치장소에서 수동으로 개폐할 수 있는 것으로 할 것

다. 소화약제의 저장용기는 호스릴을 설치하는 장소마다 설치할 것

라. 노즐은 하나의 노즐마다 1분당 다음 표에 따른 소화약제를 방출할 수 있는 것으로 할 것

소화약제의 종류	1분당 방출하는 소화약제의 양
제1종 분말	45 kg
제2종 분말 또는 제3종 분말	27 kg
제4종 분말	18 kg

마. 저장용기에는 그 가까운 곳의 보기 쉬운 곳에 적색의 표시등을 설치하고, 이동식 분말소화설비가 있다는 뜻을 표시한 표지를 할 것

10) 이산화탄소소화설비의 준용

분말소화설비의 기동장치, 제어반, 선택밸브, 자동화재감지장치, 음향경보장치, 자동폐쇄장치, 비상전원 등은 이산화탄소소화설비에 준용한다.

짚고넘어가기 04

분말소화설비의 작동원리

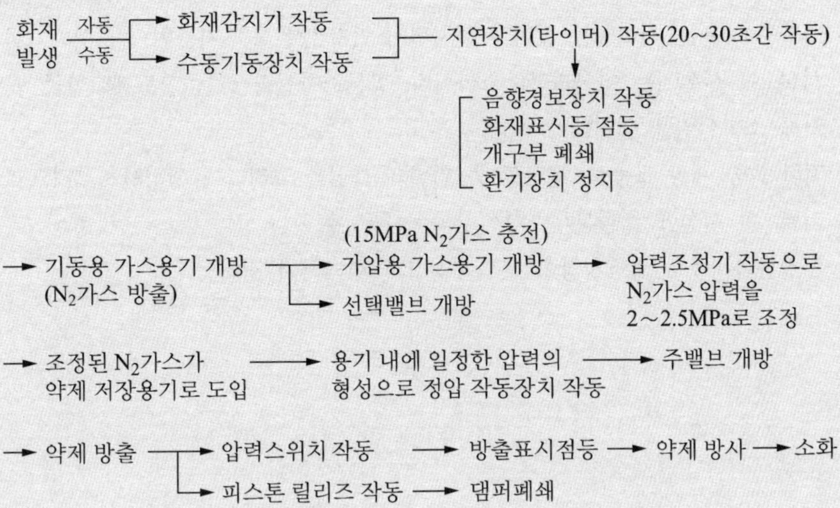

12.4 분말소화설비의 설치대상물

분말소화설비를 설치해야 하는 특정소방대상물(위험물 저장 및 처리 시설 중 가스시설 및 지하구는 제외한다)은 다음에 해당하는 것으로 한다.

1) 항공기 및 자동차 관련시설 중 항공기 격납고
2) 차고, 주차용 건축물 또는 철골 조립식 주차시설. 이 경우 연면적 800 m^2 이상인 것만 해당한다.
3) 건축물의 내부에 설치된 차고·주차장으로서 차고 또는 주차의 용도로 사용되는 면적이 200 m^2 이상인 경우 해당 부분(50세대 미만 연립주택 및 다세대주택은 제외한다)
4) 기계장치에 의한 주차시설을 이용하여 20대 이상의 차량을 주차할 수 있는 시설
5) 특정소방대상물에 설치된 전기실·발전실·변전실(가연성 절연유를 사용하지 않는 변압기·전류차단기 등의 전기기기와 가연성 피복을 사용하지 않은 전선 및 케이블만을 설치한 전기실·발전실 및 변전실은 제외한다)·축전지실·통신기기실 또는 전산실, 그 밖에 이와 비슷한 것으로서 바닥면적이 300 m^2 이상인 것[하나의 방화구획 내에 2 이

상의 실(室)이 설치되어 있는 경우에는 이를 하나의 실로 보아 바닥면적을 산정한다]. 다만, 내화구조로 된 공정제어실 내에 설치된 주조정실로서 양압시설이 설치되고 전기기기에 220 V 이하인 저전압이 사용되며 종업원이 24시간 상주하는 곳은 제외한다.

6) 소화수를 수집·처리하는 설비가 설치되어 있지 않은 중·저준위 방사성폐기물의 저장시설. 이 시설에는 이산화탄소소화설비, 할론소화설비 또는 할로겐화합물 및 불활성기체 소화설비를 설치해야 한다.
7) 지하가 중 예상 교통량, 경사도 등 터널의 특성을 고려하여 행정안전부령으로 정하는 터널. 이 시설에는 물분무소화설비를 설치해야 한다.
8) 지정문화재로서 소방청장이 문화재청장과 협의하여 정하는 것

연습문제

1. 분말소화설비 소화약제의 장·단점은 무엇인가?

2. 분말소화약제의 종류별 소화작용에 관하여 설명하라.

3. 분말소화설비의 계통도를 그리고, 작동원리에 대해 설명하라.

4. 분말소화설비의 사용 후의 처리는 어떻게 행하여지는가?

5. 배관 설치 시 유의사항에 대하여 서술하라.

6. 분말소화설비의 정압작동장치에 관하여 상세히 기술하라.

7. 분말소화설비에는 단독의 청소(cleaning)장치가 반드시 설치되어야 한다. 이러한 청소장치를 두는 이유는?

8. 분말소화설비의 저장용기에 설치된 주밸브를 개방시키는 방식 3가지에 관하여 서술하라.

9. 분말소화설비의 배관을 토너먼트 배관방식(균등 배관방식)으로 하는 목적은?

10. 분말소화설비에 설치되는 배관 재료의 기준에 관하여 설명하라.

11. 분말소화설비 상에 설치되는 압력조정기의 역할은?

12. 분말소화설비의 배관 시공방법 중 하나로 저장용기 등에서 배관의 굴곡부까지의 거리는 관의 지름에 20배 이상으로 해야 하는데 특별히 이렇게 정하는 이유에 관하여 설명하라.

13. 기동조작을 행한 후, 선택밸브가 개방되지 않는 경우의 원인은 무엇인가? (기동용 가스용기 등을 사용하는 방식으로 한다)

14. 기동장치 등의 조작을 행하였음에도 불구하고, 모터사이렌이 명동치 않는 경우의 원인은?

15. 소화약제가 방출되었음에도 불구하고, 방출된 뜻을 표시하는 표시등이 점등하지 않는 경우의 원인은?

16. 차고, 주차장에 분말소화설비를 설치하려고 한다. 아래 조건을 참조하여 다음 물음에 답하라.

[조건]

1. 약제 방출방식은 전역방출방식으로 한다.
2. 방호체적은 12×7×5 m이며 개구부 면적은 4×2 m이다.
3. 자동폐쇄장치가 설치되어 있다.

[물음]

1. 약제 저장량은 몇 kg인가?
2. 약제 방출방식을 가압식과 축압식으로 나눌 때 가압식으로 ⓐ 질소를 사용할 때, 저장가스량(ℓ)과 ⓑ CO_2를 사용할 때 저장가스량(ℓ)을 구하고 축압식으로 Ⓐ 질소를 사용할 때 저장가스량(ℓ)과 Ⓑ CO_2 사용 시 저장가스량(ℓ)을 구하라.
3. 이 방호대상물에 사용되는 소화약제에 대한 특징을 서술하라.

PART | Two

소화활동설비

제1장 연결송수관설비
제2장 연결살수설비
제3장 소화용수설비(소화수조 및 저수조)
제4장 연소방지설비
제5장 제연설비

Chapter 1

연결송수관설비

1.1 개요

연결송수관설비는 고층건물·아케이드 등에 설치하여 소방대가 현장에 도착하여 조작되고 화재가 발생한 장소에 주수하여 소화하는 설비이다. 이 설비는 건축물에 설치하는 소화설비 중 가장 이상적이고 확실한 설비이며 스프링클러설비가 설치된 건축물에 있어서도 건축물 구조상 외부로부터 호스를 내부에 연장하기 곤란한 장소에 빠른 시간 내에 가장 효율적인 소화활동을 전개할 수 있는 설비이다. 연결송수관설비 구성은 송수구·배관·방수구로 분류된다.

1.2 연결송수관설비의 종류

1) 건식

건축물의 1층 벽면 또는 화단벽면에 설치된 송수구로부터 건축물의 최상층에 설치된 방수구까지의 배관 내에 소화약제로 사용되는 물이 충전되어 있지 않은 연결송수관설비이다. 고층건축물이 아닌 저층 건축물(건축물의 층수가 10층 이하 또는 높이가 31 m 미만 되는 건축물)에 많이 사용된다.

2) 습식

높이가 31 m 이상 되는 건축물과 11층 이상의 건축물에 설치하는 연결송수관설비의 형태로서 건축물의 옥상에 고가수조를 설치하여 고가수조의 자연낙차압력을 이용해 송수구 방향에 설치된 체크밸브에 이르는 배관 내에 항상 물이 충만되어 있도록 설치한 본격소화용의 설비이다.

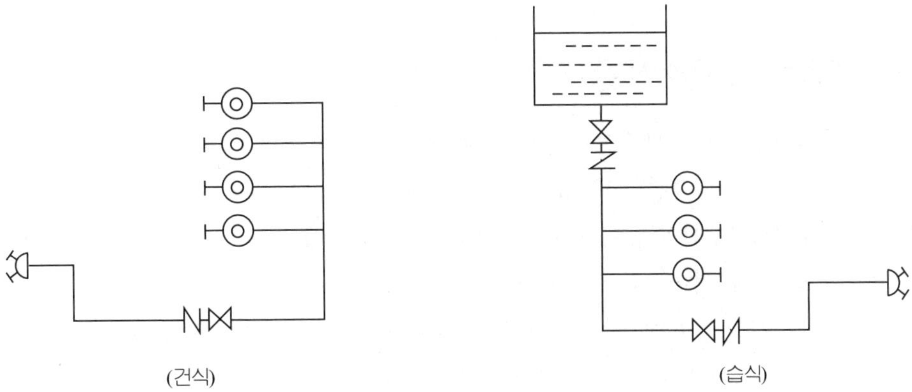

[그림 1-1] 연결송수관설비의 종류

참고 ● 연결송수관설비를 습식 배관방식으로 하는 목적은 고층건축물인 높이가 31 m 이상 되는 건축물과 11층 이상인 건축물의 외부에 설치된 송수구로 수원을 공급받을 경우 배관 내에 건식 상태로 되어 있게 되면 물이 배관 내를 흐르는 동안 마찰손실이 상당히 증가하므로 마찰손실을 감소시키기 위해서이다.

1.3 연결송수관설비의 구성 및 기능

1) 연결송수관설비의 송수구

① 구경 65 mm의 쌍구형으로 할 것

② 송수구는 연결송수관의 수직배관마다 1개 이상을 설치할 것. 다만, 하나의 건축물에 설치된 각 수직배관이 중간에 개폐밸브가 설치되지 않은 배관으로 상호 연결되어 있는 경우에는 건축물마다 1개씩 설치할 수 있다.

③ 송수구의 부근에는 자동배수밸브 및 체크밸브를 다음의 기준에 따라 설치할 것. 이 경우 자동배수밸브는 배관 안의 물이 잘 빠질 수 있는 위치에 설치하되, 배수로 인하여 다른 물건이나 장소에 피해를 주지 않아야 한다.

가. 습식의 경우에는 송수구·자동배수밸브·체크밸브의 순으로 설치할 것

나. 건식의 경우에는 송수구·자동배수밸브·체크밸브·자동배수밸브의 순으로 설치할 것

④ 송수구에는 가까운 곳의 보기 쉬운 곳에 "연결송수관설비 송수구"라고 표시한 표지를 설치할 것

⑤ 송수구에는 이물질을 막기 위한 마개를 씌울 것

2) 연결송수관설비의 배관

① 연결송수관설비의 배관은 다음의 기준에 따라 설치해야 한다.

가. 주배관의 구경은 100 mm 이상의 것으로 할 것

나. 지면으로부터의 높이가 31 m 이상인 특정소방대상물 또는 지상 11층 이상인 특정소방대상물에 있어서는 습식 설비로 할 것

② 연결송수관설비의 배관은 주배관의 구경이 100 mm 이상인 옥내소화전설비·스프링클러설비 또는 물분무등소화설비의 배관과 겸용할 수 있다.

③ 연결송수관설비의 수직배관은 내화구조로 구획된 계단실(부속실을 포함한다) 또는 파이프덕트 등 화재의 우려가 없는 장소에 설치해야 한다. 다만, 학교 또는 공장이거나 배관주위를 1시간 이상의 내화성능이 있는 재료로 보호하는 경우에는 그렇지 않다.

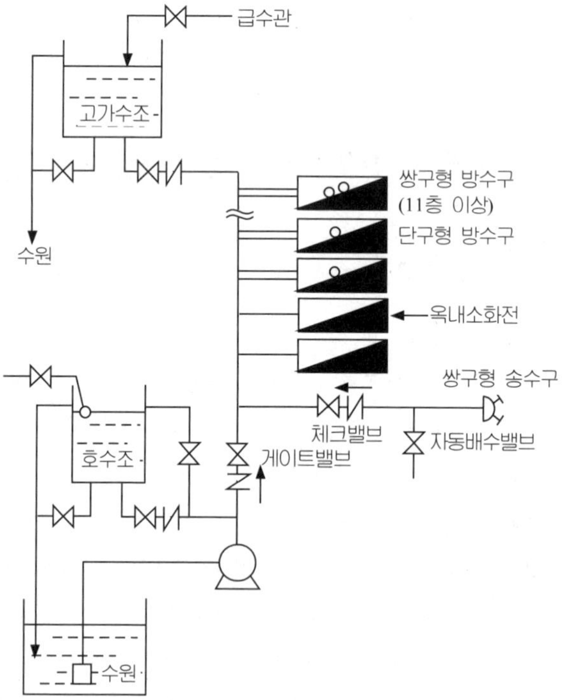

[그림 1-2] 연결송수관설비 계통도

3) 연결송수관설비의 방수구

연결송수관설비의 방수구는 다음의 기준에 따라 설치해야 한다.

① 연결송수관설비의 방수구는 그 특정소방대상물의 층마다 설치할 것. 다만, 다음의 어느 하나에 해당하는 층에는 설치하지 않을 수 있다.

가. 아파트의 1층 및 2층

나. 소방차의 접근이 가능하고 소방대원이 소방차로부터 각 부분에 쉽게 도달할 수 있는 피난층

다. 송수구가 부설된 옥내소화전을 설치한 특정소방대상물(집회장·관람장·백화점·도매시장·소매시장·판매시설·공장·창고시설 또는 지하가를 제외한다)로서 다음의 어느 하나에 해당하는 층

a. 지하층을 제외한 층수가 4층 이하이고 연면적이 6,000 m^2 미만인 특정소방대상물의 지상층

b. 지하층의 층수가 2 이하인 특정소방대상물의 지하층

② 특정소방대상물의 층마다 설치하는 방수구는 다음의 기준에 따를 것

가. 아파트 또는 바닥면적이 1,000 m^2 미만인 층에 있어서는 계단(계단이 2 이상 있는 경우에는 그 중 1개의 계단을 말한다)으로부터 5 m 이내에 설치할 것. 이 경우 부속실이 있는 계단은 부속실의 옥내 출입구로부터 5 m 이내에 설치할 수 있다.

나. 바닥면적 1,000 m^2 이상인 층(아파트를 제외한다)에 있어서는 각 계단(계단의 부속실을 포함하며 계단이 3 이상 있는 층의 경우에는 그 중 2개의 계단을 말한다)으로부터 5 m 이내에 설치할 것. 이 경우 부속실이 있는 계단은 부속실의 옥내 출입구로부터 5 m 이내에 설치할 수 있다.

다. '가.' 또는 '나.'에 따라 설치하는 방수구로부터 그 층의 각 부분까지의 거리가 다음의 기준을 초과하는 경우에는 그 기준 이하가 되도록 방수구를 추가하여 설치할 것

a. 지하가(터널은 제외한다) 또는 지하층의 바닥면적의 합계가 3,000 m^2 이상인 것은 수평거리 25 m

b. 'a.'에 해당하지 않는 것은 수평거리 50 m

③ 11층 이상의 부분에 설치하는 방수구는 쌍구형으로 할 것. 다만, 다음의 어느 하나에 해당하는 층에는 단구형으로 설치할 수 있다.

가. 아파트의 용도로 사용되는 층

나. 스프링클러설비가 유효하게 설치되어 있고, 방수구가 2개소 이상 설치된 층

④ 방수구의 호스접결구는 바닥으로부터 높이 0.5 m 이상 1 m 이하의 위치에 설치할 것
⑤ 방수구는 연결송수관설비의 전용방수구 또는 옥내소화전방수구로서 구경 65 mm의 것으로 설치할 것
⑥ 방수구에는 방수구의 위치를 표시하는 표시등 또는 축광식 표지를 설치할 것
⑦ 방수구는 개폐기능을 가진 것으로 설치해야 하며, 평상 시 닫힌 상태를 유지할 것

4) 연결송수관설비의 방수기구함

연결송수관설비의 방수기구함은 다음의 기준에 따라 설치해야 한다.

① 방수기구함은 피난층과 가장 가까운 층을 기준으로 3개 층마다 설치하되, 그 층의 방수구마다 보행거리 5 m 이내에 설치할 것
② 방수기구함에는 길이 15 m의 호스와 방사형 관창을 다음의 기준에 따라 비치할 것
  가. 호스는 방수구에 연결하였을 때 그 방수구가 담당하는 구역의 각 부분에 유효하게 물이 뿌려질 수 있는 개수 이상을 비치할 것. 이 경우 쌍구형 방수구는 단구형 방수구의 2배 이상의 개수를 설치해야 한다.
  나. 방사형 관창은 단구형 방수구의 경우에는 1개, 쌍구형 방수구의 경우에는 2개 이상 비치할 것
③ 방수기구함에는 "방수기구함"이라고 표시한 축광식 표지를 할 것

5) 연결송수관설비의 가압송수장치

지표면에서 최상층 방수구의 높이가 70 m 이상의 특정소방대상물에는 다음의 기준에 따라 연결송수관설비의 가압송수장치를 설치해야 한다.

① 펌프의 토출량은 2,400 ℓ/분(계단식 아파트의 경우에는 1,200 ℓ/분) 이상이 되는 것으로 할 것. 다만, 해당 층에 설치된 방수구가 3개를 초과(방수구가 5개 이상인 경우에는 5개)하는 것에 있어서는 1개마다 800 ℓ/분(계단식 아파트의 경우에는 400 ℓ/분)를 가산한 양이 되는 것으로 할 것
② 펌프의 양정은 최상층에 설치된 노즐선단의 압력이 0.35 MPa 이상의 압력이 되도록 할 것
③ 가압송수장치는 방수구가 개방될 때 자동으로 기동되거나 수동스위치의 조작에 따라 기동되도록 할 것. 이 경우 수동스위치는 2개 이상을 설치하되, 그 중 1개는 다음의 기준에 따라 송수구의 부근에 설치해야 한다.

가. 송수구로부터 5 m 이내의 보기 쉬운 장소에 바닥으로부터 높이 0.8 m 이상 1.5 m 이하로 설치할 것

나. 1.5 mm 이상의 강판함에 수납하여 설치하고, "연결송수관설비 수동스위치"라고 표시한 표지를 부착할 것. 이 경우 문짝은 불연재료로 설치할 수 있다.

다. 「전기사업법」 제67조에 따른 기술기준에 따라 접지하고 빗물 등이 들어가지 않는 구조로 할 것

④ 쉽게 접근할 수 있고 점검하기에 충분한 공간이 있는 장소로서 화재 및 침수 등의 재해로 인한 피해를 받을 우려가 없는 곳에 설치할 것

⑤ 동결방지조치를 하거나 동결의 우려가 없는 장소에 설치할 것

⑥ 펌프는 전용으로 할 것. 다만, 각각의 소화설비의 성능에 지장이 없을 때에는 다른 소화설비와 겸용할 수 있다.

1.4 연결송수관설비의 설치대상물

연결송수관설비를 설치해야 하는 특정소방대상물(위험물 저장 및 처리 시설 중 가스시설 및 지하구는 제외한다)은 다음의 어느 하나에 해당하는 것으로 한다.

1) 층수가 5층 이상으로서 연면적 6,000 m^2 이상인 경우에는 모든 층
2) 1)에 해당하지 않는 특정소방대상물로서 지하층을 포함하는 층수가 7층 이상인 경우에는 모든 층
3) 1) 및 2)에 해당하지 않는 특정소방대상물로서 지하층의 층수가 3층 이상이고 지하층의 바닥면적의 합계가 1,000 m^2 이상인 경우에는 모든 층
4) 지하가 중 터널로서 길이가 1,000 m 이상인 것

Chapter 2

연결살수설비

2.1 개요

연결살수설비는 지하가 또는 건축물의 지하층의 연면적이 150 m^2 이상인 곳에 설치하는 본격소화를 위한 소화활동상 필요한 설비이다.

또는 화재발생으로 연기가 충만하여 소화활동이 곤란한 장소에 설치하며 송수구, 배관, 살수헤드, 밸브로 구성되고 화재 시 송수구 및 배관을 통하여 소방펌프차로 송수하여 살수헤드로부터 방수됨으로써 소화활동을 하는 것이다.

참고 • **연결살수설비가 스프링클러설비, 물분무소화설비와 다른 점**

1) 외부의 소방자동차 등으로부터 수원을 공급받아 화재를 소화할 수 있게 되어 있다는 점
2) 송수구역마다 선택밸브가 설치되어 있어 선택밸브를 자동, 수동으로 개폐하여 소화약제인 물을 살수헤드로 송수하게 되어 있다는 점

2.2 연결살수설비의 구성 및 기능

1) 연결살수설비의 송수구

① 연결살수설비의 송수구는 다음의 기준에 따라 설치해야 한다.

가. 소방차가 쉽게 접근할 수 있고 노출된 장소에 설치할 것

나. 가연성가스의 저장·취급시설에 설치하는 연결살수설비의 송수구는 그 방호대상물로부터 20 m 이상의 거리를 두거나 방호대상물에 면하는 부분이 높이 1.5 m 이상 폭 2.5 m 이상의 철근콘크리트 벽으로 가려진 장소에 설치해야 한다.

다. 송수구는 구경 65 mm의 쌍구형으로 설치할 것. 다만, 하나의 송수구역에 부착하는 살수헤드의 수가 10개 이하인 것은 단구형인 것으로 할 수 있다.

라. 개방형 헤드를 사용하는 송수구의 호스접결구는 각 송수구역마다 설치할 것. 다만, 송수구역을 선택할 수 있는 선택밸브가 설치되어 있고 각 송수구역의 주요구조부가 내화구조로 되어 있는 경우에는 그렇지 않다.

마. 소방관의 호스연결 등 소화작업에 용이하도록 지면으로부터 높이가 0.5 m 이상 1 m 이하의 위치에 설치할 것

바. 송수구로부터 주배관에 이르는 연결배관에는 개폐밸브를 설치하지 않을 것. 다만, 스프링클러설비, 물분무소화설비, 포소화설비 또는 연결송수관설비의 배관과 겸용하는 경우에는 그렇지 않다.

사. 송수구의 부근에는 "연결살수설비 송수구"라고 표시한 표지와 송수구역 일람표를 설치할 것. 다만, 선택밸브를 설치한 경우에는 그렇지 않다.

아. 송수구에는 이물질을 막기 위한 마개를 씌울 것

② 연결살수설비의 선택밸브는 다음의 기준에 따라 설치해야 한다. 다만, 송수구를 송수구역마다 설치한 때에는 그렇지 않다.

가. 화재 시 연소의 우려가 없는 장소로서 조작 및 점검이 쉬운 위치에 설치할 것

나. 자동개방밸브에 따른 선택밸브를 사용하는 경우에는 송수구역에 방수하지 않고 자동밸브의 작동시험이 가능하도록 할 것

다. 선택밸브의 부근에는 송수구역 일람표를 설치할 것

③ 송수구의 가까운 부분에 자동배수밸브와 체크밸브를 다음의 기준에 따라 설치해야 한다.

가. 폐쇄형 헤드를 사용하는 설비의 경우에는 송수구·자동배수밸브·체크밸브의 순서로 설치할 것

나. 개방형 헤드를 사용하는 설비의 경우에는 송수구·자동배수밸브의 순서로 설치할 것

다. 자동배수밸브는 배관 안의 물이 잘 빠질 수 있는 위치에 설치하되, 배수로 인하여 다른 물건 또는 장소에 피해를 주지 않을 것

④ 개방형 헤드를 사용하는 연결살수설비에 있어서 하나의 송수구역에 설치하는 살수헤드의 수는 10개 이하가 되도록 해야 한다.

2) 연결살수설비의 배관

① 연결살수설비의 배관의 구경은 다음의 기준에 따라 설치해야 한다.

가. 연결살수설비 전용헤드를 사용하는 경우에는 다음 표에 따른 구경 이상으로 할 것

하나의 배관에 부착하는 살수헤드의 개수	1개	2개	3개	4개 또는 5개	6개 이상 10개 이하
배관의 구경(mm)	32	40	50	65	80

나. 스프링클러헤드를 사용하는 경우에는 「스프링클러설비의 화재안전기술기준(NFTC 103)」 2.5.3.3의 표 2.5.3.3에 따를 것

② 폐쇄형 헤드를 사용하는 연결살수설비의 배관은 다음의 기준에 따라 설치해야 한다.

가. 주배관은 다음의 어느 하나에 해당하는 배관 또는 수조에 접속해야 한다. 이 경우 접속부분에는 체크밸브를 설치하되 점검하기 쉽게 해야 한다.

a. 옥내소화전설비의 주배관(옥내소화전설비가 설치된 경우에 한정한다)

b. 수도배관(연결살수설비가 설치된 건축물 안에 설치된 수도배관 중 구경이 가장 큰 배관을 말한다)

c. 옥상에 설치된 수조(다른 설비의 수조를 포함한다)

나. 시험배관을 다음의 기준에 따라 설치해야 한다.

a. 송수구에서 가장 먼 거리에 위치한 가지배관의 끝으로부터 연결하여 설치할 것

b. 시험장치 배관의 구경은 25 mm 이상으로 하고, 그 끝에는 물받이 통 및 배수관을 설치하여 시험 중 방사된 물이 바닥으로 흘러내리지 않도록 할 것

③ 개방형 헤드를 사용하는 연결살수설비의 수평주행배관은 헤드를 향하여 상향으로 1/100 이상의 기울기로 설치하고, 주배관 중 낮은 부분에는 자동배수밸브를 설치해야 한다.

④ 가지배관 또는 교차배관을 설치하는 경우에는 가지배관의 배열은 토너먼트방식이 아니어야 하며, 가지배관은 교차배관 또는 주배관에서 분기되는 지점을 기점으로 한쪽 가지배관에 설치되는 헤드의 개수는 8개 이하로 해야 한다.

3) 연결살수설비의 헤드

① 연결살수설비의 헤드는 연결살수설비 전용헤드 또는 스프링클러헤드로 설치해야 한다.

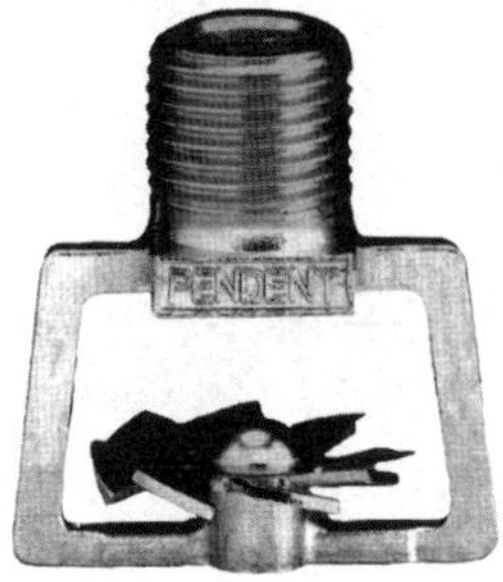

[그림 2-1] 연결살수헤드

② 건축물에 설치하는 연결살수설비의 헤드는 다음의 기준에 따라 설치해야 한다.

가. 천장 또는 반자의 실내에 면하는 부분에 설치할 것

나. 천장 또는 반자의 각 부분으로부터 하나의 살수헤드까지의 수평거리가 연결살수설비 전용헤드의 경우에는 3.7 m 이하, 스프링클러헤드의 경우는 2.3 m 이하로 할 것. 다만, 살수헤드의 부착면과 바닥과의 높이가 2.1 m 이하인 부분은 살수헤드의 살수분포에 따른 거리로 할 수 있다.

③ 가연성 가스의 저장·취급시설에 설치하는 연결살수설비의 헤드는 다음의 기준에 따라 설치해야 한다. 다만, 지하에 설치된 가연성 가스의 저장·취급시설로서 지상에 노출된 부분이 없는 경우에는 그렇지 않다.

가. 연결살수설비 전용의 개방형 헤드를 설치할 것

나. 가스저장탱크·가스홀더 및 가스발생기의 주위에 설치하되, 헤드 상호 간의 거리는 3.7 m 이하로 할 것

다. 헤드의 살수범위는 가스저장탱크·가스홀더 및 가스발생기의 몸체의 중간 윗부분의 모든 부분이 포함되도록 해야 하고 살수된 물이 흘러내리면서 살수범위에 포함되지 않은 부분에도 모두 적셔질 수 있도록 할 것

짚고넘어가기 01

살수헤드는 직선류 또는 나선류의 물을 충돌, 확산시켜 살수함으로써 소화기능을 하는 헤드를 말한다. 살수헤드의 구조는 다음과 같아야 한다.

① 헤드는 직선류 또는 나선류 물을 충돌, 확산시켜 분무할 수 있어야 하며 방수구, 프레임 및 디플렉터로 구성해야 한다.
② 헤드를 배관에 부착하는 경우 그 기능에 영향을 미치는 변형, 손상 또는 비틀림이 생기지 않아야 한다.
③ 헤드의 부착나사는 KS B 0222 (관용 테이프나사) 중 아래표의 헤드구분에 따른 부착나사 또는 이에 상당하는 호칭의 관용테이프 나사이어야 하며 보관, 운반 등의 경우 손상되지 않도록 적합한 보호장치를 해야 한다.

2.3 연결살수설비의 설치대상물

연결살수설비를 설치해야 하는 특정소방대상물(지하구는 제외한다)은 다음의 어느 하나에 해당하는 것으로 한다.

1) 판매시설, 운수시설, 창고시설 중 물류터미널로서 해당 용도로 사용되는 부분의 바닥면적의 합계가 1,000 m^2 이상인 경우에는 해당 시설
2) 지하층(피난층으로 주된 출입구가 도로와 접한 경우는 제외한다)으로서 바닥면적의 합계가 150 m^2 이상인 경우에는 지하층의 모든 층. 다만, 국민주택규모 이하인 아파트등의 지하층(대피시설로 사용하는 것만 해당한다)과 교육연구시설 중 학교의 지하층의 경우에는 700 m^2 이상인 것으로 한다.
3) 가스시설 중 지상에 노출된 탱크의 용량이 30 ton 이상인 탱크시설
4) 1) 및 2)의 특정소방대상물에 부속된 연결통로

Chapter 3

소화용수설비(소화수조 및 저수조)

3.1 개요

소화용수설비는 넓은 부지를 보유한 건축물 또는 같은 부지 내의 인근 건축물의 경우 바닥 면적의 합계가 대단히 큰 규모인 건축물에 화재의 확산을 방지할 목적으로 공설 소방대가 사용할 수 있도록 설치하는 소방용 수리를 말한다. 소화용수설비는 공공의 목적으로 설치되며 공설 소화전 및 저수조가 있다.

3.2 소화용수설비의 구성 및 기준

1) 소화수조 등

① 소화수조 및 저수조의 채수구 또는 흡수관투입구는 소방차가 2 m 이내의 지점까지 접근할 수 있는 위치에 설치해야 한다.

② 소화수조 또는 저수조의 저수량은 특정소방대상물의 연면적을 다음 표에 따른 기준면적으로 나누어 얻은 수(소수점 이하의 수는 1로 본다)에 20 m^3를 곱한 양 이상이 되도록 해야 한다.

소방대상물의 구분	기준면적
1층 및 2층의 바닥면적 합계가 15,000 m^2 이상인 소방대상물	7,500 m^2
위에 해당하지 않는 그 밖의 소방대상물	12,500 m^2

③ 소화수조 또는 저수조는 다음의 기준에 따라 흡수관투입구 또는 채수구를 설치해야 한다.

가. 지하에 설치하는 소화용수설비의 흡수관투입구는 그 한 변이 0.6 m 이상이거나 직경이 0.6 m 이상인 것으로 하고, 소요수량이 80 m^3 미만인 것은 1개 이상, 80 m^3 이상인 것은 2개 이상을 설치해야 하며, "흡수관투입구"라고 표시한 표지를 할 것

나. 소화용수설비에 설치하는 채수구는 다음의 기준에 따라 설치할 것

a. 채수구는 다음 표에 따라 소방용 호스 또는 소방용 흡수관에 사용하는 구경 65 mm 이상의 나사식 결합금속구를 설치할 것

소요수량	20 m^3 이상 40 m^3 미만	40 m^3 이상 100 m^3 미만	100 m^3 이상
채수구의 수	1개	2개	3개

b. 채수구는 지면으로부터의 높이가 0.5 m 이상 1 m 이하의 위치에 설치하고, "채수구"라고 표시한 표지를 할 것

④ 소화용 설비를 설치해야 할 특정소방대상물에 있어서 유수의 양이 0.8 m^3/분 이상인 유수를 사용할 수 있는 경우에는 소화수조를 설치하지 않을 수 있다.

2) 소화용수의 가압송수장치

① 소화수조 또는 저수조가 지표면으로부터의 깊이(수조 내부바닥까지의 길이)가 4.5 m 이상인 지하에 있는 경우에는 다음 표에 따라 가압송수장치를 설치해야 한다.

소요수량	20 m^3 이상 40 m^3 미만	40 m^3 이상 100 m^3 미만	100 m^3 이상
가압송수장치의 1분당 양수량	1,100 ℓ 이상	2,200 ℓ 이상	3,300 ℓ 이상

② 소화수조가 옥상 또는 옥탑의 부분에 설치된 경우에는 지상에 설치된 채수구에서의 압력이 0.15 MPa 이상이 되도록 해야 한다.

③ 쉽게 접근할 수 있고 점검하기에 충분한 공간이 있는 장소로서 화재 및 침수 등의 재해로 인한 피해를 받을 우려가 없는 곳에 설치해야 한다.

④ 동결방지조치를 하거나 동결의 우려가 없는 장소에 설치해야 한다.

3) 상수도소화용수설비

상수도소화용수설비는 「수도법」에 따른 기준 외에 다음의 기준에 따라 설치해야 한다.

① 호칭지름 75 mm 이상의 수도배관에 호칭지름 100 mm 이상의 소화전을 접속해야

한다.

② ①에 따른 소화전은 소방자동차 등의 진입이 쉬운 도로변 또는 공지에 설치해야 한다.

③ ①에 따른 소화전은 특정소방대상물의 수평투영면의 각 부분으로부터 140 m 이하가 되도록 설치해야 한다.

소방본부장 또는 소방서장은 해당 건축물의 대지 경계선으로부터 180 m 이내에 구경 75 mm 이상인 상수도용 배수관이 설치되어 있지 아니한 경우에는 해당 장소에 그 배수관이 설치될 때까지 상수도소화용수설비에 사용하는 소화전의 설치를 미루게 할 수 있다.

3.3 소화용수설비의 설치대상물

상수도소화용수설비를 설치해야 하는 특정소방대상물은 다음의 어느 하나에 해당하는 것으로 한다. 다만, 상수도소화용수설비를 설치해야 하는 특정소방대상물의 대지 경계선으로부터 180 m 이내에 지름 75 mm 이상인 상수도용 배수관이 설치되지 않은 지역의 경우에는 화재안전기준에 따른 소화수조 또는 저수조를 설치해야 한다.

① 연면적 5,000 m^2 이상인 것. 다만, 위험물 저장 및 처리 시설 중 가스시설, 지하가 중 터널 또는 지하구의 경우에는 제외한다.

② 가스시설로서 지상에 노출된 탱크의 저장용량의 합계가 100 ton 이상인 것

③ 자원순환 관련시설 중 폐기물재활용시설 및 폐기물처분시설

Chapter 4

연소방지설비

4.1 연소방지설비의 송수구

연소방지설비의 송수구는 다음의 기준에 따라 설치해야 한다.

1) 송수구는 송수 및 그 밖의 소화작업에 지장을 주지 않는 장소에 설치해야 한다.
2) 송수구는 구경 65 mm의 쌍구형으로 해야 한다.
3) 송수구로부터 1 m 이내에 살수구역 안내표지를 설치해야 한다.
4) 지면으로부터 높이가 0.5 m 이상 1 m 이하의 위치에 설치해야 한다.
5) 송수구의 가까운 부분에 자동배수밸브(또는 직경 5 mm의 배수공)를 설치할 것. 이 경우 자동배수밸브는 배관 안의 물이 잘 빠질 수 있는 위치에 설치하되, 배수로 인하여 다른 물건 또는 장소에 피해를 주지 않아야 한다.
6) 송수구로부터 주배관에 이르는 연결배관에는 개폐밸브를 설치하지 않아야 한다.
7) 송수구에는 이물질을 막기 위한 마개를 씌워야 한다.

4.2 연소방지설비의 배관

(1) **연소방지설비의 배관의 구경**은 다음의 기준에 적합한 것이어야 한다.

① 연소방지설비 전용헤드를 사용하는 경우에는 다음 표에 따른 구경 이상으로 해야 한다.

하나의 배관에 부착하는 살수헤드의 개수	1개	2개	3개	4개 또는 5개	6개 이상
배관의 구경(mm)	32	40	50	65	80

② 개방형 스프링클러헤드를 사용하는 경우에는 「스프링클러설비의 화재안전성능기준(NFPC 103)」 별표 1의 기준에 따라야 한다.

(2) **연소방지설비에 있어서의 수평주행배관의 구경**은 100 mm 이상의 것으로 하되, 연소방 지설비용 전용헤드 및 스프링클러헤드("방수헤드"라 함)를 향하여 상향으로 l/1000 이상의 기울기로 설치해야 한다.

(3) **연소방지설비의 교차관**의 위치, 청소구 및 가지배관의 헤드설치는 다음의 기준에 의한다.

① 교차배관은 가지배관과 수평으로 설치하거나 가지배관 밑에 설치하고, 그 구경은 (1)의 규정에 따르되, 최소구경이 40 mm 이상이 되도록 할 것

② 청소구는 주배관 또는 교차배관(교차배관을 설치하는 경우에 한한다) 끝에 40 mm 이상 크기의 개폐밸브를 설치하고 호스접결이 가능한 나사식 또는 고정배수 배관식으로 할 것. 이 경우 나사식의 개폐밸브는 옥내소화전 호스접결용의 것으로 하고, 나사보호용의 캡으로 마감해야 한다.

③ 하향식 헤드를 설치하는 경우에 가지배관으로부터 헤드에 이르는 헤드접속배관은 가지관상부에서 분기해야 한다. 다만, 아파트에 설치하는 연소방지설비의 경우에는 가지배관의 측면에서 분기할 수 있다.

(4) 배관 및 설치기준

① 배관은 배관용 탄소강관(KS D 3507) 또는 압력배관용 탄소강관(KS D 3562)이나 이와 같은 수준 이상의 강도, 내부식성 및 내열성을 가진 것으로 해야 한다.

② 급수배관(송수구로부터 연소방지설비 헤드에 급수하는 배관을 말한다. 이하 같다)은 전용으로 해야 한다.

③ 동결방지 조치를 하거나 동결의 우려가 없는 장소에 설치해야 한다.

④ 급수배관에 설치되어 급수를 차단할 수 있는 개폐밸브(연소방지 방수구 제외)는 개폐표시형으로 해야 한다.

⑤ 기계실, 공동구 또는 덕트에 설치되는 배관은 다른 설비 외 배관과 쉽게 구분이 될 수 있는 위치에 설치하거나 그 배관 표면 또는 배관의 보온재의 색상을 달리하는 방법 등으로 소방용 설비의 배관임을 표시해야 한다.

(5) 동파방지

주차장의 연소방지설비는 습식 외의 방식으로 해야 한다. 다만, 주차장이 벽 등으로 차단되어 있고 출입구가 자동으로 열리고 닫히는 구조인 것으로서 다음의 경우에 해당하는 경우에는 그렇지 않다.

① 동절기에 상시 난방이 되는 곳이거나 그 밖에 동결의 염려가 없는 곳
② 연소방지설비의 동결을 방지할 수 있는 구조 또는 장치가 된 것

(6) 행거

배관에 설치되는 행거는 다음의 기준에 따라 설치해야 한다.

① 가지배관에는 헤드의 설치지점 사이마다 1개 이상의 행거를 설치하되, 헤드간의 거리가 3.5 m를 초과하는 경우에는 3.5 m 이내마다 1개 이상 설치할 것. 이 경우 상향식 헤드와 행거 사이에는 8 cm 이상의 간격을 두어야 한다.
② 교차배관에는 가지배관과 가지배관 사이마다 1개 이상의 행거를 설치하되, 가지배관 사이의 거리가 4.5 m를 초과하는 경우에는 4.5 m 이내마다 1개 이상 설치할 것
③ ①과 ②의 수평주행배관에는 4.5 m 이내마다 1개 이상 설치할 것

4.3 연소방지설비의 헤드

헤드는 다음의 기준에 따라 설치해야 한다.

1) 천장 또는 벽면에 설치해야 한다.
2) 헤드간의 수평거리는 연소방지설비 전용헤드의 경우에는 2 m 이하, 개방형 스프링클러헤드의 경우에는 1.5 m 이하로 해야 한다.
3) 소방대원의 출입이 가능한 환기구·작업구마다 지하구의 양쪽방향으로 살수헤드를 설정하되, 한쪽 방향의 살수구역의 길이는 3 m 이상으로 할 것. 다만, 환기구 사이의 간

격이 700 m를 초과할 경우에는 700 m 이내마다 살수구역을 설정하되, 지하구의 구조를 고려하여 방화벽을 설치한 경우에는 그렇지 않다.

4) 연소방지설비 전용헤드를 설치할 경우에는 「소화설비용 헤드의 성능인증 및 제품검사의 기술기준」에 적합한 살수헤드를 설치해야 한다.

4.4 연소방지재

지하구 내에 설치하는 케이블, 전선 등에는 다음의 기준에 따라 연소방지재를 설치해야 한다. 다만 케이블, 전선 등을 다음 (1)의 난연성능 이상을 충족하는 것으로 설치한 경우에는 연소방지재를 설치하지 않을 수 있다.

(1) **연소방지재**는 한국산업표준(KS C IEC 60332-3-24)에서 정한 난연성능 이상의 제품을 사용하되 다음의 기준을 충족해야 한다.

가. 시험에 사용되는 연소방지재는 시료(케이블 등)의 아래쪽(점화원으로부터 가까운 쪽)으로부터 30 cm 지점부터 부착 또는 설치되어야 한다.

나. 시험에 사용되는 시료(케이블 등)의 단면적은 325 m^2로 한다.

다. 시험성적서의 유효기간은 발급 후 3년으로 한다.

(2) **연소방지재**는 다음에 해당하는 부분에 (1)과 관련된 시험성적서에 명시된 방식으로 시험성적서에 명시된 길이 이상으로 설치하되, 연소방지재 간의 설치 간격은 350 m를 넘지 않도록 해야 한다.

가. 분기구

나. 지하구의 인입부 또는 인출부

다. 절연유 순환펌프 등이 설치된 부분

라. 기타 화재발생 위험이 우려되는 부분

4.5 방화벽의 설치기준

방화벽은 다음의 기준에 따라 설치하고, 방화벽의 출입문은 항상 닫힌 상태를 유지하거나 자동폐쇄장치에 의하여 화재 신호를 받으면 자동으로 닫히는 구조로 해야 한다.

1) 내화구조로서 홀로 설 수 있는 구조일 것
2) 방화벽의 출입문은 「건축법 시행령」 제64조에 따른 방화문으로서 60분+ 방화문 또는 60분 방화문으로 설치할 것
3) 방화벽을 관통하는 케이블, 전선 등에는 국토교통부 고시(「건축자재등 품질인정 및 관리기준」)에 따라 내화채움구조로 마감할 것
4) 방화벽은 분기구 및 국사(局舍, central office)·변전소 등의 건축물과 지하구가 연결되는 부위(건축물로부터 20 m 이내)에 설치할 것
5) 자동폐쇄장치를 사용하는 경우에는 「자동폐쇄장치의 성능인증 및 제품검사의 기술기준」에 적합한 것으로 설치할 것

4.6 지하구의 통합감시시설 설치기준

지하구의 통합감시시설은 다음의 기준에 따라 설치한다.

1) 소방관서와 지하구의 통제실 간에 화재 등 소방활동과 관련된 정보를 상시 교환할 수 있는 정보통신망을 구축할 것
2) 1)의 정보통신망(무선통신망을 포함한다)은 광케이블 또는 이와 유사한 성능을 가진 선로일 것
3) 수신기는 지하구의 통제실에 설치하되 화재신호, 경보, 발화지점 등 수신기에 표시되는 정보가 119상황실이 있는 관할 소방관서의 정보통신장치에 표시되도록 할 것

연습문제(1–4장)

1. 연결송수관설비의 형태에 관하여 설명하라.

2. 연결송수관설비를 습식 배관방식으로 하는 목적은?

3. 연결송수관설비에서 11층 이상에 설치되는 방수구를 쌍구형으로 설치하는 이유에 관하여 서술하라.

4. 연결살수설비가 스프링클러(sprinkler)설비, 물분무소화설비와 다른 점에 관하여 기술하라.

5. 연결송수관설비와 연결살수설비를 설치해야 하는 특정소방대상물에 관하여 설명하라.

Chapter 5

제연설비

5.1 개요

근대 건축기술의 발달에 의하여 건축물은 고층화 및 무창화, 심층화가 진전되고 또 이러한 요소들은 다양하고 복잡하게 이용되고 있다.

이러한 방화 대상물의 출현에 의해서 방화대상물의 화재가 증가하고 지하층에 있어서는 짙은 연기가 충만해서 소방대의 진입 및 내부에서 소방활동 등이 대단히 곤란하게 되었다.

따라서 소화활동을 용이하게 손해를 경감시키는 견지에서 이러한 위험이 예상되는 특정한 구조, 규모의 방화대상물에 대해서 소화활동을 유효하게 할 수 있도록 하기 위한 설비로서 "소화활동 설비"의 설치를 의무화하고 있다.

화재에 의한 사상자 중 연기에 의한 것이 큰 비중을 차지하고 있다. 때문에 화재시에 있어서의 연기의 처리 방법이 여러 가지로 논의되고 있다.

방연계획은 그 자체의 단독으로 존재하는 것은 아니고, 소화 활동이나 피난 계획과 관련하여 종합적인 방재계획의 일익을 담당하는 형으로 계획되어야 한다.

5.2 종류

연기를 막는 목적을 위해서는 여러 가지의 수단이 고려된다. 현재 실제로 이용되고 있는 방연 및 제연방식을 대별하면 다음과 같은 4종류가 있다. 이 중 기계제연방식은 급배기의 어느 것에 기계력을 이용하는가에 따라서 상이한 방식이 고려된다. 이것은 기계 배기로써 일반적으로 채용되고 있는 분류법에 의해서 3개 방식으로 분류된다.

소방법상 제연설비는 주로 무창층, 지하층 등 개구부가 없는 건축물이나 바닥면적에 비하여 개구부가 적은 건축물에 중점을 두고 있다. 일반적으로 유창, 지상층은 자연제연방식이, 무창층·지하층 등은 흡인제연방식을 채택한다. 또, 특별피난계단 부속실 및 비상용 엘리베이터 전실 등과 같은 소공간 피난 경로에는 급기가압방식으로 한다. 기계제연방식은 자가발전설비나 엔진 등의 비상동력전원을 이용한다.

- 밀폐방연방식
- 자연제연방식
- 스모크타워제연방식
- 기계제연방식
  - ① 제1종 기계제연방식
  - ② 제2종 기계제연방식
  - ③ 제3종 기계제연방식

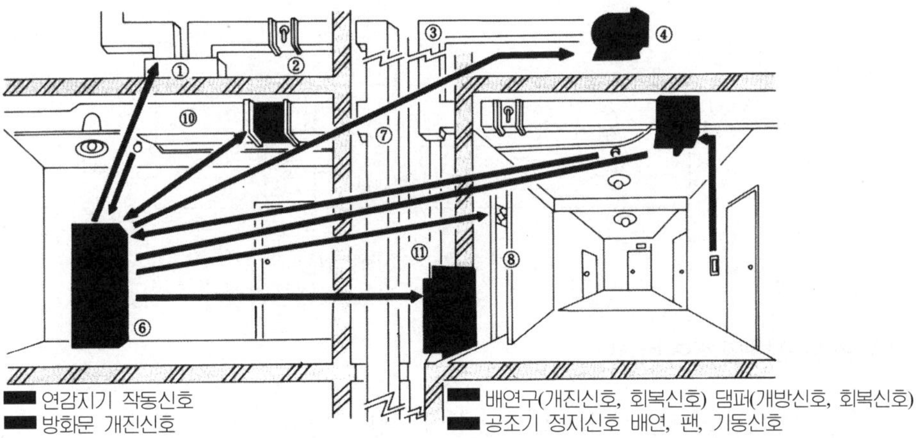

① 공조기 ② 방화댐퍼 ③ 배연덕트 ④ 배연 - 팬
⑤ 모터식 배연구(원격복구) ⑥ 배연설비반 ⑦ 급기덕트 ⑧ 랫치식 방화문 릴리즈
⑨ 모터식 방연, 방화댐퍼 릴리즈(스트리트 타입) ⑩ 모터식 댐퍼 ⑪ 배기덕트

[그림 5-1] 제연설비 System

1) 밀폐방연방식

밀폐도가 높은 벽이나 문으로서 화재를 밀폐하여, 연기의 유출 및 신선한 공기의 유입을 억제하여 방연하는 방식으로써, 집합 주택이나 호텔 등 구획을 작게 할 수 있는 건물에 적합하다. 기계 제연을 행할 경우라도 화재의 최종단계에서는 화재실의 밀폐를 행할 필요가

있다. 그러한 의미에서는 방연의 기본이 되는 방식이다.

2) 자연제연방식

화재에 의해서 발생한 열기류의 부력 또는 외부의 바람의 흡출효과에 의해, 실의 상부에 설치된 창 또는 전용의 배연구로부터 연기를 옥외로 배출하는 방식이다.

이 방식은 전원이나 복잡한 장치가 불필요하며, 평상시의 환기에도 겸용할 수 있으므로 방재설비의 유휴화 방지에도 이점이 있다. 단, 풍상측을 개구하면 제연 효과가 감소되든가 경우에 따라서는 반대로 다른 방으로 연기의 누출을 초래하게 된다.

고층빌딩 등에서는 건물의 층간 구획이 충분히 이루어지지 않은 상태에서 저층부에서 개구하면, 연돌 효과를 조장하여 도리어 연기의 전반을 일으킬 우려가 있다. 현행 건축 기준법의 제연은, 이 자연제연방식과 스모크타워제연방식 및 제3종 기계제연방식이 골자로 되어 있다.

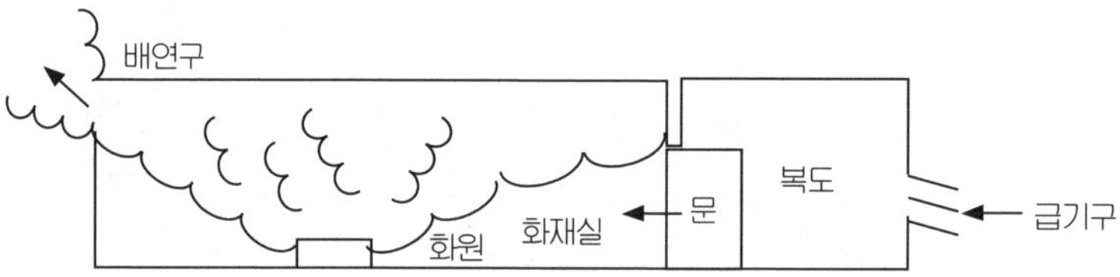

[그림 5-2] 자연제연방식

3) 스모크타워제연방식

제연 전용의 샤프트를 설치하고, 난방 등에 의한 건물 내외의 온도차나 화재에 의한 온도 상승에 의해 생긴 부력 그 정부에 설치한 루프모니터 등의 외풍에 의한 흡인력을 통기력으로 하여 제연하는 방식으로서, 고층 빌딩에 적합하다. 장치는 간단하고 샤프트의 내열성을 고려하면 어느 정도의 고온의 연기까지는 제연할 수 있는 이점이 있다.

최근의 고층건축물에서는 센터코어(center core)방식의 평면계획이 채택되는 예가 많고, 이 경우 피난계단이 코어 내에 설치되기 때문에 계단실은 외기에 접하지 않게 된다. 따라서 일단 계단실에 연기가 들어가게 되면 배출구가 없어 계단실 전체가 피난에 사용될 수 없게 될 위험이 있다. 스모크타워는 이런 위험을 방지하기 위한 재연시설로 제연샤프트라고 하는 수직방향의 공간과 신선한 공기 유입용의 공간 및 부설전실 등으로 구성되어 있다. 이 시설은 계단실의 전실 부분에 주로 설치한다.

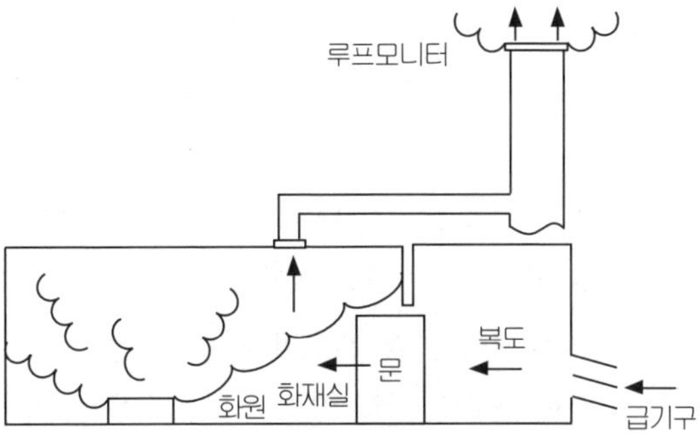

[그림 5-3] 스모크타워제연방식

4) 기계제연방식

소방법에서는 흡인기계제연방식이 규정되어 있으며 설비는 "배출구(예상제연구역에 설치됨) → 배출기의 흡입측 풍도 → 배출기(송풍기) → 배출기의 배출측 풍도 → 배출"로 이루어지며 각각의 기능에 적합하도록 설비가 설치된다.

예상제연구역 내로의 공기의 유입은 유입구를 통해 혹은 유입풍도에 의해 이루어진다. 옥외에 면하는 배출구 및 공기유입구는 비 또는 눈 등이 들어가지 않도록 하고, 배출된 연기가 공기유입구로 재유입되지 않도록 해야 한다.

가. 제1종 기계제연방식

화재실에 대해서 기계 제연을 행하는 동시에, 복도나 계단실을 통해서 기계력에 의한 급기를 행하는 방식이다. 급기량은 배기량보다 적게 제어하여 화재실의 내압을 부압으로 유지하고, 화재실로부터의 누연을 방지한다.

이 방식은 화재실로부터의 누연을 방지함과 더불어 계단전실 등의 중요한 피난로의 확보를 위해서는 유효하지만 급기와 배연 모두 기계력에 의존하기 때문에 장치가 복잡하고 밸런스에 주의해야 한다.

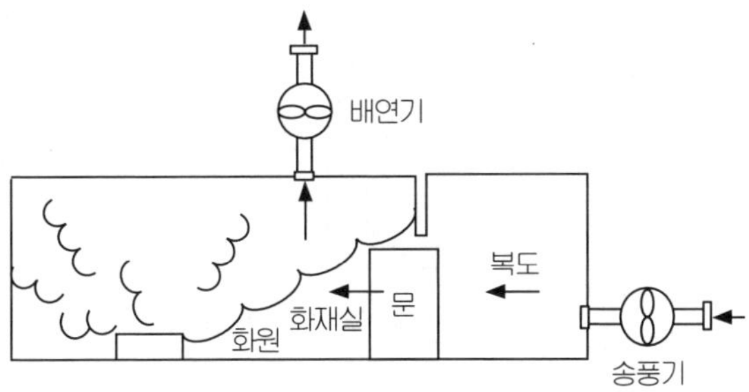

[그림 5-4] 제1종 기계제연방식

나. 제2종 기계제연방식

복도, 계단부실, 계단실 등 피난 통로로서 중요한 부분에 대해서 신선한 공기를 송풍기에 의해서 급기하고, 그 부분의 압력을 화재실보다도 상대적으로 높여서 연기의 침입을 방지하는 방식으로써, 가압 방연방식 또는 가압 차연방식이라고 부르기도 한다. 이 방식의 문제점은 과잉 급기가 되면 화재를 조장할 우려가 있고, 공기의 도피구가 확보되어 있지 않은 상태에서 가압하면 화재실의 화세를 조장하고, 열기나 연기류가 복도로 역류하여 위험한 상태를 일으키므로 일반적으로 적용되지 않는다.

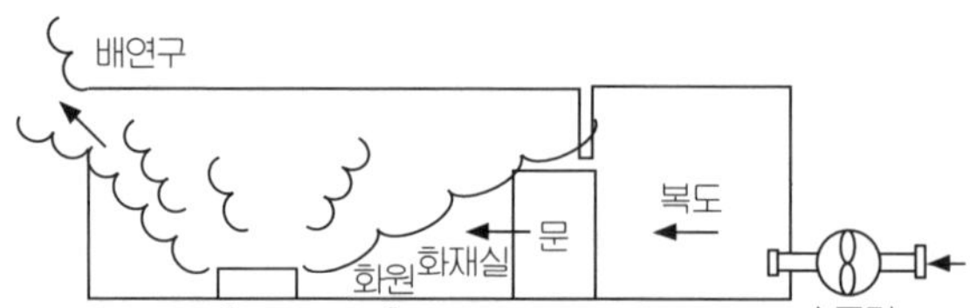

[그림 5-5] 제2종 기계제연방식

다. 제3종 기계제연방식

화재로 인해서 발생한 연기를, 방의 상부로부터 제연기에 의해 흡인하여 옥외로 배출하는 방식이다. 연기의 유동을 방지하여 흡인효과를 증대시키기 위해 방연수직벽이나 접어 올림 천장 등을 병용한다. 현재 많이 사용하는 방연방식은 이 기계에 의한 제연방식을 골자로 하고 있다. 이 기계방식은 화재 초기에 있어서 화재실의 내압을 낮추고, 연기를 다른 구획으로 누출시키지 않는 점에서 우수한 방식이다. 그렇지만 화재가 진행하여 연기의 양이 많아지면 흡인을 다 할 수 없는 우려가 있고, 연기의 온도가 상승하면 기기의 내열성에 한계가 있으므로 퓨즈댐퍼를 설치하여 제연을 중지할 필요가 있다. 또, 거실을 모두 제연의 대상으로 한다면 수비 범위가 넓고 설비비나 유지관리비가 많아지는 등 문제점이 있다.

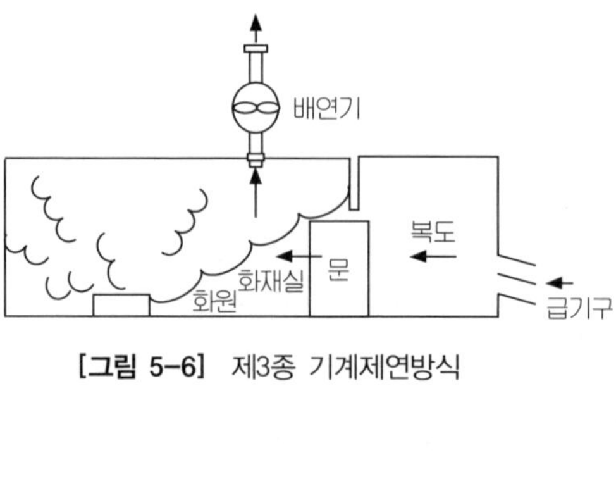

[그림 5-6] 제3종 기계제연방식

5) 벤트(vent)

벤트 방법은 건축물 화재진압 시 지붕의 개구부를 개방하거나 지붕의 창문 또는 천장을 깨뜨리는 방법, 개구부를 떼어내는 방법 등이 있다. 이러한 개구부는 화재 발생 시 발생하는 높은 열의 가스(hot gas)나 연기가 직접 밖으로 배출되게 하여 화재확산과 그 결과로 생기는 피해를 줄이고 한편, 소방대원의 건축물 내 진입을 더 용이하게 한다.

갑자기 짙어지는 연기 및 고열의 가스는 외부 벽의 개구부가 완전히 연소하거나 또는 지붕의 붕괴에 의해서 감소할 때까지 계속해서 밖으로 분출된다. 고열의 가스는 바닥으로 향하거나 또는 천장의 가연성 물질로 확산됨은 물론 건축물 내에 축적돼 있는 연소물질에 인화된 다. 건축물에 적당한 크기의 연속 배기 모니터(monitor) 또는 적당한 크기 및 위치에 적당한 제연커튼(draft curtain)이 부착된 지붕 개구부가 설치되어 있으면 열과 연기는 그 개구부를 통해서 움직이고 밖으로 배출된다.

6) 피난로 가압방법에 의한 제연

피난로 가압방법이라고 하는 것은 화재 시에 피난경로인 복도, 계단실 등에 신선한 공기를 공급하여 그 부분의 압력을 높여서 연기가 유입되지 못하도록 하는 방법이다. 화재시의 대피로로 복도, 계단실과 같은 통로를 경유하게 마련이므로 이와 같은 피난구로서의 통로는 최소한 건물 내의 인명이 모두 대피할 수 있는 시간만큼은 연기의 침투를 방지해야 한다. 피난로의 연기제어는 화재 발생구역처럼 직접적인 연기 배출 방법보다는 신선한 공기를 외부로부터 주입시키되 피난로 내의 기압이 화재 구역보다 약간 높도록 하는 이른바 급기가압(pressurization) 방식을 채택하는 것이 합리적이면서도 실효성이 있는 것으로 알려져 있다.

5.3 제연구획 기준

1) 제연설비의 설치장소는 다음에 따른 제연구역으로 구획해야 한다.

① 하나의 제연구역의 면적은 1,000 m^2 이내로 할 것

② 거실과 통로(복도를 포함한다)는 각각 제연구획 할 것

③ 통로상의 제연구역은 보행중심선의 길이가 60 m를 초과하지 않을 것

④ 하나의 제연구역은 직경 60 m 원내에 들어갈 수 있을 것

⑤ 하나의 제연구역은 2개 이상 층에 미치지 않도록 할 것. 다만, 층의 구분이 불분명한 부분은 그 부분을 다른 부분과 별도로 제연구획 해야 한다.

2) 제연구역의 구획은 보·제연경계벽("제연경계"라 한다) 및 벽(화재 시 자동으로 구획되는 가동벽·방화셔터·방화문을 포함한다)으로 하되, 다음의 기준에 적합해야 한다.

① 재질은 내화재료, 불연재료 또는 제연경계벽으로 성능을 인정받은 것으로서 화재 시 쉽게 변형·파괴되지 않고 연기가 누설되지 않는 기밀성 있는 재료로 할 것

② 제연경계는 제연경계의 폭이 0.6 m 이상이고, 수직거리는 2 m 이내이어야 한다. 다만, 구조상 불가피한 경우는 2 m를 초과할 수 있다.

③ 제연경계벽은 배연 시 기류에 따라 그 하단이 쉽게 흔들리지 않고, 가동식의 경우에는 급속히 하강하여 인명에 위해를 주지 않는 구조일 것

5.4 제연방식

화재 시 연기의 제어가 요구되는 제연구역("예상제연구역"이라 한다)에 대하여는 화재 시 연기배출과 동시에 공기유입이 될 수 있게 하고, 배출구역이 거실일 경우에는 통로에 동시에 공기가 유입될 수 있도록 해야 한다.

이 경우에도 불구하고 통로와 인접하고 있는 거실의 바닥면적이 50 m^2 미만으로 구획(제연경계에 따른 구획은 제외한다. 다만, 거실과 통로와의 구획은 그렇지 않다)되고, 그 거실에 통로가 인접하여 있는 경우에는 화재 시 그 거실에서 직접 배출하지 않고 인접한 통로의 배출로 갈음할 수 있다. 다만, 그 거실이 다른 거실의 피난을 위한 경유거실인 경우에는 그 거실에서 직접 배출해야 한다.

통로의 주요 구조부가 내화구조이며, 마감이 불연재료 또는 난연재료로 처리되고 통로 내부에 가연성 물질이 없는 경우에 그 통로는 예상제연구역으로 간주하지 않을 수 있다. 다만, 화재 시 연기의 유입이 우려되는 통로는 그렇지 않다.

1) 자연제연방식

자연제연방식이란 화재에 의해 높은 온도의 연기가 발생하여 그 부력에 의해 연기를 실의 상부벽이나 천장에 설치된 개구부로부터 옥외로 배출하는 방식이다.

2) 기계제연방식

기계제연은 국소식 제연방식과 중앙식 제연방식으로 대별된다. 국소식 제연방식이란 각 실마다에 팬을 설치하여 제연을 행하는 것이고, 세로 덕트 스페이스가 확보 불가능한 장소나 기존 건물에 응용하는 경우에 이 방식을 이용하는 것이지만 일반적으로 경제성이 없고, 또 제연기가 산재하여 정비에도 시간이 걸리므로 그다지 채용되지 않는다.

중앙 제연방식은 건물을 몇 개의 구획으로 구분하고 각 구획마다에 제연기를 설치하여 덕트로 각 실의 제연을 행하는 것으로서 현재 사용되고 있는 방식이다. 이 방식으로 제연을 할 경우에는, 건물 전체를 어떠한 계통으로 나누는 가에 따라서 설비비나 제연효과에 큰 영향을 미치기 때문에 계통 분할을 충분히 검토하여 행할 필요가 있다.

(1) 배출량 및 배출방식

가. 거실의 바닥면적이 400 m^2 미만으로 구획(제연경계에 따른 구획을 제외한다. 다만, 거실과 통로와의 구획은 그렇지 않다)된 예상제연구역에 대한 배출량은 다음의 기준에 따른다.

a. 바닥면적 1 m^2당 1 m^3/min 이상으로 하되, 예상제연구역 전체에 대한 최저 배출량은 5,000 m^3/hr 이상으로 할 것

b. 바닥면적이 50 m^2 미만인 예상제연구역을 통로배출방식으로 하는 경우에는 통로보행중심선의 길이 및 수직거리에 따라 다음 표에서 정하는 기준량 이상으로 할 것

통로보행중심선의 길이	수직거리	배출량	비고
40 m 이하	2 m 이하	25,000 m^3/hr 이상	벽으로 구획된 경우를 포함한다.
	2 m 초과 2.5 m 이하	30,000 m^3/hr 이상	
	2.5 m 초과 3 m 이하	35,000 m^3/hr 이상	
	3 m 초과	45,000 m^3/hr 이상	
40 m 초과 60 m 이하	2 m 이하	30,000 m^3/hr 이상	벽으로 구획된 경우를 포함한다.
	2 m 초과 2.5 m 이하	35,000 m^3/hr 이상	
	2.5 m 초과 3 m 이하	40,000 m^3/hr 이상	
	3 m 초과	50,000 m^3/hr 이상	

나. 바닥면적 400 m^2 이상인 거실의 예상제연구역의 배출량은 다음의 기준에 적합해야 한다.

a. 예상제연구역이 직경 40 m인 원의 범위 안에 있을 경우에는 배출량이 40,000 m^3/

hr 이상으로 할 것. 다만, 예상제연구역이 제연경계로 구획된 경우에는 그 수직거리에 따라 배출량은 다음 표에 따른다.

수 직 거 리	배 출 량
2 m 이하	40,000 m^3/hr 이상
2 m 초과 2.5 m 이하	45,000 m^3/hr 이상
2.5 m 초과 3 m 이하	50,000 m^3/hr 이상
3 m 초과	60,000 m^3/hr 이상

b. 예상제연구역이 직경 40 m인 원의 범위를 초과할 경우에는 배출량이 45,000 m^3/hr 이상으로 할 것. 다만, 예상제연구역이 제연경계로 구획된 경우에는 그 수직거리에 따라 배출량은 다음 표에 따른다.

수 직 거 리	배 출 량
2 m 이하	45,000 m^3/hr 이상
2 m 초과 2.5 m 이하	50,000 m^3/hr 이상
2.5 m 초과 3 m 이하	55,000 m^3/hr 이상
3 m 초과	65,000 m^3/hr 이상

다. 예상제연구역이 통로인 경우의 배출량은 45,000 m^3/hr 이상으로 해야 한다. 다만, 예상제연구역이 제연경계로 구획된 경우에는 그 수직거리에 따라 배출량은 '나.'의 'b.' 표에 따른다.

라. 배출은 각 예상제연구역별로 '가.'부터 '다.'에 따른 배출량 이상을 배출하되, 2개 이상의 예상제연구역이 설치된 특정소방대상물에서 배출을 각 예상지역별로 구분하지 않고 2개 이상의 예상제연구역("공동예상제연구역"이라 한다)을 동시에 배출하고자 할 때의 배출량은 다음에 따라야 한다. 다만, 거실과 통로는 공동예상제연구역으로 할 수 없다.

a. 공동예상제연구역 안에 설치된 예상제연구역이 각각 벽으로 구획된 경우(제연구역의 구획 중 출입구만을 제연경계로 구획한 경우를 포함한다)에는 각 예상제연구역의 배출량을 합한 것 이상으로 할 것. 다만, 예상제연구역의 바닥면적이 400 m^2 미만인 경우 배출량은 바닥면적 1 m^2당 1 m^3/min 이상으로 하고 공동예상구역 전체배출량은 5,000 m^3/hr 이상으로 할 것

b. 공동예상제연구역 안에 설치된 예상제연구역이 각각 제연경계로 구획된 경우(예상제연구역의 구획 중 일부가 제연경계로 구획한 경우를 포함하나 출입구 부분만

을 제연경계로 구획한 경우를 제외한다)에 배출량은 각 예상제연구역의 배출량 중 최대의 것으로 할 것. 이 경우 공동예상제연구역이 거실일 때에는 그 바닥면적이 1,000 m^2 이하이며, 직경 40 m 원 안에 들어가야 하고, 공동예상제연구역이 통로일 때에는 보행중심선의 길이를 40 m 이하로 해야 한다.

마. 수직거리가 구획부분에 따라 다른 경우는 수직거리가 긴 것을 기준으로 한다.

(2) 배출구 설치기준

가. 예상제연구역에 대한 배출구의 설치는 다음의 기준에 따라야 한다.

a. 바닥면적이 400 m^2 미만인 예상제연구역(통로 예상제연구역을 제외한다)에 대한 배출구의 설치는 다음의 기준에 적합해야 한다.

1. 예상제연구역이 벽으로 구획되어 있는 경우의 배출구는 천장 또는 반자와 바닥 사이의 중간 윗부분에 설치할 것
2. 예상제연구역 중 어느 한 부분이 제연경계로 구획되어 있는 경우에는 천장·반자 또는 이에 가까운 벽의 부분에 설치할 것. 다만, 배출구를 벽에 설치하는 경우에는 배출구의 하단이 해당 예상제연구역에서 제연경계의 폭이 가장 짧은 제연경계의 하단보다 높이 되도록 해야 한다.

b. 통로인 예상제연구역과 바닥면적이 400 m^2 이상인 통로 외의 예상제연구역에 대한 배출구의 위치는 다음의 기준에 적합해야 한다.

1. 예상제연구역이 벽으로 구획되어 있는 경우의 배출구는 천장·반자 또는 이에 가까운 벽의 부분에 설치할 것. 다만, 배출구를 벽에 설치한 경우에는 배출구의 하단과 바닥간의 최단거리가 2 m 이상이어야 한다.
2. 예상제연구역 중 어느 한 부분이 제연경계로 구획되어 있을 경우에는 천장·반자 또는 이에 가까운 벽의 부분(제연경계를 포함한다)에 설치할 것. 다만, 배출구를 벽 또는 제연경계에 설치하는 경우에는 배출구의 하단이 해당 예상제연구역에서 제연경계의 폭이 가장 짧은 제연경계의 하단보다 높이 되도록 설치해야 한다.

나. 예상제연구역의 각 부분으로부터 하나의 배출구까지의 수평거리는 10 m 이내가 되도록 해야 한다.

(3) 공기유입방식 및 유입구 설치기준

가. 예상제연구역에 대한 공기유입은 유입풍도를 경유한 강제유입 또는 자연유입방식으

로 하거나, 인접한 제연구역 또는 통로에 유입되는 공기(가압의 결과를 일으키는 경우를 포함한다)가 해당 구역으로 유입되는 방식으로 할 수 있다.

나. 예상제연구역에 설치되는 공기유입구는 다음의 기준에 적합해야 한다.

a. 바닥면적 400 m^2 미만의 거실인 예상제연구역(제연경계에 따른 구획을 제외한다. 다만, 거실과 통로와의 구획은 그렇지 않다)에 대해서는 공기유입구와 배출구 간의 직선거리는 5 m 이상 또는 구획된 실의 장변의 1/2 이상으로 할 것. 다만, 공연장·집회장·위락시설의 용도로 사용되는 부분의 바닥면적이 200 m^2를 초과하는 경우의 공기유입구는 'b.'의 기준에 따른다.

b. 바닥면적이 400 m^2 이상의 거실인 예상제연구역(제연경계에 따른 구획을 제외한다. 다만, 거실과 통로와의 구획은 그렇지 않다)에 대하여는 바닥으로부터 1.5 m 이하의 높이에 설치하고, 그 주변은 공기의 유입에 장애가 없도록 할 것

c. 'a.'와 'b.'에 해당하는 것 외의 예상제연구역(통로인 예상제연구역을 포함한다)에 대한 유입구는 다음에 따를 것. 다만, 제연경계로 인접하는 구역의 유입공기가 해당 예상제연구역으로 유입되게 한 때에는 그렇지 않다.

1. 유입구를 벽에 설치할 경우에는 'b.'의 기준에 따를 것
2. 유입구를 벽 외의 장소에 설치할 경우에는 유입구 상단이 천장 또는 반자와 바닥사이의 중간 아랫부분보다 낮게 되도록 하고, 수직거리가 가장 짧은 제연경계 하단보다 낮게 되도록 설치할 것

다. 공동예상제연구역에 설치되는 공기유입구는 다음의 기준에 적합하게 설치해야 한다.

a. 공동예상제연구역 안에 설치된 각 예상제연구역이 벽으로 구획되어 있을 때에는 각 예상제연구역의 바닥면적에 따라 '나.'의 a. 및 b.에 따라 설치할 것

b. 공동예상제연구역 안에 설치된 각 예상제연구역의 일부 또는 전부가 제연경계로 구획되어 있을 때에는 공동예상제연구역 안의 1개 이상의 장소에 '나.'의 c.에 따라 설치할 것

라. 인접한 제연구역 또는 통로로부터 유입되는 공기를 해당 예상제연구역에 대한 공기유입으로 하는 경우로서 공기유입구가 제연경계 하단보다 높은 경우에는 그 인접한 제연구역 또는 통로의 화재 시 각 유입구 및 해당 구역 내에 설치된 유입풍도의 댐퍼는 자동폐쇄되도록 해야 한다.

마. 예상제연구역에 공기가 유입되는 순간의 풍속은 5 m/sec 이하가 되도록 하고, '나.'부터 '라.'까지의 유입구의 구조는 유입공기를 상향으로 분출하지 않도록 설치해야 한다.

바. 예상제연구역에 대한 공기유입구의 크기는 해당 예상제연구역 배출량 1 m^3/min에 대

하여 35 cm^2 이상으로 해야 한다.

사. 예상제연구역에 대한 공기유입량은 배출량의 배출에 지장이 없는 양으로 해야 한다.

(4) 배출기 및 배출풍도 설치기준

가. 배출기는 다음의 기준에 따라 설치해야 한다.

a. 배출기의 배출능력은 배출량 이상이 되도록 할 것

b. 배출기와 배출풍도의 접속부분에 사용하는 캔버스는 내열성(석면재료는 제외한다)이 있는 것으로 할 것

c. 배출기의 전동기 부분과 배풍기 부분은 분리하여 설치해야 하며, 배풍기 부분은 유효한 내열처리를 할 것

나. 배출풍도는 다음의 기준에 따라야 한다.

a. 배출풍도는 아연도금강판 또는 이와 동등 이상의 내식성·내열성이 있는 것으로 하며, 불연재료(석면재료를 제외한다)인 단열재로 풍도 외부에 유효한 단열처리를 하고, 강판의 두께는 배출풍도의 크기에 따라 다음 표에 따른 기준 이상으로 할 것

풍도 단면의 긴 변 또는 직경의 크기	450 mm 이하	450 mm 초과 750 mm 이하	750 mm 초과 1,500 mm 이하	1,500 mm 초과 2,250 mm 이하	2,250 mm 초과
강판의 두께	0.5 mm	0.6 mm	0.8 mm	1.0 mm	1.2 mm

b. 배출기의 흡입측 풍도 안의 풍속은 15 m/sec 이하로 하고, 배출측 풍속은 20 m/sec 이하로 할 것

(5) 유입풍도 설치기준

가. 유입풍도는 아연도금강판 또는 이와 동등 이상의 내식성·내열성이 있는 것으로 하며, 풍도 안의 풍속은 20 m/sec 이하로 하고 풍도의 강판 두께는 (4)의 '나. a.'에 따라 설치해야 한다.

나. 옥외에 면하는 배출구 및 공기유입구는 비 또는 눈 등이 들어가지 않도록 하고, 배출된 연기가 공기유입구로 순환유입 되지 않도록 해야 한다.

(6) 제연설비의 기동방법

가동식의 벽·제연경계벽·댐퍼 및 배출기의 작동은 화재감지기와 연동되어야 하며, 예상제연구역(또는 인접장소) 및 제어반에서 수동으로 기동이 가능하도록 해야 한다.

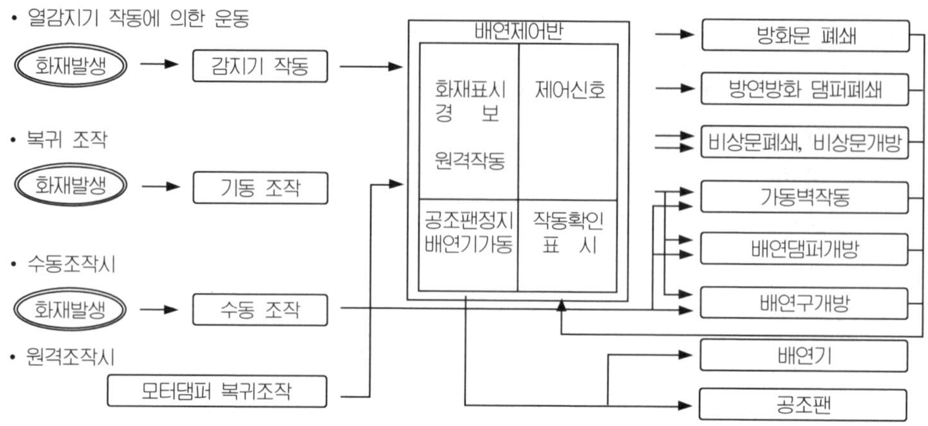

[그림 5-7] 제연설비의 기동

참고 ● **제연설비 기기의 용도**

배연구·배연창·방화 댐퍼 등의 기기를 작동시키는 방법은 일반적으로 3가지가 있다.

1. 수동조작 : 배연구를 현장에서 사람이 작동시키는 것으로 동일 구획 내에서 타 배연구가 있는 경우에는 그 배연구도 연동하여 작동된다. 수동 개방장치를 조작함으로써 수동개방한다.
2. 원격조작 : 배연 제어반에서 배연구 및 타 기기를 작동시키는 것이다.
3. 자동조작 : 연기감지기가 작동되는 것과 연동하여 배연구 및 타 기기를 작동시키는 것이다.

3) 가압을 위한 급기량

급기가압하여 폐쇄공간(enclosed space)에 소요차압(pressure differential)을 형성시켜 주기 위한 급기량은 그 공간으로부터 외부로의 공기누설률(air leakage rate)에 의해 결정된다. 공기누설률은 누설경로가 되는 틈새의 면적(air leakage area)에 대체로 비례한다. 이들 사이에 다음과 같은 관계식이 성립한다.

$$Q = K \times A \times P^{1/n}$$

여기서 Q : 급기율(m^3/sec)

A : 누설면적(m^2)

P : 차압(Pa ; Pascal, N/m^2)

K : 0.827

n : 누설면적과 관계되는 상수로서 보통일반 출입문의 경우 2, 창문의 경우 1.6

누설 시에 가압공간으로부터 누설되는 경로(leakage path)의 배열상태에 따라 누설량이 영향을 받게 된다. 누설경로의 배열상태는 병렬배열과 직렬배열의 두 가지 성격으로 나뉘고 이들이 공존하는 경우도 각 경우를 합하면 쉽게 산출이 가능하다.

(1) 병렬방식의 배열

$$A_t = A_1 + A_2 + A_3 + A_4$$

단, A_t : 유효등가 누설면적

A_1, A_2, A_3, A_4 : 각 누설경로의 누설면적

각 누설률을 합하면 총 누설률이 되며 이것을 총소요급기율(Q)로 볼 수 있다.

$$Q = Q_1 + Q_2 + Q_3 + Q_4 = K(A_1 + A_2 + A_3 + A_4)P^{1/n} = KA_tP^{1/n}$$

이 식은 누설면적의 합계와 같은 크기를 가진 하나의 누설면적을 통해 누설률과 같은 상황임을 뜻한다.

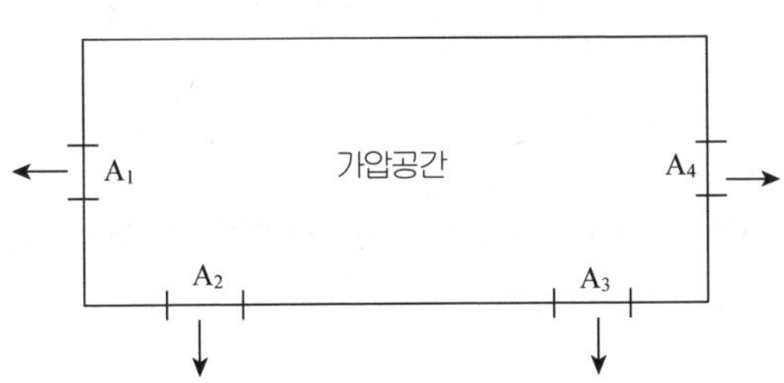

[그림 5-8] 병렬배열방식의 누설경로

(2) 직렬방식의 배열

$$\frac{1}{A_t^n} = \frac{1}{A_1^n} + \frac{1}{A_2^n}$$

또는

$$A_t = \left(\frac{1}{A_1^n} + \frac{1}{A_2^n}\right)^{-\frac{1}{n}}$$

단, A_t : 총등가누설면적

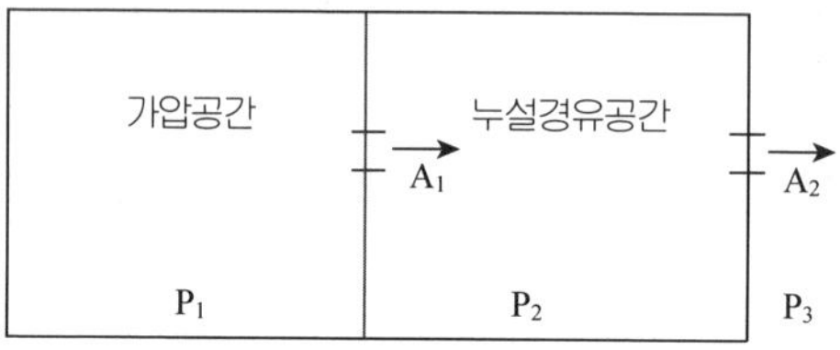

[그림 5-9] 직열배열방식의 누설경로

누설경유공간이 2 이상일 경우에도 동일한 방법으로 하여 다음 식으로 정리된다.

$$\frac{1}{A_t^n} = \frac{1}{A_1^n} + \frac{1}{A_2^n} + \cdots + \frac{1}{A_{N-1}^n} + \frac{1}{A_N^n}$$

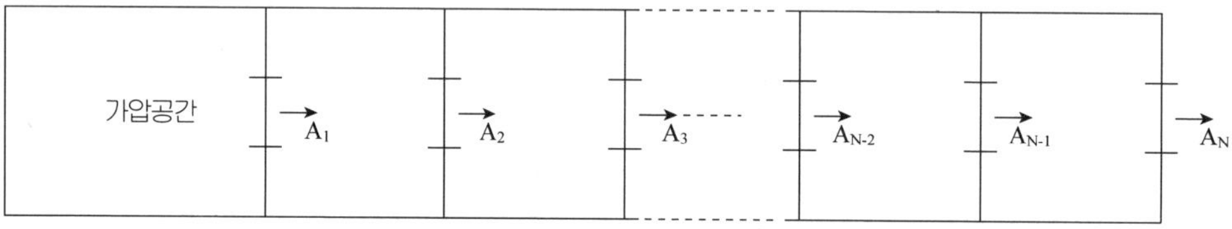

[그림 5-10] 2 이상의 누설경유공간이 직렬배열방식으로 있는 경우

(3) 병렬 및 직렬방식의 배열이 공존하는 경우

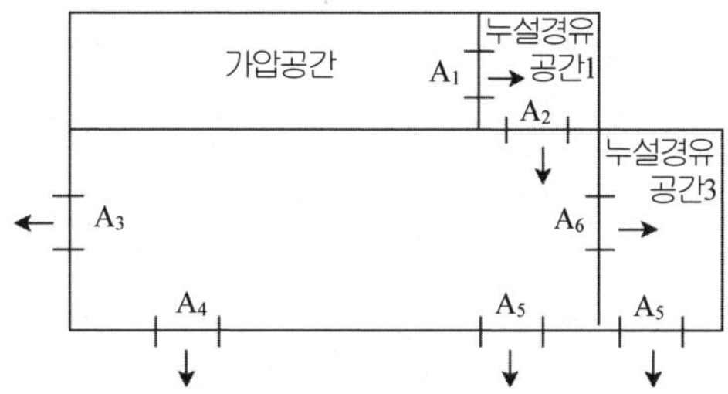

[그림 5-11] 병렬 및 직렬방식의 누설경로가 공존하는 경우

누설경로가 병렬 및 직렬상태로 공존하는 경우라도 궁극적으로는 이와 동등한 가압효과를 나타낼 수 있는 하나의 가상 틈새면적, 즉 총유효등가누설면적을 가진 하나의 가압공간을 유도하여 식 $Q = KAP^{1/n}$ 에 적용한다. 계산은 가압공간으로부터 순차적으로 가장 먼 쪽의 누설경유 공간에서부터 시작하면 된다. [그림 5-11]의 경우에 있어서는 누설경유공간 3이 최종경유공간이므로 이 공간을 기준으로 할 때 누설면적 A_6와 A_7은 상호 직렬관계이므로 우선 유효등가누설면적을 A_{t6-7}이라 하여 구하면 다음과 같이 된다.

$$A_{t6-7} = \frac{1}{A_6^n} + \frac{1}{A_7^n}$$

따라서

$$A_{t6-7} = \frac{A_6 A_7}{\sqrt[n]{\left(A_6^n + A_7^n\right)}}$$

누설경유공간 2에서 존재하는 틈새들은 A_2, A_3, A_4, A_5, A_{t6-7}이다. 이 중 A_{t6-7}는 상호 병렬관계에 있다. 따라서 이 4개의 누설틈새와 동등효과를 줄 수 있는 유효등가누설면적을 A_{t3-7}이라 하면 $A_{t3-7} = A_3 + A_4 + A_5 + A_{t6-7}$이 된다. 여기서 A_{t6-7}은 앞에서 계산되어 이미 알고 있는 값이다.

누설경유공간 2에서 존재하는 누설틈새는 A_2와 A_{t3-7}이면 이들은 상호 직렬관계이므로 그 유효등가누설면적은 A_{t2-7}이라 할 때 그 값은 다음의 관계식에서 얻어진다.

$$\frac{1}{A_{t2-7}^n} = \frac{1}{A_2^n} + \frac{1}{A_{t3-7}^m}$$

$$A_{t2-7} = \frac{A_2 A_{t3-7}^n}{\sqrt[n]{\left(A_2^n + A_{t3-7}^n\right)}}$$

누설경유공간 1에서는 누설틈새로서 A_1과 A_{t2-7}이 존재하고 이들 또한 직렬관계이므로 이들과 동등한 유효등가누설면적이 우리가 구하고자 하는 최종적인 총유효등가누설면적이 된다. 이것을 A_{t1-7}이라고 할 때 그 값은 다음과 같다.

$$\frac{1}{A_{t1-7}^n} = \frac{1}{A_1^n} + \frac{1}{A_{t2-7}^n}$$

$$A_{t1-7} = \frac{A_1 A_{t2-7}}{\sqrt[n]{\left(A_1^n + A_{t2-7}^n\right)}}$$

가압공간의 소요급기율은 다음과 같이 계산한다.

$$Q = K A_{t1-7} P^{1/n}$$

5.5 제연설비의 설치대상물 및 제외대상물

(1) 제연설비의 설치제외

제연설비를 설치해야 할 특정소방대상물 중 화장실·목욕실·주차장·발코니를 설치한 숙박시설(가족호텔 및 휴양콘도미니엄에 한한다)의 객실과 사람이 상주하지 않는 기계실·전기실·공조실·50 m^2 미만의 창고 등으로 사용되는 부분에 대하여는 배출구·공기유입구의 설치 및 배출량 산정에서 이를 제외한다.

(2) 제연설비 설치대상물

제연설비를 설치해야 하는 특정소방대상물은 다음의 어느 하나에 해당하는 것으로 한다.

① 문화 및 집회시설, 종교시설, 운동시설로서 무대부의 바닥면적이 200 m^2 이상 또는 문화 및 집회시설 중 영화상영관으로서의 수용인원이 100명 이상인 것

② 지하층이나 무창층에 설치된 근린생활시설, 판매시설, 운수시설, 숙박시설, 위락시설, 의료시설, 노유자 시설 또는 창고시설(물류터미널만 해당한다)로서 해당 용도로

사용되는 바닥면적의 합계가 1,000 m^2 이상인 층

③ 운수시설 중 시외버스정류장, 철도 및 도시철도 시설, 공항시설 및 항만시설의 대기실 또는 휴게시설로서 지하층 또는 무창층의 바닥면적이 1,000 m^2 이상인 것

④ 지하가(터널은 제외한다)로서 연면적 1,000 m^2 이상인 것

⑤ 지하가 중 예상 교통량, 경사도 등 터널의 특성을 고려하여 행정안전부령으로 정하는 터널

⑥ 특정소방대상물(갓복도형 아파트등은 제외한다)에 부설된 특별피난계단, 비상용 승강기의 승강장 또는 피난용 승강기의 승강장

연습문제

1. 제연설비 방식에 관하여 설명하라.

2. 제연설비에서 제연구역을 구획하는 경우 구획의 설치기준에 관하여 서술하라.

3. 제연설비에 사용되는 댐퍼의 종류를 작동방식으로 분류하여 설명하라.

4. 제연설비에서 댐퍼의 종류를 기능면으로 나누어 설명하라.

5. 제연경계벽을 설치하는 이유와 스모크해치(smoke hatch)에 관하여 기술하라.

6. 제연설비의 기동(작동)방식에 관하여 서술하라.

7. 그림과 같은 제연구역에 배연기를 설치할 경우 배연기의 제연량은 몇 m^3/sec (CMS) 인가?

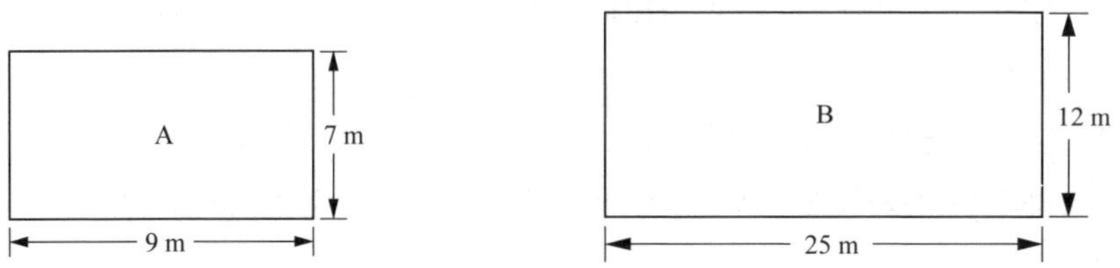

8. 아래와 같은 제연구역에 제연기를 설치할 경우 각 실의 제연기의 제연량(m^3/hr)을 계산하라(단, G_1, G_2, G_3는 출입문이며 독립제연방식이다).

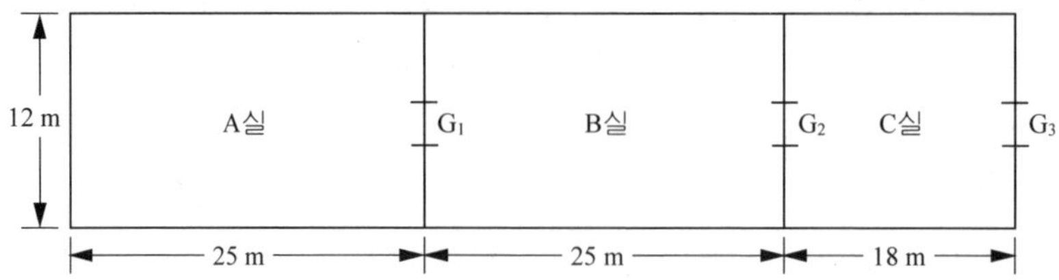

9. 다음은 거실에 대한 제연설비의 예상제연구역이다. 조건을 참고하여 물음에 답하라.

[조건]

1. 제연기의 전동기 효율은 65%로 한다.
2. 전압은 29 mmAq (mmH_2O)이다.
3. 제연구 표시는 ◉로 한다.
4. 주덕트(Duct)는 1개로 설치한다.
5. 제연기는 1대 설치한다.

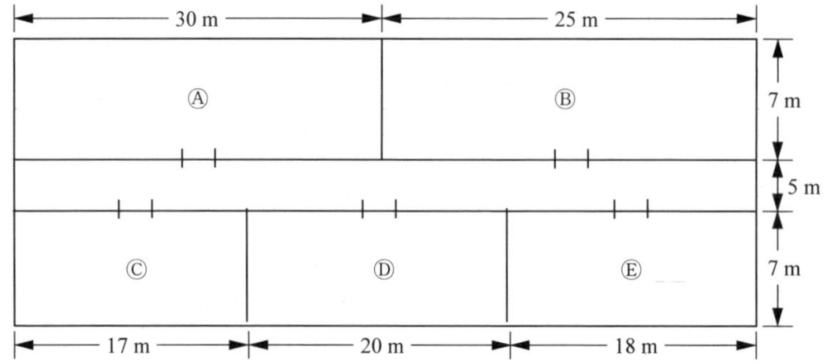

[물음]

1. 각 실에 대한 제연량(m^3/sec, m^3/min, m^3/hr)은 얼마 이상으로 해야 하는가?
2. 각 실에 제연구를 작도하라.
3. 제연기의 전동기출력(kW, HP)은 얼마 이상으로 해야 하는가?

10. 다음 그림은 제연구역의 평면도이다. 이 제연구역의 실들 중 A실을 급기가압하고자 한다. 다음 조건을 참고하여 A실에 유입시켜야 할 풍량은 몇 m^3/sec가 되는지를 산출하라.

[조건]

1. 실외부 대기의 가압은 절대압력으로 101,400 Pa로서 일정하다.
2. A실에 유지하고자 하는 가압은 절대압력으로 101,500 Pa이다.
3. 각 실의 문 틈새 면적은 0.01 m^2이다.
4. 어느 실을 급기가압할 때 그 실의 문 틈새를 통하여 누출되는 공기의 양은 다음 식에 따른다.

$$Q = 0.827AP^{1/2}$$

단, Q : 누출되는 공기의 양(m^3/sec)

A : 문 틈새 면적(m^2)

P : 문을 경계로 한 실내외의 기압차(Pa)

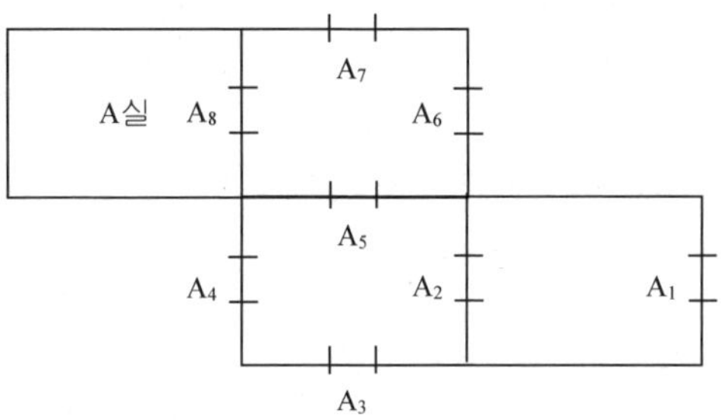

PART | Three

피난구조설비

제1장 피난기구
제2장 유도등, 유도표지 및 비상조명등
제3장 인명구조기구

Chapter 1

피난기구

1.1 개요

화재발생시 고층건축물의 계단 및 계단실에 연기가 침투하면 최상부까지 급속도로 상승한다. 화재가 발생한 층이나 그 직상층보다 건축물의 최상층에서 사람이 연기 또는 유독가스에 의해 질식·사망하는 것을 볼 수 있다. 이것은 연기가 수직상승속도가 매우 빠르기 때문에 최상층이 위험한 상태가 되어 있는 것을 나타내는 것이다.

화재발생시 계단을 통해서 피난을 하는 것이 가장 안전한 방법이다. 최악의 경우에는 발코니, 창으로부터 피난하는 것도 고려하지 않으면 안 된다. 이러한 경우에 반드시 이용되어야 하는 것이 피난기구이다.

1.2 피난기구의 종류

1) 피난사다리

피난사다리는 재질 및 사용방법에 따라 금속제 피난사다리와 금속제 이외의 피난사다리로 분류된다. 또한 이들은 각각 고정식 사다리, 올림식 사다리, 내림식 사다리로 나누어진다. 안전하고 확실하며 쉽게 사용할 수 있는 금속제 구조이어야 한다.

㉠ 피난사다리는 2개 이상의 종봉(내림식 사다리에 있어서는 이에 상당하는 와이어로프·체인 그 밖의 금속재의 봉 또는 관) 및 횡봉으로 구성되어야 한다. 다만 고정사다리인 경우에는 종봉의 수를 1개로 할 수 있다.

㉡ 피난사다리(종봉이 1개인 고정사다리 제외)의 종봉의 간격은 안치수가 30 cm 이상

50 cm 이하이어야 한다.

㉢ 피난사다리의 횡봉은 직경 14 mm 이상 35 mm 이하의 원형인 단면이거나 또는 이와 비슷한 손으로 잡을 수 있는 형태의 단면이 있는 것이어야 한다.

㉣ 피난사다리의 횡봉은 종봉에 동일한 간격으로 부착한 것이어야 하며, 그 간격은 25 cm 이상 35 cm 이하이어야 한다.

㉤ 피난사다리 횡봉의 디딤면은 미끄러지지 않는 구조이어야 한다.

(1) 고정식 사다리

방호대상물의 벽에 설치되어 사용하는 것으로 수납식, 신축식, 접어개기식으로 나눌 수 있다. 수납식은 가로봉은 세로봉 안에 수납되어 피난할 때에 가로봉을 추출하여 펴서 사용하는 것이며 신축식은 사다리를 신축할 수 있는 구조로 되어 있다. 또한 접어개기식은 사다리 하부를 접어 갠 것이다.

고정식 사다리는 위의 일반구조는 물론 다음에도 적합해야 한다.

① 종봉의 수가 2개 이상인 것(수납식·접는식 또는 신축식)

㉠ 진동 등 그 밖의 충격으로 결합부분이 쉽게 이탈되지 않도록 안전장치가 설치되어야 한다.

㉡ 위의 안전장치에 사다리를 넣는 동작을 제외하고는 2동작 이내로 그 사다리를 사용가능한 상태로 할 수 있어야 한다.

② 종봉의 수가 1개인 것

㉠ 종봉이 그 사다리의 중심축이 되도록 횡봉을 부착하고 횡봉의 끝부분에 종봉의 축과 평행으로 길이 5 cm 이상의 옆으로 미끄러지는 것을 방지하기 위한 돌자를 설치해야 한다.

㉡ 횡봉의 길이는 종봉에서 횡봉의 끝까지 길이가 안치수로 15 cm 이상 25 cm 이하이어야 하며 종봉의 폭은 횡봉의 축방향에 대하여 10 cm 이하이어야 한다.

(2) 올림식 사다리

사다리의 상부 지지점을 대상물에 걸고 올려 바쳐서 사용하는 것으로 2연식, 3연식의 것이 있다. 올림식사다리는 일반구조 외에 다음에도 적합해야 한다.

㉠ 상부 지지점(끝부분으로부터 60 cm 이내의 임의의 부분)이 미끄러지거나 넘어지지 않도록 하기 위하여 안전장치를 설치해야 한다.

㉡ 하부 지지점에는 미끄러짐을 막는 장치를 설치해야 한다.
㉢ 신축하는 구조인 것은 사용할 때 자동적으로 작동하는 축제방지장치를 설치해야 한다.
㉣ 접어지는 구조인 것은 사용할 때 자동적으로 작동하는 접힘방지장치를 설치해야 한다.

(3) 내림식 사다리

내림식 사다리는 접어개기식, 와이어식, 체인식의 것이 있는데 소방대상물의 견고한 부분 또한 보강되어 있는 부분에 설치하여 달아매어서 사용하는 것이다. 또한 사용할 때 사용자의 발디딤을 위하여 길이 10 cm 이상의 돌자가 설치되어 있다.

내림식 사다리는 상부를 건축물에 고정하여 하중을 지지하는 방식이다.

㉠ 사용 시 소방대상물로부터 10 cm 이상의 거리를 유지하기 위한 유효한 돌자를 횡봉의 위치마다 설치해야 한다. 다만, 그 돌자를 설치하지 않아도 사용 시 소방대상물에서 10 cm 이상의 거리를 유지할 수 있는 것은 그렇지 않다.
㉡ 종봉의 끝부분에는 가변식 걸고리 또는 걸림장치가 부착되어 있어야 한다.
㉢ 걸림장치는 쉽게 이탈하지 않은 구조이어야 한다.

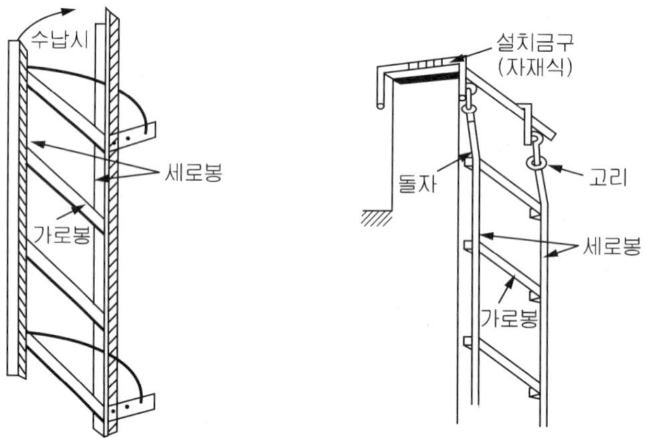

[그림 1-1] 피난사다리

2) 완강기

완강기는 사용방법에 따라 1인용 및 다수인용(2인용, 3인용)의 것이 있는데 일반적으로 사용자의 중량에 의해 자동적으로 하강하는 것으로서 조속기, 후크(조속기의 연결 고리), 벨트, 로프, 릴 등으로 구성되어 있다. 완강기의 중요부분은 조속기로서 분해하여 청소를 하지 못하도록 봉인이 되어 있어야 하며 하중에 의해 일정한 안전하강속도(16 ~ 150 cm/sec)를 조절하는 능력을 지닌 것이어야 한다. 또한 먼지, 모래, 기타의 이물질이 쉽게 들어가지 않도록 견고한 커버가 되어 있어야 한다. 완강기의 하강속도는 일정하고 안정되어 있어야 하며 하강중이나 착지할 때 이용자에게 불안한 요소를 주어서는 안 된다. 완강기의 구조 및 성능을 보면 조속기는 피난자의 체중에 의해 하강속도를 조종하는 것으로 로프가 V자 홈을 설치한 도르래를 회전시켜, 기어기구에 의해서 원심브레이크를 작동시켜 하강속도를 일정하게 제어하는 것, 또는 유압식에 의해서 제어하는 것이 있다. 로프는 직경 3 mm 이상의 로프를 심으로 하여 면사의 외장을 이룬 것이다. 로프의 구조는 전정을 통해서 균일하고 하중이 걸려도 비틀리지 않게 되어 있다. 벨트는 면직물로 되어 있으며 치수는 폭 5 cm 이상, 두께 0.3 cm 이상, 정착되는 부분의 길이 160 ~ 180 cm로 가슴둘레에 맞추어서 길이를 조절하는 "조정고리"를 부착한다. 완강기 본체와 사용자의 체중을 지지하는 후크는 사용 중에 절손, 분해, 이탈하지 않는 구조의 것이어야 한다.

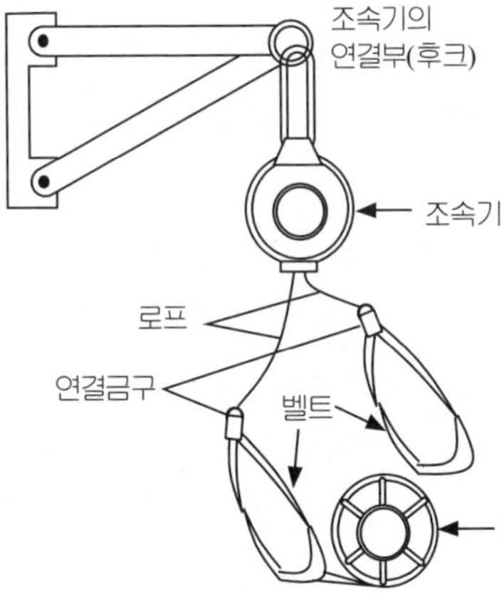

[그림 1-2] 완강기

3) 구조대

구조대는 설치방법에 따라 크게 사강식과 수직 하강식으로 분류되며 주로 3층 이상의 층에 설치된다. 화재 시 건물의 창, 발코니 등에서 지상까지 굴 같은 포대를 설치하여 포대 속으로 하강하는 피난기구이다.

(1) 사강식

건축물의 개구부에서 지상으로 약 45°의 각도로 펼쳐서 그 각도에 의한 마찰로 하강속도를 감속시키는 구조대로서 상부설치금구는 내식처리된 강재로 제조되며 설계하중은 1 m당

30 kg으로 하고, 하중의 방향은 수직에서 30° 위쪽으로 한다. 지상바닥에 매설되어 설치된 금구 또는 건축 구조물 등 지지물에 연결하기 위한 하부 지지장치의 설계하중은 1 m당 20 kg으로 하며, 하중의 방향은 수평에서 170° 위쪽으로 한다. 포대본체는 둥근 자루(환대)와 모난 자루(각대)가 있다. 둥근 자루는 주로 자루를 구성하는 범포에 인장력이 걸리며, 모난 자루는 자루에 설치된 로프에 인장력을 걸리게 하는 구조로 되어 있다. 포대는 합성섬유인 비닐론, 테토론, 나일론 등으로 제조가 된다. 부상방지장치는 포대의 하단 및 창틀 등에 보호매트 등을 설치해서 사용자의 부상을 방지하며 유도로프는 구조대를 정한 위치에 투하하여 포대를 유도해서 정한 지점에 하강시키는 것으로 로프의 직경은 0.4 cm 이상, 인장강도 300 kg 이상이며 길이는 포대길이보다 길게 하며 선단에 0.3 kg 이상의 모래가 든 주머니 등을 설치해 둔다. 수납함은 구조대를 접어 수납해서 보관하는 강판함을 말한다.

사강식 구조대의 구조는 다음에 적합해야 한다.

㉠ 연속하여 활강할 수 있는 구조로 안전하고 쉽게 사용할 수 있어야 한다.
㉡ 입구틀 및 취부틀의 입구는 지름 50 cm 이상의 구체가 통과할 수 있어야 한다.
㉢ 포지는 사용 시에 수직방향으로 현저하게 늘어나지 않아야 한다.
㉣ 포지, 지지틀, 취부틀 그 밖의 부속장치 등은 견고하게 부착되어야 한다.
㉤ 구조대 본체는 강하방향으로 봉합부가 설치되지 않아야 한다.
㉥ 구조대 본체의 활강부는 낙하방지를 위해 포를 2중구조로 하거나 또는 망목의 변의 길이가 8 cm 이하인 망을 설치해야 한다. 다만, 구조상 낙하방지의 성능을 갖고 있는 구조대의 경우에는 그렇지 않다.
㉦ 본체의 포지는 하부 지지장치에 인장력이 균등하게 걸리도록 부착해야 하며 하부지지장치는 쉽게 조작할 수 있어야 한다.
㉧ 손잡이는 출구부근에 좌우 각 3개 이상 균일한 간격으로 견고하게 부착해야 한다.
㉨ 구조대 본체의 끝부분에는 길이 4 m 이상, 지름 4 mm 이상의 유도선을 부착해야 하며, 유도선 끝에는 중량 300 g 이상의 모래주머니 등을 설치해야 한다.
㉩ 땅에 닿을 때 충격을 받는 부분에는 완충장치로서 받침포 등을 부착해야 한다.

(2) 수직 하강식

사용할 경우 개구부에서 수직으로 포대를 내리고 그 안에서 하강 피난하는 구조대이다. 포대본체에 일정한 간격으로 협축부를 설치하여 협축부에 의한 마찰로 하강속도를 감소시키는 방식과 나선상 또는 사행강하에 의한 하강속도를 감소시키는 방식이 있다. 포대본체,

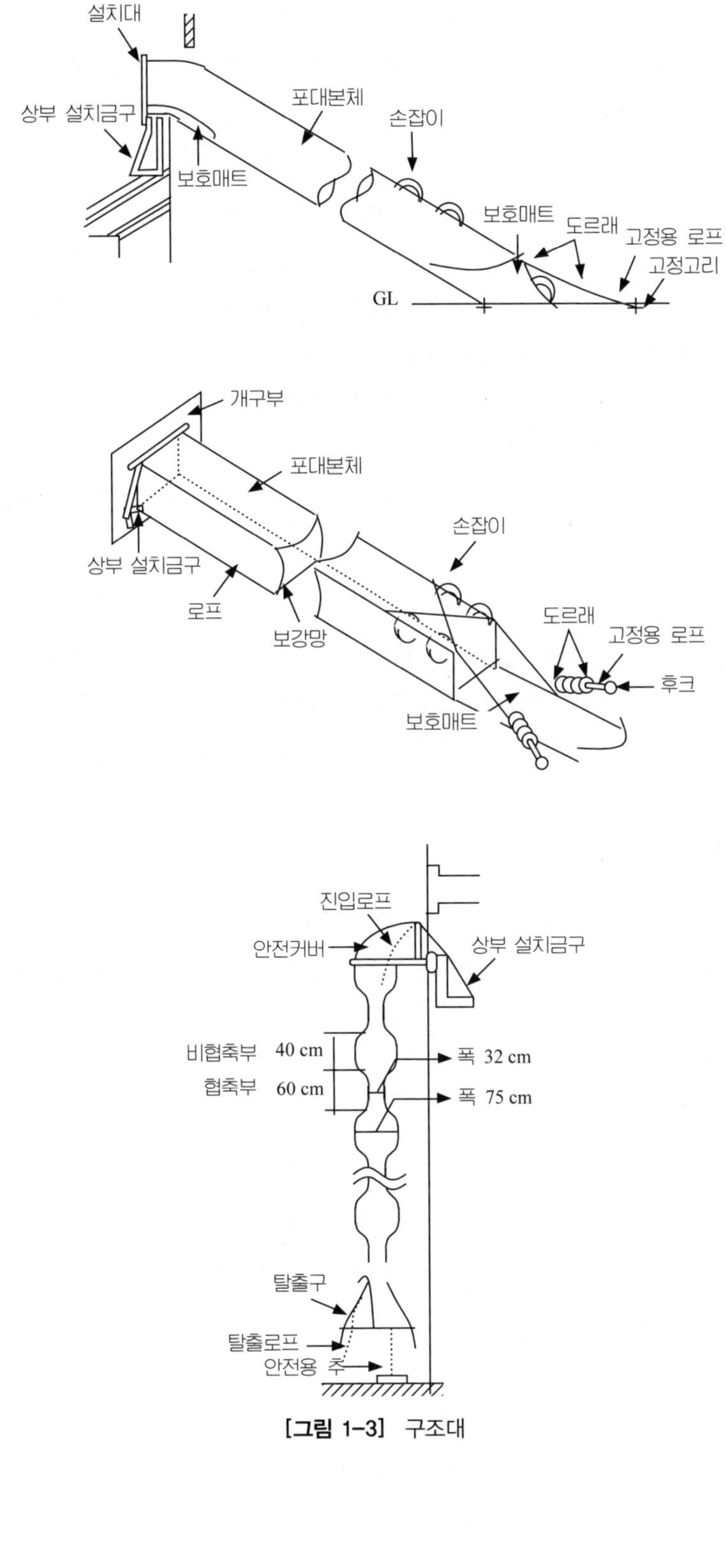
설치대
상부 설치금구
보호매트
포대본체
손잡이
보호매트
도르래
고정용 로프
고정고리
GL
개구부
포대본체
손잡이
상부 설치금구
로프
보강망
도르래
고정용 로프
후크
보호매트
진입로프
안전커버
상부 설치금구
비협축부 40 cm
협축부 60 cm
폭 32 cm
폭 75 cm
탈출구
탈출로프
안전용 추

[그림 1-3] 구조대

입구설치금구(상부 설치금구), 손잡이, 완충장치, 유도망으로 구성되며 상단금구의 설계하중은 포대전장 10 m까지는 300 kg, 10 m를 초과하는 것은 300 kg에 10 m를 초과하는 부분에 있어 1 m당 30 kg을 가산한 중량으로 하고, 하중의 방향은 기구의 중심에서 수직방향이 된다. 수직 하강식 구조대의 구조는 다음에 적합해야 한다.

㉠ 구조대는 안전하고 쉽게 사용할 수 있는 구조이어야 한다.
㉡ 구조대의 포지는 외부포지와 내부포지로 사이에 충분한 공기층을 두어야 한다. 다만, 건물내부의 별실에 설치하는 것은 외부포지를 설치하지 않을 수 있다.
㉢ 입구틀 및 취부틀의 입구는 지름 50 cm 이상의 구체가 통과할 수 있는 것이어야 한다.
㉣ 구조대는 연속하여 강하할 수 있는 구조이어야 한다.
㉤ 포지는 사용 시 수직방향으로 현저하게 늘어나지 않아야 한다.
㉥ 포지, 지지틀, 취부틀 그 밖의 부속장치 등은 견고하게 부착되어야 한다.

(3) 구조대의 설치장소

포대를 낙하했을 시 충분한 공간이 필요하며, 설치위치의 개구부는 0.5 m × 0.5 m 이상이 되어야 하며 미닫이창이 적합하다. 또 포대를 설치한 후에도 지상과 연락을 위해서 인접한 곳에 개구부가 있든가 또는 포대를 설치한 개구부에 충분한 여유가 필요하다.

4) 미끄럼대

건물의 2층, 3층에 설치하여 피난에 사용되는 것으로 고정식, 반고정식이 있다. 주로 병원, 유치원, 장애자 수용시설 등에 적합하다. 미끄럼대의 경사는 25～35° 정도이며 폭은 40 cm 이상, 옆판(측판)의 높이는 40 cm 이상으로 해야 하며 난간은 60 cm 이상으로 금속제 또는 철근 콘크리트 등으로 제조된다. 설계하중은 미끄럼면의 길이의 1 m마다 또는 그 단수에 따라 130 kg 이상으로 한다.

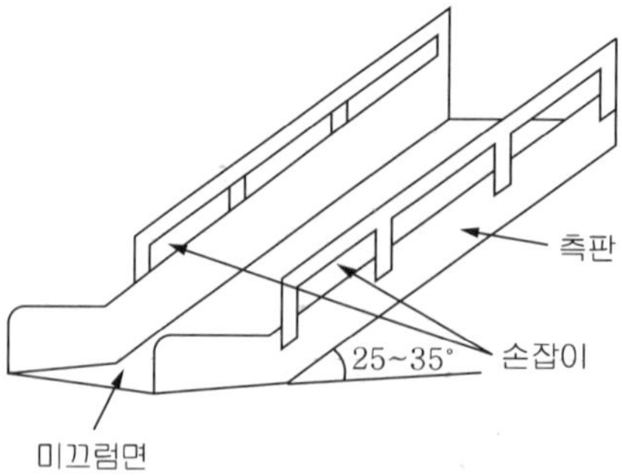

[그림 1-4] 미끄럼대

5) 미끄럼봉

미끄럼봉은 건축물의 2층 정도의 높이에 창문, 바닥, 보 등의 부분에 고정하여 피난하는 데 사용된다. 봉의 굵기는 3.5～6.0 cm, 390 kg의 압축 하중을 가했을 시 균열이나 파괴 또는 장해가 일어나지 않아야 한다.

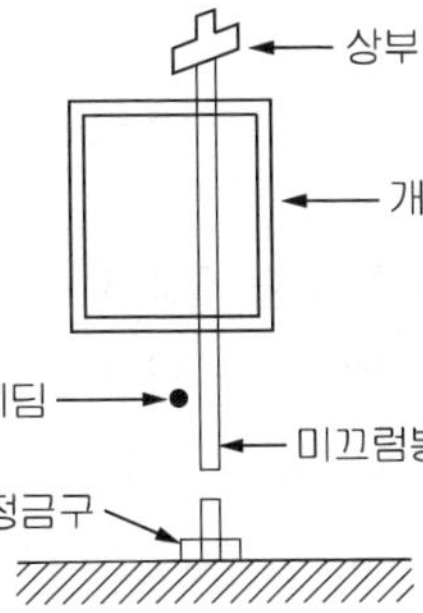

[그림 1-5] 미끄럼봉

6) 피난교

건물의 옥상이나 건물의 중간지점에서 인근 건물로 연결하여 피난에 사용되는 것으로 교각, 교판 및 난간 등으로 구성되어 있다. 피난교는 건물 상호간의 거리를 고려하여 안정상 충분한 길이를 가져야 한다. 교판의 경사는 1/5 미만으로 해야 하며 미끄럼방지조치를 해야 한다. 난간의 높이는 1.1 m 이상, 난간간격은 0.18 m 이하이며 폭목의 높이는 10 cm 이상으로 해야 한다. 적재하중은 1 m^2 에 대하여 330 kg 이상에서 견딜 수 있어야 한다.

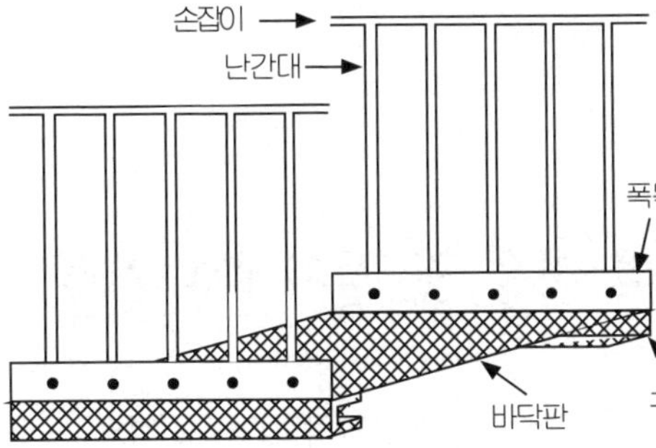

[그림 1-6] 피난교

7) 피난로프

건축물의 2층 높이에서 피난하는데 사용되는 것으로 로프, 후크, 상부 부착금구로 구성된다. 로프는 급속한 강하를 방지하기 위하여 일정간격으로 마디를 묶는 경우가 많다. 직경은 1.2 cm 이상을 많이 쓰는데 보통 1.4 cm부터 1.8 cm 정도의 것이 좋다. 650 kg의 인장하중을 가했을 때 파손 또는 과다한 변형이 발생하지 않아야 한다.

8) 피난용 트랩

피난용 트랩은 소방대상물의 지하층, 2층, 3층에 설치하는 것으로 고정식과 반고정식이 있다. 트랩의 폭은 50 cm 이상으로 해야 하며 발디딤판은 20 cm 이상, 디딤폭은 1.2 m 이상으로 한다. 계단높이는 30 cm 이하로 하고 난간사이는 18 cm 이하로 한다. 알루미늄 및 강재로 만들며 적재하중은 각 바닥면 마다 130 kg 이상의 하중에 견딜 수 있는 것으로 해야 한다.

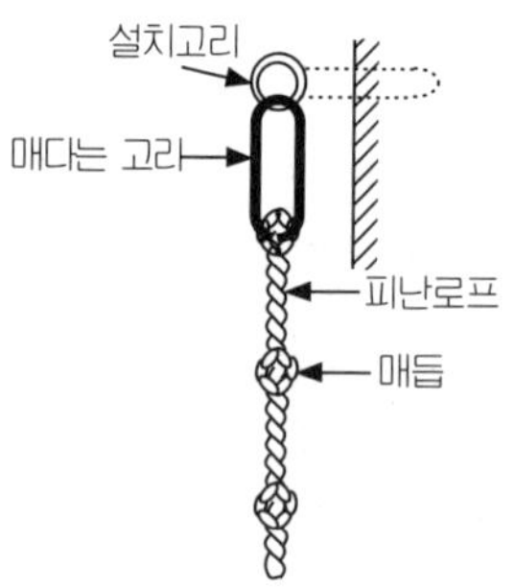

[그림 1-7] 피난로프

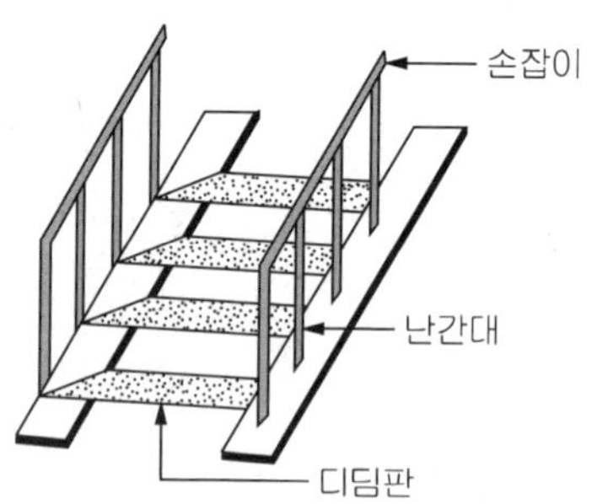

[그림 1-8] 피난용 트랩

1.3 피난기구의 적응 및 설치개수 기준

1) 피난기구는 다음 표에 따라 특정소방대상물의 설치장소별로 그에 적응하는 종류의 것으로 설치해야 한다.

표. 설치장소별 피난기구의 적응성

설치장소별 \ 층별	1층	2층	3층	4층 이상 10층 이하
1. 노유자 시설	• 미끄럼대 • 구조대 • 피난교 • 다수인피난장비 • 승강식 피난기	• 미끄럼대 • 구조대 • 피난교 • 다수인피난장비 • 승강식 피난기	• 미끄럼대 • 구조대 • 피난교 • 다수인피난장비 • 승강식 피난기	• 구조대[1)] • 피난교 • 다수인피난장비 • 승강식 피난기
2. 의료시설·근린생활시설 중 입원실이 있는 의원·접골원·조산원			• 미끄럼대 • 구조대 • 피난교 • 피난용 트랩 • 다수인피난장비 • 승강식 피난기	• 구조대 • 피난교 • 피난용 트랩 • 다수인피난장비 • 승강식 피난기
3. 「다중이용업소의 안전관리에 관한 특별법 시행령」 제2조에 따른 다중이용업소로서 영업장의 위치가 4층 이하인 다중이용업소		• 미끄럼대 • 피난사다리 • 구조대 • 완강기 • 다수인피난장비 • 승강식 피난기	• 미끄럼대 • 피난사다리 • 구조대 • 완강기 • 다수인피난장비 • 승강식 피난기	• 미끄럼대 • 피난사다리 • 구조대 • 완강기 • 다수인피난장비 • 승강식 피난기
4. 그 밖의 것			• 미끄럼대 • 피난사다리 • 구조대 • 완강기 • 피난교 • 피난용 트랩 • 간이완강기[2)] • 공기안전매트[3)] • 다수인피난장비 • 승강식 피난기	• 피난사다리 • 구조대 • 완강기 • 피난교 • 간이완강기[2)] • 공기안전매트[3)] • 다수인피난장비 • 승강식 피난기

※ 비고

1) 구조대의 적응성은 장애인 관련 시설로서 주된 사용자 중 스스로 피난이 불가한 자가 있는 경우 제4조제2항제4호에 따라 추가로 설치하는 경우에 한한다.

2), 3) 간이완강기의 적응성은 제4조제2항제3호에 따라 공동주택(「공동주택관리법」 제2조제1항제2호 가목부터 라목까지 중 어느 하나에 해당하는 공동주택)에 추가로 설치하는 경우에 한한다.

2) 피난기구는 다음의 기준에 따른 개수 이상을 설치해야 한다.

① 층마다 설치하되, 숙박시설·노유자 시설 및 의료시설로 사용되는 층에 있어서는 그 층의 바닥면적 500 m^2마다, 위락시설·문화집회 및 운동시설·판매시설로 사용되는 층 또는 복합용도의 층(하나의 층이 영 별표 2 제1호 내지 제4호 또는 제8호 내지 제18호 중 2 이상의 용도로 사용되는 층을 말한다)에 있어서는 그 층의 바닥면적 800 m^2마다, 계단실형 아파트에 있어서는 각 세대마다, 그 밖의 용도의 층에 있어서는 그 층의 바닥면적 1,000 m^2마다 1개 이상 설치할 것

② ①에 따라 설치한 피난기구 외에 숙박시설(휴양콘도미니엄을 제외한다)의 경우에는 추가로 객실마다 완강기 또는 2 이상의 간이완강기를 설치할 것

③ ①에 따라 설치한 피난기구 외에 공동주택(「공동주택관리법」 제2조제1항제2호 가목부터 라목까지 중 어느 하나에 해당하는 공동주택에 한한다)의 경우에는 하나의 관리주체가 관리하는 공동주택 구역마다 공기안전매트 1개 이상을 추가로 설치할 것. 다만, 옥상으로 피난이 가능하거나 인접세대로 피난할 수 있는 구조인 경우에는 추가로 설치하지 않을 수 있다.

④ ①에 따라 설치한 피난기구 외에 4층 이상의 층에 설치된 노유자 시설 중 장애인 관련 시설로서 주된 사용자 중 스스로 피난이 불가한 자가 있는 경우에는 층마다 구조대를 1개 이상 추가로 설치할 것

3) 피난기구는 다음의 기준에 따라 설치해야 한다.

① 피난기구는 계단·피난구 기타 피난시설로부터 적당한 거리에 있는 안전한 구조로 된 피난 또는 소화 활동상 유효한 개구부(가로 0.5 m 이상, 세로 1 m 이상인 것을 말한다. 이 경우 개구부 하단이 바닥에서 1.2 m 이상이면 발판 등을 설치해야 하고, 밀폐된 창문은 쉽게 파괴할 수 있는 파괴장치를 비치해야 한다)에 고정하여 설치하거나 필요한 때에 신속하고 유효하게 설치할 수 있는 상태에 둘 것

② 피난기구를 설치하는 개구부는 서로 동일직선상이 아닌 위치에 있을 것. 다만, 피난교·피난용 트랩·간이완강기·아파트에 설치되는 피난기구(다수인피난장비는 제외한다) 기타 피난상 지장이 없는 것에 있어서는 그렇지 않다.

③ 피난기구는 특정소방대상물의 기둥·바닥·보 기타 구조상 견고한 부분에 볼트조임·매입·용접 기타의 방법으로 견고하게 부착할 것

④ 4층 이상의 층에 피난사다리(하향식 피난구용 내림식사다리는 제외한다)를 설치하는 경우에는 금속성 고정사다리를 설치하고, 해당 고정사다리에는 쉽게 피난할 수 있는 구조의 노대를 설치할 것

⑤ 완강기는 강하 시 로프가 건축물 또는 구조물 등과 접촉하여 손상되지 않도록 하고, 로프의 길이는 부착위치에서 지면 또는 기타 피난상 유효한 착지면까지의 길이로 할 것

⑥ 미끄럼대는 안전한 강하속도를 유지하도록 하고, 전락방지를 위한 안전조치를 할 것

⑦ 구조대의 길이는 피난상 지장이 없고 안정한 강하속도를 유지할 수 있는 길이로 할 것

⑧ 다수인피난장비는 다음 각 목에 적합하게 설치할 것

가. 피난에 용이하고 안전하게 하강할 수 있는 장소에 적재 하중을 충분히 견딜 수 있도록 「건축물의 구조기준 등에 관한 규칙」 제3조에서 정하는 구조안전의 확인을 받아 견고하게 설치할 것

나. 다수인피난장비 보관실은 건물 외측보다 돌출되지 않고, 빗물·먼지 등으로부터 장비를 보호할 수 있는 구조일 것

다. 사용 시에 보관실 외측 문이 먼저 열리고 탑승기가 외측으로 자동으로 전개될 것

라. 하강 시에 탑승기가 건물 외벽이나 돌출물에 충돌하지 않도록 설치할 것

마. 상·하층에 설치할 경우에는 탑승기의 하강경로가 중첩되지 않도록 할 것

바. 하강 시에는 안전하고 일정한 속도를 유지하도록 하고 전복, 흔들림, 경로이탈 방지를 위한 안전조치를 할 것

사. 보관실의 문에는 오작동 방지조치를 하고, 문 개방 시에는 당해 소방대상물에 설치된 경보설비와 연동하여 유효한 경보음을 발하도록 할 것

아. 피난층에는 해당 층에 설치된 피난기구가 착지에 지장이 없도록 충분한 공간을 확보할 것

자. 한국소방산업기술원 또는 법 제46조제1항에 따라 성능시험기관으로 지정받은 기관에서 그 성능을 검증받은 것으로 설치할 것

⑨ 승강식 피난기 및 하향식 피난구용 내림식사다리는 다음에 적합하게 설치할 것

가. 승강식 피난기 및 하향식 피난구용 내림식사다리는 설치경로가 설치층에서 피난층까지 연계될 수 있는 구조로 설치할 것

나. 대피실의 면적은 2 m^2(2세대 이상일 경우에는 3 m^2) 이상으로 하고, 「건축법 시행령」 제46조제4항의 규정에 적합해야 하며 하강구(개구부) 규격은 직경 60 cm 이상일 것

다. 하강구 내측에는 기구의 연결 금속구 등이 없어야 하며 전개된 피난기구는 하강구 수평투영면적 공간 내의 범위를 침범하지 않는 구조이어야 할 것

라. 대피실의 출입문은 60분+ 방화문 또는 60분 방화문으로 설치하고, 피난방향에서 식별할 수 있는 위치에 “대피실” 표지판을 부착할 것

마. 착지점과 하강구는 상호 수평거리 15 cm 이상의 간격을 둘 것

바. 대피실 내에는 비상조명등을 설치 할 것

사. 대피실에는 층의 위치표시와 피난기구 사용설명서 및 주의사항 표지판을 부착할 것

아. 대피실 출입문이 개방되거나, 피난기구 작동 시 해당 층 및 직하층 거실에 설치된 표시등 및 경보장치가 작동되고, 감시제어반에서는 피난기구의 작동을 확인할 수 있어야 할 것

자. 사용 시 기울거나 흔들리지 않도록 설치할 것

차. 승강식 피난기는 한국소방산업기술원 또는 법 제46조제1항에 따라 성능시험기관으로 지정받은 기관에서 그 성능을 검증받은 것으로 설치할 것

4) 피난기구를 설치한 장소에는 가까운 곳의 보기 쉬운 곳에 피난기구의 위치를 표시하는 발광식 또는 축광식 표지와 그 사용방법을 표시한 표지(외국어 및 그림 병기)를 부착하되, 축광식 표지는 소방청장이 정하여 고시한 「축광표지의 성능인증 및 제품검사의 기술기준」에 적합해야 한다. 다만, 방사성물질을 사용하는 위치표지는 쉽게 파괴되지 않는 재질로 처리해야 한다.

1.4 피난기구의 설치기준 및 설치제외기준

피난구조설비의 설치면제 요건의 규정에 따라 다음에 해당하는 특정소방대상물 또는 그 부분에는 피난기구를 설치하지 않을 수 있다. 다만, 숙박시설(휴양콘도미니엄을 제외한다)에 설치되는 완강기 및 간이완강기의 경우에는 그렇지 않다.

1) 다음의 기준에 적합한 층

① 주요구조부가 내화구조로 되어 있어야 한다.

② 실내의 면하는 부분의 마감이 불연재료·준불연재료 또는 난연재료로 되어 있고 방화구획이 규정에 적합하게 구획되어 있어야 한다.

③ 거실의 각 부분으로부터 직접 복도로 쉽게 통할 수 있어야 한다.

④ 복도에 2 이상의 피난계단 또는 특별피난계단이 규정에 적합하게 설치되어 있어야

한다.

⑤ 복도의 어느 부분에서도 2 이상의 방향으로 각각 다른 계단에 도달할 수 있어야 한다.

2) 다음 기준에 적합한 특정소방대상물 중 그 옥상의 직하층 또는 최상층(문화 및 집회시설, 운동시설 또는 판매시설을 제외한다)

① 주요구조부가 내화구조로 되어 있어야 한다.

② 옥상의 면적이 1,500 m^2 이상이어야 한다.

③ 옥상으로 쉽게 통할 수 있는 창 또는 출입구가 설치되어 있어야 한다.

④ 옥상이 소방사다리차가 쉽게 통행할 수 있는 도로(폭 6 m 이상의 것을 말한다) 또는 공지(공원 또는 광장 등을 말한다)에 면하여 설치되어 있거나 옥상으로부터 피난층 또는 지상으로 통하는 2 이상의 피난계단 또는 특별피난계단이 규정에 적합하게 설치되어 있어야 한다.

3) 주요구조부가 내화구조이고 지하층을 제외한 층수가 4층 이하이며, 소방사다리차가 쉽게 통행할 수 있는 도로 또는 공지에 면하는 부분에 기준에 적합한 개구부가 2 이상 설치되어 있는 층(문화 및 집회시설, 운동시설, 판매시설, 영업시설 또는 노유자 시설의 용도로 사용되는 층으로서 그 층의 바닥면적이 1,000 m^2 이상인 것을 제외한다)

4) 갓복도식 아파트 또는 「건축법 시행령」 제46조제5항에 해당하는 구조 또는 시설을 설치하여 인접(수평 또는 수직)세대로 피난할 수 있는 아파트

5) 주요구조부가 내화구조로서 거실의 각 부분으로 직접 복도로 피난할 수 있는 학교(강의실 용도로 사용되는 층에 한한다)

6) 무인공장 또는 자동창고로서 사람의 출입이 금지된 장소(관리를 위하여 일시적으로 출입하는 장소를 포함한다)

7) 건축물의 옥상부분으로서 거실에 해당하지 않고 「건축법 시행령」 제119조제1항제9호에 해당하여 층수로 산정된 층으로 사람이 근무하거나 거주하지 않는 장소

1.5 피난기구의 설치감소조건

1) 피난기구를 설치해야 할 특정소방대상물 중 다음의 기준에 적합한 층에는 피난기구의 1/2을 감소할 수 있다. 이 경우 설치해야 할 피난기구의 수에 있어서 소수점 이하의 수는 1로 한다.
   ① 주요구조부가 내화구조로 되어 있을 것
   ② 직통계단인 피난계단 또는 특별피난계단이 2 이상 설치되어 있을 것

2) 피난기구를 설치해야 할 특정소방대상물 중 주요구조부가 내화구조이고 다음의 기준에 적합한 건널 복도가 설치되어 있는 층에는 규정에 따른 피난기구의 수에서 해당 건널 복도의 수의 2배의 수를 뺀 수로 한다.
   ① 내화구조 또는 철골조로 되어 있을 것
   ② 건널 복도 양단의 출입구에 자동폐쇄장치를 한 60분+ 방화문 또는 60분 방화문(방화셔터를 제외한다)이 설치되어 있을 것
   ③ 피난·통행 또는 운반의 전용 용도일 것

3) 피난기구를 설치해야 할 특정소방대상물 중 다음의 기준에 적합한 노대가 설치된 거실의 바닥면적은 피난기구의 설치개수 산정을 위한 바닥면적에서 이를 제외한다.
   ① 노대를 포함한 특정소방대상물의 주요구조부가 내화구조일 것
   ② 노대가 거실의 외기에 면하는 부분에 피난상 유효하게 설치되어 있어야 할 것
   ③ 노대가 소방사다리차가 쉽게 통행할 수 있는 도로 또는 공지에 면하여 설치되어 있거나, 거실부분과 방화구획 되어 있거나 또는 노대에 지상으로 통하는 계단 그 밖의 피난기구가 설치되어 있어야 할 것

Chapter 2

유도등, 유도표지 및 비상조명등

2.1 유도등 및 유도표지의 종류 및 설치기준

1) 특정소방대상물의 용도별로 설치해야 할 유도등 및 유도표지의 종류

설치장소	유도등 및 유도표지의 종류
가. 공연장·집회장(종교집회장 포함)·관람장·운동시설 나. 유흥주점영업시설(「식품위생법 시행령」 제21조제8호라목의 유흥주점영업 중 손님이 춤을 출 수 있는 무대가 설치된 카바레, 나이트클럽 또는 그 밖에 이와 비슷한 영업시설만 해당한다)	• 대형피난구유도등 • 통로유도등 • 객석유도등
다. 위락시설·판매시설·운수시설·「관광진흥법」 제3조제1항제2호에 따른 관광숙박업·의료시설·장례식장·방송통신시설·전시장·지하상가·지하철역사	• 대형피난구유도등 • 통로유도등
라. 숙박시설('다.'의 관광숙박업 외의 것을 말한다)·오피스텔 마. '가.'부터 '다.'까지 외의 건축물로서 지하층·무창층 또는 층수가 11층 이상인 특정소방대상물	• 중형피난구유도등 • 통로유도등
바. '가.'부터 '마.'까지 외의 건축물로서 근린생활시설·노유자 시설·업무시설·발전시설·종교시설(집회장 용도로 사용하는 부분 제외)·교육연구시설·수련시설·공장·창고시설·교정 및 군사시설(국방·군사시설 제외)·기숙사·자동차정비공장·운전학원 및 정비학원·다중이용업소·복합건축물·아파트	• 소형피난구유도등 • 통로유도등
사. 그 밖의 것	• 피난구유도표지 • 통로유도표지

※ 비고

1. 소방서장은 특정소방대상물의 위치·구조 및 설비의 상황을 판단하여 대형피난구유도등을 설치해야 할 장소에 중형피난구유도등 또는 소형피난구유도등을, 중형피난구유도등을 설치해야 할 장소에 소형피난구유도등을 설치하게 할 수 있다.
2. 복합건축물과 아파트의 경우, 주택의 세대 내에는 유도등을 설치하지 않을 수 있다.

2) 피난구유도등 설치기준

① 피난구유도등은 다음의 장소에 설치해야 한다.

가. 옥내로부터 직접 지상으로 통하는 출입구 및 그 부속실의 출입구

나. 직통계단·직통계단의 계단실 및 그 부속실의 출입구

다. '가.' 및 '나.'에 따른 출입구에 이르는 복도 또는 통로로 통하는 출입구

라. 안전구획된 거실로 통하는 출입구

② 피난구유도등은 피난구의 바닥으로부터 높이 1.5 m 이상으로서 출입구에 인접하도록 설치해야 한다.

③ 피난층으로 향하는 피난구의 위치를 안내할 수 있도록 '①의 가. 또는 나.'의 출입구 인근 천장에 '①의 가. 또는 나.'에 따라 설치된 피난구유도등의 면과 수직이 되도록 피난구유도등을 추가로 설치해야 한다. 다만, '①의 가. 또는 나.'에 따라 설치된 피난구유도등이 입체형인 경우에는 그렇지 않다.

[그림 2-1] 피난구유도등

3) 통로유도등 설치기준

① 통로유도등은 특정소방대상물의 각 거실과 그로부터 지상에 이르는 복도 또는 계단의 통로에 다음의 기준에 따라 설치해야 한다.

가. 복도통로유도등은 다음의 기준에 따라 설치할 것

a. 복도에 설치하되 피난구유도등이 설치된 출입구의 맞은편 복도에는 입체형으로 설치하거나, 바닥에 설치할 것

b. 구부러진 모퉁이 및 'a.'에 따라 설치된 통로유도등을 기점으로 보행거리 20 m마다 설치할 것

c. 바닥으로부터 높이 1 m 이하의 위치에 설치할 것. 다만, 지하층 또는 무창층의 용도가 도매시장·소매시장·여객자동차터미널·지하역사 또는 지하상가인 경우에는 복도·통로 중앙부분의 바닥에 설치해야 한다.

d. 바닥에 설치하는 통로유도등은 하중에 따라 파괴되지 않는 강도의 것으로 할 것

나. 거실통로유도등은 다음의 기준에 따라 설치할 것

a. 거실의 통로에 설치할 것. 다만, 거실의 통로가 벽체 등으로 구획된 경우에는 복도통로유도등을 설치해야 한다.

b. 구부러진 모퉁이 및 보행거리 20 m마다 설치할 것

c. 바닥으로부터 높이 1.5 m 이상의 위치에 설치할 것. 다만, 거실통로에 기둥이 설치된 경우에는 기둥부분의 바닥으로부터 높이 1.5 m 이하의 위치에 설치할 수 있다.

다. 계단통로유도등은 다음의 기준에 따라 설치할 것

a. 각 층의 경사로참 또는 계단참마다(1개 층에 경사로참 또는 계단참이 2 이상 있는 경우에는 2개의 계단참마다) 설치할 것

b. 바닥으로부터 높이 1 m 이하의 위치에 설치할 것

라. 통행에 지장이 없도록 설치할 것

마. 주위에 이와 유사한 등화·광고물·게시물 등을 설치하지 않을 것

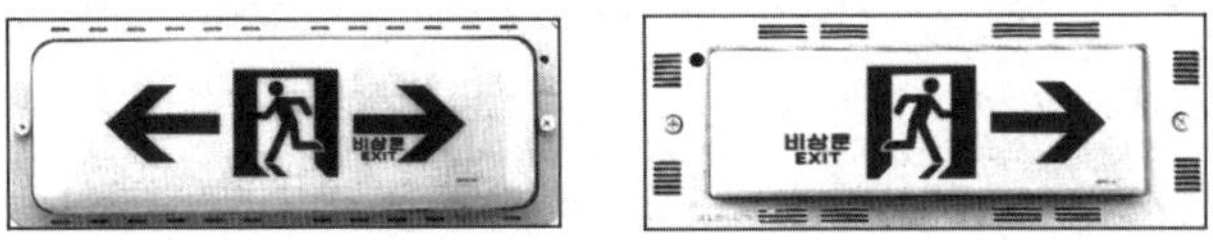

[그림 2-2] 통로유도등

4) 객석유도등 설치기준

① 객석유도등은 객석의 통로, 바닥 또는 벽에 설치해야 한다.

② 객석 내의 통로가 경사로 또는 수평로로 되어 있는 부분은 다음의 식에 따라 산출한 개수(소수점 이하의 수는 1로 본다)의 유도등을 설치해야 한다.

$$\text{설치개수} = \frac{\text{객석 통로의 직선부분 길이(m)}}{4} - 1$$

③ 객석 내의 통로가 옥외 또는 이와 유사한 부분에 있는 경우에는 해당 통로 전체에 미칠 수 있는 개수의 유도등을 설치해야 한다.

[그림 2-3] 객석유도등

5) 유도표지 설치기준

유도표지는 다음의 기준에 따라 설치해야 한다.

① 계단에 설치하는 것을 제외하고는 각 층마다 복도 및 통로의 각 부분으로부터 하나의 유도표지까지의 보행거리가 15 m 이하가 되는 곳과 구부러진 모퉁이의 벽에 설치할 것

② 피난구유도표지는 출입구 상단에 설치하고, 통로유도표지는 바닥으로부터 높이 1 m 이하의 위치에 설치할 것

③ 주위에는 이와 유사한 등화·광고물·게시물 등을 설치하지 않을 것

④ 유도표지는 부착판 등을 사용하여 쉽게 떨어지지 않도록 설치할 것

⑤ 축광방식의 유도표지는 외광 또는 조명장치에 의하여 상시 조명이 제공되거나 비상조명등에 의한 조명이 제공되도록 설치할 것

[그림 2-4] 유도표지

6) 피난유도선 설치기준

① 축광방식의 피난유도선은 다음의 기준에 따라 설치해야 한다.

가. 구획된 각 실로부터 주출입구 또는 비상구까지 설치할 것

나. 바닥으로부터 높이 50 cm 이하의 위치 또는 바닥면에 설치할 것

다. 피난유도 표시부는 50 cm 이내의 간격으로 연속되도록 설치

라. 부착대에 의하여 견고하게 설치할 것

마. 외광 또는 조명장치에 의하여 상시 조명이 제공되거나 비상조명등에 의한 조명이 제공되도록 설치할 것

② 광원점등방식의 피난유도선은 다음의 기준에 따라 설치해야 한다.

가. 구획된 각 실로부터 주출입구 또는 비상구까지 설치할 것

나. 피난유도 표시부는 바닥으로부터 높이 1 m 이하의 위치 또는 바닥면에 설치할 것

다. 피난유도 표시부는 50 cm 이내의 간격으로 연속되도록 설치하되 실내장식물 등으로 설치가 곤란할 경우 1 m 이내로 설치할 것

라. 수신기로부터의 화재신호 및 수동조작에 의하여 광원이 점등되도록 설치할 것

마. 비상전원이 상시 충전상태를 유지하도록 설치할 것

바. 바닥에 설치되는 피난유도 표시부는 매립하는 방식을 사용할 것

사. 피난유도 제어부는 조작 및 관리가 용이하도록 바닥으로부터 0.8 m 이상 1.5 m 이하의 높이에 설치할 것

7) 유도등의 전원

① 유도등의 상용전원은 전기가 정상적으로 공급되는 축전지설비, 전기저장장치(외부 전기에너지를 저장해 두었다가 필요한 때 전기를 공급하는 장치) 또는 교류전압의 옥내 간선으로 하고, 전원까지의 배선은 전용으로 해야 한다.

② 비상전원은 다음의 기준에 적합하게 설치해야 한다.

가. 축전지로 할 것

나. 유도등을 20분 이상 유효하게 작동시킬 수 있는 용량으로 할 것. 다만, 다음의 특정소방대상물의 경우에는 그 부분에서 피난층에 이르는 부분의 유도등을 60분 이상 유효하게 작동시킬 수 있는 용량으로 해야 한다.

- 지하층을 제외한 층수가 11층 이상의 층
- 지하층 또는 무창층으로서 용도가 도매시장·소매시장·여객자동차터미널·지하역사 또는 지하상가

③ 배선은 「전기사업법」 제67조에 따른 「전기설비기술기준」에서 정한 것 외에 다음의 기준에 따라야 한다.

가. 유도등의 인입선과 옥내배선은 직접 연결할 것

나. 유도등은 전기회로에 점멸기를 설치하지 않고 항상 점등상태를 유지할 것. 다만, 특정소방대상물 또는 그 부분에 사람이 없거나 다음의 어느 하나에 해당하는 장소로서 3선식 배선에 따라 상시 충전되는 구조인 경우에는 그렇지 않다.

• 외부의 빛에 의해 피난구 또는 피난방향을 쉽게 식별할 수 있는 장소
• 공연장, 암실(暗室) 등으로서 어두워야 할 필요가 있는 장소
• 특정소방대상물의 관계인 또는 종사원이 주로 사용하는 장소

다. 3선식 배선은 「옥내소화전설비의 화재안전기술기준(NFTC 102)」 2.7.2의 표에 따른 내화배선 또는 내열배선으로 할 것

④ '③의 나.'에 따라 3선식 배선으로 상시 충전되는 유도등의 전기회로에 점멸기를 설치하는 경우에는 다음의 어느 하나에 해당되는 경우에 자동으로 점등되도록 해야 한다.

가. 자동화재탐지설비의 감지기 또는 발신기가 작동되는 때

나. 비상경보설비의 발신기가 작동되는 때

다. 상용전원이 정전되거나 전원선이 단선되는 때

라. 방재업무를 통제하는 곳 또는 전기실의 배전반에서 수동으로 점등하는 때

마. 자동소화설비가 작동되는 때

2.2 비상조명등의 설치기준

1) 비상조명등은 다음의 기준에 따라 설치해야 한다.

① 특정소방대상물의 각 거실과 그로부터 지상에 이르는 복도, 계단 및 그 밖의 통로에 설치할 것

② 조도는 비상조명등이 설치된 장소의 각 부분의 바닥에서 1 lx 이상이 되도록 할 것

③ 예비전원을 내장하는 비상조명등에는 평상시 점등 여부를 확인할 수 있는 점검스위치를 설치하고 해당 조명등을 유효하게 작동시킬 수 있는 용량의 축전지와 예비전원 충전장치를 내장할 것

④ 예비전원을 내장하지 않는 비상조명등의 비상전원은 자가발전설비, 축전지설비 또는 전기저장장치(외부 전기에너지를 저장해 두었다가 필요한 때 전기를 공급하는 장치)를 다음의 기준에 따라 설치해야 한다.

가. 점검에 편리하고 화재 및 침수 등의 재해로 인한 피해를 받을 우려가 없는 곳에 설치할 것

나. 상용전원으로부터 전력의 공급이 중단된 때에는 자동으로 비상전원으로부터 전력을 공급받을 수 있도록 할 것

다. 비상전원의 설치장소는 다른 장소와 방화구획 할 것. 이 경우 그 장소에는 비상전

원의 공급에 필요한 기구나 설비 외의 것(열병합발전설비에 필요한 기구나 설비는 제외한다)을 두어서는 안 된다.

라. 비상전원을 실내에 설치하는 때에는 그 실내에 비상조명등을 설치할 것

⑤ ③과 ④에 따른 예비전원과 비상전원은 비상조명등을 20분 이상 유효하게 작동시킬 수 있는 용량으로 할 것. 다만, 다음의 특정소방대상물의 경우에는 그 부분에서 피난층에 이르는 부분의 비상조명등을 60분 이상 유효하게 작동시킬 수 있는 용량으로 해야 한다.

가. 지하층을 제외한 층수가 11층 이상의 층

나. 지하층 또는 무창층으로서 용도가 도매시장·소매시장·여객자동차터미널·지하역사 또는 지하상가

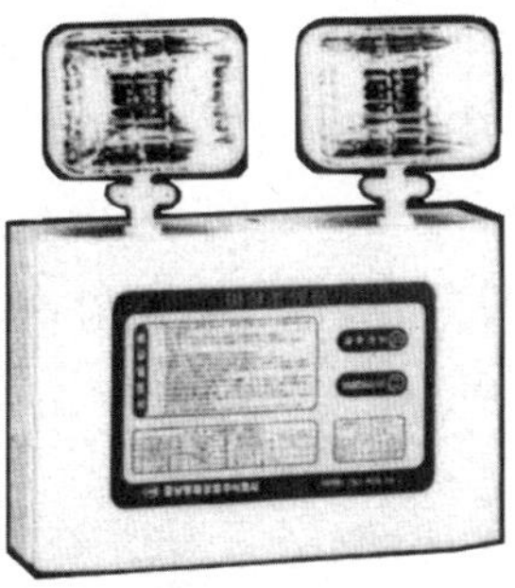

[그림 2-5] 비상조명등

2) 휴대용 비상조명등은 다음의 기준에 적합해야 한다.

① 다음의 장소에 설치할 것

가. 숙박시설 또는 다중이용업소에는 객실 또는 영업장 안의 구획된 실마다 잘 보이는 곳(외부에 설치 시 출입문 손잡이로부터 1 m 이내 부분)에 1개 이상 설치

나. 대규모점포(지하상가 및 지하역사는 제외한다)와 영화상영관에는 보행거리 50 m 이내마다 3개 이상 설치

다. 지하상가 및 지하역사에는 보행거리 25 m 이내마다 3개 이상 설치

② 설치높이는 바닥으로부터 0.8 m 이상 1.5 m 이하의 높이에 설치할 것

③ 어둠속에서 위치를 확인할 수 있도록 할 것

④ 사용 시 자동으로 점등되는 구조일 것

⑤ 외함은 난연성능이 있을 것

⑥ 건전지를 사용하는 경우에는 방전방지조치를 해야 하고, 충전식 배터리의 경우에는

상시 충전되도록 할 것

⑦ 건전지 및 충전식 배터리의 용량은 20분 이상 유효하게 사용할 수 있는 것으로 할 것

2.3 유도등, 유도표지 및 비상조명등의 설치제외조건

1) 다음에 해당하는 경우에는 피난구유도등을 설치하지 않을 수 있다.

① 바닥면적이 1,000 m^2 미만인 층으로서 옥내로부터 직접 지상으로 통하는 출입구(외부의 식별이 용이한 경우에 한한다)

② 대각선 길이가 15 m 이내인 구획된 실의 출입구

③ 거실 각 부분으로부터 하나의 출입구에 이르는 보행거리가 20 m 이하이고 비상조명등과 유도표지가 설치된 거실의 출입구

④ 출입구가 3개소 이상 있는 거실로서 그 거실 각 부분으로부터 하나의 출입구에 이르는 보행거리가 30 m 이하인 경우에는 주된 출입구 2개소 외의 출입구(유도표지가 부착된 출입구를 말한다). 다만, 공연장·집회장·관람장·전시장·판매시설·운수시설·숙박시설·노유자 시설·의료시설·장례식장의 경우에는 그렇지 않다.

2) 다음에 해당하는 경우에는 통로유도등을 설치하지 않을 수 있다.

① 구부러지지 아니한 복도 또는 통로로서 길이가 30 m 미만인 복도 또는 통로

② ①에 해당하지 않는 복도 또는 통로로서 보행거리가 20 m 미만이고 그 복도 또는 통로와 연결된 출입구 또는 그 부속실의 출입구에 피난구유도등이 설치된 복도 또는 통로

3) 다음에 해당하는 경우에는 객석유도등을 설치하지 않을 수 있다.

① 주간에만 사용하는 장소로서 채광이 충분한 객석

② 거실 등의 각 부분으로부터 하나의 거실 출입구에 이르는 보행거리가 20 m 이하인 객석의 통로로서 그 통로에 통로유도등이 설치된 객석

4) 다음에 해당하는 경우에는 유도표지를 설치하지 않을 수 있다.

① 유도등이 규정에 따라 적합하게 설치된 출입구·복도·계단 및 통로

② 규정에 해당하는 출입구·복도·계단 및 통로

5) 다음에 해당하는 경우에는 비상조명등을 설치하지 않을 수 있다.

① 거실의 각 부분으로부터 하나의 출입구에 이르는 보행거리가 15 m 이내인 부분

② 의원·경기장·공동주택·의료시설·학교의 거실

Chapter 3

인명구조기구

(1) 인명구조기구는 다음의 기준에 따라 설치해야 한다.

① 인명구조기구는 특정소방대상물의 용도 및 장소별로 다음에 따라 설치해야 한다.

가. 방열복 또는 방화복(안전모, 보호장갑 및 안전화를 포함한다)·공기호흡기 및 인공소생기를 각 2개 이상 비치해야 하는 특정소방대상물은 다음과 같다.

- 지하층을 포함하는 층수가 7층 이상인 관광호텔
- 지하층을 포함하는 층수가 5층 이상인 병원

나. 공기호흡기를 층마다 2개 이상 비치해야 하는 특정소방대상물은 다음과 같다.

- 문화 및 집회시설 중 수용인원 100명 이상의 영화상영관
- 판매시설 중 대규모 점포
- 운수시설 중 지하역사
- 지하가 중 지하상가

다. 물분무등소화설비 중 이산화탄소소화설비를 설치하는 특정소방대상물에는 이산화탄소소화설비가 설치된 장소의 출입구 외부 인근에 1개 이상의 공기호흡기를 비치할 것

② 인명구조기구는 화재 시 쉽게 반출 사용할 수 있는 장소에 비치할 것

③ 인명구조기구가 설치된 가까운 장소의 보기 쉬운 곳에 "인명구조기구"라는 축광식 표지와 그 사용방법을 표시한 표지를 부착하되, 축광식 표지는 소방청장이 정하여 고시한 「축광표지의 성능인증 및 제품검사의 기술기준」에 적합한 것으로 할 것

④ 방열복은 소방청장이 정하여 고시한 「소방용 방열복의 성능인증 및 제품검사의 기술기준」에 적합한 것으로 설치할 것

⑤ 방화복(안전모, 보호장갑 및 안전화를 포함한다)은 「소방장비관리법」 제10조제2항 및 「표준규격을 정해야 하는 소방장비의 종류 고시」 제2조제1항제4호에 따른 표준규격에 적합한 것으로 설치할 것

(2) 인명구조기구 설치대상물

① 지하층을 포함하는 층수가 7층 이상인 관광호텔 및 5층 이상인 병원에 방열복 또는 방화복(안전모, 보호장갑 및 안전화를 포함한다), 공기호흡기, 인공소생기를 각 2개 이상 설치해야 한다. 다만, 병원의 경우에는 인공소생기를 설치하지 않을 수 있다.

② 문화 및 집회시설 중 수용인원 100명 이상인 영화상영관, 판매시설 중 대규모점포, 운수시설 중 지하역사, 지하가 중 지하상가에는 인명구조용 공기호흡기를 층마다 2개 이상 비치해야 한다. 다만, 각 층마다 갖추어 두어야 할 공기호흡기 중 일부를 직원이 상주하는 인근 사무실에 갖추어 둘 수 있다.

③ 물분무등소화설비 중 이산화탄소소화설비를 설치해야 하는 특정소방대상물에 공기호흡기를 이산화탄소소화설비가 설치된 장소의 출입구 외부 인근에 1대 이상 비치해야 한다.

연습문제(1-3장)

1. 피난기구의 종류를 분류하고 각각의 기구에 대한 정의 및 특징을 설명하라.

2. 완강기의 구성부품에 대하여 설명하고 속도조절기의 기능 점검 사항에 대하여 서술하라.

3. 인명구조기구란?

4. 피난기구의 설치위치와 피난기구의 설치가 면제되는 층에 대하여 서술하라.

5. 통로유도등의 종류를 분류하고 설명하라.

6. 유도등 설치 시 주의사항에 관하여 설명하라.

7. 유도표지의 설치기준에 관하여 설명하라.

PART | Four

부 록

1. 특별피난계단의 계단실 및 부속실 제연설비의 화재안전성능기준
2. 도로터널의 화재안전성능기준

1. 특별피난계단의 계단실 및 부속실 제연설비의 화재안전성능기준(NFPC 501A)

제1조 (목적) 이 기준은 「소방시설 설치 및 관리에 관한 법률」 제2조제1항제6호가목에 따라 소방청장에게 위임한 사항 중 소화활동설비인 특별피난계단의 계단실 및 부속실 제연설비의 성능기준을 규정함을 목적으로 한다.

제2조 (적용범위) 이 기준은 「소방시설 설치 및 관리에 관한 법률 시행령」(이하 "영"이라 한다) 별표 4 제5호가목7)에 따른 특별피난계단의 계단실(이하 "계단실"이라 한다) 및 부속실(비상용 승강기의 승강장과 겸용하는 것 또는 비상용 승강기·피난용 승강기의 승강장을 포함한다. 이하 "부속실"이라 한다) 제연설비의 설치 및 관리에 대해 적용한다.

제3조 (정의) 이 기준에서 사용하는 용어의 정의는 다음과 같다.

1. "제연구역"이란 제연경계(제연경계가 면한 천장 또는 반자를 포함한다)에 의해 구획된 건물 내의 공간을 말한다.
2. "방연풍속"이란 옥내로부터 제연구역 내로 연기의 유입을 유효하게 방지할 수 있는 풍속을 말한다.
3. "급기량"이란 제연구역에 공급해야 할 공기의 양을 말한다.
4. "누설량"이란 틈새를 통하여 제연구역으로부터 흘러나가는 공기량을 말한다.
5. "보충량"이란 방연풍속을 유지하기 위하여 제연구역에 보충해야 할 공기량을 말한다.
6. "플랩댐퍼"란 제연구역의 압력이 설정압력범위를 초과하는 경우 제연구역의 압력을 배출하여 설정압력범위를 유지하게 하는 과압방지장치를 말한다.
7. "유입공기"란 제연구역으로부터 옥내로 유입하는 공기로서 차압에 따라 누설하는 것과 출입문의 개방에 따라 유입하는 것 등을 말한다.
8. "거실제연설비"란 「제연설비의 화재안전성능기준(NFTC 501)」에 따른 옥내의 제연설비를 말한다.
9. "자동차압급기댐퍼"란 제연구역과 옥내 사이의 차압을 압력센서 등으로 감지하여 제연구역에 공급되는 풍량의 조절로 제연구역의 차압 유지를 자동으로 제어할 수 있는

댐퍼를 말한다.

10. “자동폐쇄장치”란 제연구역의 출입문 등에 설치하는 것으로서 화재 시 화재감지기의 작동과 연동하여 출입문을 자동적으로 닫히게 하는 장치를 말한다.
11. “과압방지장치”란 제연구역의 압력이 설정압력을 초과하는 경우 자동으로 압력을 조절하여 과압을 방지하는 장치를 말한다.
12. “굴뚝효과”란 건물 내부와 외부 또는 내부 공간 상하간의 온도 차이에 의한 밀도 차이로 발생하는 건물 내부의 수직 기류를 말한다.
13. “기밀상태”란 일정한 공간에 있는 유체가 누설되지 않는 밀폐 상태를 말한다.
14. “누설틈새면적”이란 가압 또는 감압된 공간과 인접한 공간 사이에 공기의 흐름이 가능한 틈새의 면적을 말한다.
15. “송풍기”란 공기의 흐름을 발생시키는 기기를 말한다.
16. “수직풍도”란 건축물의 층간에 수직으로 설치된 풍도를 말한다.
17. “외기취입구”란 옥외로부터 옥내로 외기를 취입하는 개구부를 말한다.
18. “제어반”이란 각종 기기의 작동 여부 확인과 자동 또는 수동 기동 등이 가능한 장치를 말한다.

제4조 (제연방식) 이 기준에 따른 제연설비는 다음 각 호의 기준에 적합해야 한다.

1. 제연구역에 옥외의 신선한 공기를 공급하여 제연구역의 기압을 제연구역 이외의 옥내(이하 “옥내”라 한다)보다 높게 하되 일정한 기압의 차이(이하 “차압”이라 한다)를 유지하게 함으로써 옥내로부터 제연구역 내로 연기가 침투하지 못하도록 할 것
2. 피난을 위하여 제연구역의 출입문이 일시적으로 개방되는 경우 방연풍속을 유지하도록 옥외의 공기를 제연구역 내로 보충 공급하도록 할 것
3. 출입문이 닫히는 경우 제연구역의 과압을 방지할 수 있는 유효한 조치를 하여 차압을 유지할 것

제5조 (제연구역의 선정) 제연구역은 다음 각 호의 하나에 따라야 한다.

1. 계단실 및 그 부속실을 동시에 제연하는 것
2. 부속실을 단독으로 제연하는 것
3. 계단실을 단독으로 제연하는 것
4. 비상용 승강기 승강장을 단독으로 제연하는 것

제6조 (차압 등) ① 제4조제1호의 기준에 따라 제연구역과 옥내와의 사이에 유지해야 하는 최소차압은 40 Pa (옥내에 스프링클러설비가 설치된 경우에는 12.5 Pa) 이상으로 해야 한다.

② 제연설비가 가동되었을 경우 출입문의 개방에 필요한 힘은 110 N 이하로 해야 한다.

③ 제4조제2호의 기준에 따라 출입문이 일시적으로 개방되는 경우 개방되지 않은 제연구역

과 옥내와의 차압은 제1항의 기준에도 불구하고 제1항의 기준에 따른 차압의 70% 이상이어야 한다.

④ 계단실과 부속실을 동시에 제연하는 경우 부속실의 기압은 계단실과 같게 하거나 계단실의 기압보다 낮게 할 경우에는 부속실과 계단실의 압력 차이는 5 Pa 이하가 되도록 해야 한다.

제7조 (급기량) 급기량은 다음 각 호의 양을 합한 양 이상이 되어야 한다.

1. 제4조제1호의 기준에 따른 차압을 유지하기 위하여 제연구역에 공급해야 할 공기량. 이 경우 제연구역에 설치된 출입문(창문을 포함한다. 이하 "출입문등"이라 한다)의 누설량과 같아야 한다.
2. 제4조제2호의 기준에 따른 보충량

제8조 (누설량) 제7조제1호의 기준에 따른 누설량은 제연구역의 누설량을 합한 양으로 한다. 이 경우 출입문이 2개소 이상인 경우에는 각 출입문의 누설틈새면적을 합한 것으로 한다.

제9조 (보충량) 제7조제2호의 기준에 따른 보충량은 부속실(또는 승강장)의 수가 20개 이하는 1개 층 이상, 20개를 초과하는 경우에는 2개 층 이상의 보충량으로 한다.

제10조 (방연풍속) 방연풍속은 제연구역의 선정방식에 따라 다음 표의 기준에 적합해야 한다.

<table>
<tr><th colspan="2">제 연 구 역</th><th>방연풍속</th></tr>
<tr><td colspan="2">계단실 및 그 부속실을 동시에 제연하는 것 또는 계단실만 단독으로 제연하는 것</td><td>0.5 m/sec 이상</td></tr>
<tr><td rowspan="2">부속실만 단독으로 제연하는 것 또는 비상용 승강기의 승강장만 단독으로 제연하는 것</td><td>부속실 또는 승강장이 면하는 옥내가 거실인 경우</td><td>0.7 m/sec 이상</td></tr>
<tr><td>부속실 또는 승강장이 면하는 옥내가 복도로서 그 구조가 방화구조(내화시간이 30분 이상인 구조를 포함한다)인 것</td><td>0.5 m/sec 이상</td></tr>
</table>

제11조 (과압방지조치) 제4조제3호의 기준에 따른 제연구역에 과압의 우려가 있는 경우에는 과압방지를 위하여 해당 제연구역에 자동차압급기댐퍼 또는 과압방지장치를 다음의 기준에 따라 설치해야 한다.

1. 과압방지장치는 제연구역의 압력을 자동으로 조절하는 성능이 있는 것으로 할 것
2. 과압방지를 위한 과압방지장치는 제6조와 제10조의 해당 조건을 만족할 것
3. 플랩댐퍼는 소방청장이 고시하는 「플랩댐퍼의 성능인증 및 제품검사의 기술기준」에 적합한 것으로 설치할 것
4. 플랩댐퍼에 사용하는 철판은 두께 1.5 mm 이상의 열간압연 연강판(KS D 3501) 또는 이와 동등 이상의 내식성 및 내열성이 있는 것으로 할 것

5. 자동차압급기댐퍼를 설치하는 경우에는 제17조제3호 나목부터 마목의 기준에 적합할 것

제12조 (누설틈새의 면적 등) 제연구역으로부터 공기가 누설하는 틈새면적은 다음 각 호의 기준에 따라야 한다.

1. 출입문의 틈새면적은 다음의 식에 따라 산출하는 수치를 기준으로 할 것. 다만, 방화문의 경우에는 「한국산업표준」에서 정하는 「문세트(KS F 3109)」에 따른 기준을 고려하여 산출할 수 있다.

$$A = (L/l) \times A_d$$

A : 출입문의 틈새(m^2)

L : 출입문 틈새의 길이(m). 다만, L의 수치가 l의 수치 이하인 경우에는 l의 수치로 할 것

l : 외여닫이문이 설치되어 있는 경우에는 5.6, 쌍여닫이문이 설치되어 있는 경우에는 9.2, 승강기의 출입문이 설치되어 있는 경우에는 8.0으로 할 것

A_d : 외여닫이문으로 제연구역의 실내 쪽으로 열리도록 설치하는 경우에는 0.01, 제연구역의 실외 쪽으로 열리도록 설치하는 경우에는 0.02, 쌍여닫이문의 경우에는 0.03, 승강기의 출입문에 대하여는 0.06으로 할 것

2. 창문의 틈새면적은 다음의 식에 따라 산출하는 수치를 기준으로 할 것. 다만, 「한국산업표준」에서 정하는 「창세트(KS F 3117)」에 따른 기준을 고려하여 산출할 수 있다.
   가. 여닫이식 창문으로서 창틀에 방수패킹이 없는 경우

$$\text{틈새면적}(m^2) = 2.55 \times 10^{-4} \times \text{틈새의 길이}(m)$$

   나. 여닫이식 창문으로서 창틀에 방수패킹이 있는 경우

$$\text{틈새면적}(m^2) = 3.61 \times 10^{-5} \times \text{틈새의 길이}(m)$$

   다. 미닫이식 창문이 설치되어 있는 경우

$$\text{틈새면적}(m^2) = 1.00 \times 10^{-4} \times \text{틈새의 길이}(m)$$

3. 제연구역으로부터 누설하는 공기가 승강기의 승강로를 경유하여 승강로의 외부로 유출하는 유출면적은 승강로와 승강로 상부의 기계실 사이의 개구부 면적을 합한 것을 기준으로 할 것
4. 제연구역을 구성하는 벽체(반자속의 벽체를 포함한다)가 벽돌 또는 시멘트블록 등의 조적구조이거나 석고판 등의 조립구조인 경우에는 불연재료를 사용하여 틈새를 조정

할 것. 다만, 제연구역의 내부 또는 외부면을 시멘트모르터로 마감하거나 철근콘크리트 구조의 벽체로 하는 경우에는 그 벽체의 공기누설은 무시할 수 있다.

5. 제연설비의 완공 시 제연구역의 출입문등은 크기 및 개방방식이 해당 설비의 설계 시와 같도록 할 것

제13조 (유입공기의 배출) ① 유입공기는 화재층의 제연구역과 면하는 옥내로부터 옥외로 배출되도록 해야 한다. 다만, 직통계단식 공동주택의 경우에는 그렇지 않다.

② 유입공기의 배출은 다음 각 호의 어느 하나의 기준에 따른 배출방식으로 해야 한다.

1. 수직풍도에 따른 배출 : 옥상으로 직통하는 전용의 배출용 수직풍도를 설치하여 배출하는 것으로서 다음 각 목의 어느 하나에 해당하는 것
   가. 자연배출식 : 굴뚝효과에 따라 배출하는 것
   나. 기계배출식 : 수직풍도의 상부에 전용의 배출용 송풍기를 설치하여 강제로 배출하는 것. 다만, 지하층만을 제연하는 경우 배출용 송풍기의 설치위치는 배출된 공기로 인하여 피난 및 소화활동에 지장을 주지 않는 곳에 설치할 수 있다.
2. 배출구에 따른 배출 : 건물의 옥내와 면하는 외벽마다 옥외와 통하는 배출구를 설치하여 배출하는 것
3. 제연설비에 따른 배출 : 거실제연설비가 설치되어 있고 해당 옥내로부터 옥외로 배출해야 하는 유입공기의 양을 거실제연설비의 배출량에 합하여 배출하는 경우 유입공기의 배출은 해당 거실제연설비에 따른 배출로 갈음할 수 있다.

제14조 (수직풍도에 따른 배출) 수직풍도에 따른 배출은 다음 각 호의 기준에 적합해야 한다.

1. 수직풍도는 내화구조로 하되 「건축물의 피난·방화구조 등의 기준에 관한 규칙」 제3조제1호 또는 제2호의 기준 이상의 성능으로 할 것
2. 수직풍도의 내부면은 두께 0.5 mm 이상의 아연도금강판 또는 동등 이상의 내식성·내열성이 있는 것으로 마감하되, 접합부에 대하여는 통기성이 없도록 조치할 것
3. 각 층의 옥내와 면하는 수직풍도의 관통부에는 다음 각 목의 기준에 적합한 댐퍼(이하 "배출댐퍼"라 한다)를 설치해야 한다.
   가. 배출댐퍼는 두께 1.5 mm 이상의 강판 또는 이와 동등 이상의 성능이 있는 것으로 설치해야 하며 비내식성 재료의 경우에는 부식방지 조치를 할 것
   나. 평상시 닫힌 구조로 기밀상태를 유지할 것
   다. 개폐 여부를 해당 장치 및 제어반에서 확인할 수 있는 감지기능을 내장하고 있을 것
   라. 구동부의 작동상태와 닫혀 있을 때의 기밀상태를 수시로 점검할 수 있는 구조일 것
   마. 풍도의 내부마감상태에 대한 점검 및 댐퍼의 정비가 가능한 이·탈착구조로 할 것
   바. 화재층의 옥내에 설치된 화재감지기의 동작에 따라 해당 층의 댐퍼가 개방될 것
   사. 개방 시의 실제개구부(개구율을 감안한 것을 말한다)의 크기는 수직풍도의 내부

단면적과 같도록 할 것

아. 댐퍼는 풍도내의 공기흐름에 지장을 주지 않도록 수직풍도의 내부로 돌출하지 않게 설치할 것

4. 수직풍도의 내부단면적은 다음 각 목의 기준에 적합할 것

가. 자연배출식의 경우 다음 식에 따라 산출하는 수치 이상으로 할 것. 다만, 수직풍도의 길이가 100 m를 초과하는 경우에는 산출수치의 1.2배 이상의 수치를 기준으로 해야 한다.

$$A_P = Q_N / 2$$

A_P : 수직풍도의 내부단면적(m^2)

Q_N : 수직풍도가 담당하는 1개 층의 제연구역의 출입문(옥내와 면하는 출입문을 말한다) 1개의 면적(m^2)과 방연풍속(m/sec)을 곱한 값(m^3/sec)

나. 송풍기를 이용한 기계배출식의 경우 풍속은 15 m/sec 이하로 할 것

5. 기계배출식에 따라 배출하는 경우 배출용 송풍기는 다음 각 목의 기준에 적합할 것

가. 열기류에 노출되는 송풍기 및 그 부품들은 250℃의 온도에서 1시간 이상 가동상태를 유지할 것

나. 송풍기의 풍량은 제4호가목의 기준에 따른 Q_N에 여유량을 더한 양을 기준으로 할 것

다. 송풍기는 옥내의 화재감지기의 동작에 따라 연동하도록 할 것

6. 수직풍도의 상부의 말단(기계배출식의 송풍기도 포함한다)은 빗물이 흘러들지 않는 구조로 하고, 옥외의 풍압에 따라 배출성능이 감소하지 않도록 유효한 조치를 할 것

제15조 (배출구에 따른 배출) 배출구에 따른 배출은 다음 각 호의 기준에 적합해야 한다.

1. 배출구에는 다음 각 목의 기준에 적합한 장치(이하 "개폐기"라 한다)를 설치할 것

가. 빗물과 이물질이 유입하지 않는 구조로 할 것

나. 옥외쪽으로만 열리도록 하고 옥외의 풍압에 따라 자동으로 닫히도록 할 것

다. 그 밖의 설치기준은 제14조제3호 가목 내지 사목의 기준을 준용할 것

2. 개폐기의 개구면적은 다음 식에 따라 산출한 수치 이상으로 할 것

$$A_O = Q_N / 2.5$$

A_O : 개폐기의 개구면적(m^2)

Q_N : 수직풍도가 담당하는 1개 층의 제연구역의 출입문(옥내와 면하는 출입문을 말한다) 1개의 면적(m^2)과 방연풍속(m/sec)을 곱한 값(m^3/sec)

제16조 (급기) 제연구역에 대한 급기는 다음 각 호의 기준에 따라야 한다.

1. 부속실만을 제연하는 경우 동일 수직선상의 모든 부속실은 하나의 전용 수직풍도를 통해 동시에 급기할 것. 다만, 동일 수직선상에 2대 이상의 급기송풍기가 설치되는 경우에는 수직풍도를 분리하여 설치할 수 있다.
2. 계단실 및 부속실을 동시에 제연하는 경우 계단실에 대하여는 그 부속실의 수직풍도를 통해 급기할 수 있다.
3. 계단실만을 제연하는 경우에는 전용 수직풍도를 설치하거나 계단실에 급기풍도 또는 급기송풍기를 직접 연결하여 급기하는 방식으로 할 것
4. 하나의 수직풍도마다 전용의 송풍기로 급기할 것
5. 비상용 승강기의 승강장만을 제연하는 경우에는 비상용 승강기의 승강로를 급기풍도로 사용할 수 있다.

제17조 (급기구) 제연구역에 설치하는 급기구는 다음 각 호의 기준에 적합해야 한다.

1. 급기용 수직풍도와 직접 면하는 벽체 또는 천장(해당 수직풍도와 천장급기구 사이의 풍도를 포함한다)에 고정하되, 급기되는 기류 흐름이 출입문으로 인하여 차단되거나 방해받지 않도록 옥내와 면하는 출입문으로부터 가능한 먼 위치에 설치할 것
2. 계단실과 그 부속실을 동시에 제연하거나 또는 계단실만을 제연하는 경우 급기구는 계단실 매 3개 층 이하의 높이마다 설치할 것. 다만, 계단실의 높이가 31 m 이하로서 계단실만을 제연하는 경우에는 하나의 계단실에 하나의 급기구만을 설치할 수 있다.
3. 급기구의 댐퍼설치는 다음 각 목의 기준에 적합할 것
   가. 급기댐퍼는 두께 1.5 mm 이상의 강판 또는 이와 동등 이상의 강도가 있는 것으로 설치해야 하며, 비내식성 재료의 경우에는 부식방지조치를 할 것
   나. 자동차압급기댐퍼를 설치하는 경우 차압범위의 수동설정기능과 설정범위의 차압이 유지되도록 개구율을 자동조절하는 기능이 있을 것
   다. 자동차압급기댐퍼는 옥내와 면하는 개방된 출입문이 완전히 닫히기 전에 개구율을 자동감소시켜 과압을 방지하는 기능이 있을 것
   라. 자동차압급기댐퍼는 주위온도 및 습도의 변화에 의해 기능이 영향을 받지 않는 구조일 것
   마. 자동차압급기댐퍼는 「자동차압급기댐퍼의 성능인증 및 제품검사의 기술기준」에 적합한 것으로 설치할 것
   바. 자동차압조절형이 아닌 댐퍼는 개구율을 수동으로 조절할 수 있는 구조로 할 것
   사. 옥내에 설치된 화재감지기에 따라 모든 제연구역의 댐퍼가 개방되도록 할 것. 다만, 2 이상의 특정소방대상물이 지하에 설치된 주차장으로 연결되어 있는 경우에는 주차장에서 하나의 특정소방대상물의 제연구역으로 들어가는 입구에 설치된 제연용 연기감지기의 작동에 따라 특정소방대상물의 해당 수직풍도에 연결된 모

든 제연구역의 댐퍼가 개방되도록 할 것

아. 댐퍼의 작동이 전기적 방식에 의하는 경우 제14조제3호의 나목 내지 마목의 기준을, 기계적 방식에 따른 경우 제14조제3호의 다목, 라목 및 마목 기준을 준용할 것

자. 그 밖의 설치기준은 제14조제3호 가목 및 아목의 기준을 준용할 것

제18조 (급기풍도) 급기풍도(이하 "풍도"라 한다)의 설치는 다음 각 호의 기준에 적합해야 한다.

1. 수직풍도는 제14조 제1호 및 제2호의 기준을 준용할 것
2. 수직풍도 이외의 풍도로서 금속판으로 설치하는 풍도는 다음 각 목의 기준에 적합할 것

가. 풍도는 아연도금강판 또는 이와 동등 이상의 내식성·내열성이 있는 것으로 하며, 불연재료(석면재료를 제외한다)인 단열재로 유효한 단열처리를 하고, 강판의 두께는 풍도의 크기에 따라 다음 표에 따른 기준 이상으로 할 것. 다만, 방화구획이 되는 전용실에 급기송풍기와 연결되는 풍도는 단열이 필요 없다.

풍도단면의 긴 변 또는 직경의 크기	450 mm 이하	450 mm 초과 750 mm 이하	750 mm 초과 1,500 mm 이하	1,500 mm 초과 2,250 mm 이하	2,250 mm 초과
강판 두께	0.5 mm	0.6 mm	0.8 mm	1.0 mm	1.2 mm

나. 풍도에서의 누설량은 급기량의 10%를 초과하지 않을 것

3. 풍도는 정기적으로 풍도 내부를 청소할 수 있는 구조로 할 것

제19조 (급기송풍기) 급기송풍기의 설치는 다음 각 호의 기준에 적합해야 한다.

1. 송풍기의 송풍능력은 송풍기가 담당하는 제연구역에 대한 급기량의 1.15배 이상으로 할 것. 다만, 풍도에서의 누설을 실측하여 조정하는 경우에는 그렇지 않다.
2. 송풍기에는 풍량조절장치를 설치하여 풍량조절을 할 수 있도록 할 것
3. 송풍기에는 풍량을 실측할 수 있는 유효한 조치를 할 것
4. 송풍기는 인접장소의 화재로부터 영향을 받지 않고 접근 및 점검이 용이한 장소에 설치할 것
5. 송풍기는 옥내의 화재감지기의 동작에 따라 작동하도록 할 것
6. 송풍기와 연결되는 캔버스는 내열성(석면재료를 제외한다)이 있는 것으로 할 것

제20조 (외기취입구) 외기취입구(이하 "취입구"라 한다)는 다음 각 호의 기준에 적합해야 한다.

1. 외기를 옥외로부터 취입하는 경우 취입구는 연기 또는 공해물질 등으로 오염된 공기를 취입하지 않는 위치에 설치해야 하며, 배기구 등(유입공기, 주방의 조리대의 배출공기 또는 화장실의 배출공기 등을 배출하는 배기구를 말한다)으로부터 수평거리 5 m 이상, 수직거리 1 m 이상 낮은 위치에 설치할 것
2. 취입구를 옥상에 설치하는 경우에는 옥상의 외곽면으로부터 수평거리 5 m 이상, 외곽면의 상단으로부터 하부로 수직거리 1 m 이하의 위치에 설치할 것

3. 취입구는 빗물과 이물질이 유입하지 않는 구조로 할 것
4. 취입구는 취입공기가 옥외의 바람의 속도와 방향에 따라 영향을 받지 않는 구조로 할 것

제21조 (제연구역 및 옥내의 출입문) ① 제연구역의 출입문은 다음 각 호의 기준에 적합해야 한다.

1. 제연구역의 출입문(창문을 포함한다)은 언제나 닫힌 상태를 유지하거나 자동폐쇄장치에 의해 자동으로 닫히는 구조로 할 것. 다만, 아파트인 경우 제연구역과 계단실 사이의 출입문은 자동폐쇄장치에 의하여 자동으로 닫히는 구조로 해야 한다.
2. 제연구역의 출입문에 설치하는 자동폐쇄장치는 제연구역의 기압에도 불구하고 출입문을 용이하게 닫을 수 있는 충분한 폐쇄력이 있을 것
3. 제연구역의 출입문 등에 자동폐쇄장치를 사용하는 경우에는 「자동폐쇄장치의 성능인증 및 제품검사의 기술기준」에 적합한 것으로 설치할 것

② 옥내의 출입문(제10조의 기준에 따른 방화구조의 복도가 있는 경우로서 복도와 거실 사이의 출입문에 한한다)은 다음 각 호의 기준에 적합해야 한다.

1. 출입문은 언제나 닫힌 상태를 유지하거나 자동폐쇄장치에 의해 자동으로 닫히는 구조로 할 것
2. 거실쪽으로 열리는 구조의 출입문에 자동폐쇄장치를 설치하는 경우에는 출입문의 개방 시 유입공기의 압력에도 불구하고 출입문을 용이하게 닫을 수 있는 충분한 폐쇄력이 있는 것으로 할 것

제22조 (수동기동장치) ① 배출댐퍼 및 개폐기의 직근과 제연구역에는 다음 각 호의 기준에 따른 장치의 작동을 위하여 전용의 수동기동장치를 설치해야 한다. 다만, 계단실 및 그 부속실을 동시에 제연하는 제연구역에는 그 부속실에만 설치할 수 있다.

1. 모든 층의 제연구역에 설치된 급기댐퍼의 개방
2. 해당 층의 배출댐퍼 또는 개폐기의 개방
3. 급기송풍기 및 유입공기의 배출용 송풍기(설치한 경우에 한한다)의 작동
4. 개방·고정된 모든 출입문(제연구역과 옥내 사이의 출입문에 한한다)의 개폐장치의 작동

② 제1항 각 호의 기준에 따른 장치는 옥내에 설치된 수동발신기의 조작에 따라서도 작동할 수 있도록 해야 한다.

제23조 (제어반) 제연설비의 제어반은 다음 각 호의 기준에 적합하도록 설치해야 한다.

1. 제어반에는 제어반의 기능을 1시간 이상 유지할 수 있는 용량의 비상용 축전지를 내장할 것. 다만, 해당 제어반이 종합방재제어반에 함께 설치되어 종합방재제어반으로부터 이 기준에 따른 용량의 전원을 공급 받을 수 있는 경우에는 그렇지 않다.

2. 제어반은 다음 각 목의 기능을 보유할 것

가. 급기용 댐퍼의 개폐에 대한 감시 및 원격조작기능

나. 배출댐퍼 또는 개폐기의 작동 여부에 대한 감시 및 원격조작기능

다. 급기송풍기와 유입공기의 배출용 송풍기(설치한 경우에 한한다)의 작동 여부에 대한 감시 및 원격조작기능

라. 제연구역의 출입문의 일시적인 고정개방 및 해정에 대한 감시 및 원격조작기능

마. 수동기동장치의 작동 여부에 대한 감시기능

바. 급기구 개구율의 자동조절장치(설치하는 경우에 한한다)의 작동 여부에 대한 감시기능. 다만, 급기구에 차압표시계를 고정부착한 자동차압급기댐퍼를 설치하고 해당 제어반에도 차압표시계를 설치한 경우에는 그렇지 않다.

사. 감시선로의 단선에 대한 감시기능

아. 예비전원이 확보되고 예비전원의 적합 여부를 시험할 수 있어야 할 것

제24조 (비상전원) 비상전원은 자가발전설비, 축전지설비 또는 전기저장장치(외부 전기에너지를 저장해 두었다가 필요한 때 전기를 공급하는 장치)로서 다음 각 호의 기준에 따라 설치해야 한다. 다만, 2 이상의 변전소(「전기사업법」 제67조 및 「전기설비기술기준」 제3조제2호에 따른 변전소를 말한다)에서 전력을 동시에 공급받을 수 있거나 하나의 변전소로부터 전력의 공급이 중단되는 때에는 자동으로 다른 변전소로부터 전원을 공급받을 수 있도록 상용전원을 설치한 경우에는 그렇지 않다.

1. 점검에 편리하고 화재 및 침수 등의 재해로 인한 피해를 받을 우려가 없는 곳에 설치할 것
2. 제연설비를 유효하게 20분 이상 작동할 수 있도록 할 것
3. 상용전원으로부터 전력의 공급이 중단된 때에는 자동으로 비상전원으로부터 전력을 공급받을 수 있도록 할 것
4. 비상전원의 설치장소는 다른 장소와 방화구획 할 것. 이 경우 그 장소에는 비상전원의 공급에 필요한 기구나 설비 외의 것(열병합발전설비에 필요한 기구나 설비는 제외한다)을 두어서는 안 된다.
5. 비상전원을 실내에 설치하는 때에는 그 실내에 비상조명등을 설치할 것

제25조 (시험, 측정 및 조정 등) ① 제연설비는 설계목적에 적합한지 사전에 검토하고 건물의 모든 부분(건축설비를 포함한다)을 완성하는 시점부터 시험 등(확인, 측정 및 조정을 포함한다)을 해야 한다.

② 제연설비의 시험 등은 다음 각 호의 기준에 따라 실시해야 한다.

1. 제연구역의 모든 출입문 등의 크기와 열리는 방향이 설계 시와 동일한지 여부를 확인하고, 동일하지 아니한 경우 급기량과 보충량 등을 다시 산출하여 조정가능 여부 또

는 재설계·개수의 여부를 결정할 것

2. 제1호의 기준에 따른 확인결과 출입문 등이 설계 시와 동일한 경우에는 출입문마다 그 바닥 사이의 틈새가 평균적으로 균일한지 여부를 확인하고, 큰 편차가 있는 출입문 등에 대하여는 그 바닥의 마감을 재시공하거나, 출입문 등에 불연재료를 사용하여 틈새를 조정할 것
3. 제연구역의 출입문 및 복도와 거실(옥내가 복도와 거실로 되어 있는 경우에 한한다) 사이의 출입문마다 제연설비가 작동하고 있지 아니한 상태에서 그 폐쇄력을 측정할 것
4. 옥내의 층별로 화재감지기(수동기동장치를 포함한다)를 동작시켜 제연설비가 작동하는지 여부를 확인할 것. 다만, 2 이상의 특정소방대상물이 지하에 설치된 주차장으로 연결되어 있는 경우에는 주차장에서 하나의 특정소방대상물의 제연구역으로 들어가는 입구에 설치된 제연용 연기감지기의 작동에 따라 특정소방대상물의 해당 수직풍도에 연결된 모든 제연구역의 댐퍼가 개방되도록 하고 비상전원을 작동시켜 급기 및 배기용 송풍기의 성능이 정상인지 확인할 것
5. 제4호의 기준에 따라 제연설비가 작동하는 경우 다음 각 목의 기준에 따른 시험 등을 실시할 것
   가. 부속실과 면하는 옥내 및 계단실의 출입문을 동시에 개방할 경우, 유입공기의 풍속이 제10조의 규정에 따른 방연풍속에 적합한지 여부를 확인하고, 적합하지 아니한 경우에는 급기구의 개구율과 송풍기의 풍량조절댐퍼 등을 조정하여 적합하게 할 것. 이 경우 유입공기의 풍속은 출입문의 개방에 따른 개구부를 대칭적으로 균등 분할하는 10 이상의 지점에서 측정하는 풍속의 평균치로 할 것
   나. 가목의 기준에 따른 시험 등의 과정에서 출입문을 개방하지 않은 제연구역의 실제 차압이 제6조제3항의 기준에 적합한지 여부를 출입문 등에 차압측정공을 설치하고 이를 통하여 차압측정기구로 실측하여 확인·조정할 것
   다. 제연구역의 출입문이 모두 닫혀 있는 상태에서 제연설비를 가동시킨 후 출입문의 개방에 필요한 힘을 측정하여 제6조제2항의 규정에 따른 개방력에 적합한지 여부를 확인하고, 적합하지 아니한 경우에는 급기구의 개구율 조정 및 플랩댐퍼(설치하는 경우에 한한다)와 풍량조절용 댐퍼 등의 조정에 따라 적합하도록 조치할 것
   라. 가목의 기준에 따른 시험 등의 과정에서 부속실의 개방된 출입문이 자동으로 완전히 닫히는지 여부를 확인하고, 닫힌 상태를 유지할 수 있도록 조정할 것

제26조 (설치·유지기준의 특례) 소방본부장 또는 소방서장은 기존건축물이 증축·개축·대수선되거나 용도 변경되는 경우에 있어서 이 기준이 정하는 기준에 따라 해당 건축물에 설치해야 할 특별피난계단의 계단실 및 부속실 제연설비의 배관·배선 등의 공사가 현저하게 곤란하다고 인정되는 경우에는 해당 설비의 기능 및 사용에 지장이 없는 범위 안에서 이 기준의 일부를 적용하지 않을 수 있다.

제27조 (재검토 기한) 소방청장은 「훈령·예규 등의 발령 및 관리에 관한 규정」에 따라 이 고시에 대하여 2023년 1월 1일을 기준으로 매 3년이 되는 시점(매 3년째의 12월 31일까지를 말한다)마다 그 타당성을 검토하여 개선 등의 조치를 해야 한다.

부　　칙 (2022.11.25)

(시행일) 이 고시는 2022년 12월 1일부터 시행한다.

2. 도로터널의 화재안전성능기준 (NFPC 603)

제1조 (목적) 이 기준은 「소방시설 설치 및 관리에 관한 법률」 제2조제1항제6호가목에 따라 소방청장에게 위임한 사항 중 도로터널에 설치해야 하는 소방시설 등의 성능기준을 규정함을 목적으로 한다.

제2조 (적용범위) 이 기준은 「소방시설 설치 및 관리에 관한 법률 시행령」(이하 "영"이라 한다) 제11조제1항에 따라 도로터널에 설치해야 하는 소방시설 등의 설치 및 관리에 대해 적용한다.

제3조 (정의) ① 이 기준에서 사용하는 용어의 정의는 다음과 같다.

1. "도로터널"이란 「도로법」 제10조에 따른 도로의 일부로서 자동차의 통행을 위해 지붕이 있는 구조물을 말한다.
2. "설계화재강도"란 터널 내 화재 시 소화설비 및 제연설비 등의 용량산정을 위해 적용하는 차종별 최대열방출률(MW)을 말한다.
3. "횡류환기방식"이란 터널 안의 배기가스와 연기 등을 배출하는 환기방식으로서 기류를 횡방향(바닥에서 천장)으로 흐르게 하여 환기하는 방식을 말한다.
4. "대배기구방식"이란 횡류환기방식의 일종으로 배기구에 개방/폐쇄가 가능한 전동댐퍼를 설치하여 화재 시 화재지점 부근의 배기구를 개방하여 집중적으로 배연할 수 있는 제연방식을 말한다.
5. "종류환기방식"이란 터널 안의 배기가스와 연기 등을 배출하는 환기방식으로서 기류를 종방향(출입구 방향)으로 흐르게 하여 환기하는 방식을 말한다.
6. "반횡류환기방식"이란 터널 안의 배기가스와 연기 등을 배출하는 환기방식으로서 터널에 수직배기구를 설치해서 횡방향과 종방향으로 기류를 흐르게 하여 환기하는 방식을 말한다.
7. "양방향터널"이란 하나의 터널 안에서 차량의 흐름이 서로 마주보게 되는 터널을 말

한다.

8. “일방향터널”이란 하나의 터널 안에서 차량의 흐름이 하나의 방향으로만 진행되는 터널을 말한다.
9. “연기발생률”이란 일정한 설계화재강도의 차량에서 단위 시간당 발생하는 연기량을 말한다.
10. “피난연결통로”란 본선터널과 병설된 상대터널이나 본선터널과 평행한 피난대피터널을 연결하는 통로를 말한다.
11. “배기구”란 터널 안의 오염공기를 배출하거나 화재 시 연기를 배출하기 위한 개구부를 말한다.
12. “배연용 팬”이란 화재 시 연기 및 열기류를 배출하기 위한 팬을 말한다.

② 이 기준에서 사용하는 용어는 ①에서 규정한 것을 제외하고는 관계법령 및 개별 기술기준에서 정하는 바에 따른다.

제4조 (다른 화재안전성능기준과의 관계) 터널에 설치하는 소방시설 등의 설치 및 관리기준 중 이 기준에서 규정하지 않은 것은 개별 화재안전성능기준에 따른다.

제5조 (소화기) 소화기는 다음 각 호의 기준에 따라 설치해야 한다.

1. 소화기의 능력단위(「소화기구 및 자동소화장치의 화재안전성능기준(NFPC 101)」 제3조제6호에 따른 수치를 말한다. 이하 같다)는 A급 화재는 3단위 이상, B급 화재는 5단위 이상 및 C급 화재에 적응성이 있는 것으로 할 것
2. 소화기의 총중량은 사용 및 운반의 편리성을 고려하여 7 kg 이하로 할 것
3. 소화기는 주행차로의 우측 측벽에 50 m 이내의 간격으로 2개 이상을 설치하며, 편도 2차선 이상의 양방향 터널과 4차로 이상의 일방향 터널의 경우에는 양쪽 측벽에 각각 50 m 이내의 간격으로 엇갈리게 2개 이상을 설치할 것
4. 바닥면(차로 또는 보행로를 말한다. 이하 같다)으로부터 1.5 m 이하의 높이에 설치할 것
5. 소화기구함의 상부에 “소화기”라고 조명식 또는 반사식의 표지판을 부착하여 사용자가 쉽게 인지할 수 있도록 할 것

제6조 (옥내소화전설비) 옥내소화전설비는 다음 각 호의 기준에 따라 설치해야 한다.

1. 소화전함과 방수구는 주행차로 우측 측벽을 따라 50 m 이내의 간격으로 설치하며, 편도 2차선 이상의 양방향 터널이나 4차로 이상의 일방향 터널의 경우에는 양쪽 측벽에 각각 50 m 이내의 간격으로 엇갈리게 설치할 것
2. 수원은 그 저수량이 옥내소화전의 설치개수 2개(4차로 이상의 터널의 경우 3개)를 동시에 40분 이상 사용할 수 있는 충분한 양 이상을 확보할 것
3. 가압송수장치는 옥내소화전 2개(4차로 이상의 터널인 경우 3개)를 동시에 사용할 경

우 각 옥내소화전의 노즐선단에서의 방수압력은 0.35 MPa 이상이고 방수량은 190 ℓ/min 이상이 되는 성능의 것으로 할 것. 다만, 하나의 옥내소화전을 사용하는 노즐선단에서의 방수압력이 0.7 MPa을 초과할 경우에는 호스접결구의 인입측에 감압장치를 설치해야 한다.

4. 압력수조나 고가수조가 아닌 전동기 및 내연기관에 의한 펌프를 이용하는 가압송수장치는 주펌프와 동등 이상인 별도의 예비펌프를 설치할 것
5. 방수구는 40 mm 구경의 단구형을 옥내소화전이 설치된 벽면의 바닥면으로부터 1.5 m 이하의 높이에 설치할 것
6. 소화전함에는 옥내소화전 방수구 1개, 15 m 이상의 소방호스 3본 이상 및 방수노즐을 비치할 것
7. 옥내소화전설비의 비상전원은 40분 이상 작동할 수 있을 것

제7조 (물분무소화설비) 물분무소화설비는 다음 각 호의 기준에 따라 설치해야 한다.

1. 물분무 헤드는 도로면에 1 m^2당 6 ℓ/min 이상의 수량을 균일하게 방수할 수 있도록 할 것
2. 물분무설비는 하나의 방수구역은 25 m 이상으로 하며, 3개 방수구역을 동시에 40분 이상 방수할 수 있는 수량을 확보할 것
3. 물분무설비의 비상전원은 40분 이상 기능을 유지할 수 있도록 할 것

제8조 (비상경보설비) 비상경보설비는 다음 각 호의 기준에 따라 설치해야 한다.

1. 발신기는 주행차로 한쪽 측벽에 50 m 이내의 간격으로 설치하며, 편도 2차선 이상의 양방향 터널이나 4차로 이상의 일방향 터널의 경우에는 양쪽의 측벽에 각각 50 m 이내의 간격으로 엇갈리게 설치할 것
2. 발신기는 바닥면으로부터 0.8 m 이상 1.5 m 이하의 높이에 설치할 것
3. 음향장치는 발신기 설치위치와 동일하게 설치할 것. 다만, 「비상방송설비의 화재안전성능기준(NFPC 202)」에 적합하게 설치된 방송설비를 비상경보설비와 연동하여 작동하도록 설치한 경우에는 비상경보설비의 지구음향장치를 설치하지 않을 수 있다.
4. 음량장치의 음량은 부착된 음향장치의 중심으로부터 1 m 떨어진 위치에서 90 dB 이상이 되도록 할 것
5. 음향장치는 터널내부 전체에 동시에 경보를 발하도록 설치할 것
6. 시각경보기는 주행차로 한쪽 측벽에 50 m 이내의 간격으로 비상경보설비 상부 직근에 설치하고, 전체 시각경보기는 동기방식에 의해 작동될 수 있도록 할 것

제9조 (자동화재탐지설비) ① 터널에 설치할 수 있는 감지기의 종류는 다음 각 호의 어느 하나와 같다.

1. 차동식분포형감지기
2. 정온식감지선형감지기(아날로그식에 한한다. 이하 같다.)
3. 중앙기술심의위원회의 심의를 거쳐 터널화재에 적응성이 있다고 인정된 감지기

② 하나의 경계구역의 길이는 100 m 이하로 해야 한다.

③ 제1항에 의한 감지기의 설치기준은 다음 각 호와 같다. 다만, 중앙기술심의위원회의 심의를 거쳐 제조사 시방서에 따른 설치방법이 터널화재에 적합하다고 인정되는 경우에는 다음 각 호의 기준에 의하지 않고 심의결과에 의한 제조사 시방서에 따라 설치할 수 있다.

1. 감지기의 감열부(열을 감지하는 기능을 갖는 부분을 말한다. 이하 같다)와 감열부 사이의 이격거리는 10 m 이하로, 감지기와 터널 좌·우측 벽면과의 이격거리는 6.5 m 이하로 설치할 것
2. 제1호에도 불구하고 터널 천장의 구조가 아치형의 터널에 감지기를 터널 진행방향으로 설치하고자 하는 경우에는 감열부와 감열부 사이의 이격거리를 10 m 이하로 하여 아치형 천장의 중앙 최상부에 1열로 감지기를 설치해야 하며, 감지기를 2열 이상으로 설치하고자 하는 경우에는 감열부와 감열부 사이의 이격거리는 10 m 이하로 감지기 간의 이격거리는 6.5 m 이하로 설치할 것
3. 감지기를 천장면(터널 안 도로 등에 면한 부분 또는 상층의 바닥 하부면을 말한다. 이하 같다)에 설치하는 경우에는 감기기가 천장면에 밀착되지 않도록 고정금구 등을 사용하여 설치할 것
4. 형식승인 내용에 설치방법이 규정된 경우에는 형식승인 내용에 따라 설치할 것. 다만, 감지기와 천장면과의 이격거리에 대해 제조사의 시방서에 규정되어 있는 경우에는 시방서의 규정에 따라 설치할 수 있다.

④ 제2항에도 불구하고 감지기의 작동에 의하여 다른 소방시설 등이 연동되는 경우로서 해당 소방시설 등의 작동을 위한 정확한 발화위치를 확인할 필요가 있는 경우에는 경계구역의 길이가 해당 설비의 방호구역 등에 포함되도록 설치해야 한다.

⑤ 발신기 및 지구음향장치는 제8조를 준용하여 설치해야 한다.

제10조 (비상조명등) 비상조명등은 다음 각 호의 기준에 따라 설치해야 한다.

1. 상시 조명이 소등된 상태에서 비상조명등이 점등되는 경우 터널안의 차도 및 보도의 바닥면의 조도는 10 lx 이상, 그 외 모든 지점의 조도는 1 lx 이상이 될 수 있도록 설치할 것
2. 비상조명등은 상용전원이 차단되는 경우 자동으로 비상전원으로 60분 이상 점등되도록 설치할 것
3. 비상조명등에 내장된 예비전원이나 축전지설비는 상용전원의 공급에 의하여 상시 충전상태를 유지할 수 있도록 설치할 것

제11조 (제연설비) ① 제연설비는 다음 각 호의 사양을 만족하도록 설계해야 한다.

1. 설계화재강도 20 MW를 기준으로 하고, 이 때 연기발생률은 80 m^3/sec로 하며, 배출량은 발생된 연기와 혼합된 공기를 충분히 배출할 수 있는 용량 이상을 확보할 것
2. 제1호에도 불구하고 화재강도가 설계화재강도 보다 높을 것으로 예상될 경우 위험도 분석을 통하여 설계화재강도를 설정하도록 할 것

② 제연설비는 다음 각 호의 기준에 따라 설치해야 한다.

1. 종류환기방식의 경우 제트팬의 소손을 고려하여 예비용 제트팬을 설치하도록 할 것
2. 횡류환기방식(또는 반횡류환기방식) 및 대배기구 방식의 배연용 팬은 덕트의 길이에 따라서 노출온도가 달라질 수 있으므로 수치해석 등을 통해서 내열온도 등을 검토한 후에 적용하도록 할 것
3. 대배기구의 개폐용 전동모터는 정전 등 전원이 차단되는 경우에도 조작상태를 유지할 수 있도록 할 것
4. 화재에 노출이 우려되는 제연설비와 전원공급선 및 제트팬 사이의 전원공급장치 등은 250℃의 온도에서 60분 이상 운전상태를 유지할 수 있도록 할 것

③ 제연설비의 기동은 다음 각 호의 어느 하나에 의하여 자동 또는 수동으로 기동될 수 있도록 해야 한다.

1. 화재감지기가 동작되는 경우
2. 발신기의 스위치 조작 또는 자동소화설비의 기동장치를 동작시키는 경우
3. 화재수신기 또는 감시제어반의 수동조작스위치를 동작시키는 경우

④ 비상전원은 60분 이상 작동할 수 있도록 해야 한다.

제12조 (연결송수관설비) 연결송수관설비는 다음 각 호의 기준에 따라 설치해야 한다.

1. 방수압력은 0.35 MPa 이상, 방수량은 400 ℓ/min 이상을 유지할 수 있도록 할 것
2. 방수구는 50 m 이내의 간격으로 옥내소화전함에 병설하거나 독립적으로 터널출입구 부근과 피난연결통로에 설치할 것
3. 방수기구함은 50 m 이내의 간격으로 옥내소화전함 안에 설치하거나 독립적으로 설치하고, 하나의 방수기구함에는 65 mm 방수노즐 1개와 15 m 이상의 호스 3본을 설치하도록 할 것

제13조 (무선통신보조설비) ① 무선통신보조설비의 옥외안테나는 방재실 인근과 터널의 입구 및 출구, 피난연결통로 등에 설치해야 한다.

② 라디오 재방송설비가 설치되는 터널의 경우에는 무선통신보조설비와 겸용으로 설치할 수 있다.

제14조 (비상콘센트설비) 비상콘센트설비는 다음 각 호의 기준에 따라 설치해야 한다.

1. 비상콘센트설비의 전원회로는 단상교류 220 V인 것으로서 그 공급용량은 1.5 kVA 이상인 것으로 할 것
2. 전원회로는 주배전반에서 전용회로로 할 것. 다만, 다른 설비의 회로 사고에 따른 영향을 받지 않도록 되어 있는 것은 그렇지 않다.
3. 콘센트마다 배선용 차단기(KS C 8321)를 설치해야 하며, 충전부가 노출되지 않도록 할 것
4. 주행차로의 우측 측벽에 50 m 이내의 간격으로 바닥으로부터 0.8 m 이상 1.5 m 이하의 높이에 설치할 것

제15조 (재검토기한) 소방청장은 「훈령·예규 등의 발령 및 관리에 관한 규정」에 따라 이 고시에 대하여 2023년 1월 1일을 기준으로 매 3년이 되는 시점(매 3년째의 12월 31일까지를 말한다)마다 그 타당성을 검토하여 개선 등의 조치를 해야 한다.

부　　칙 (2022.11.25)

(시행일) 이 고시는 2022년 12월 1일부터 시행한다.

찾아보기

가압수조 29, 32, 82, 143
가압용 봄베 15
가지배관 81, 114, 143
간이스프링클러설비 142
간이헤드 143
감시제어반 62
감열체 97
강화액 소화기 17
개구부(연소할 우려가 있는) 82
개방형 간이헤드 143
개방형 스프링클러헤드 81
개폐표시형 밸브 29, 82, 144
객석유도등 369
거실 10
건식 밸브 107
건식 스프링클러 소화설비 84
건식 스프링클러설비 82
건식 스프링클러헤드 81
고가수조 28, 30, 80, 143
고가수조방식 71
고정포방출설비 202
관창 58, 74
교차배관 81, 115, 143
교차회로방식 235, 292
국소방출방식 202, 234, 291, 292, 299
급수배관 29, 81, 144, 202
기계제연방식 333, 337
기동용 수압개폐방식 30
기동용 수압개폐장치 28, 81, 143
기동용 압력스위치 29
기화잠열 15

내알코올포 소화약제 198
니들밸브 270

다단펌프 40
단단펌프 40
단백포 소화약제 199
대형소화기 10
데류즈 시스템 86
동력장치 133
디플렉터 97

라인 프로포셔너방식 202, 212
리타딩챔버 108
릴리프밸브 271

물 소화기 15
물분무 소화설비 183
물올림장치 43
밀폐방연방식 331

반사판 82, 144
방사성능 11
방수구 56
방화문 235, 280, 292
백색화재 11
밸브헤더 257
베어링 39
벤트 335
부르돈관 압력계 45
분말 소화기 20
불활성기체 소화약제 279
비상조명등 372

사강식 355
산알칼리 소화기 16
소형소화기 10
소화기 10
소화약제 10
솔레노이드 236
송액관 202
수동기동방식 30
수성막포 소화약제 199
수원 30
스모크타워제연방식 332
스프링클러헤드 87, 90
습식 82
습식 스프링클러설비 81
신축배관 81, 144
심부화재 235

안내깃 40
알람밸브 82, 83, 102
압력수조 28, 31, 80, 143
압력수조방식 71
압력챔버 29, 47
압축공기포 믹싱챔버방식 212
액셀러레이터 111
앵글밸브 74
약제저장용기 292
양정곡선 41
에어 컴프레서 31
연결살수설비 316

연성계 28, 80, 143
연소방지설비 324
예상제연구역 339
옥내소화전 시스템 29
옥내소화전함 56
올림식 사다리 353
완강기 354
용기밸브 270
워터모터공 108, 109
유류화재 11
유수검지장치 81, 117
유입풍도 341
이산화탄소 소화기 19
익저스터 111
일제개방밸브 81, 109
일제살수식 스프링클러설비 82

자기증기압식 19
자동경보장치 102
자동소화장치 10
자동확산소화기 10
자연제연방식 331, 332, 336
전기화재 11
전역방출방식 202, 234, 291, 292
정격토출량 28, 80
정격토출압력 28, 80
정압작동장치 296
조기반응형 스프링클러헤드 81
주배관 81, 143
준비작동식 스프링클러설비 81
지하수조 31
진공계 28, 80, 143
집합관 292

청색화재 11
체절운전 28, 81
체크밸브 271
축이음 39
충압펌프 28, 80, 126
충전밀도 279
충전비 235, 292
측벽형 스프링클러헤드 81

크레오소오트유 11

통로유도등 368

패킹상자 39
팰턴수차 109
팽창비 202
펌프 프로포셔너방식 202, 212
펌프방식 71
편흡입 펌프 40
폐쇄형 간이헤드 143
폐쇄형 스프링클러헤드 81
포말 소화기 18
포소화설비 197
포소화약제 18, 210
포소화전설비 202
포워터스프링클러설비 202
포원액 197
포헤드설비 202
표면화재 235
표시등 57
퓨지블링크 87
프레임 97
프레져 사이드 프로포셔너방식 202, 212
프레져 프로포셔너방식 202, 212
프리액션 시스템 86
피난기구 360
피난사다리 352
피스톤릴리스 249
할로겐화합물 및 불활성기체 소화약제 279
할로겐화합물 소화약제 279
할론 1301 19
할론 소화기 19
할론실린더 257
합성계면활성제포 소화약제 199
행거 326
호스 74
호스릴 포소화설비 202
호스릴방식 291, 292
흡인제연방식 331
화재조기진압용 스프링클러헤드 159
황색화재 11
횡주관 88

A급 화재 11
B급 화재 11
C급 화재 11
Deluge Valve 109
Retarding Chamber 108
vent 335
Water Motor Gong 108, 109

저자 : **정 경 문**

• 동원과학기술대학교 소방안전관리과

알기 쉬운 소방기계시설론 정가 20,000원

발　행 2023년 3월 10일 4판 1쇄
저　자 정경문
발행인 정우용
발행처 도서출판 **동화기술**
경기도 파주시 광인사길 201(문발동, 파주출판도시)
Tel (031)955-4211~6 donghwapub@nate.com
Fax (031)955-4217 www.donghwapub.co.kr
(등록) 1977년 12월 19일/9-16호

東和技術

Printed in Korea

ISBN 978-89-425-9444-3